TRAITÉ

DU

TRAVAIL DES LAINES

Paris. — Typographie Hennuyer et fils, rue du Boulevard, 7.

FABRICATION DES ÉTOFFES

TRAITÉ

DU

TRAVAIL DES LAINES

NOTIONS HISTORIQUES — PROGRÈS TECHNIQUES
DÉVELOPPEMENT COMMERCIAL — CLASSIFICATION — CARACTÈRES
PROPRIÉTÉS — FILATURE
APPRÊTS DES FILS — TISSAGE — DÉGRAISSAGE — FEUTRAGE ET FOULAGE
APPRÊTS DES LAINAGES — INSTALLATION D'UNE USINE
PRIX DE REVIENT
COMPARAISON ENTRE LES MOYENS DE L'ANCIEN
ET DU NOUVEAU RÉGIME INDUSTRIEL

PAR M. ALCAN

INGÉNIEUR

Professeur de filature et de tissage au Conservatoire impérial des arts et métiers,
Membre du jury des expositions internationales,
du Conseil de la Société d'encouragement, du Comité de la Société des Ingénieurs civils,
et des principales Sociétés scientifiques et industrielles.

TOME PREMIER

« Pour que l'industrie puisse faire des pro-
« grès, il est nécessaire de comparer les procé-
« dés, les instruments, les machines usités en
« différents temps et en différents lieux. »

A.-M. AMPÈRE

(Essai sur la Philosophie des sciences).

PARIS

NOBLET ET BAUDRY, LIBRAIRES-ÉDITEURS

15, RUE DES SAINTS-PÈRES, 15

LIÉGE, MÊME MAISON

1866

PRÉFACE.

L'industrie des laines, l'une des plus anciennes, des plus importantes et des plus avancées en France, manque cependant d'ouvrages techniques. Depuis la publication de *l'Art de la Draperie*, par Duhamel-Dumonceau (1765), des articles de Roland de la Platière sur les lainages en général, dans la grande Encyclopédie (1784), et de notre *Essai sur l'industrie des matières textiles* (1847), les étoffes foulées et drapées n'ont été l'objet d'aucun travail d'ensemble. Les rares écrits où il en est question n'ont, en général, envisagé que la filature de la laine peignée et le montage des étoffes façonnées. Les traités si détaillés du dernier siècle, et par conséquent antérieurs à l'avénement des moyens automatiques, à l'émancipation du travail et aux applications nouvelles des sciences à l'industrie, n'offrent plus qu'un intérêt historique. Et les ouvrages récents, trop condensés ou n'abordant qu'une partie de la fabrication, ne traitent que certains points de la technologie générale, dont le domaine s'étend cependant chaque jour dans les sciences positives et d'observation.

Nous avons cherché à combler cette lacune par la publication que nous offrons au public. Bien que cet ouvrage soit plus spécial à la fabrication des produits *foulés et drapés*, nous avons souvent été conduit à nous occuper des produits de toute sorte auxquels la laine et les poils donnent naissance, depuis les tissus ras non foulés jusqu'aux articles de la bonneterie et de la chapellerie. Pour que notre travail possédât néanmoins la clarté et la méthode, nous l'avons divisé en six sections fondamentales.

La première comprend les notions historiques concernant les transformations des laines dans les différentes contrées, depuis leur origine jusqu'à ce jour, l'étude des caractères, des propriétés, des appropriations de la matière première et de ses résultats. Cette partie embrasse indistinctement toutes les fibres animales, les laines, les duvets, les poils et même la soie, l'expérience nous ayant appris que l'appréciation comparée permet seule de formuler une théorie susceptible d'éclairer l'ensemble des faits et des phénomènes constatés dans la pratique.

La deuxième section décrit les transformations subies

par la substance brute pour être amenée à l'état de fil. Elle est divisée en deux parties essentielles : la première comprend les triages et l'épuration des filaments, et traite, par conséquent, du désuintage, du lavage et du séchage. Les moyens chimiques et mécaniques, les diverses méthodes, les appareils anciens et récents employés tant pour la laine peignée que pour la laine cardée, y sont consignés. La seconde partie embrasse la filature proprement dite et les apprêts des fils, avec la description, le règlement et les calculs des machines qui les concernent. Elle se termine par le projet d'une filature établie avec les machines les plus perfectionnées. Les calculs des prix de revient complètent cette partie.

Le tissage forme la troisième section, qui embrasse les préparations des fils et leur transformation en étoffes unies et façonnées, produites à la main ou automatiquement. Les descriptions sont précédées de considérations sur le dessin des étoffes dites *nouveautés* et suivies des calculs relatifs à un atelier de tissage.

L'épuration des étoffes, le feutrage et le foulage constituent la quatrième section. Les considérations que nous avons présentées sur les divers modes de dégraissage en raison de la nature des huiles employées dans les transformations précédentes nous ont paru d'une opportunité particulière. Quant au feutrage et au foulage qui, malgré leur importance, n'ont presque été l'objet d'aucune recherche depuis les ingénieux aperçus de Monge sur ces singuliers phénomènes, nous nous sommes efforcé d'en compléter la théorie et nous avons décrit avec autant de soin que possible tous les appareils et machines usités, en les accompagnant d'une discussion sur les avantages et les inconvénients qu'ils présentent.

Dans la cinquième section, *des Apprêts*, se trouvent réunis les moyens destinés à donner les apparences propres aux tissus. Les appareils si remarquables par leurs combinaisons, leurs fonctions et leurs résultats, étant parfois usités pour les étoffes de nature et de caractères divers, pour le coton, les laines et la soie, pour les articles unis et ras aussi bien que pour les tissus façonnés et à duvet, nous avons cru devoir faire précéder la description de tableaux indiquant la série des opérations combinées en raison du genre d'étoffe à apprêter. Le but de chacune de ces opérations, la composition, l'origine et les fonctions des machines qui y concourent, la recherche du prix de revient, les transformations et les moyens de les perfectionner précèdent chaque chapitre.

Enfin, la dernière partie compare les moyens anciens aux nouveaux, démontre les heureuses conséquences de l'état actuel des choses et cherche à indiquer la voie du progrès.

Ce résumé du *Traité de la fabrication des lainages* expose la méthode que nous avons cru devoir suivre, eu égard à la nature complexe des questions qu'il renferme. La tâche si laborieuse que nous avions entreprise nous eût présenté souvent des difficultés et surtout une dépense de temps plus considérable encore, si nous n'avions été assez heureux pour être secondé dans nos recherches par l'un de nos anciens élèves, devenu un praticien distingué. C'est donc pour nous un devoir et une satisfaction d'adresser ici nos remercîments à M. Edouard Simon, dont le dévouement et les connaissances spéciales nous ont aidé à accomplir notre tâche. Puisse le public tenir compte des difficultés qu'elle présentait et accueillir ce nouvel ouvrage avec la bienveillance qu'il a accordée à nos précédents travaux !

DIVISION DE L'OUVRAGE.

TOME I.

PREMIÈRE PARTIE.

CHAPITRE I. — Introduction historique depuis les temps les plus anciens jusqu'à nos jours.
— II. — Progrès des industries de la laine depuis la fin du dix-huitième siècle.
— III. — Aperçu du développement de la production des laines.
— IV. — Classification générale des lainages.
— V. — Caractères et propriétés des fibres animales.
— VI. — Tarifs des douanes.

DEUXIÈME PARTIE.

CHAPITRE I. — Considérations sur la filature en général.
— II. — Ensemble des transformations de la laine cardée en fils.
— III. — Désuintage, lavage et séchage des laines.
— IV. — Battage.
— V. — Graissage ou ensimage.
— VI. — Louvetage et cardage.
— VII. — Filage.
— VIII. — Machine à faire les tubes.
— IX. — Retordage et apprêts des fils.
— X. — Titrage.
— XI. — Empaquetage.
— XII. — Etablissement et organisation d'une filature de laine cardée.

TOME II.

TROISIÈME PARTIE.

CHAPITRE XIII. — Tissage.
— XIV. — Métiers à tisser.
— XV. — Remettages et armures.
— XVI. — Composition et montage des tissus.
— XVII. — Considérations sur le dessin et le coloris des étoffes.
— XVIII. — Tissage des façonnés.
— XIX. — Dégraissage, épincetage et rentrayage.
— XX. — Feutrage et foulage.
— XXI. — Foulage des tissus.

QUATRIÈME PARTIE.

CHAPITRE XXII. — Apprêts des lainages en général.
— XXIII. — Description des appareils et des machines à garnir.
— XXIV. — Tondage. — Appareils et machines à tondre.
— XXV. — Ramage, appareils à ramer.
— XXVI. — Du battage des étoffes de laine, soit pour faire un tissu à poil debout, soit comme moyen d'apprêt.
— XXVII. — Appareils à lustrer, à décatir et à presser.
— XXVIII. — Apprêts de la bonneterie dite *orientale*.
— XXIX. — Application pratique des apprêts aux principaux genres de tissus.
— XXX. — Spécialités distinctes qui constituent l'industrie des lainages.
— XXXI. — Comparaison entre la fabrication ancienne et la fabrication actuelle aux points de vue technique et économique.

PREMIÈRE PARTIE.

DE LA LAINE

PREMIÈRE PARTIE

CHAPITRE I.

INTRODUCTION HISTORIQUE.

§ 1. — Introduction historique depuis les temps anciens jusqu'à nos jours.

I

Les services rendus à l'humanité par l'usage de la laine sont aussi anciens qu'universels. La conquête de la fameuse Toison d'or des temps fabuleux et ses merveilles ne sont pas comparables aux richesses fournies par la toison moins brillante, mais bien autrement précieuse de l'un des animaux les plus intéressants de la création. Les écrits et les débris des monuments sacrés et profanes de la plus haute antiquité démontrent que le travail de la laine peut être considéré comme l'une des premières industries de l'homme. Les nombreux passages bibliques concernant Abel, les patriarches et leurs familles,

les livres de Job, des Rois et des Prophètes témoignent de l'importance de la production et de l'emploi de la dépouille textile du mouton. Des fragments de fils et de tissus de cette substance, provenant des tombeaux égyptiens mis à notre disposition, sont une preuve de plus de l'origine la plus reculée des transformations de cette fibre animale, et des premiers actes de la civilisation de la race humaine. Car, comme le fait remarquer Buffon, la faiblesse du bélier et de la brebis et leur impuissance contre tous les animaux carnassiers ne leur ont permis d'exister et de durer que sous la garde et la protection de l'homme. Le mouton, qui, d'après les naturalistes les plus autorisés, paraît être le produit de la domestication de l'argaly d'Asie ou du mouflon d'Europe, est probablement le contemporain des premiers pasteurs, à en juger par l'absence complète d'ossements de la race ovine parmi les couches anciennes des révolutions du globe en Europe. Cette race nous vient vraisemblablement des contrées situées presque au centre du monde connu par les anciens, et dont les plus célèbres sont la Tartarie, la Médie, la Perse, la Mésopotamie, la Syrie, la Palestine et l'Arabie septentrionale, habitées dans l'enfance de la civilisation par des peuples pasteurs et des tribus nomades. Ces populations, voisines du Tigre et de l'Euphrate, étaient arrivées à un progrès tel, qu'elles se servaient déjà des diverses variétés d'étoffes de laine richement teintes, brodées et façonnées, lorsque les peaux d'animaux formaient les vêtements de la plupart des habitants de l'Occident. Le souvenir de l'industrie et du commerce de Babylone, de Suse, de Persépolis, de Tyr, de Sidon, de Palmyre, de Bagdad, etc., subsiste encore. Nous trouvons une réunion d'indications des plus intéressantes sur l'usage des laines dans un chapitre de la Genèse concernant Juda et Thamar : *Quand Juda fut consolé, il alla surveiller la tonte de ses brebis. Juda n'avait pas reconnu sa belle-fille, car elle avait voilé son visage... Au moment de sa délivrance, l'un d'eux avança la main : la sage-femme la saisit et y attacha un fil d'écarlate pour indiquer que celui-ci était né le premier*[1].

Voilà donc la laine tondue, transformée en un voile ou espèce de capuchon assez épais pour cacher les traits, teinte de cette couleur écarlate dont il est si souvent question dans les Ecritures saintes et dans les livres des auteurs grecs et romains.

Le climat variable de la Palestine, d'après les récriminations adressées par Jacob à Laban, rendait d'ailleurs les étoffes de laine particulièrement nécessaires : *J'étais, le jour, en proie au hâle, et aux frimas, la nuit ; et le sommeil fuyait de mes yeux*[2].

Plus loin, dans l'Exode, il est question de la confection des fils de toute espèce et du tissage façonné : *Toutes les femmes industrieuses filèrent elles-mêmes, et elles apportèrent, tout filés, l'azur, la pourpre, l'écarlate et le lin ; toutes celles qui se distinguèrent par une habileté supérieure filèrent le poil de chèvre*[3].

Ce travail du filage est dévolu ici aux femmes, comme il était attribué, en Chine, à l'épouse de l'empereur Yao ; en Egypte, à Isis ; à Minerve, en Grèce, et à Arachné, en Lydie.

Alors, comme aujourd'hui, la transformation du poil de chèvre demandait des soins spéciaux. Le tissage des étoffes riches n'était pas aussi familier, car la Bible ajoute : *L'Eternel a désigné nominativement Betsalël, fils d'Ouri, fils de Chour, de la tribu de Juda. Il l'a rempli d'un souffle divin d'habileté, de jugement, de science et de toute industrie ; lui a appris à combiner des tissus, à mettre en œuvre l'or, l'argent et le cuivre*[4].

[1] Genèse, chap. XXXVIII, vers. 12, 15 et 28.

[2] Genèse, chap. XXXI, vers. 40.

[3] Chap. XXXV, vers. 25 et 26. La difficulté de filer le poil de chèvre est donc constatée dès lors.

[4] *Id.*, vers. 31, 32 et 33.

Et plus loin, dans le chapitre xxxvi du même livre, on lit : *Les plus habiles parmi les ouvriers composèrent les dix tapis de l'enceinte, en lin retors, étoffes d'azur, de pourpre et d'écarlate artistement damassés de chérubins.*

Il est impossible de ne pas reconnaître dans cette description les étoffes façonnées désignées plus tard et encore aujourd'hui sous le nom de *brocarts* ou *brocatelles*. Les fils en couleurs vives écarlate et pourpre, pour tapis et autres usages, étaient évidemment en laine ou en poil de chèvre, sans aucune espèce de feutrage. Les produits dont il est question devaient être du genre de ceux obtenus dans l'Inde et l'Orient par des procédés qui se sont perpétués dans ces contrées depuis les temps les plus reculés jusqu'à ce jour. Les échantillons retrouvés dans les tombeaux égyptiens rentrent, également par la nature des matières, les caractères des tissus, et par conséquent le système d'entrelacement des fils, dans la branche des étoffes lisses et rases. Mais on ne trouve nulle part, dans les écrits bibliques, des étoffes en lin et laine combinés, ce mélange étant expressément défendu par Moïse. En l'absence de motifs religieux qu'aucun savant compétent n'a pu nous donner, ne sommes-nous pas autorisés à supposer que c'était là une disposition technique, analogue à celles dont les règlements des anciennes maîtrises donnent plus tard tant d'exemples, surtout lorsqu'on songe au peu d'affinité entre la laine et le lin, et à la différence essentielle de leurs caractères, qui ne permettent pas d'arriver à un produit d'une qualité homogène? L'état d'avancement de l'industrie des laines chez les Hébreux se trouve d'ailleurs confirmé par l'importance attachée par ce peuple à l'élève des moutons. Les troupeaux formaient leur principale richesse. Ils s'accrurent peu à peu par les captures faites à la suite des guerres. La défaite des Moabites valut à leurs conquérants 665,000 brebis, celle des Hagabites en rapporta 250,000 à la tribu de Juda. Le roi des Moabites paya une contribution annuelle de 200,000 têtes de bêtes à laine à Joram. Les Phéniciens et les Grecs furent célèbres plus tard dans le travail de la laine et l'élève des moutons. Les Romains les imitèrent, puisque les sénateurs ne dédaignèrent pas de conduire eux-mêmes leurs troupeaux.

La mention d'Hérodote sur les tentes en laine foulée dont se servaient les Scythes et les tuniques en laine des Babyloniens, la réputation des laines de la Gaule, du temps de César, les appréciations de Pline, de Varron, de Columelle et de Strabon, ne peuvent laisser aucun doute sur le rôle de cette matière dans l'usage des sociétés d'alors. Malheureusement, la nature de la substance et la forme des vêtements des anciens ne sont pas toujours clairement indiquées. L'emploi des étoffes de laine dans des proportions importantes n'en est pas moins démontré. Le premier de tous les vêtements de laine qui avait succédé aux peaux, paraît avoir eu la forme du plaid écossais actuel; c'était un morceau d'étoffe plus long que large, qui enveloppait le corps. Les habits des patriarches étaient déjà perfectionnés, puisqu'ils consistaient dans une tunique à manches. Les robes médiques en pourpre unie ou brodée d'or, dont il est souvent question chez les anciens, étaient certainement en laine de brebis, et même de pinnes marines mentionnées plus tard par Procope. Les Egyptiens portaient deux tuniques, l'une par-dessus l'autre : la première en lin, et la seconde en laine blanche. Le *peplon* ou *peplum* des belles Grecques était un petit manteau de drap taillé en rond, analogue au vêtement de nos jours que la mode avait baptisé, il y a quelques années, du nom de *talma*. Le grand artiste l'avait évidemment emprunté lui-même aux vêtements du peuple le plus élégant de l'antiquité. La tunique, qui a remplacé chez les Romains la toge des premiers temps, était également imitée des Grecs. La laine dominait presque partout. Homère nous montre Hélène et Arété, femme du roi Alcinoüs, avec une quenouille chargée de laine pourpre. Le témoignage de Platon vient s'ajouter à celui d'Hérodote. Il nous apprend, dit Mongez, « dans le dialogue de Lysis, où il est mention de la règle et de la navette, que dans le quatrième siècle avant l'ère vulgaire, les Grecs employaient, concurremment avec le métier vertical, le métier horizontal, qu'ils avaient vu en Egypte. Socrate dit au jeune Lysis : « Croyez-vous « que votre mère permette de toucher à ses laines, à la toile « lorsqu'elle tisse, de jouer avec la règle ou avec la navette, ou « avec tout autre instrument qui lui sert à travailler la laine? » Et ailleurs, Platon fait tenir à Socrate et à un étranger, son interlocuteur, le langage suivant : « L'étranger : Cette partie « du travail des laines qui, par la croisure bien ordonnée de la « chaîne et de la trame, produit un tissu, un vêtement de « laine, est appelée υφαντικη, *le tissage*. »

D'après un historien des plus accrédités, Varron, qui a écrit un siècle plus tard, tous les vêtements, excepté les robes de fin lin, étaient en laine; il paraîtrait même qu'avant le règne d'Alexandre Sévère, la laine et le poil de chèvre servaient parfois à faire des voiles de navires, des filets, des cordes, des tentes, des sacs [1].

Les plus beaux tissus de Cachemire même auraient été en usage chez les Romains, selon un savant académicien, M. Gosselin : « Le poil précieux de ces chèvres, dit-il, me paraît être cette laine soyeuse que les Romains recherchaient avec tant d'empressement, et dont l'origine leur était tellement inconnue, qu'ils la prenaient pour une espèce de soie ou de coton que l'on recueillait sur des arbres. Les marchands apportaient ce poil en Europe lorsqu'il n'avait encore reçu qu'une main-d'œuvre grossière; et les femmes, après en avoir formé un nouveau tissu, s'en faisaient des vêtements extrêmement légers.

[1] « Ut fructuum ovis e lana ad vestimentum, sic capra pilos ministrat ad usum anticum et ad bellica tormenta, et fibrilia vasa. » (Varron, *De rust.*, lib. II, cap. XI.)

« A cet égard, l'industrie des Thibétains n'est pas plus avancée aujourd'hui qu'elle ne l'était du temps de Pline. Ils ne savent pas encore (au rapport de Bernier) employer le beau poil de leurs chèvres ; ce sont les habitants de Cachemire qui le leur achètent pour leur en faire ces châles si estimés dans toute l'Europe.

« On ne connaît rien de plus beau que ces étoffes ; leur extrême finesse les rend réellement transparentes, comme Pline l'annonce par ces mots : *Tam multiplici opere, tam longinquo orbe petitur, ut in publico matrona transluceat.* (Plin. lib. VI, cap. xx.) Le haut prix que les Orientaux les payent, celui que les Européens y mettent depuis quelques années, expliquent comment les femmes romaines ont pu les rechercher autrefois pour leur parure et pour s'en faire des vêtements entiers ; ce sont, je crois, les *sericæ vestes* dont Pline leur reprochait l'usage, comme un effet d'un luxe immodéré : *Aut veste serica versicolores, unguentis madidas. Hunc habet novissime exitum luxuria fœminarum* (lib. XVI, cap. VIII) [1].

La transformation des poils et des duvets, soit de la chèvre du Thibet, soit d'Angora, qui forment encore les principaux types de l'espèce caprine dont les toisons sont utilisées par le travail moderne, avait évidemment son siége en Orient, où elle s'est perpétuée.

La filiation industrielle entre les Grecs et les Romains ne peut être douteuse. Ces derniers, presque exclusivement guerriers, ayant le travail en mépris, devaient évidemment la connaissance des arts aux Grecs, habiles à travailler les étoffes de tous genres. Ceux-ci, à leur tour, paraissent avoir été les imitateurs des Egyptiens et des Indiens, notamment dans la fabrication des tapis, dont l'existence a été constatée vers le milieu du quatrième siècle, suivant le témoignage d'un voya-

[1] *Histoire de l'Académie des inscriptions et belles-lettres*, t. IX, p. 745.

geur chinois, dont la relation a été traduite par M. de Rémusat.

Les anciens connaissaient également l'application du feutrage. Ils faisaient des feutres qui avaient des épaisseurs considérables, dépassant parfois un pouce. Malgré nos moyens perfectionnés, nous n'arrivons que difficilement à cette dimension sur de grandes surfaces. Les acides que nous n'employons plus dans le même cas étaient mis à contribution alors.

Pline dit qu'on choisissait pour le feutrage la laine courte, qu'on l'imbibait de vinaigre, et qu'après cela le feutre était si dur, qu'il résistait au coup d'épée [1]. Tandis qu'il n'est pas question du vinaigre, lorsque le même auteur parle du foulage des tissus, pour leur donner de la souplesse et pour les dégraisser. « Les foulons, dit-il, se servaient d'urine humaine et d'une espèce d'argile [2]. » Les lainages tissés étaient alors foulés aux pieds. Le tout, étoffe et ingrédients, était placé dans une espèce d'auge, désignée alors comme aujourd'hui sous le nom de *pile*, ou *fullonica pila*, par les Romains [3].

Voici l'indication nette du foulage, comme nous le voyons encore pratiquer sauf l'emploi des machines :

Les moyens étaient naturellement primitifs, si nous nous en rapportons aux figures retrouvées dans les ruines de Pompéi. Tout, excepté le pressage des pièces, était obtenu par l'action directe des mains et des pieds. Le foulage est encore exercé de la même manière par les Arabes, et n'a cessé de l'être chez nous de la même façon que vers le quatorzième siècle. Les principes étaient connus et appliqués, l'outillage mécanique restait à perfectionner. Cependant il est curieux de retrouver la presse à apprêter les pièces terminées avec une construction

[1] Passage cité par Mongez, t. IV, p. 263 de l'ouvrage sur *les Habillements des anciens*.

[2] *Idem*.

[3] Cato, *De rustica*, cap. x à xiv.

identique à celle de nos jours. Voici d'ailleurs l'extrait de l'article concernant le dégraissage, le foulage et les apprêts des draps des anciens Romains, avec les dessins des figures trouvées à Pompéi, tel qu'il est donné dans le dictionnaire des antiquités romaines et grecques :

« Fullo (κναφεύς) foulon, nettoyeur et dégraisseur d'étoffes (Mart. XIV, 51). Les foulons, qui forment une corporation très-importante, étaient fort employés, comme nos blanchisseurs, pour nettoyer et blanchir les vêtements après qu'ils avaient été portés ; ce qui se faisait en foulant les étoffes dans de larges cuves d'eau mêlée d'urine (Pline, *Hist. nat.*, XXVIII, 18) dans des vases exposés aux coins des rues à cet effet (Mart. VI, 93). On séchait et on blanchissait alors l'étoffe en la posant sur un châssis demi-circulaire au-dessous duquel était un pot de soufre, après quoi on la suspendait et on en dépressait et arrangeait le poil avec une brosse et un chardon à cardes ; en dernier lieu, on le portait à la presse (*pressorium*), où elle était définitivement unie et condensée par l'action d'une vis. »

L'indication de toutes les opérations encore pratiquées à l'heure qu'il est, si ce n'est le tondage, se trouve nettement mentionnée dans ce passage. Le dégraissage, le foulage, le blanchissage et l'apprêt à la presse. Nous disons le blanchissage, car le soufre était évidemment destiné à être allumé dans un pot pour transmettre les vapeurs sulfureuses à l'étoffe étendue par-dessus le séchoir, qui ressemblait aux paniers dont on se sert dans nos bains pour chauffer le linge. Quant au filage et au tissage, ils étaient exécutés, le premier au fuseau, et le second au *tela*, métier vertical, analogue à celui dont se sert encore l'industrie de la tapisserie, ou à hautes lisses, trop connue pour que nous ayons à nous y arrêter,

Nous donnons, d'après l'ouvrage déjà cité[1] un plan considé-

[1] *Dictionnaire des antiquités romaines et grecques*, par A. Rich ; traduction de M. Cheruel. 1859,

rable de foulage et d'apprêt, retrouvé dans les fouilles de Pompéi.

Fig. 1. *Plan d'un foulon à Pompéi.*

« A, entrée principale sur la grande rue.

« B, loge du portier.

« C, impluvium pareil à celui des maisons ordinaires, entouré d'une colonnade de douze pieds carrés, sur un desquels sont peintes les figures des foulons à l'œuvre, que l'on voit dans les figures 2 et 3 ci-contre[1].

« D, Fontaine avec un jet d'eau qu'on trouvera au mot *sipho*.

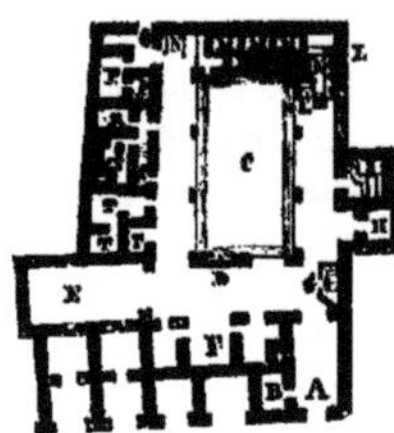

Fig. 1.

« E, Appartement spacieux ouvrant sur le péristyle ou cour du local, et employé peut-être pour sécher les étoffes.

« F, Tablinum, avec une chambre de chaque côté, où l'on recevait probablement les pratiques quand elles venaient pour affaires.

« G, cabinet ou garde-robe dans laquelle les étoffes étaient déposées après le dégraissage et gardées jusqu'à ce qu'on les demandât; on voit encore les marques des rayons dans les murailles.

« H, chambre adjacente; la première à main droite qui soit dans cette partie du local où avaient lieu les opérations actives du métier.

« I, vaste buanderie avec un réservoir où les étoffes étaient nettoyées simplement par le lavage et le rinçage.

« K, place où l'on enlevait la boue et la graisse en frottant les étoffes et en les foulant.

[1] La première doit concerner le dégraissage, et la seconde, le foulage, qui paraissait se réaliser par une espèce de gymnastique; l'ouvrier agit avec les pieds en s'appuyant sur des barres verticales.

« L, L, L, L, L, six niches construites sur les côtés de la chambre et séparées par des murs bas, environ à la hauteur des aisselles d'un homme. Dans chacune de ces niches était placée une cuve, où se tenait l'ouvrier et où il foulait l'étoffe avec les pieds nus, se soulevant pour cela sur un mur à hauteur d'appui, de la façon que montre la figure 2, prise d'une des peintures mentionnées ci-dessus.

Fig. 2.

« M, M, M, trois réservoirs plus petits pour laver les étoffes, ou probablement, pour les faire tremper avant de les laver.

« N, fontaine ou puits à l'usage des ouvriers.

Fig. 3.

« O, porte de derrière ouvrant sur une petite cour touchant à cette portion du local dans laquelle avaient lieu les principales opérations du foulage.

« P, P, chambres auxquelles on ne peut assigner aucun usage particulier relatif à ce métier.

« Q, fourneau de l'établissement.

« R, appartement attenant au fourneau.

« S, escalier menant à un étage supérieur.

« T, T, T, appartements ouvrant sur le péristyle ; ils étaient peints à fresque et probablement appropriés à l'usage du maître et de la maîtresse de l'établissement. Les chambres au bout du plan, sans lettres de renvoi, sont des boutiques qui font face à la rue et qui appartiennent à d'autres métiers, car elles ne se rattachent pas à la Fullonica et elles n'ont pas de communication avec elle. »

Quant à la presse, voici l'article et la figure qui la concernent :

« *Pressorium*, presse à étoffes (Ammien, XXVIII, 4, 9 ; *Solutis pressoriis vestes diligenter explorat*. Cf., Senec, *De tranq*. 1).

Fig. 4.

La gravure, fig. 4 ci-contre, d'après une peinture dans l'établissement d'un foulon à Pompéi, nous représente une machine identique à celle qui sert encore aux mêmes usages, mise en mouvement par une vis (*cochlea*), agissant sur une table (*prelum*) qui aplatit et serre les pièces de drap placées entre elle et une autre planche. »

Le *lainage*, ou garnissage, comme il est parfois désigné, est décrit avec la même exactitude que les autres apprêts par les anciens. « Pollux nous a conservé le souvenir du travail qui se faisait avec un peigne ou avec des plantes épineuses, comme aujourd'hui avec le chardon du bonnetier, *dipsacus fullonum*, et qui avait pour objet de ramener à l'une des surfaces de l'étoffe le plus grand nombre possible de poils[1].

« On lit dans Théophraste, dans Pline, dans Dioscoride, des descriptions si détaillées et si exactes de la plante appelée διψακος en grec et *dipsacus* en latin, que j'ai soupçonné qu'ils ont connu sa propriété de lainer les étoffes[2]. » Diverses autres plantes épineuses paraissaient mises en usage dans le même but par les anciens. Pline cite également la peau du hérisson : *hac cuti expoliantur vestes*[3]. Si ce n'est pas encore là l'emploi du chardon métallique en usage de nos jours, c'est du moins l'équivalent.

La laine donne donc naissance depuis vingt à trente siècles au moins, si nous nous en rapportons aux faits et témoignages précités, à trois grandes spécialités d'étoffes : aux feutres, aux tissus feutrés et aux tissus non feutrés. Les produits de chacun

[1] Mongez, *Habillement des anciens.*
[2] *Idem.*
[3] Liv. VIII, chap. XXXVII.

de ces groupes pourraient se subdiviser à leur tour en variétés, unies ou façonnées, lisses ou veloutées. Un voyageur anglais, le colonel Leake, dit, en effet, avoir trouvé, en Asie Mineure, des feutres dont la surface ressemblait à du velours[1].

Lorsqu'on songe à la lenteur avec laquelle le progrès devait se propager dans l'antiquité, et à tout ce que contiennent de procédés remarquables les industries dont les résultats n'ont été constatés que tardivement, l'on se demande à combien de siècles remontaient-ils lorsqu'on commença à les décrire ? L'on est naturellement amené à supposer à l'humanité une origine bien plus ancienne que celle qui lui est assignée par les Écritures et déduite des monuments. Ce n'est, en quelque sorte, que par accident et par des causes indirectes que les arts se sont, pendant longtemps, transmis de contrée à contrée. Ainsi que nous l'avons dit ailleurs[2], c'est aux guerres d'Alexandre le Grand [illegible] l'Occident doit la connaissance de certains produits textiles [illegible]ntaux, et surtout une partie des procédés industriels proprement dits ; jusqu'alors l'histoire est plus que pauvre en renseignements sur cette partie du domaine de la civilisation. On ne peut aller au delà que par des suppositions, établies sur la perfection des produits des peuples asiatiques, de l'Inde et de l'extrême Orient, dont l'industrie a devancé de tant de siècles celle des Occidentaux.

« On peut dire, en général, qu'avant l'entrée des peuples Indo-Européens et des peuples sémitiques sur la scène de l'histoire, le monde avait déjà des civilisations fort anciennes, auxquelles les nôtres doivent, sinon des éléments moraux, au moins des éléments industriels et une longue expérience de la vie matérielle[3]. »

[1] *Journal of a tour in Asia minor*, p. 38.

[2] *Traité de la filature du coton.*

[3] De la part des peuples sémitiques dans l'*Histoire de la civilisation*, par Ernest Renan.

Peut-être arrivera-t-on un jour, grâce à l'étude et aux recherches dont les inscriptions cunéiformes sont l'objet, à retrouver quelques nouvelles traces de l'origine des industries anciennes.

Mais il faut désespérer, nous le disons avec autant de conviction que de regret, de retrouver jamais une histoire complète et suivie des progrès dans les arts de la paix. Nous sommes autorisé à le dire, en présence des difficultés que nous rencontrons dans l'étude de l'introduction dans l'Europe occidentale de l'une des industries cependant les plus importantes et les plus populaires.

Ce n'est que depuis l'invasion de la Gaule par les Romains que l'on retrouve quelques preuves, soit de l'existence antérieure de la production et de l'industrie des laines, soit de la transformation du travail domestique en fabrique proprement dite.

De tous les peuples cisalpins conquis par les Romains, les Gaulois étaient les mieux vêtus. « Les Germains avaient pour vêtements des peaux ou de petits manteaux en cuir de renne, qui laissaient à nu une partie du corps [1]. » Les habitants de l'île d'Albion n'étaient pas mieux partagés sous ce rapport. Les Gaulois, au contraire, avaient déjà un certain nombre de costumes, qui variaient avec les principales contrées de la Gaule et avec les classes de ses populations. Les pauvres et la masse des travailleurs s'y couvraient également de peaux de bêtes fauves ou de mouton, ou d'une couverture en laine commune; mais les druides et les nobles portaient des habits qui témoignent d'un progrès déjà avancé. Dans les cérémonies religieuses, les druides étaient vêtus d'une tunique longue à fond blanc, ornée de bandes de pourpre ou de broderies d'or, et par-

[1] « Et pellibus aut parvis rhenonum tegumentis utuntur, magna corporis portio nuda. » (*Commentaires de César*, Guerre des Gaules, lib. VI, cap. XXI.)

dessus la tunique, un grand manteau qui s'ouvrait par devant. Ce manteau, d'un blanc très-fin, était d'une blancheur éblouissante[1]. La soie, brodée d'or et d'argent, formait l'habillement des nobles.

Les saies, d'où paraissent venir notre sarrau actuel, étaient parfois en étoffe à poils, que les Romains appelaient *lennæ*. Strabon dit que ces articles étaient produits avec la laine rude et longue de la Gaule. Les habitants de la Gaule, formée par les Pyrénées orientales et l'Océan; les Ibères ou Aquitains, de souche espagnole, se servaient également d'étoffes à poils pour en faire leurs vêtements, moins longs que ceux de la partie plus septentrionale du pays. Les Marseillais avaient conservé le costume hellénique, et les Gaulois, voisins de l'Italie, portaient la toge romaine. Mais le costume vraiment national des Celtes et des Kimris était surtout en usage dans la partie qui s'étendait entre Lyon et la Belgique. Il se composait de tissus de lin, d'étoffes de laine, de fourrures. La principale pièce, le pantalon, était large, flottant et à plis chez les races kimriques; étroit et collant chez les peuples d'origine celtique. Ce pantalon se nommait *bracca* ou *braga*, d'où est venu le mot français *braies*. Il descendait primitivement jusqu'à la cheville. Il se raccourcit ensuite et s'arrêta au jarret; ce qui a fait supposer à quelques archéologues qu'il a dû former le modèle du vêtement connu sous le nom de *culotte*. Une espèce de gilet serré s'adaptait à la partie supérieure du corps et descendait jusqu'à mi-cuisse. Le tout était couvert d'une saie rayée, *sagum, virgatum, sagula*. La saie était avec ou sans manches, attachée sous le menton avec une agrafe.

Le costume gaulois, réduit à ses parties principales, se composait donc, pour les hommes, de quatre objets : les braies, le

[1] *Candida veste cultur* (Plinius, lib. XVI, cap. XLIV et XI). — Alex. Lenoir, *Musée des monuments français*. Paris, 1800, in-8, t. I, p. 118.

gilet serré ou tunique, la saie et le manteau à capuchon, connu sous le nom de *bardocucullus*.

L'habillement des femmes gauloises, plus simple que celui des hommes, se composait d'une tunique large et plissée, avec ou sans manches, et d'une espèce de tablier attaché sur les hanches. Cette tunique, qui descendait jusqu'aux pieds, découvrait le haut de la poitrine, elle était bleue ou rouge pour les élégantes. Les femmes riches ajoutaient à la tunique un manteau de lin de couleurs variées, qui s'agrafait sur les épaules. Quelquefois aussi ce manteau, ouvert sur le devant, était assujetti par une laçure ou des courroies fixées par des boutons [1].

Les étoffes des divers vêtements portés dans la Gaule étaient en général produites par l'industrie indigène. Le principal centre de la fabrication des toiles et tissus en lin, était le Quercy, sur les bords du Lot, habités par les *Cardukes;* et les *Atrébades* du nord excellaient dans le travail des lainages. Gallien mentionne les saies d'Arras comme les plus estimées. On y employait de préférence les toisons longues. Selon Pline, Strabon et Varron les caractères et la qualité des laines variaient alors considérablement, comme aujourd'hui. Certaines laines de la Gaule, telle que la Narbonaise, pouvaient se comparer aux plus estimées de l'Italie, et celles-ci, dit M. de Lasteyrie dans son *Traité des bêtes à laine*, valaient dans les derniers temps de l'empire romain 10 francs de notre monnaie.

Insister davantage sur l'importance des laines, sur les moyens de les transformer en Italie et dans les Gaules, depuis les temps les plus reculés jusqu'aux premiers siècles de l'ère chrétienne, n'aurait d'autre résultat que de multiplier les citations pour démontrer un fait incontestable et surabondamment prouvé.

[1] Nous ne donnons sur les costumes gaulois que les renseignements qui intéressent directement notre sujet. Ils sont extraits en partie de l'Introduction à l'*Histoire du costume*, de M. Ch. Louandre.

Pendant huit ou dix siècles, à partir de cette époque, les documents sur le commerce et la transformation des laines deviennent rares en Europe. L'industrie en décadence avec l'empire romain, et troublée par l'invasion des barbares, a dû nécessairement se continuer dans la ville splendide fondée par Constantin. La position de cette célèbre cité aux portes de l'Orient, la destination que son fondateur lui avait rêvée, les brillants palais dont elle était peuplée, ses édifices religieux en faisaient le centre par excellence des sciences, des arts et de l'industrie du temps. Sa réputation, sous ce rapport, était universelle. Aussi, plus tard, « tous les princes s'étaient empressés à donner asile aux savants hommes de la Grèce que la prise de Constantinople et la barbarie des Turcs avaient chassés d'Orient en Occident[1]. »

II

Pendant le long espace de temps, si agité et si bouleversé du moyen âge, il est également peu question d'art et d'industrie dans les contrées occidentales. Le travail de la laine s'était néanmoins évidemment continué par petits groupes d'ouvriers spéciaux dans les cités déjà importantes de la France actuelle, telles que Paris, Rouen, Reims, Carcassonne, Valenciennes, Arras, Tours, Troyes, etc., et paraissait s'être pratiqué à l'état de travail domestique, dans les gynécées des princes, des ducs, et dans l'intérieur ou les dépendances des couvents.

Quelques termes et faits recueillis çà et là, des suppositions basées sur des noms de localité, et enfin l'importance relative de certaines d'entre elles, au moment où l'on commença à s'en occuper au point de vue de la réglementation, sont les seuls documents qui permettent de les suivre pendant cette sombre,

[1] De Barante, *Histoire des ducs de Bourgogne*, t. II.

ténébreuse et tumultueuse époque. Dès qu'une lueur de paix et d'ordre se manifeste, il est question du travail fondamental de la laine et des moyens de le développer. Aussi, n'est-il pas étonnant de voir le domaine impérial sous Charlemagne se composer d'habitations de luxe et d'ateliers de diverses sortes. Ceux destinés aux étoffes portaient encore le nom de gynécées, quoique le travail n'y fût pas exclusivement dévolu aux femmes.

Dans ses Capitulaires, où les mots de *drapus* et *trapus* se lisent [1], l'auteur ne dédaigne pas de s'occuper de détails très-humbles en apparence. Il recommande la propagation des brebis, il installe dans ses domaines des tailleurs, des tisserands, etc. Malgré les déchirements des règnes suivants, il est probable que les tentatives de cet homme de génie n'auraient pas été sans influence sur les arts en général et spécialement sur le travail des laines, si ses successeurs, qui se sont partagé son héritage, avaient pu s'inspirer de ses vues [2]. Malheureusement les déchirements intérieurs et les guerres qui ont suivi le glorieux règne de Charlemagne, ont bientôt fait disparaître le commencement de civilisation à laquelle il avait imprimé une si vigoureuse impulsion, la fabrication des lainages n'avait cependant pas disparu ; elle s'était lentement développée

[1] *Drap* est un vieux mot gaulois, dit Savary, qui se trouve dans les plus anciens titres, et que les peuples voisins ont emprunté de nous. Ducange dit qu'il vient de *drappus* ou *drapus*, dont il est parlé dans les Capitulaires.

[2] Le règne de Charlemagne n'est certes pas exempt de certains actes d'intolérance déterminés par la pression du fanatisme, la cupidité des masses et qui ont eu en tout temps une si fâcheuse influence sur le progrès. Mais à côté de ces faits, les historiens en signalent d'autres qui prouvent que ce prince avait devancé les idées de son temps. Le moine de Saint-Gall cite un juif devenu le favori de Charlemagne, et Blanqui dit « que les juifs étaient alors les dépositaires des plus belles étoffes, dont ils répandaient l'usage dans les châteaux et les abbayes. Ils avaient déjà beaucoup simplifié les procédés commerciaux, et leur correspondance aurait fait honneur aux plus habiles négociants de notre temps. »

pendant quelques siècles, comme nous le démontrons plus loin. Mais le mouvement le plus remarquable dans cette direction se propageait ailleurs, et devait cependant servir d'exemple et profiter à l'industrie française ; nous voulons parler des Flandres, des Etats libres de l'Italie, et surtout de la république de Venise, dont l'industrie était déjà importante du dixième au onzième siècle.

La tolérance et la liberté des Flandres ou pays des réfugiés, suivant la signification de ce nom, l'activité de ses habitants stimulée par l'indépendance et le droit de propriété dont ils jouissaient, la facilité de se procurer les belles laines dont leurs voisins des villes hanséatiques faisaient leur principal commerce, expliquent la prospérité du travail des lainages dans ces contrées.

Ce fut le comte Baudouin qui introduisit des tisserands et des foulons à Gand, déjà très-peuplée de son temps. La draperie et la teinture écarlate y fleurissaient vers le milieu du onzième siècle ; le nombre des métiers pour les ouvrages en laine et en toile était de quarante mille dans la ville de Gand. En temps de guerre, les seuls tisserands fournissaient souvent dix-huit mille hommes tirés de leurs rangs : les fabriques étaient dans la même splendeur à Bruges, à Ypres et dans plusieurs autres villes [1]. Plus tard Louvain comptait quatre mille maîtres drapiers et quinze mille ouvriers [2]. » Les draps de Bruxelles et de Louvain ne devinrent célèbres qu'après l'émigration dans ces villes des ouvriers de Gand et de Bruges chassés par les troubles. Quant aux petits Etats de l'Italie, leur organisation intérieure, leur heureuse position géographique et la nécessité de se créer des ressources les avaient amenés également à une grande prospérité industrielle, dans laquelle celle des lainages avait une part considérable. « La position de Venise,

[1] De Smet, Sander Marchant, etc., *Histoire de la Belgique.*

[2] Anderson, *Histoire du commerce.*

dit Blanqui aîné, lui fit dès son origine une nécessité du perfectionnement industriel et commercial : c'est au commerce qu'elle fut obligée de demander non pas la fortune, mais la vie. Venise, ajoute l'auteur plus loin, avait déjà donné à cette époque (treizième siècle) une grande impulsion à ses manufactures, et les plus riches colis de ses expéditions se composaient de glaces, de cristaux, d'étoffes de laine fine et de tissus de soie magnifiques, exécutés par des ouvriers vénitiens. Les gouvernements de notre temps n'ont jamais montré autant de sollicitude que celui de cette République pour les intérêts du commerce et de l'industrie [1]. » M. Daru fait ressortir les mêmes faits dans son histoire de la ville de Venise.

Florence, où les moines de Saint-Michel d'Alexandrie établirent des métiers à tisser la laine en 1249, devint à son tour si importante, qu'un historien y constate plus de deux cents fabriques en 1340, et plus de quatre-vingt mille pièces, à la production desquelles étaient employées plus de trente mille personnes [2].

Les serges, qui formaient une partie des produits florentins, trouvaient un grand débouché dans les Pays-Bas, aux quinzième et seizième siècles. Padoue et Pérouse s'occupaient surtout des tissus ras et, entre autres, des étoffes en poils de chèvre. Gênes faisait toutes espèces d'articles cardés et peignés. Plusieurs historiens, et entre autres *Washington Irving*, assurent que le père de Christophe Colomb était peigneur de laine dans cette ville.

La France, malgré les guerres dont elle fut le théâtre, de Charlemagne à saint Louis, suivit l'exemple de ses voisins du nord et du midi. Arras, Lille, Amiens, Valenciennes, Paris,

[1] *Histoire de l'économie politique*, t. I, p. 291.

[2] *Istorie Florentine*, lib. XI, cap. XCIII, citée par John James. *Hist. of the Worsted manufacture*, et Discours de M. Alstraemer, de l'Académie royale de Suède.

Rouen, Tours et les lieux environnants possédaient de véritables fabriques de lainages, ce travail y existait déjà du cinquième au dixième siècle; mais il commençait à se partager dès lors entre les deux sexes. La plus grande partie des étoffes de ces diverses localités se consommait dans le pays, le reste était vendu au dehors, dès le treizième siècle.

Les maîtres des fabriques avaient acquis une importance réelle avant le douzième siècle, à en juger par les premières lettres patentes de Philippe-Auguste, en 1188, sur les corporations drapières. Il n'est pas téméraire de supposer qu'il a fallu un siècle au moins d'existence et des résultats d'une certaine importance dans la spécialité pour que le roi s'occupât d'elle, et la jugeât digne de son attention. Les nombreuses législations qui se succédèrent sur le même objet, jusqu'à la fin du dix-huitième siècle, témoignent de la place que le travail des lainages avait pris, et de l'intérêt qu'il offrait à tous les gouvernements. Les règlements des métiers de saint Louis sont les plus complets, ses successeurs se sont bornés tantôt à modifier, et tantôt à développer ou à expliquer les bases de ces premiers statuts industriels. En les publiant, Estienne Boileau les a fait précéder d'une notice sur la situation de l'industrie, que nous croyons devoir mettre sous les yeux de nos lecteurs :

« Paris avait alors beaucoup de tisserands en laine et en fil et chanvre. La draperie était une des principales industries des villes du nord de la France. Paris rivalisait avec Saint-Denis, Lagny, Beauvais et Cambrai ; et la Flandre avec son grand nombre de villes manufacturières excitait encore davantage l'émulation des villes françaises. Ce n'était pas une industrie qui donnât lieu à de grands établissements, mais elle faisait vivre modestement un grand nombre de familles ; la confrérie des drapiers était très-ancienne à Paris, elle a subsisté longtemps. Dans la Cité, où leur industrie avait pris naissance, la rue de la Vieille-Draperie indique encore le berceau de leur métier.

C'est probablement dans cette rue qu'étaient situées les vingt-quatre anciennes maisons de Juifs que les drapiers obtinrent de Philippe-Auguste, moyennant un cens annuel de 100 livres.

« Comme les drapiers avaient la faculté de faire travailler chez eux leurs parents, le métier de drapier se transmettait dans les familles; on était drapier de père en fils, et quelquefois tous les membres d'une famille travaillaient sous le même toit. Dans l'origine, les tisserands vendaient les étoffes de laine qu'ils avaient tissées : ils étaient fabricants et marchands à la fois; mais dès la fin du treizième siècle les riches faisaient tisser par les pauvres et vendaient les draps qu'ils avaient fait fabriquer. Ils conservaient encore le nom de tisserands, mais ils étaient les grands mestres, tandis que ceux qui travaillaient pour le compte de ces marchands n'étaient plus que les menus mestres. Quoique les autres villes manufacturières eussent la faculté de vendre leurs draps aux halles de Paris, les drapiers parisiens soutenaient fort bien la concurrence, du moins pour les draps communs; car, quant à la draperie fine, il n'y avait que les manufacturiers de la Flandre qui l'eussent portée à un haut degré de perfection. Quand on voulait avoir du camelot fin ou de l'écarlate, on allait chez les marchands qui apportaient du nord de la France les draps flamands.

« A Paris, comme à Saint-Denis, la draperie faisait prospérer la teinturerie. Ces deux métiers, indispensables l'un à l'autre, et pourtant jaloux de leur succès réciproque, eurent de fréquents démêlés, que l'autorité publique essaya quelquefois en vain de faire cesser. Les drapiers voulaient teindre, pour avoir tout le bénéfice de leurs opérations, et les teinturiers, voyant que les drapiers faisaient de bonnes affaires, cherchaient toujours à faire des travaux pour leur compte et même à tisser les laines qu'ils teignaient. Ce ne fut pas sans peine que l'on contint chaque métier dans ses limites.

« Dans la suite, les drapiers furent le premier des six corps de marchands, et, quoique les chaussetiers ou fabricants de chausses en drap et autres étoffes de laine voulussent faire une corporation particulière et eussent choisi pour leur confrérie un autre patron que les drapiers, ils furent pourtant absorbés dans cette puissante corporation, à laquelle ils parvinrent seulement à donner le nom de drapiers-chaussetiers.

« Les foulons aussi formaient, à cause de l'état florissant de la draperie, une corporation nombreuse et puissante. Plus de trois cents foulons allèrent au-devant du convoi qui rapportait à Paris le corps de Louis IX, mort en Afrique. Ils devancèrent les autres bourgeois, pour se plaindre à Philippe le Hardi de ce qu'on les empêchait de se servir d'une place près de la porte Baudoyer, dont ils avaient depuis longtemps la jouissance. Mais dans ce nombre de trois cents étaient problablement compris les ouvriers compagnons, car il est difficile de croire qu'il y ait eu trois cents foulons à Paris, tandis qu'on ne comptait qu'environ soixante maîtres drapiers et vingt teinturiers ; du moins, le nombre des maîtres nommés dans l'accord fait entre les deux métiers ne s'élève pas plus haut. Dans la place qu'on voulait leur contester, et qui, jusqu'à ce jour, porte le nom de Baudoyer, se tenaient, le matin, les ouvriers foulons qui n'avaient pas d'ouvrage. Il nous reste sur les foulons plusieurs statuts, un, entre autres, qui est plus ancien que tous les règlements des autres métiers. Ils en avaient un autre de la reine Blanche ; mais ce statut n'est pas parvenu jusqu'à nous.

« Au reste, si l'on veut comparer les trois états de la draperie, de la teinturerie et de la foulonnerie à cette époque, sous le rapport du gain et de l'aisance, il suffit de parcourir les rôles de la taille à laquelle on taxait les marchands de Paris. Dans celui de 1313, les foulons sont portés à de faibles sommes ; les teinturiers ne payent pas non plus une taille très-forte ; mais on exige des sommes considérables de la plupart des drapiers : quelques-uns furent même les bourgeois les plus haut taxés de tout Paris; c'est ainsi que Wasselin de Gant, drapier en gros, dut payer 150 livres; Jaques Marciau, 158, et Pierre Marcel, drapier devant Saint-Eloy, 127 livres. Ces trois marchands payèrent plus que quelques paroisses de Paris, et les changeurs mêmes, qui étaient les banquiers du temps, et les Lombards, qui tenaient le comptoir et la banque, ne purent se comparer, pour le gain, aux forts marchands de drap de la Cité, du Grand-Pont et de la paroisse Saint-Méry. Peut-être faisaient-ils le commerce des draps de la Flandre et du Brabant avec celui des draps de leur façon.

« On ne s'attend peut-être pas à trouver dans l'industrie parisienne d'alors quatre corporations de chapeliers. Les robes étaient taillées sur le même modèle; tous les bourgeois étaient habillés uniformément; mais le goût de la variété se montrait dans la coiffure. Les chapeaux et les chaperons en drap ou en feutre recevaient diverses formes, et les dames d'alors ne mettaient guère moins de soin que celles de ce siècle à se parer avec élégance et coquetterie. Leurs couvre-chefs de soie étaient faits par une classe spéciale d'ouvriers, et, à défaut de marchandes de modes, c'étaient les merciers qui tenaient les articles de parure, ainsi que les parfums, les aromes et une foule d'instruments, d'outils, d'objets de luxe et de nécessité. Leurs boutiques devaient avoir un grand attrait pour les riches bourgeois de Paris, car tout ce qui pouvait flatter leur goût, tout ce qui convenait aux habitudes du luxe d'alors se trouvait réuni chez les merciers. L'énumération des marchandises de la mercerie, qu'un poëte du moyen âge a rimée, forme un catalogue dont il serait difficile de retenir dans la mémoire tous les détails. »

L'ancien régime désignait sous le nom de *drapier-drappans* les maîtres qui faisaient travailler les ouvriers des corporations employées aux diverses opérations et apprêts des draps, tels que les tisserands, les foulonniers ou foulons, les laneurs ou laineurs, chargés du garnissage pour amener les filaments froissés par le foulage à la surface du drap, les tondeurs, qui le coupaient aussi également que possible, à la hauteur voulue, et les teinturiers. Ces corporations étaient spécialisées et limitées, comme on sait, avec un soin minutieux, leur travail réglementé de la façon la plus rigoureuse. Les ducs et les princes ajoutèrent ordonnances sur ordonnances, règlements sur règlements, des prérogatives et des restrictions à qui mieux mieux, pendant près de six siècles. Un seul registre des archives municipales de Rouen, dit M. Ouin Lacroix, contient plus de quarante grandes pages d'articles réglementaires pour Rouen seulement. Pour les tisseurs, les points à observer dans le travail, conformément à la plupart de ces règlements, portaient sur les éléments ci-après; sur la nature et les qualités de la matière, le mode de filage, d'encollage et de séchage des fils de la chaîne, et la manière de la marquer, sur le mode d'emploi de la trame ; il est défendu de tisser alternativement à trame sèche et humide ; sur les dimensions des pièces, leur exécution plus ou moins parfaite, etc., etc. *Pour les foulons*, le genre de maillets, la défense de tirer le drap, la nature et l'origine de la terre à foulon. Il en était de même pour les lanneurs, les tondeurs. Chacun d'eux avait son *chef-d'œuvre* à produire pour être admis dans la corporation. Celui des tondeurs consistait à donner trois coupes à un morceau de drap de trois aunes encore en blanc, une avant que le drap eût été lanné, l'autre après cette première opération, la troisième après la teinture du drap et son apprêt définitif.

En parcourant la plupart des dispositions que nous pouvons à peine analyser, et dont l'exposé complet et les observations qu'il suggère exigeraient des volumes, on est frappé toutefois des motifs rationnels qui guidaient leurs auteurs. On ne saurait nier que, si on a abusé de l'application du principe, il a eu néanmoins sa raison d'être et a contribué, pour un temps, au progrès de l'art. Seulement, l'époque de la réglementation a duré bien trop longtemps et a souvent porté sur des points qui ne s'y prêtaient nullement. Souvent aussi le fort s'en faisait une arme contre le faible, en abusant de certaines parties obscures ou contradictoires. Des industries qui prospéraient dans une localité s'en servaient parfois contre la même industrie éprouvée dans une localité voisine. L'histoire abonde en querelles de clocher, basées sur la rivalité, la jalousie, et prétextant des priviléges usurpés. Qui ne connaît les mille discussions entre des corporations qui faisaient quelques articles analogues et similaires, et souvent entre les membres d'une même spécialité. Ce n'est pas alors qu'on pouvait dire : Il n'y a plus de Pyrénées ! De simples barrières étaient souvent plus infranchissables. Pour n'en citer qu'un exemple, nous empruntons encore à l'historien des corporations de l'ancienne capitale de Normandie le fait suivant :

Après avoir fait ressortir l'importance de la corporation des drapiers de Rouen, les dissensions et les réclamations nombreuses qui en surgirent tantôt pour une cause, tantôt pour une autre, l'auteur ajoute :

« Vers la même époque, les drapiers commirent un acte de partialité inique et bien cruel. Il existait déjà autour de Rouen de petites colonies de drapiers, à Darnetal, Elbeuf, Louviers, colonies qui, plus tard, devaient absorber le commerce de la métropole. Les Anglais, devenus maîtres de Louviers, en dépouillèrent les habitants, qui cherchèrent un refuge dans les murs de Rouen. Obligés de travailler pour soutenir leurs familles, ces malheureux réfugiés voulurent exercer leur industrie. Les drapiers rouennais, sans égard ni à leur malheur, ni à leur pauvreté, s'y opposèrent, demandèrent même leur expulsion, s'appuyant sur un article de leurs statuts qui défendait de fabriquer du drap dans la ville sans y avoir fait son apprentissage. Les réfugiés implorèrent alors la protection du roi Charles V, qui leur accorda, en 1373, de travailler dans Rouen, d'abord dix ans, puis dix autres, à condition seulement que leurs draps seraient marqués d'une empreinte spéciale [1]. »

En présence de cette inhumanité des anciens Rouennais, de la disparition complète de l'industrie drapière dans cette localité et de la célébrité actuelle de Louviers et d'Elbeuf, on est tenté d'y voir un exemple de plus du juste retour des choses d'ici-bas. Les dispositions restrictives concernant la faculté de travailler ne s'appliquaient pas seulement de localité à localité, mais aussi aux ouvriers d'une même commune, s'ils n'étaient pas nés dans certaines conditions, c'est-à-dire lorsqu'il n'étaient pas fils ou parents à un certain degré du maître. On conçoit, en parcourant cet arsenal de lois oppressives et féodales, qu'il ait été battu en brèche par Turgot et que la Révolution en ait fait justice. Nous ne pouvons, nous le répétons, entrer dans ces détails ; citons seulement une contestation technique d'un procès entre mille, sous Henri IV, en 1601. Les gardes du corps de la draperie de Paris avisèrent ce corps d'ouvrir les yeux sur les suites pernicieuses de l'inapplication des règlements de 1508 et de 1560 contre l'emploi des tables de fer et les fourneaux propres à presser et à catir les étoffes à chaud. Ils en demandèrent et en obtinrent la confiscation devant le prévôt de Paris, avec condamnation aux amendes portées dans lesdites ordonnances. Savary, qui rapporte le fait dans son *Dictionnaire du commerce*, dit :

« L'affaire longtemps discutée, le procureur du roi entendu dans ses conclusions, quantités d'expériences faites par les plus habiles ouvriers en présence des magistrats et avoir pris l'avis des principaux corps de la draperie, il fut ensuite ordonné que, dans huitaine, les fourneaux, presses et platines de fer saisis seraient rompus, avec défenses aux propriétaires de s'en servir, sous les

[1] *Histoire des anciennes corporations d'arts et métiers*, p. 96.
Nous pourrions citer des rivalités semblables entre les fabricants de Lille et de Roubaix.

peines portées aux ordonnances. Cette sentence fut publiée dans tout le royaume par les ordres de Henri IV, et les ordonnances de 1508 à 1560 remises en vigueur. »

Les fabricants de notre temps remarqueront que ces engins en fer, airain; ces fourneaux et ces presses brisés et confisqués, constituent le principe des apprêts appliqués aujourd'hui avec beaucoup de succès pour obtenir le résultat improprement désigné sous le nom d'*apprêt anglais*, et ce n'est certes pas là le seul progrès que les ordonnances et la réglementation excessive aient étouffé dans son germe.

Le nombre même de ces entraves, dictées dans une intention de progrès, et pour s'assurer, autant que possible, de la perfection, est un signe de l'importance du sujet et de l'intérêt dont les lainages étaient l'objet.

Dès 1220, la draperie rouennaise, entre autres, fut l'objet d'un commerce considérable démontré par les tarifs douaniers de Marseille.

La réputation de ces draps continua à grandir. Le roi Charles VII, dans une ordonnance de 1458, vante beaucoup l'excellence des draps de Rouen et défend à qui que ce soit d'en imiter frauduleusement la lisière distinctive. M. Langlois, dans son ouvrage sur les *stalles de la cathédrale de Rouen*, cite un prédicateur du quinzième siècle, Maillard, qui, dans un de ses sermons, s'écriait : « Drapiers iniques, vous vendez pour drap de Rouen celui qui n'est que de Beauvais ; vous vendez du drap humide pour du drap sec ; l'acheteur croit avoir deux aunes, il n'en a qu'une. » Nous croyons que cet honnête prédicateur abusait un peu de la liberté de la chaire pour exagérer la proportion possible de la fraude des marchands.

L'existence de la fabrique de draps à Tours est également établie par des lettres patentes, en date de 1460, et par le préambule de celles de François Ier, relatives à l'institution des foires à Tours.

§ 2. — Influence des croisades.

Le développement industriel en général, et des lainages en particulier, dès la fin du treizième siècle, comparé à ce qu'il était en France pendant les siècles précédents, serait difficile à expliquer si on ne rappelait les conséquences des croisades sur le travail manufacturier de nos contrées. « L'influence des croisades, dit de Heeren, consista moins en ce qu'elles introduisirent de nouveaux articles qu'en ce qu'elles rendirent plus général l'usage de ceux qui étaient déjà connus et qu'on ne voyait qu'à la cour du roi et des grands. Par les croisades, les villes européennes devinrent des centres d'activité, de commerce et de richesses, et le luxe, réservé longtemps aux cours, s'étendit de toutes parts. La manière de se vêtir, de se meubler, de se nourrir, éprouva bientôt un changement notable. » Blanqui dit à son tour : « L'industrie avait aussi sa croisade et dérobait aux Sarrasins et aux Grecs des procédés et des secrets plus précieux que des victoires. Les croisés apprenaient dans Damas à travailler avec succès les métaux et les tissus. Ils trouvaient en Orient des manufactures de camelot, dont les échantillons excitèrent l'admiration de la reine Marguerite. » Un fait peu connu peut, en quelque sorte, prouver le développement pris par le travail des lainages, et les recherches dont il devient l'objet à partir des croisades et depuis la renaissance : nous voulons parler d'une conception mécanique de Léonard de Vinci, applicable à cette spécialité.

Invention d'une tondeuse automatique de Léonard de Vinci. — Les anciens ne paraissaient pas avoir connu l'opération désignée sous le nom de *tondage*, dont le but est de couper et de régulariser le duvet de laine de la surface de l'étoffe formé par l'action du peignage du chardon. Sans pouvoir déterminer l'époque à laquelle le tondage a commencé à être pratiqué, on le voit cependant exercer, au moyen âge, à l'aide d'énormes ciseaux à deux branches, représentés dans les armoiries des drapiers-drappants[1]. Le travail, fort pénible avec les *forces*, nom donné à ces ciseaux, s'était continué jusqu'au commencement de notre siècle. Il n'était même pas abandonné entièrement il y a une trentaine d'années. Toutefois, l'invention des tondeuses automatiques à lames hélicoïdales, décrites plus loin dans la partie technique, et qui remonte à une cinquantaine d'années, est venue remplacer avec un immense avantage le tondage à la main. Notre surprise a donc été grande de trouver dans des manuscrits de Léonard de Vinci, dont quelques-uns sont déposés à la bibliothèque de l'Académie des sciences, des croquis relatifs à la tondeuse automatique à lames hélicoïdales. Les dessins sont tellement clairs, qu'il n'y a pas à se méprendre sur le principe, quoique les notes qui les accompagnent soient écrites d'une façon si particulière à Léonard de Vinci, que des professeurs de paléographie que nous avions priés de nous aider à déchiffrer ces notes, n'ont pu le faire. Quoi qu'il en soit, les croquis, rapprochés de ce que divers auteurs avaient déjà dit des inventions de ce grand artiste pour la fabrication de la draperie, ne peuvent laisser de doute à cet égard ; aussi en avons-nous demandé l'insertion au *Bulletin de la Société d'encouragement pour l'industrie nationale*. Nous croyons devoir reproduire la note que nous avons donnée à ce sujet[2].

[1] Monteil, dans l'*Histoire des Français des divers états*, dit, tome I, chap. XIV, que le tondage, *tondaige*, était pratiqué dès le quatorzième siècle.

[2] Mai 1864.

LÉONARD DE VINCI, INVENTEUR DE LA TONDEUSE AUTOMATIQUE A LAMES HÉLICOÏDES.

Note par M. ALCAN, membre du Comité des arts mécaniques.

Plusieurs auteurs ont mentionné d'une manière générale la variété des recherches scientifiques et des applications mécaniques de Léonard de Vinci, et entre autres Venturi, dans l'*Essai sur les ouvrages physico-mathématiques de Léonard de Vinci*, et surtout l'auteur de l'*Histoire des sciences mathématiques en Italie, depuis la renaissance des lettres jusqu'à la fin du dix-septième siècle*. Le passage suivant, sur les travaux du grand artiste de la renaissance, m'a surtout frappé.

« Nous citerons plusieurs machines pour laminer le fer, pour faire des cylindres, des limes, des scies, pour tondre les draps, pour raboter, pour dévider ; un pressoir mécanique, un marteau pour les batteurs d'or, une machine pour creuser les fossés, une autre pour labourer la terre à l'aide du vent, les appareils de sondage, une roue adaptée aux bateaux pour les faire mouvoir, et une infinité d'autres machines dont nous ne saurions ici faire l'énumération. Il fit construire un grand nombre d'appareils ingénieux d'une utilité toute domestique ; il avait imaginé un tournebroche dont la rotation s'effectuait par le mouvement ascensionnel de l'air raréfié par le feu des fourneaux qui chauffaient par-dessous, et des lampes à courant d'air. » (Tome III, page 44.)

Cette nomenclature, particulièrement curieuse à cause du nom de l'inventeur et de l'époque de ces inventions, éveilla vivement ma curiosité, et, après d'assez longues recherches, j'appris que ces diverses inventions devaient être décrites dans des cahiers manuscrits, dont une partie avait été rapportée des bibliothèques de Milan, à la suite de la campagne d'Egypte par le premier consul, et déposée à la bibliothèque particulière de l'Institut de France. C'est là que j'ai pu, en effet, prendre connaissance de quelques cahiers, où les inventions sont croquées à la plume, accompagnées de notes écrites à rebours, si je m'en rapporte à Venturi, qui dit, dans l'essai précédemment cité : « Léonard de Vinci écrivait de droite à gauche, à la manière des Orientaux. » Ne pouvant déchiffrer cette écriture, je priai un praticien élève de l'Ecole des chartes, un professeur de paléographie, de vouloir bien m'aider dans mes recherches ; mais il fut obligé d'y renoncer faute de temps, attendu, me dit-il, que ce serait un travail de plusieurs mois.

Dans cette situation, je m'attachai tout particulièrement à l'étude des croquis, et fus assez heureux pour pouvoir réunir ceux épars concourant à la tondeuse du drap ; ils sont reproduits dans la planche ci-contre, avec une exactitude religieuse ; je me suis permis seulement de les coordonner méthodiquement dans leur disposition, afin de les faire comprendre comme je les comprends moi-même.

La figure 1 est la représentation isolée de l'organe tondeur, le cylindre *a*, armé de lames en hélice *l*, *l*.

La figure 2 indique, sur une échelle plus grande, l'assemblage de ces lames sur le cylindre. L'extrémité de ce cylindre est terminée par une lanterne à chevilles *c*, pour recevoir la transmission des dents d'une roue d'engrenage.

La figure 3 donne un détail en perspective du cylindre tondeur *a*, développé avec ses lames *l*, et la position de cet organe par rapport au drap *f*, dont la coupe du poil est facilitée, grâce à la position de la lame fixe *b*. Les lames *l* du cylindre de rotation tournent tangentiellement à cette lame fixe contre la surface de l'étoffe à raser.

Cette lame devait avoir la largeur de l'étoffe à tondre. Celle-ci devait être tendue de la manière indiquée dans la figure 4. Elle entre dans une espèce de pince P en se déroulant et passe au-dessus du cylindre-ensouple E pour s'enrouler sur celui E'.

La figure 5 montre en détail le moyen de serrage de la pièce de drap par un coin chassé entre deux jumelles *x* et *x'*.

La figure 6 paraît un tracé graphique, où le drap *f* est représenté par une projection de profil, et l'organe tondeur *a* par un cercle.

Le bâti rectangulaire L M N O (fig. 7 et 8), n'offre rien de particulier, si ce n'est une modification dans la manière d'enrouler la partie de la surface tondue, *la tablée*, comme on dit aujourd'hui; en effet, le drap ne pouvant être tondu à la fois qu'entre les montants LM et ON, une fois que la tondeuse avait parcouru cette surface, il fallait rendre l'étoffe libre et enrouler la partie tondue autour de l'ensouple E'; cette manœuvre déroulait en même temps une nouvelle longueur de tissu. A cet effet, on devait opérer le desserrage et le serrage du coin, et, par conséquent, du drap en agissant sur l'espèce de treuil *t*, au moyen du bras de levier Q (fig. 9), qui déterminait l'action dans la direction imprimée au bras de levier.

Une fois le desserrage opéré, on pouvait enrouler la pièce sur l'ensouple E' en tournant la manivelle *m*, sur laquelle est placée la vis *v*, engrenant avec la roue droite R, fixée sur l'axe de l'ensouple E' (fig. 4).

Pour opérer conformément à l'indication que je viens de donner, il fallait nécessairement que la tondeuse fût douée d'un double mouvement simultané, d'une rotation autour de son axe, et d'un mouvement de translation le long de la surface à tondre. Le premier de ces mouvements paraît très-nettement indiqué en élévation (fig. 7) et en projection horizontale (fig. 8): une manivelle *q* porte une vis sans fin *r*, engrène avec une roue horizontale à chevilles; l'axe vertical *s* de cette roue est fileté et engrène avec une roue droite R', dont l'axe forme l'arbre de la tondeuse. Quant au mouvement de la translation, il est moins clairement dessiné; il est cependant indiqué dans la figure 7; il paraît avoir été déterminé par les anneaux *n* d'une espèce de chaîne qui opérait sur les fuseaux de la roue à lanterne R', et une fois arrivée à l'extrémité de sa course, l'on faisait revenir la tondeuse à sa position initiale au moyen d'une petite manivelle à la main agissant dans le sens voulu sur l'axe de la tondeuse.

Si je ne me trompe, il résulte de la description que la tondeuse de Léonard de Vinci a une analogie extraordinaire, presque une identité avec les premières tondeuses automatiques, dites *transversales*, opérant sur le drap immobile. Ces tondeuses, connues en Angleterre sous le nom de *Lewis*, le sont en France sous celui de *Collier*, leur importateur au commencement de ce siècle. (Voir le *Bulletin de la Société d'encouragement*, 1831, t. XXXIX, p. 443, pour se faire une idée des services rendus par cette invention.)

Un résumé de la manière générale d'opérer avec la tondeuse du grand artiste, justifiera, je pense, l'analogie que je viens d'établir. Le chef ou *extrémité longitudinale* du drap à tondre est fixé à des cordes ou pièces de toile, comme on le voit en *h* (fig. 4). Les deux mâchoires de la pince P sont desserrées ; on tourne la manivelle *m* jusqu'à ce que le commencement du drap arase le montant LM ; on serre alors les mâchoires ou pinces au moyen du levier Q, agissant sur la tête de la vis *d*.

La *tablée*, ou surface entre les montants verticaux, se trouve tendue ; on agit alors sur la manivelle *q*. Le cylindre tondeur tourne et avance horizontalement le long du bâti ; arrivé à l'extrémité de sa course, on peut le faire revenir à sa position initiale par une petite manivelle à main agissant sur le cylindre dans le cas où la tonte serait insuffisante, et, si elle est bien faite, on desserre la mâchoire et on tourne la manivelle *m* pour enrouler la partie tondue et dérouler la suivante à tondre, et ainsi de suite, jusqu'à ce que la pièce soit terminée.

C'est du moins ainsi que j'ai compris ces remarquables croquis. Je ne crois pas m'être trompé dans leur explication générale, quoique je ne sois pas certain d'avoir pu me fixer d'une manière précise sur tous les détails des mouvements, ni même de les avoir donnés d'une manière complète. Pour pouvoir être plus affirmatif, il serait nécessaire de s'aider du texte. Si je me suis décidé à passer outre, c'est parce que les figures m'ont paru assez significatives pour en tirer une conclusion certaine et assez intéressante pour engager d'autres plus compétents à continuer le travail d'exploration concernant les applications de la mécanique proposées ou réalisées par un génie bien justement célèbre, il est vrai, mais si extraordinairement fécond, que l'on connaît à peine de nom ses importants travaux scientifiques, et ses innombrables inventions industrielles. Elles seraient cependant assez remarquables pour faire la célébrité d'un grand nombre d'inventeurs contemporains des plus éminents, si elles étaient toutes aussi pratiques que l'était celle que nous venons d'examiner.

Tout en admettant que le propre des hommes de génie est de devancer leur époque, il n'en est pas moins vrai que l'on peut considérer l'invention de Léonard de Vinci comme une preuve de la grande place qu'occupait de son temps le travail des lainages. La lenteur et les difficultés du tondage l'avaient évidemment frappé. De cette observation à la découverte si rationnelle du principe et des moyens utilisés avec tant de succès trois siècles plus tard, il n'y avait qu'un pas pour le grand et savant artiste. Ses nombreux travaux prouvent qu'il ne dédaignait pas de passer des œuvres idéales aux inventions les plus usuelles. Quant à la tondeuse automatique, il n'est pas étonnant qu'il n'en ait jamais été question ; l'auteur lui-même n'y avait peut-être pas attaché une grande importance, et lors même que quelqu'un eût eu l'idée de l'appliquer, il est probable que la corporation des drapiers-drapants aurait démontré qu'il fallait défendre son emploi, briser cette machine, et mettre à l'amende ceux qui s'en servaient; qu'il fallait, en un mot, exécuter la juridiction qui avait fait justice des apprêts au fer et à l'airain chauffés.

Nous avons déjà reconnu que les corporations ont produit certains bons résultats, elles ont permis d'organiser une défense contre les vexations et les abus dont leurs membres étaient victimes de la part des seigneurs féodaux. Mais la postérité leur devrait beaucoup plus de reconnaissance pour ce fait si, à leur tour, elles n'avaient abusé de leur force contre le faible, et n'étaient devenus tyranniques jusqu'au ridicule, ou si le principe de leur organisation, au lieu d'avoir été une cause de stagnation, avait stimulé le progrès de façon à pouvoir tenir tête à la concurrence étrangère. Or, il n'en était rien ; l'industrie était constamment aux abois. Nous lisons dans une pièce manuscrite sans date de la Bibliothèque impériale, mais qui avait été évidemment adressée à Louis XIII et à l'Assemblée des notables par les manufacturiers de France :

« Agréez, Sire, que les marchands parlent de leur art, et vous proposent les manufactures en France comme un remède prompt et innocent au mal et au soulagement unique à la pauvreté de la plus part de vos sujets.

« Cette proposition n'est pas si petite qu'elle n'importe tous les ans au royaume de trente millions.

« L'Italie tire tous les ans de France trente millions pour les ouvrages de toilles d'or et d'argent, or pilé, drap de soie, raz de Milan et broderies, sans les soies crues qui importent deux à trois millions.

« La Flandre, qui naguère venait acheter à Lyon et lieux circonvoisins les soies manufacturées, tire maintenant de France huit millions par an pour camelots, serges, tapisseries, toiles, dentelles, points coupés, velours et passements, façon de Milan.

« L'Angleterre trente-quatre millions pour draps, serges et bas estames. La Hollande autant pour les toiles.

« L'Espagne pour ses draps n'en tire pas moins.

« Le Levant nous enlève encore six millions de livres. De tout cela la France n'en retire pas un sixième par le troc des draps de diverses sortes, toiles, filets...

« Voyez les profits que les étrangers font sur nous. Ils vendent la livre de soie dix livres au plus, réduite en manufacture de velours ou satin, fait deux aulnes de velours et quatre aulnes de satin qu'ils vendent vingt-quatre ; ce sont 14 livres de profits pour chacune livre qui disent 140 pour 100.

« Le moyen de conserver l'or et l'argent en votre royaume et faire à votre peuple ce grand profit, est de rejeter leurs manufactures, etc.

« Or, Sire, les manufactures qui vous sont proposées ne sont pas nouvelles en France, les roys vos prédécesseurs et particulièrement le feu roy Henry le Grand d'heureuse mémoire, père de Votre Majesté, les y ont introduites et fait établir depuis longues années; elles se voient à Lyon, Thour, Thoulon, Limoges, Rouen, Paris, Troyes, Rheims et ailleurs, où il y a quantité d'ouvrages excellents, adroits, etc.

« Le secret pour renouveller en France la prospérité est de renouveller les défenses que firent François premier, père de son peuple, en 1539, et Henry le Grand en 1599, de transporter l'or et l'argent hors du royaume, et d'y faire entrer et débiter les marchandises manufacturées, d'or, d'argent, soye et laine.

« Votre Majesté peut même avoir dans quelques temps des soyes suffisamment pour les manufactures de votre Royaume, y ordonnant le plan du mûrier comme il se pratique en Italie ; elle ménagerait encore 2 à 3 millions de livres pour l'achat des soyes qui ne seraient pas moins belles comme l'expérience de celle qui s'y fait à présent le tesmoigne. »

Pour refréner le luxe des fils de famille, la même pièce demande de remettre en vigueur l'ordonnance rendue en 1565 par Charles IX, qui « desnie toute action pour vente de draps de soye à crédit à quelque personne que ce soit, si ce n'est de marchand à marchand[1]. »

Cette pièce, qui nous a paru curieuse par les renseignements qu'elle donne sur les prix de certaines matières premières et de leurs produits, n'est pas moins intéressante comme constatation de l'état des choses assez peu de temps avant l'avénement de Colbert, et comme preuve de l'inefficacité de la sévère réglementation imposée jusqu'alors. Elle prouve de plus que l'industrie existait souffrante et sans ressort il est vrai, par suite des troubles politiques et des abus qui s'étaient succédé depuis tant de siècles. Elle s'en prend à l'obstacle direct qui la frappe sans en chercher les causes ni les moyens, pour pouvoir lutter à armes égales contre ses redoutables adversaires, dont les uns, comme les Espagnols, les Italiens et les Flamands, avaient une avance séculaire sur elle, et les autres, tels que les Anglais, venaient d'entrer dans la voie avec une résolution, une protection et une indépendance relatives, une vigueur et un génie commercial qui ne les a plus quittés depuis. Si d'ailleurs un perfectionnement susceptible de faire sortir l'industrie de sa routine s'était révélé, il eût été impossible de le faire appliquer et de le propager. Nul dans la spécialité n'eût osé y songer, et encore bien moins proposer la libre concurrence, qui eût fait écraser pour longtemps l'industrie française par ses rivales.

Est-ce à dire que le remède à la fâcheuse situation indiquée dans le document que nous venons de citer devait se trouver dans une réglementation excessive? nous ne le pensons pas. Elle avait produit tout ce qu'on pouvait en espérer dès le seizième siècle; c'est à d'autres mesures qu'il faut attribuer le développement du travail des lainages depuis Colbert jusqu'à la révocation de l'édit de Nantes. Ces progrès eussent pu être plus

[1] Advis pour les manufactures de France av Roy et à nos seigneurs de l'Assemblée des notables (Mss. 436).

considérables encore, si des renseignements apportés parfois sur des industries qui se pratiquaient au loin, n'étaient passés inaperçus. Pour ne citer qu'une preuve à l'appui de ce fait, il nous suffira de rapporter ici la relation donnée du travail des laines de toutes sortes, de la vigogne, de l'alpaca, etc., dans l'Inde, bien antérieurement à l'époque dont nous nous occupons.

§ 3. — Industrie des lainages et des poils dans l'Inde au seizième siècle.

L'attention de l'industrie avait été appelée sur certaines laines des Indes et de l'Amérique du Sud. Il était surtout question pour ces pays des laines de vigogne et de lama ou alpaca, utilisées plusieurs siècles plus tard en Europe. Nous lisons, en effet, dans un écrit publié sous le règne de Henri IV, les passages suivants :

« Il y a deux espèces de *moutons* ou *lamas*, les uns appelés *pacos* ou mouton porte-laine, et les autres sont rez et de peu de laine; aussi sont-ils meilleurs pour la charge ; ils sont plus grands que les grands moutons et ont le cou fort long, à la semblance du chameau...

« Ils sont de diverses couleurs, les uns blancs, les autres noirs, les autres gris et les autres mêlés, qu'ils appellent *moromoro*. Le principal profit qu'ils rapportent est la laine pour faire les draps, et le service qu'ils font à porter les charges. Les Indiens emploient la laine à faire des étoffes, l'une qui est grossière et commune, qu'ils appellent *hanasca*, et l'autre fine et délicate, qu'ils appellent *cumbi*. De ce cumbi ils font des tapis de table, des couvertures et autres ouvrages qui sont d'une longue durée et ont un assez beau lustre, approchant comme du mysoye, et ce qu'ils ont de singulier, c'est leur façon de tisser la laine, d'autant qu'ils font à deux faces tous les ouvrages qu'ils veulent, sans que l'on voye aucun bout, n'y finit en toute une pièce.

« Lingua, roi du Pérou, avait de grands maîtres ouvriers à faire ce cumbi... Ils teignent cette laine de diverses couleurs très-fines avec plusieurs sortes d'herbes. »

Et plus loin : « Tout ce bestail se plaît à un air froid et meurt dans la chaleur.

« Entre autres choses remarquables du Peru et des Indes sont les vicugnes et moutons du pays qu'ils appellent. Les vicugnes sont sauvages, et les moutons du pays apprivoisés. Je ne connais d'autres pays du monde que le Peru et le Chili, qui sont provinces joignantes, où il y ait des vicugnes. Les vicugnes sont plus grandes que les chèvres ; elles ont le poil tirant couleur de rose sèche, quelque peu plus claire, et n'ont point de cornes comme les cerfs et les lapreos. Ils paisent et se retirent ès endroits les plus hautains des montagnes. La neige ni la glace ne les offense point, au contraire, elles les recrée ; ils vont en troupeaux, sont très-timides...

« On fait avec leur laine des couvertures ès *castelognis* de grand prix, pour que ceste laine est comme une soye blanche qui dûre longtemps, et comme la couleur est naturelle, elle est perpétuelle. Les étoffes faites avec ceste laine sont fort fraîches et fort bonnes dans les tems de châleur, et tiennent qu'elles sont profitables pour l'inflammation des reins et autres parties. La même vertu a ceste laine mis en matelas[1]. »

Il résulte de ce document, que les Péruviens et les Chiliens connaissaient et pratiquaient la fabrication des lainages dans leurs principales variétés. Ils faisaient des étoffes fines et communes, rases et à poils, et même duveteuses à double face. Ils ont donc transformé les laines lamas ou alpacas et poils de

[1] *Histoire naturelle et morale des Indes, tant orientales qu'occidentales*, composée en castillan par Joseph Acosta, et traduite en français par Robert Regnault-Cauxois. Paris, 1597.

chèvre en tissus, au moins trois siècles avant que les Anglais en aient fait une si grande source de prospérité. Les contrées que nous considérions comme sauvages pratiquaient, par conséquent, les arts de la civilisation depuis un temps immémorial.

§ 4. — Travail du poil de chèvre à Angora.

Le filage du poil de la chèvre de la campagne d'Angora paraît également très-ancien, si l'on en juge de l'état dans lequel les voyageurs l'ont constaté au dix-septième et au dix-huitième siècle.

Le président de la cour d'Aigues fut l'un des premiers qui importa ce précieux animal en France. Il publia, en 1787, un mémoire intéressant sur son acclimatation, sur la manière de faire la tonte, le triage et de filer le poil de cette chèvre d'origine asiatique. Il résulte de ce travail que la toison renferme deux qualités de poil : l'un, beau et soyeux, est utilisé ; l'autre, court et terne, est rejeté à l'état de déchet. La séparation de ces deux qualités est obtenue à l'aide d'une espèce de râteau ou peigne, qui, sauf les dimensions et la finesse des dents, ressemble à l'outil dont se servent les peigneurs à la main de nos contrées. L'opération a lieu deux fois : à la première, on ébauche le travail avec un gros peigne ; un second peignage au moyen d'un peigne fin termine le triage. La matière ainsi préparée en mèches convenablement disposées pour ne pas se mêler est placée sur une quenouille, pour être filée au fuseau ; les fibres sont humectées avec la salive, pour faciliter le passage et leur échelonnement entre les doigts de la fileuse, en se rendant au fuseau, qui les tord et les dispose sous forme de fil en pelote conique.

On sait que le poil de chèvre présente une grande roideur, que la torsion qu'il faut donner à son fil l'augmente encore et détermine un vrillement très-prononcé. Il est indispensable d'assouplir ce fil pour s'en servir. Cet assouplissage constitue une opération particulière à la filature de cette matière et a été longtemps un objet de recherches de la part des industriels qui ont commencé à la filer aux machines. Or, voici, d'après l'auteur dont nous résumons le travail, les moyens employés à cet effet par les indigènes : « Après avoir disposé le fil sur un dévidoir, on le met avec son fil dans l'eau ; celle des rivières est la meilleure. Quand le fil est bien imbibé, on dresse entre l'écheveau et le dévidoir quatre petites planches qui tiennent le fil élevé et très-tendu ; on le laisse sécher en cet état au soleil, où il devient aussi moelleux que soyeux. Pour ôter l'écheveau du dévidoir, on abaisse les quatre planchettes, et on le retire du côté de l'angle obtus ; on le plie sur sa longueur, et l'on en forme des mateaux circulaires, que l'on noue avec des cordons rouges. C'est en cet état qu'on les livre aux marchands et aux manufacturiers. »

Nous avons pensé qu'il était intéressant de reproduire textuellement cette partie de la note qui a dû servir d'enseignement aux filateurs anglais. Pour arriver aux mêmes résultats, ils disposent les dévidoirs avec leurs écheveaux dans de l'eau de savon chaude, et les font sécher artificiellement, au lieu de se servir de l'eau courante et du soleil, comme les industriels de l'Asie. Il est d'ailleurs intéressant de propager ce procédé, qui peut devenir efficace dans certains autres cas, et toutes les fois qu'il s'agit d'une substance filamenteuse rebelle aux transformations. L'emploi alternatif de l'humidité chaude et de la température sèche sur le fil tendu devra déterminer en même temps la douceur du toucher et le brillant de la matière.

§ 5. — Développement des principaux centres manufacturiers de la France depuis leur origine jusqu'à Colbert.

Pendant la période de ce développement industriel dans les pays asiatiques, nos contrées luttaient péniblement contre les difficultés de l'époque. Les unes étaient en possession du travail des laines depuis un temps inconnu, d'autres commençaient à entrer dans la carrière, toutes avaient préparé la voie agrandie par Colbert. Malheureusement, nous sommes amenés à le redire, l'histoire est presque toujours muette sur les arts de la paix. Cependant, à l'aide de quelques faits principaux, il nous est permis de remonter parfois aux causes complexes et variables qui ont déterminé la naissance et la prospérité des lainages dans certaines localités.

Appelée originairement à satisfaire un petit nombre de privilégiés, l'industrie ne s'est exercée, en général, qu'au milieu de populations agglomérées au centre d'une consommation possible; de là, sans doute, l'origine des anciennes fabriques constatées à Paris, Lyon, Reims, Amiens, Rouen, Troyes, Lille, etc., où elles se sont partout développées dans leur direction primitive, ou transformées, en raison de certaines circonstances particulières, que nous n'avons pas à rechercher pour le moment. Reims et Lyon, par exemple, malgré la fluctuation des événements, sont constamment restées à la tête de leurs spécialités respectives. Paris, la ville cosmopolite, sans jamais abandonner entièrement la transformation des laines, dans lesquelles elle a encore une large part, a créé et développé, à côté des lainages, les nombreuses fabrications, petites et grandes, dont l'ensemble lui vaut sa réputation industrielle dans le monde. Rouen, Troyes et Lille ont conservé leur ancienne réputation, due à la concentration de leurs moyens sur des industries transformées.

La décadence des lainages d'Arras, les plus anciens et les plus célèbres, a été la conséquence des guerres entre Louis XI et le duc de Bourgogne. « Les ambassadeurs de Flandre remontrèrent que les villes d'Arras, Aire, Lens, Bapaume, Béthune et tous les villages environnants étaient maintenant comme déserts et abandonnés de leurs habitants; ils demandèrent, pour restaurer ce malheureux pays d'Artois, et afin qu'il pût se repeupler, qu'on l'exemptât pour douze ans de tous aides et impôts et arrérages. Le roi en accorda six[1]. »

Les causes déterminantes de l'origine des industries dans d'autres localités devenues de grands centres de production, tels que Louviers, Elbeuf, Sedan, Carcassonne, etc., ne paraissent pas aussi nettement indiquées. Quant à Roubaix, Turcoing, Lille, ils doivent leurs établissements à la Flandre. En général, la sécurité plus ou moins complète et la possibilité d'exercer sa profession apparaissent au premier rang. Les lieux où les habitants ont été maîtres de travailler paisiblement et de jouir au moins en partie du fruit de leur labeur ont bientôt vu naître et se développer l'industrie. Celle-ci était soumise aux événements et s'amoindrissait sous l'influence des perturbations politiques. Cette considération explique l'ancienne prospérité des villes hanséatiques des Pays-Bas, de la Flandre et des républiques italiennes dont nous avons déjà parlé. En France, la sécurité partielle et irrégulière dont les artisans jouissaient pendant le moyen âge et la féodalité n'avait pas la même base. Il faut chercher le germe des fabriques ailleurs, dans le concours, l'initiative et la protection des deux puissances d'alors, le clergé et les seigneurs. Les moines, souvent lettrés, habiles, avaient des connaissances, des loisirs, et étaient à l'abri des vexations auxquelles les manants étaient exposés. C'est surtout aux environs de leurs établissements et dans leurs dépendances que le travail des tapis et tapisseries, par exemple, si renommés, a pris naissance et s'est perfectionné. L'Orient en faisait depuis la plus haute antiquité. Les Sarrasins paraissent avoir apporté

[1] De Barante, *Histoire des ducs de Bourgogne*, t. XII.

ce travail en Europe et en France sous Charles-Martel, il est vrai ; mais c'est dans la Flandre, à Arras surtout, à Poitiers, à Reims, à Loudun, que l'on paraît avoir exécuté les tapisseries à personnages [1]. Le système principal et le mode d'exécution avaient été empruntés aux Orientaux ; ils ont été bientôt perfectionnés chez nous, au point de voir ambitionner nos produits par nos initiateurs. Des princes captifs pendant les croisades ont souvent été rachetés par des objets précieux, au nombre desquels figuraient presque toujours les tapisseries de nos contrées.

A l'occasion des captifs faits par Bajazet à la bataille de Nicopolis (1396), « on n'avait rien ménagé pour que les dons pussent le disposer favorablement; on demanda au sire de Helly quelles choses pourraient plaire à ce roi barbare. Il conseilla de lui envoyer quelques-unes de ces belles tapisseries à personnages, qu'on ne savait faire qu'à Arras. Pour les étoffes d'or et de soie, c'était à Damas qu'on les tissait, et il en avait plus que les chrétiens [2]. »

La plupart des évêques firent exécuter des sujets bibliques en tapisseries *en draps imagiés où les artistes faisaient respirer la soie et la laine*, selon une ancienne expression, pour orner les églises. L'exécution en avait lieu le plus souvent dans leurs dépendances. Si nous avions la prétention de faire cette histoire de la fabrication des tapisseries, nous ne manquerions pas de citer également la fameuse tapisserie de Bayeux, remontant au onzième siècle, retraçant la conquête de l'Angleterre par les Normands, et attribuée à une princesse Mathilde, femme de Guillaume le Bâtard, ou bien à une princesse du même nom, fille de Henri Ier, roi de France. Ce que nous disons des tapisseries n'est que pour démontrer la part prise au-

[1] En 1060, Gervain, abbé de Saint-Riquier, fit faire des tapis magnifiques par la manufacture qui existait depuis quinze ans à Poitiers. (Lettres de Guillaume de Poitiers à l'évêque de Verceil.)

[2] De Barante, *Histoire des ducs de Bourgogne*, t. II, p. 201.

trefois par certains couvents à ce genre de travail de la laine. Les étoffes rases peuvent être assimilées quant à leur texture aux tapisseries, et les tissus drapés aux tapis veloutés. Du passage de l'une à l'autre de ces industries il n'y avait qu'un pas, aux époques et dans les contrées où la législation n'y mettait pas d'obstacles, et où la possibilité de pouvoir travailler en sécurité existait ; aussi est-ce à partir de l'établissement des communes, au douzième siècle, qui mirent les industriels à l'abri des violences des seigneurs, comme le fait remarquer A. Thierry, que le travail commença à se développer.

L'origine du travail de la draperie commune d'une consommation ordinaire est bien plus ancienne dans nos contrées que celle des tissus de luxe (tapis et tapisseries plus souvent mentionnés cependant par les historiens). Louviers, Elbeuf, Caudebec, Darnetal, Orival, Pont-Audemer, transformaient la laine dès le temps des Romains, puisqu'ils la teignaient en étoffes. Les Romains, fort soigneux, comme on sait, de la salubrité de leurs villes, établirent à une certaine distance de Rouen les usines qui, à la suite des temps, devaient se développer et se transformer, sous le moyen âge, de simples teintureries en fabriques de draps, de frocs et de serge.

L'ancienneté de la fabrication de la ville d'Elbeuf et de Caudebec-lez-Elbeuf, sur lesquels nous revenons plus loin, paraît remonter plus haut encore, si on s'en rapporte à l'histoire d'Elbeuf par M. Guilmeth. « Cette ville fut rebâtie, dit-il, par les premiers rois francs, qui y attachèrent une grande importance, à cause de sa position commerciale et industrielle privilégiée. On y utilisait à la teinture des étoffes, depuis les temps les plus reculés, la gaude et l'écorce de noix, qui formaient les bases des couleurs auxquelles Elbeuf et Caudebec durent, dans les premières années de l'ère chrétienne, les noms de *Brunent* et d'*Uggade*, qui furent abandonnés plus tard pour les anciens noms celtiques *Kalt-Bec* et *Wael-Bus*, transformés définitivement en Caudebec et Elbeuf. Cependant les noms de *brunent*, *brunet*, *brunette*, ont été conservés, jusqu'au quatorzième siècle, à certaines étoffes fabriquées en Normandie [1]. »

La qualité des laines de ce pays s'est maintenue, et la foire du Neubourg a conservé son importance. Vers le milieu du treizième siècle, Elbeuf joignit la fabrication des tapis à celle des draps, de ces draps brunents, ou brunettes, qui continuaient à être considérés comme vêtements de luxe, et défendus pour ce motif par les conciles, et entre autres par celui de Trèves en l'an 1310 [2].

Elbeuf était assez important quelques années plus tard, en 1338, pour être érigé en comté. L'établissement des manufactures de tapis paraît y remonter à un demi-siècle avant, vers 1270. A la même époque encore du treizième ou quatorzième siècle, si l'on s'en rapporte à un manuscrit conservé à la Bibliothèque impériale, les fabricants de Normandie envoyaient des draperies aux foires de la Brie et de la Champagne, qui se tenaient, entre autres, à Lagny-sur-Marne et à Bar-sur-Aube. Au milieu du quatorzième siècle (1350), on trouve une réglementation concernant la draperie pleine et rayée des fabriques de Normandie [3].

[1] Guilmeth, *Histoire de la ville d'Elbeuf et des environs*. Il paraîtrait, d'après le même auteur, que dès le septième siècle les draps de Brunent fabriqués à Elbeuf étaient considérés, au septième et au huitième siècle, comme des étoffes de luxe, et défendus comme telles aux moines par un concile antérieur à l'an 900. Ces draps étaient d'une couleur brune obtenue par le brou de noix, qui, avec la gaude, également produite dès lors comme aujourd'hui dans la contrée, formaient les couleurs principales des lainages. La matière première était également fournie par les localités environnantes et entre autres par les plaines du Neufbourg, dont les laines sont encore estimées par les fabricants normands. Dès 1193, dit encore le même historien d'Elbeuf, la foire aux laines du Neufbourg était déjà ancienne.

[2] *Item*, dit le 45e canon de ce concile : « Prœcipimus districte ne abbates vel monachi, abbatissæ vel moniales, sub pœna excommunicationis latæ, sententiæ, habeant pannos de nigra Bruneta. » (Guilmeth.)

[3] Ordonnance du roi Jean II, du mois de mars 1350.

A peine réglementée et en voie de se développer, l'industrie fut troublée par les invasions anglaises, qui mirent la plupart des gens paisibles et les fabricants en fuite ; ils ne revinrent en Normandie que lorsque la guerre et les dévastations cessèrent, sous le roi Charles V. Ses lettres patentes de 1372 à 1379 témoignent du fait [1].

Dès lors les fabriques de Normandie continuèrent à prospérer ; des ordonnances de 1474, de Louis XI, de Charles VIII, en 1490, indiquent le développement des établissements normands et leur commerce de draperie avec la capitale et les principales villes du centre de la France. L'importance, la richesse et la piété de la corporation des drapiers-drapants d'Elbeuf, des quinzième et seizième siècles, ont laissé des témoins sur les vitraux de l'église Saint-Etienne, représentant des ourdisseurs et des tisserands au travail. Plusieurs écrivains prétendent que le métier concerne la tapisserie, sans doute à cause de la présence de quatre canettes employées ordinairement pour la tapisserie. Mais le concours des deux ouvriers agissant simultanément pour faire mouvoir une lame sur toute la largeur du métier, nous fait croire qu'il s'agit de la draperie. D'ailleurs il est hors de doute que l'ouvrier ourdisseur des vitraux prépare une chaîne pour le drap. On ne comprend pas que, voulant laisser un souvenir de son art, la corporation des drapiers ait choisi l'appareil accessoire, l'ourdissoir, et ait laissé de côté le métier à tisser, à moins que l'on n'ait eu l'idée de faire figurer ce métier comme pouvant servir aux deux spécialités, la draperie et la tapisserie. De là la présence de plusieurs trames sur

[1] Dans la charte de 1372, il est dit : « Les drapiers ont été chaciez hors de leurs lieux et pais lau ils souloient de mourer et gaigner leurs vies et chevancer de leurs dits mestier et ouvrage de draperie ; ils se sont retraiz en nostre dicte ville de Rouen et fauxbourgs d'icelle et à l'environ, pour eulx, en aulcune partie, recouvrer de leur dit mestier et gaigner leurs vies et sustancions, de eulx, leurs femmes et enffans. » (Reproduit d'après Guilmeth.)

un métier plus particulièrement propre au tissage du drap.

Quoi qu'il en soit, la prospérité des manufactures de laine, vers cette époque jusqu'aux guerres de religion, est incontestable. Elbeuf, dans le courant et jusque vers la fin du seizième siècle, comptait plus de cent maîtres drapiers. Rouen en avait davantage, et les autres fabriques de la contrée étaient non moins prospères. Mais bientôt les bouleversements et les guerres résultant de la grande ligue qui suivit l'édit de pacification firent de nouveau décliner toutes les industries, au premier rang desquelles se trouvait celle des lainages. Henri IV, malgré ses efforts, n'eut pas le temps de la relever. Elle arriva ainsi amoindrie, mais non détruite, jusqu'à l'avénement de Colbert.

La relation très-sommaire des vicissitudes et des fluctuations éprouvées par la draperie elbeuffienne et rouennaise peut être appliquée à tous les autres centres manufacturiers normands. Nous n'aurons donc que quelques mots à ajouter pour les principaux.

Origine des manufactures de Louviers. — Louviers, mieux située encore qu'Elbeuf à cause de ses importantes roues hydrauliques, la largeur de sa vallée, l'excellence de son sol, a une origine manufacturière au moins aussi ancienne que celle d'Elbeuf. Les registres des douanes de Marseille, en mentionnant les draps de Louviers dès 1228, fournissent la preuve non-seulement de l'existence des fabriques de drap dès lors à Louviers, mais aussi de l'importance relative qu'elles devaient avoir, puisqu'elles travaillaient déjà pour l'exportation. Un roman remontant à peu près à la même époque, le *Roman du Cygne*, dont le manuscrit existe à la bibliothèque de l'Arsenal, dit dans un passage où il est question des vêtements des enfants délaissés :

> N'avaient pas cotiels de ces dras de Louviers,
> Mais d'escorces de faux, de fuelles de fighiers.

Froissard témoigne à son tour de l'importance et de la perfection des produits de cette ville : c'était une des villes où l'on faisait la plus haute draperie, une ville grosse, riche et moult marchande, dit-il. Les premiers règlements sur la draperie de Louviers sont de 1328; ils ont été promulgués à la halle, devant le public intéressé à la garde des métiers, le jour de Pâques fleuries, par Mathieu Campion, sénéchal de l'archevêque de Rouen; et ce qui démontre la prospérité ou du moins la piété des drapiers de Louviers peu de temps après, ce sont les dons qu'ils firent aux églises.

« En l'année 1372 la grosse cloche dite *Liard* fut donnée par Jean Liard, drapier; Etienne d'Orgeval donna deux calices, et les drapiers donnèrent un ciboire d'argent et une croix[1]. »

Quant à l'origine historique de Eupariæ, elle remonte évidemment à la même époque que celle de la plupart des principales villes normandes qui existaient déjà à l'état embryonnaire lors de l'invasion romaine, mais qui étaient connues pour la plupart à d'autres titres que ceux qui les spécialisèrent plus tard. L'étymologie du nom de Louviers par exemple, emprunté à la vénerie, indique un ancien rendez-vous de chasse, si agréablement placé dans les forêts du Vaudreuil et des environs, dont les restes sont encore remarquables par leur magnificence et leur étendue.

La véritable ère industrielle de Louviers et de ses voisines ne remonte sérieusement qu'à la réunion de la Normandie à la France par Philippe-Auguste (1204). A partir de cette époque, la fabrication des lainages à Louviers eut exactement le sort de celle d'Elbeuf, sa voisine. Les mêmes causes eurent les mêmes effets sur ces deux centres, dont les caractères industriels spéciaux se sont constamment maintenus dans leurs généralités. Louviers exécutait plus particulièrement les produits les plus chers, et Elbeuf, dès les premiers temps, paraît s'être livrée à la fabrication plus courante. Quoique aujourd'hui il existe dans la première de ces deux villes des fabriques qui font des draps ordinaires, et qu'on en fasse de très-fins dans la seconde, la

[1] *Histoire de Louviers*, par Louis-René Morin.

masse de leur production peut néanmoins se distinguer comme autrefois.

Pont-Audemer. — Contrairement au laconisme concernant les faits industriels chez les historiens en général, nous trouvons sur la ville de Pont-Audemer, d'où le travail des lainages a disparu, des renseignements intéressants qui jettent un certain jour sur cette cité au point de vue du travail des lainages au quinzième siècle, et donnent une nouvelle preuve du progrès de la ville d'Arras.

« En 1479, il y eut des ouvriers au nombre de six des bourgeois drapiers, avec autres mesnagers, tirés de cette ville, ainsi qu'il y en eut de Rouen, par contrainte et ordre du Roy, et envoyés en la ville de Franchise en Artois (Arras). Pour frais de leur voyage fut mis une taxe sur les ouvriers restant; cela causa de la perte au fermier de l'aide sur la draperie. Il demanda modération du prix de sa ferme, et lui fut rabattu à quarante livres; elle était de quatre-vingt-douze. L'année suivante, les commissaires du Roy continuant à exiger des mesnagers de cette ville, on députa vers eux Raollin-Legcorgellier, avec des instructions par écrit pour leur remontrer les grans charges qui en arrivaient à icelle, et pour assister à la montre et revue des mesnagers étant en la ville Franchise.

« En 1490, le marchand élu pour les villes de Normandie en la ville Franchise en Artois, apporta à Pont-Audemer, pour le compte des commissaires du Roy, les draps qui avaient été fabriqués à Franchise, et en fit livraison aux habitants sur qui se fit à ce sujet l'assiette des deniers à payer pour lesdits draps, suivant la taxation [1]. »

D'après le même auteur, au commencement du dix-huitième siècle, il paraît qu'il ne se fabriquait plus de draps à Pont-Audemer; mais il s'y faisait un commerce considérable de

[1] *Inventaire des titres de la ville*, t. I, p. 64, 68 et 98. Canel, *Essai historique de Pont-Audemer*, p. 249.

toiles, sur celles qu'on nommait *blancardes*. Il tomba insensiblement pendant que s'établissaient en 1713 une manufacture de draps; en 1734 *une filerie de laine*; en 1776 une manufacture de frocs, etc.

Arras, qui avec Saumur marchait depuis si longtemps à la tête de la fabrication des lainages et surtout des tapis, l'a vue disparaître comme Pont-Audemer. Nous avons indiqué précédemment la première cause de cette décadence; il en fut de même d'un certain nombre de localités de la Normandie et de diverses autres provinces de la France. Au nombre des premières, on peut citer Caen, qui avait encore des fabriques au commencement de ce siècle, lors de l'exposition provinciale de cette ville, l'an XI de la république; Bayeux, Argentan, Falaise, Verneuil, Coutances, Valognes, Evreux, Condé-sur-Noireau, où cette fabrication avait été exercée pendant plus ou moins longtemps, enfin les Andelys, qui possédait un établissement pour faire les ratines fines de Hollande, désigné sous le nom de *Manufacture royale des Andelys*. A Bernay et à Nonancourt, des filatures de laine ont remplacé les fabriques de drap. Vire et Lisieux, un instant menacés, à cause de l'infériorité de leurs produits, se sont vigoureusement relevés depuis un demi-siècle, et surtout depuis vingt-cinq ans environ.

En Champagne, les anciens établissements de lainages drapés de Troyes, d'Amiens, etc., Châlons, etc., n'existent plus, tandis que la vieille cité gauloise de Reims a constamment grandi, et a laissé aux centres que nous venons de citer le travail de la bonneterie de laine, du coton et une foule d'autres articles spéciaux. Il n'est plus question des lainages de Valenciennes, qui était presque la doyenne des fabriques de draps.

Quelques villes du centre, de l'ouest et du midi, citées autrefois pour leurs lainages légers et drapés, telles que le Mans, Aumale, Angers, Bourges, Clermont, Nîmes, Béziers, Marvejols, etc., ont eu en partie le même sort. Les importantes fabriques de Reims, de Roubaix et de Turcoing ont concentré dans le nord les productions de ces articles, tout en développant leur industrie par des créations nouvelles [1].

Sedan, dont la réputation industrielle a marché de pair avec celle des villes normandes, ne leur cède en rien par son ancienneté historique, s'il est vrai que son nom vient de celui de *Sedanus*, fils de Bozon, roi des Sicambres. Mais Sedan n'était pendant longtemps qu'un village dépendant de la châtellenie de Mouzon. Ce n'est qu'en 1446 que Evrard Lamarck, surnommé *le Sanglier des Ardennes*, y fit construire un château qui devint la résidence des princes et ducs qui se succédèrent depuis. Comme ville manufacturière, Sedan paraît bien moins ancienne que celles de la Normandie. Elle l'est cependant davantage que ne semblent l'indiquer les premiers documents officiels de 1666 la concernant. En effet, tout au commencement du règne de Louis XIV, pendant la minorité de ce roi, par conséquent avant l'avénement de Colbert, en 1646, les fabriques de Sedan marquaient déjà dans la production des lainages communs. « A cette époque, le roi accorda aux sieurs Binet et Marseilles un privilége de vingt ans pour fabriquer des draps fins. Ils s'établirent à Sedan, et à l'expiration de leur privilége, ils possédaient dans cette ville ou aux environs cinq ou six cents métiers, dont les produits rivalisaient dès lors avec les plus beaux draps de l'Angleterre et de la Hollande. En 1698, au contraire, le nombre des métiers de Sedan était réduit d'environ moitié. » (*Etat de la France*, par M. De Boulainvilliers, 3 vol. in-fol. ; *Généralités de Paris et de Champagne*, article *Commerce* [2].)

L'origine des fabriques de Sedan nous paraît au moins con-

[1] Le nom de Roubaix vient de celui de son seigneur, Pierre de Roubaix, qui obtint en 1554 un privilége du roi qui permettait aux habitants de sa seigneurie de DRAPPER ET FAIRE DRAPS DE TOUTES LAINES. (*Histoire de la fabrique de Roubaix*, par Th. Leuridan.)

[2] Cité dans l'*Histoire de Colbert*, par M. Pierre Clément, chap. IX.

temporaine de celles de Provins, réglementées dès 1337. Les aïeux d'un manufacturier dont le nom existait encore dernièrement à Sedan, Rousseau, possédait, en effet, des établissements dans les deux villes. A la suite d'une contestation avec l'administration locale de Provins, la famille Rousseau transporta, dit-on, l'ensemble de ses usines à Sedan.

Châteauroux. — Vieille cité drapière, doit son nom à son seigneur, comme la plupart de ses concurrentes. Raoul y établit sa résidence ; de là la dénomination de *Castrum Rudolpi.* Malgré sa haute origine (950), cette ville était de peu d'importance jusqu'après sa transformation en duché-pairie par Louis XIII.

Carcassonne. — L'origine de Carcassonne, comme ville de fabrique, est aussi inconnue que celle de sa fondation. On sait seulement que l'industrie des lainages était déjà considérable à Carcassonne sous saint Louis. Ce centre manufacturier, qui a transformé en tous temps les laines de Béziers, de Narbonne et d'Espagne, trouvait à vendre une partie de ses produits dans le Levant et l'Italie. Il est rationnel de faire remonter le commencement de la transformation sérieuse des laines à Carcassonne à l'époque où les Sarrasins, venant d'Espagne, s'en rendirent maîtres (724). En présence des nombreuses luttes soutenues par cette ville depuis l'invasion romaine, on est étonné que l'industrie ait pu s'y maintenir et y prospérer. Grâce à sa situation avantageuse et à l'activité de sa population, Carcassonne n'a pas vu, comme tant d'autres, le travail des lainages lui échapper. Elle et *Castres* sont restés deux centres manufacturiers, et forment, avec Bédarieux, Mazamet, Lavelanet, et quelques autres localités moins importantes, les siéges de la fabrication des lainages du midi. Elles alimentent aujourd'hui le commerce dévolu autrefois à toute la province du Languedoc et de ses environs.

Si on voulait classer les localités industrielles des laines par rang d'ancienneté, d'après les documents officiels dont elles ont été l'objet seulement à partir de la fin du treizième siècle ou au commencement du quatorzième, elles se présenteraient dans l'ordre suivant : Paris et ses environs, la Normandie, le Languedoc, la Champagne, Beauvais, Abbeville, Montiervilliers, Auxerre, Provins, etc. A partir du quinzième siècle, viennent : Amiens, Bourges, Evreux, Saint-Omer, Tours, etc. Ces villes ont dû être d'autant plus prospères alors, que la consommation des lainages des localités tombées au pouvoir des Anglais avait été défendue par une lettre de Charles VII, en 1443.

Les ordonnances pour Orléans, Lyon, Lille, Roubaix, etc., n'apparaissent qu'aux quinzième et seizième siècles. Il est évident, néanmoins, que certains de ces établissements dataient de bien plus loin. Ainsi, Troyes, Amiens, Reims, Lyon et Arras étaient, certes, des cités manufacturières antérieurement à l'époque même des premiers règlements ci-dessus.

§ 6. — Industrie des lainages depuis Colbert.

Par ses capacités, ses intentions, son caractère et son influence, Colbert fut le digne continuateur de Sully ; mais ce dernier n'avait aidé l'industrie, et surtout celle des lainages, qu'indirectement, par la propagation, le perfectionnement de la race ovine, la création et l'amélioration d'importantes voies de transport et le développement de celles qui existaient. Le génie de Colbert embrassa en même temps les arts industriels. Il comprit et apprécia cette allégation des manufacturiers qui, en s'adressant à Louis XIII, disaient que cette question du travail industriel *n'était pas si petite*, et qu'elle devait contribuer pour une large part à la richesse des Etats. Il devint le partisan énergique aussi bien des tendances industrielles de Henri IV, fondateur de plusieurs établissements, que de celles un peu exclusives, pour le *labourage* et le *pastourage* de son ministre. C'est cependant à tort que l'on a souvent fait remonter à Colbert l'industrie des lainages en France. Nous avons vu, par ce qui précède, le rôle important de cette fabrication déjà du temps des Valois, et l'existence bien antérieure de tous les principes encore appliqués à l'heure qu'il est, et surtout au moment de l'avénement au trône de Louis XIV. Mais si les principes et les moyens étaient connus sous le rapport technique, leur emploi et le développement du travail auquel ils servent de bases, avaient éprouvé de nouveau un temps d'arrêt funeste, à la suite de la mort de Henri IV et pendant la minorité du roi dont Colbert allait devenir le ministre principal.

Tout en constatant, à son arrivée au pouvoir, le déplorable état de l'industrie, ce ministre est loin d'en nier l'importance passée. Il est difficile, cependant, d'admettre sans réserve l'appréciation qui précède la révision des règlements de 1667, lorsqu'on lit dans un des manuscrits de 1654, cités par M. Clément, dans son *Histoire de Colbert*, une remontrance de six corps de marchands de la ville de Paris à Louis XIV, que la France n'avait que son commerce et ses manufactures pour attirer l'or et l'argent qui faisaient subsister l'armée; qu'elle envoyait aux étrangers les toiles, les serges et étamines de Reims et de Châlons, les futaines de Troyes et de Lyon, les bas de soie et de laine d'estame, de poil de chèvre, etc. A la même époque, la France recevait, il est vrai, pour 8 millions de draps fins de l'Angleterre; mais après en avoir fait des assortiments, elle en expédiait pour 30 millions en Turquie, en Espagne, en Portugal, en Italie, aux îles et aux échelles du Levant. L'industrie vendait donc au dehors pour 22 millions de lainages de sa propre fabrication. Ce n'est pas là le résultat de manufactures complétement anéanties, comme le dit l'exposé de Colbert en 1667.

On lit, en effet, dens son rapport au roi :

« Toutes les manufactures, qui estoient autrefois sy grandes au dedans du royaume, estoient entièrement abolies; les Hollandais et les Anglais les ayant presque toutes attirées par divers moyens au dedans de leur Estat, à la réserve des seules manufactures de soyes, qui subsistoient encore à Lyon et Tours, quoique notablement diminuées[1]. »

Pour améliorer la situation industrielle, évidemment en souffrance, Colbert eut recours à plusieurs moyens : à des dispositions libérales et à une législation restrictive. Il activa l'industrie nationale par toutes sortes d'encouragements, la stimula en attirant en France les industriels les plus renommés de l'étranger, et les aida dans les moments difficiles[2]. Il facilita le commerce en continuant l'exécution des voies de transport commencées et en en créant de nouvelles. Il diminua les droits d'entrée sur les matières nécessaires aux manufactures et les droits de sortie sur les produits fabriqués; mais il réorganisa plus énergiquement que jamais les corporations et repoussa

[1] Ms. 3695, Suppl. franc., f. 9, recto. Joubleau, *Études sur Colbert*, t. I, p. 321.

[2] M. Ternaux, dans une note insérée au *Bulletin de la Société d'encouragement*, confirme ce fait par l'anecdote suivante : « Malgré les secours pécuniaires qu'il avait accordés à M. Cadot, auteur de la manufacture de draps depuis appelés *pagnons*, elle était près de succomber sous le poids des sacrifices qu'il avait fallu faire pour former des ouvriers et soutenir la concurrence avec les mêmes espèces de draps qui se fabriquaient à Leyde, en Hollande; les dépenses de la guerre avaient épuisé le trésor : on ne pouvait plus y recourir, lorsque Colbert engagea Louis XIV à se faire faire un habit de drap vert rayé et léger, et de dire devant sa cour, au moment de partir pour la chasse, qu'il trouvait cette étoffe jolie. Dès lors, les courtisans, et, à leur imitation, les courtisans de ceux-ci, s'empressèrent de s'en revêtir avec une telle fureur, que cette espèce de drap, dont le ministre avait eu soin de faire fabriquer une ample provision par la manufacture qu'il voulait relever, se vendit à des prix si élevés, que les bénéfices qu'ils donnèrent dans cette circonstance releva la fabrique de Sedan près de s'éteindre, et de plus donna naissance à celle de Reims, où l'on fabriqua pendant longtemps cette même étoffe, sous le nom de *silésie*[*]. »

[*] *Bulletin de la Société d'encouragement*, février 1825.

par des droits plus élevés à leur entrée les objets étrangers pouvant faire concurrence aux produits français. « En cette matière, comme en toutes les autres, dit un économiste, il consacrait les droits des priviléges et les appelait en aide à ses projets. La résistance des corps de métiers établis contre ceux qui demandaient à l'être, explique tout le système qu'il suivit dans la création des manufactures. Ce système, peut-être ne l'eût-il pas choisi s'il eût été le maître du choix; mais la pression des circonstances ne lui laissait pas la liberté de le rejeter; il fallait subir l'exigence de ceux qu'on appelait à venir s'établir en France, rassurer leurs craintes, composer avec leurs prétentions... [1] »

Colbert était-il en effet un ministre à composer avec des prétentions qui n'étaient pas dans sa conviction? C'est ce dont il est permis de douter, si nous nous en rapportons à une anecdote citée, d'après des documents sérieux, par un autre économiste. « Colbert avait convoqué, on ne dit pas à quelle époque, les principaux marchands de Paris pour conférer avec eux sur le commerce. Comme aucun d'eux n'osait parler : « Messieurs, « dit le ministre, êtes-vous muets? — Non, monseigneur, ré- « pondit un Orléanais nommé Hazon, mais nous craignons « tous également d'offenser Votre Grandeur, s'il nous échappe « quelque parole qui lui déplaise. — Parlez librement, répliqua « le ministre; celui qui le fera avec le plus de franchise sera le « meilleur serviteur du roi et mon meilleur ami. » Là-dessus Hazon prit la parole et dit : « Monseigneur, puisque vous nous « le commandez et que vous promettez de trouver bon ce que « nous aurons l'honneur de vous représenter, je vous dirai « franchement que, lorsque vous êtes venu au ministère, vous « avez trouvé le chariot renversé d'un côté, et que, depuis que « vous y êtes, vous ne l'avez relevé que pour le renverser de

[1] Joubleau, *Etudes sur Colbert*, t. I, p. 321.

« l'autre. » A ce trait Colbert prit feu et commanda aux autres de parler, mais pas un ne voulut ouvrir la bouche, et la conférence finit[1]. » Il paraît qu'alors les grands ministres n'aimaient pas la sincérité.

Malgré la réglementation excessive à laquelle les marchands paraissaient vouloir faire allusion, et que Colbert avait opposée au relâchement que nous avons signalé précédemment, il parvint à donner un essor tout nouveau à l'industrie, et surtout à celle des laines. Colbert la favorisa en effet tout particulièrement. Un écrivain dont les travaux font autorité, donne une explication si ingénieuse de cette prédilection du grand ministre pour les produits laineux, que nous ne pouvons nous dispenser de la reproduire :

« L'industrie des lainages fut celle qui profita le plus de l'active sollicitude du ministre, comme s'il avait vu dans le *drap* un emblème matériel de l'avenir, puisque ce tissu devait remplacer un jour les habits d'or, d'argent, de soie et de velours, aussi bien que la bure, la serge et le camelot. A la place de la noblesse et du commun peuple, entre lesquels s'élevaient avec peine les éléments de la bourgeoisie, un long travail, tantôt latent, tantôt poursuivi au grand jour, allait faire surgir la *nation* dominée par le principe de l'égalité civile. L'industrie, qui se modèle toujours sur les besoins de la société, devait-elle aussi entrer dans des voies nouvelles.

« La France possédait depuis longtemps des fabriques de draperie commune, mais elle recevait de l'Angleterre et de la Hollande des draps fins. C'est surtout de ceux-ci que Colbert s'efforça de doter le pays ; il fit établir des fabriques dans les principales villes de la Normandie ; il consolida les résultats obtenus par Cadot à Sedan, attira van Robois en France et provoqua l'établissement de la belle manufacture d'Abbeville, qui

[1] Pierre Clément, *Histoire de Colbert*, p. 230.

fleurit bien longtemps encore après le règne de Louis XIV [1]. »

Colbert, en mourant, deux ans avant la révocation de l'édit de Nantes, et après avoir pu constater les heureux résultats de ses efforts en faveur de l'industrie française, était loin de se douter qu'ils allaient profiter aux concurrents étrangers et surtout aux manufacturiers anglais. Les historiens évaluent à deux cent mille les émigrants que la révocation de l'édit de Nantes chassa de leur patrie. Un nombre considérable de fabricants de lainages en firent partie. Les pays voisins, et surtout la Grande-Bretagne, les accueillirent avec empressement. On aime à penser que Colbert, qui s'était montré aussi tolérant que l'époque et sa situation le permettaient, n'aurait pas signé cette révocation, arrêtée à l'unanimité par les conseillers de Louis XIV. Le grand ministre se serait rappelé ces belles paroles inscrites en tête d'une ordonnance de son ressort : « La justice est le plus solide fondement de la durée des Etats; elle assure le repos des familles et le bonheur des peuples. Nous avons employé tous nos soins pour la rétablir par l'autorité des lois au dedans de notre royaume, après lui avoir donné la paix par la force de nos armes [2]. »

Le repos d'un nombre considérable de familles, la prospérité du peuple se sont trouvés compromis pendant longtemps pour avoir oublié ces grandes maximes. Pendant le siècle qui sépare la fin du règne de Louis XIV de la révolution, l'industrie des lainages s'est nécessairement ressentie non-seulement des conséquence fatales de l'acte mémorable dont nous venons de parler, mais aussi de toutes les crises dont le pays a eu à souffrir par les événements politiques, les accidents qui atteignirent les récoltes, etc. Elle s'est néanmoins soutenue, tant bien que mal,

[1] Wolowski, Compte rendu sur le concours relatif à l'administration de Colbert. (Académie des sciences morales et politiques, année 1857, 1er semestre).

[2] Préambule de l'ordonnance civile, avril 1667.

sous le régime des corporations, des maîtrises et des jurandes, jusqu'à la complète émancipation du travail et des travailleurs. A partir de ce moment, les progrès mécaniques considérables du dix-neuvième siècle aidant, l'industrie en général et le travail des lainages en particulier se relèvent avec une vigueur et une prospérité inattendues. Nous étudierons plus loin les transformations profondes qui ont changé la face des arts. Bien des localités étaient alors en possession du travail des tissus ras et feutrés; les unes se sont développées et ont prospéré dans la même direction, les autres ont transformé leur industrie et leur en ont substitué de nouvelles, ou l'ont laissée complétement échapper.

L'expérience séculaire des populations des principaux centres favorisés par leur situation, sur ou près de cours d'eau navigables, ou pouvant servir de force motrice, les rapports faciles et prompts avec la capitale, constituent un ensemble de causes générales et naturelles de l'accroissement continuel de ces fabriques. La division, la spécialisation et, disons le mot, la *démocratisation* du travail sont venues à leur tour influencer le sort de ces villes importantes, et leur donner à chacune leur physionomie. On peut s'assurer de ce fait par l'analyse des produits plus particuliers à chacune, indiqués ci-après. En présence de la centralisation de moyens sur quelques points bien préparés, ceux qui l'étaient moins devaient disparaître.

Les articles de l'ancienne grosse draperie devenaient trop communs, et les tissus légers trouvaient à leur tour une foule de rivaux, en tête desquelles se plaçaient les mérinos et leurs dérivés ; Reims et Roubaix sont ainsi devenus, pour ces lainages nouveaux, ce que les centres de la Normandie et des Ardennes sont restés pour la draperie. Les villes concurrentes qui ne se trouvaient pas en position ou dans l'intention de lutter, profitèrent, pour la plupart, de l'apparition de l'industrie cotonnière, des perspectives qu'elle offrait dès son origine, pour tourner leur activité de ce côté. On est frappé de ce fait, si on parcourt les rapports adressés par les préfets au gouvernement dans les premières années du siècle. Ne pouvant les citer tous, nous en donnons quelques-uns. Voici d'abord un extrait de celui de M. Brulé, préfet de l'Aube, fait l'an X de la République :

« Le commerce du département de l'Aube remonte à la plus haute antiquité. Dès l'an 427, des foires franches, qui furent établies dans la ville de Troyes, en firent l'entrepôt du commerce de l'Allemagne et de la Suisse. Depuis, le commerce ayant pris sa route par la Flandre, la Hollande, et les frontières de la France étant reculées jusqu'au Rhin, Troyes a cessé d'être un lieu d'entrepôt et a été réduit à la vente du produit de ses fabriques ; elles étaient encore assez considérables pour lui faire tenir un rang distingué parmi les villes de commerce.

« En 1650, Troyes comptait :

« 2,000 métiers de draperie ;

« 150 marchands drapiers ;

« 20 teinturiers bon teint ;

« 20 en petit teint, etc.

« D'après cet état, la draperie et la tannerie sont les principales branches de commerce ; depuis, elles sont sensiblement diminuées, et l'on verra par le tableau actuel des fabriques qu'elles sont entièrement tombées. Elles ont ét' remplacées avec avantage par les fabriques de coton, soit que les fabricants aient trouvé plus d'avantages à faire travailler le coton, soit que le nombre de bras ne fût pas assez considérable pour y joindre encore les manufactures de laine. »

En 1802 Troyes ne comptait plus que 200 métiers divisés chez 14 fabricants, qui employaient chacun, l'un dans l'autre, 11 métiers, 5 grands et 6 petits. Les grands métiers occupent 2 tisserands ; les petits, 1 ; chaque maître occupe 6 éplucheurs et 1 appareilleur et environ 100 fileuses et cardeurs, ce qui donne 1,750 personnes.

On y faisait du molleton sur 1/2 aune de largeur, valant 2 fr. 50 c. à 3 fr. 50 c. l'aune ; des serges et espagnolettes 5/8, de 3 fr. 50 c. à 5 francs, des ratines 5/4, de 10 à 13 francs.

Ces étoffes étaient destinées aux gens de la campagne et pour la troupe.

Bien des documents analogues prouvent que la décadence ou la transformation de l'industrie des laines tient à quelques causes de la nature de celles que donne le préfet de l'Aube pour Troyes. Il en a été ainsi pour Caen, Aumale, Pont-Audemer, etc. Quant à Rouen et à ses faubourgs, l'industrie naissante du coton y prit une telle extension et y prospéra si bien, qu'elle eut bientôt une prépondérance marquée. On lit dans une publication du temps, parlant des manufactures de Rouen : « Celle des draps, d'espagnolettes, ratines blanches et autres étoffes de laine n'est pas la moins considérable ; mais tout ce qui s'appelle passementeries, qui s'y fabriquent en étoffes de soye, en toilerie unie, rayée, à fleurs, siamoises, mouchoirs, bazins, futaines et autres de toutes espèces, est au delà de toute croyance et fait subsister au moins un grand tiers des habitants.

« On pourrait encore ajouter à celles-ci les manufactures de tapisserie en point de Hongrie, de Bergame...

« ... Mais celle qui vient de s'établir dans le faubourg Saint-Sever, par arrêt du conseil du 19 septembre 1752, pour les velours et draps de coton, mérite à juste titre la protection royale dont elle est appuyée, sous la direction du sieur Holker et compagnie, qui en sont entrepreneurs.

« Il est encore établi dans ce faubourg quatre calendres d'une nouvelle invention, qui donnent aux étoffes un lustre plus brillant que les anciennes; et une manufacture royale de sangles anglaises pour les chevaux, avec un privilége exclusif accordé aux entrepreneurs par un arrêt du conseil du 22 janvier 1754. »

Il y a encore, dans les environs de cette grande ville, une

manufacture de couvertures de coton peluchées et non peluchées, établie à *Pont-de-l'Arche*, par arrêt du conseil du 30 juillet 1754, dont on trouve un magasin dans la ville de Rouen[1].

C'est sans doute en présence des chances favorables de l'industrie du coton que celle des lainages est restée stationnaire dans la capitale de la Normandie. A une époque où tout allait se transformer, un temps d'arrêt dans le progrès devait bientôt équivaloir à une véritable défaite.

Un autre grand centre de la même branche qui l'a profondément modifiée par des motifs analogues, Amiens a été, avec Rouen, l'une des premières à se livrer avec ardeur à la fabrication des cotonnades. Elle était, sous certains rapports, plus complète alors dans cette direction qu'aujourd'hui. Elle a été, en quelque sorte, le berceau de la filature du coton, qui en a entièrement disparu. Toutes les étoffes de coton qui s'y fabriquent encore aujourd'hui, comme il y a un siècle, sont produites avec des fils achetés hors de la localité.

Cependant l'industrie d'Amiens s'est bientôt partagée entre les cotonnades, les lainages ras en pure laine et les tissus mélangés. La draperie seule, qu'elle faisait autrefois, en a disparu. Roland de la Platière attribuait la décadence de la draperie d'Amiens, déjà manifeste de son temps, à la concurrence des manufactures similaires protégées, et entre autres à celles de Van Robais, objet de faveurs particulières de la part du gouvernement. Il est possible que ce motif ait fait abandonner plus facilement une industrie qui avait à lutter contre la concurrence voisine pour se livrer au travail du coton, plein de promesse et de séduction dès son origine.

D'autres localités, qui ne se sont pas suffisamment rendu compte des conditions nouvelles dans lesquelles entrait l'industrie des lainages, ou moins favorisées par leur exposition, l'ont

[1] *Abrégé de l'histoire ecclésiastique, civile et politique de la ville de Rouen*. A Rouen, chez François Oursel, 1759. Sans nom d'auteur.

vue s'amoindrir sans qu'il s'y soit créé une industrie équivalente, comme à Troyes et à Amiens. La Lorraine, entre autres, s'est trouvée dans ce cas ; le travail de la laine y était pratiqué sur une certaine échelle et d'après les errements universellement suivis jusque vers la fin du dernier siècle. L'amoindrissement de ses fabriques date de l'époque où les moyens nouveaux ont été mis à profit ailleurs et où les efforts se sont concentrés sur quelques localités principales. Pour donner la physionomie exacte de l'ancienne manière d'opérer des petites fabriques disséminées dans les campagnes, et faire en quelque sorte assister le lecteur à la dissolution graduelle des industries d'autrefois, nous donnons l'extrait suivant d'un rapport officiel adressé à l'administration supérieure vers la fin du dix-huitième siècle.

§ 7. — Situation de l'industrie des lainages en Lorraine vers la fin du dernier siècle.

... « Dans certaines communes, on ne donne l'apprêt et la teinture qu'au huitième au plus des produits pour servir à la consommation du pays ; les autres sept huitièmes sont achetés par des négociants de Nancy, qui leur font subir toutes les préparations nécessaires pour être mis dans le commerce. Intéressés à cacher la source d'où ils tirent ces draps, ils effacent le nom du fabricant pour y substituer le leur ; ils font plus, ils ont, dans les villages, des commis qui font travailler des fileuses pour leur compte, à plus bas prix et dans une plus grande perfection qu'à Nancy, parce qu'on excelle, dans ces villages, à filer la laine. D'autres ont établi des manufactures sur les lieux ; tels sont MM. Marin, Croisier et Sellier, de Nancy, et Drouin, de Metz.

« Ces draps, simplement tissus, se vendent au taux moyen de 3 liv. 10 s. l'aune ; le prix était de 40 s. en 1789.

« La vente de ces draps a dû produire, en l'an IX, 1,745,100 livres ; l'achat des laines a coûté 1,224,000 livres ; l'huile pour leur préparation, 41,048 livres ; pour frais de filature, 240,000 livres ; pour ceux de tissage, 108,000 livres ; ce qui donne, pour les frais de matières premières et fabrique, 1,613,048 livres, qui, déduits de 1,745,100 livres, produit des ventes, laissent aux fabricants, pour l'intérêt de leurs capitaux et leurs bénéfices, 132,052 livres.

« Les draps sont expédiés dans les départements du Mont-Tonnerre, du Haut et Bas-Rhin, des Vosges, du Léman et des Alpes, ainsi que dans la Suisse.

« Depuis la Révolution, la fabrication a diminué d'un tiers, parce qu'elle ne fournit plus à l'habillement des troupes. Cependant la qualité des étoffes, les croisées surtout, est supérieure à toute autre. Celles-ci sont propres à recevoir la frise, de l'aveu même des Anglais, et pour la durée, elles sont préférables à celles de cette nation.

« On assure que des entrepreneurs de l'habillement ont acheté en Russie des draps d'une qualité bien inférieure et à plus bas prix, de sorte qu'ils ont nui aux intérêts de l'Etat et à l'industrie nationale.

« On sera peut-être étonné que, dans un coin du département, l'industrie soit aussi active, et qu'elle se concentre dans un petit nombre de communes comprenant 8,306 individus, tandis que partout ailleurs elle est faible et presque nulle. Mais il existe une différence marquée entre le peuple de cette contrée et celui des autres. Il a beaucoup d'intelligence ; il aime le travail ; il s'y livre avec ardeur, et non en aveugle routinier ; car la plupart raisonnent de leurs petites fabriques avec une sagacité et un ordre dans les idées qui sembleraient n'appartenir qu'à une éducation cultivée.

« Ces heureuses dispositions ne peuvent prendre d'essor ni de développement au milieu d'un pays où le commerce est dédaigné. Les fabriques, obligées de s'adresser au dehors du département pour placer les produits de leur industrie, sont continuellement tenues dans un état de gêne et d'inquiétude.

« C'est pourquoi, depuis trois siècles, les manufactures de Granville, qui sont les principales et les plus anciennes, n'ont fait aucun progrès ; elles ne se soutiennent que par la force de l'habitude, par la passion dominante du travail dans toutes les classes, dans tous les âges.

« Le fabricant, sans capitaux, sans correspondance, sans relations directes, par conséquent ignoré du monde commerçant, est à la merci des négociants de Nancy, qui, assurés de ne point rencontrer de concurrents, attendent le plus qu'il leur est possible pour faire leurs demandes, afin d'avoir une meilleure composition.

« Si quelques *capitalistes*, s'intéressant à l'honneur de ce département, s'associaient à ces hommes laborieux, et faisaient des établissements pour donner à leurs draps les préparations et la teinture, et pour les mettre dans le commerce, sous le nom de véritables fabriques, ils leur restitueraient une réputation usurpée par des spéculateurs trop avides ; les bénéfices souvent considérables que font ceux-ci se fixeraient dans le pays ; l'émulation irait en croissant avec l'aisance ; la fabrication la plus grande serait en même temps mieux soignée, et le consommateur, le marchand, s'approvisionnant à la source, y trouveraient leur avantage en faisant celui du manufacturier.

« La ville de Metz avait aussi, avant la Révolution, des fabricants de draps de même qualité que ceux de l'arrondissement de Briey ; ils étaient au nombre de treize, et employaient 112,500 livres de laine. Depuis que les conseils d'administration des régiments ne sont plus chargés de l'habillement, cette branche d'industrie est entièrement abandonnée, parce qu'elle n'avait d'autre écoulement que la fourniture des troupes. Il ne reste plus que la fabrication des flanelles, des molletons et des couvertures, qui jouit d'une réputation méritée ; mais elle est dans un état de langueur qui approche de la décadence ; elle n'emploie pas plus de 50,000 livres de laine, dont les deux cinquièmes se consomment dans le pays.

« La bonneterie de cette ville mérite à peine d'être citée. Elle consiste en quelques bas faits à l'aiguille avec de la laine grossière, dont la quantité peut être évaluée à 2,000 livres.

« Metz autrefois se distinguait par la plupart de ses ouvrages de laine, qui avaient atteint une perfection supérieure à tous les autres, surtout en flanelle et en molleton ; ces deux articles s'exportaient dans la Lorraine et l'Alsace, avec d'autant plus d'avantage qu'ils étaient fabriqués, en très-grande partie, avec les laines du pays.

« Les métiers étaient, en 1789, au nombre de plus de cent vingt; il n'en reste pas cinquante en activité, et cependant on compte aujourd'hui trente fabricants au lieu de seize qui existaient autrefois. Ce sont des compagnons qui ont pris à leur compte des métiers de leurs anciens maîtres, obligés de se restreindre dans leur commerce par les pertes que leur ont causées les réquisitions, les préemptions, les fournitures faites au gouvernement dans des temps difficiles. Mais les uns et les autres manquant de moyens pour soutenir leurs établissements, ne font que végéter avec les faibles produits d'un travail souvent interrompu.

« Plusieurs teinturiers sont établis à Metz ; mais leurs teintures sont assez grossières. Cependant, il est reconnu que les eaux de la Moselle sont excellentes pour la teinture en bleu, et celle-ci est la moins mauvaise.

« A Granville et Briey, il existe des teintures pour les draps qui sont destinés à la consommation du pays ; mais ils sont loin de la perfection.

« Les manufactures de draps ont décliné, parce qu'elles avaient l'habitude de fournir à l'habillement des troupes, et qu'aujourd'hui on ne leur fait plus de demandes à ce sujet ; on assure même, ce qui est faux, que les draps sont tirés de l'étranger, qui les livre à plus bas prix, mais d'une qualité inférieure. »

De l'ensemble de ces petites fabriques de lainages, il n'existe plus en Lorraine que quelques fabriques de draps communs à Nancy. Celles des molletons et couvertures à Metz, et l'importante manufacture de lainages et de draps de troupes à Pierre-Pont, dans la Moselle. Le personnel de ces établissements est sans doute formé par les descendants des petits manufacturiers et de la classe ouvrière, signalés dans la pièce dont nous venons de donner un extrait.

Vers 1785, malgré un certain ralentissement signalé par les inspecteurs du gouvernement dans les deux principaux centres manufacturiers de la Normandie, Elbeuf et Louviers, étaient néanmoins d'une importance relativement considérable et d'une allure qui annonçait leur fortune future. On sait que chaque ville principale avait alors un bureau spécial, espèce de siége mi-fiscal et mi-technique, où les draps étaient examinés, contrôlés, taxés, etc. C'était la source la plus exacte de tous les renseignements, le centre où venaient aboutir les observations, les doléances, les réclamations, pour être transmises ensuite au gouvernement par qui de droit ; or on lit dans les comptes rendus du temps les faits et observations qui suivent sur Elbeuf et Louviers.

§ 8. — Bureau d'Elbeuf.

« Les draperies de cette ville sont estimées et d'un produit considérable ; il s'y fabrique, année commune, dix-huit mille pièces de draps, évaluées à 9,500,000 livres. Cette fabrique est la première, et peut-être la plus intéressante du royaume dans ce genre : la moitié de sa consommation se fait à l'étranger; et pour juger enfin de son importance, l'on avancera avec fondement que la Suisse, le Piémont, l'Italie, l'Espagne et les Etats-Unis d'Amérique versent annuellement dans notre commerce 2,500,000 livres, déduction faite des matières premières et des ingrédients de teinture que cette manufacture est obligée de tirer elle-même de l'Espagne et de l'étranger : ce bénéfice augmenterait encore si le gouvernement voulait encourager l'exportation des bois de teinture de la France équinoxiale, qui remplaceraient ceux en partie de Fernambouc, Sainte-Marthe, le bois jaune, le campêche et le bois d'Inde; cette partie du continent de l'Amérique, depuis le cap d'Orange jusqu'à la rivière de Marony, qui comprend les côtes d'Oyapock et Cayenne, abonde, dans l'intérieur des terres, de bois de teinture; l'on y a même trouvé un peu de cochenilles; j'ignore si les défenses d'exploiter et exporter les bois de teinture et marqueterie existent encore comme elles existaient il y a huit ans. Le système de ce temps était d'attacher les colons à la culture du coton, en leur interdisant le commerce des productions naturelles du pays; le ministère doit-il donner de nouveaux ordres? C'est à lui de prononcer sur cette importante question.

« Les soixante-quinze entrepreneurs de la manufacture d'Elbeuf emploient les bras de 24,000 ouvriers ou ouvrières; ils exploitent 1,093 métiers; mais ils en entretiendraient un plus grand nombre si la filature, base de leur commerce, était plus abondante.

« Elbeuf se trouve resserré de tous côtés par d'autres manufactures qui emploient beaucoup de bras. Rouen et Darnetal ont quantité d'ouvriers dans Elbeuf même. Je ne connais point d'autre remède que l'introduction et la multiplicité des mécaniques; l'on en compte déjà, à l'époque actuelle, 29, de 46 à 60 broches chacune, qui filent journellement 248 livres de laine, et qui n'emploient que 174 ouvrières; par ce moyen, le produit de la filature est doublé, puisqu'une bonne fileuse ne peut donner par jour qu'une livre de fil aux quatre et cinq perrots, et qu'elle fournit, à l'aide de la mécanique, dix écheveaux journellement.

« Les vingt-huit moulins à foulon de Pont-Saint-Pierre, d'Anfreville et Brione ; les trois teinturiers Guesdrons, les vingt maîtres cordiers et les trois maîtres lainiers et rosiers d'Elbeuf occupent encore beaucoup d'ouvriers. Cette petite ville, enfin, est très-vivante, et annonce, par ses grands ateliers, les richesses que lui procure l'industrie de ses habitants.

« Le régime intermédiaire me paraît absolument nuisible aux manufactures d'Elbeuf ; la liberté indéfinie autorise la fabrication d'une infinité de draps défectueux. Pour remédier à tout, deux moyens suffiraient : 1° la suppression de la visite en toile, des draps, à raison des inconvénients qui en résultent, par la fermentation de l'eau, l'huile et la colle dont ces toiles en l'air sont infectées, et parce que cette visite est absolument illusoire ; 2° un examen scrupuleux des draps apprêtés lorsqu'ils se présentent à la visite, marquer les bons et les médiocres, et rejeter les défectueux, sous telles peines qu'il appartiendrait ; enfin, n'avoir qu'un seul régime à Elbeuf ; tels sont, dis-je, les moyens que j'emploierais, et avec lesquels je parviendrais à conserver la réputation et la qualité de ces draperies. Je ne déterminerais point le compte des fils en chaîne ; je laisserais le fabricant maître de ses opérations, et je l'abandonnerais entièrement à sa propre industrie, pourvu qu'il ne présentât pas à la visite et qu'il ne fît point circuler dans le commerce de mauvaises draperies. »

§ 9. — Bureau de Louviers.

« Cette ville renferme une manufacture de draps superfins supérieurs aux draps fins anglais et hollandais; elle tient le premier rang entre les manufactures d'Europe par sa qualité, et elle excelle surtout par la beauté de ses apprêts et la vivacité de ses couleurs; l'on y fabrique annuellement 3,600 pièces de draps superfins, estimés 2,600,000 livres, et ses quinze entrepreneurs font battre trois cents métiers et emploient environ 8,000 ouvriers. Je n'entrerai point dans les opérations de l'art pour ne pas me répéter ici; l'on peut relire mon *Art du drapier*, que j'ai eu l'honneur d'adresser à messieurs les intendants du commerce il y a deux ans; j'y ai décrit avec détail un moulin à foulon et une presse mécanique sur les plans et de l'invention du sieur Descarières, qui est actuellement en Angleterre, et que je regrette de n'avoir pas trouvé à Louviers.

« Les moulins à foulon se construisent ordinairement sur les rivières qui peuvent procurer de grandes chutes d'eau, afin de donner la vitesse aux mouvements et que les draps s'échauffent et se feutrent plus exactement dans les piles.

« Les fabricants de Louviers tendent tous à la perfection; ils sont au-dessus des tableaux de fabrication, à l'exception du sieur Lebreton, qui emploie des laines communes, et auquel j'ai fait consentir de supprimer les lisières jaunes caractéristiques de la qualité superfine des draperies de Louviers, ce qui pourrait nuire à leur réputation[1]. »

Quant à l'importance des autres centres manufacturiers des diverses localités de la France, à la même époque, vers 1786,

[1] Extrait d'un Mémoire sur la situation du commerce dans les provinces de Normandie et de Bretagne. Lansel, cité par Peuchet.

elle pourra s'apprécier par les quantités et les chiffres de leurs produits. Ils sont consignés dans le tableau suivant :

§ 10. — Tableau de l'estimation de la production annuelle des lainages fabriqués annuellement dans les principales localités de France, vers la fin du dix-huitième siècle.

La production de la Normandie était évaluée pour :

	Livres.
Elbeuf, environ 23,000 pièces de 30 ans de drap, s'élevant à.	10,891,000
Louviers, environ 5,000 à 6,000 pièces de 30 ans de drap...	4,000,000
Rouen, Andelys, Evreux, Darnetal des tissus de 2l,10 à 18 livres l'aune, ensemble........................	4,500,000
Caen, Lisieux, Vire, etc..............................	3,300,000
Dans la Champagne, Sedan, en draperie..................	7,000,000
Reims et ses environs, des articles de 2 à 5 fr. l'aune......	7,094,000
Rhetel, Châlons, Suippes et Troyes, chacune environ le tiers de...	1,600,000
Chaumont, Vassy et Joinville, ensemble..................	100,000
Abbeville..	1,600,000
Beauvais, Mouy, Crève-Cœur, Blecourt, ensemble..........	3,000,000
Amiens et les principales villes de la Picardie............	18,000,000
Roubaix et ses environs................................	3,000,000
Les principales villes du Dauphiné, telles que Vienne, Romans, Dieu-le-Fit, Valence, Montélimard, Romans, etc., etc....	17,000,000
Châteauroux, Loudun, Bourges, Vierzon, Romorantin, Leblanc, Sancerre, et autres villes du Berry, ensemble......	12,000,000
Les diverses localités de la Touraine, du Maine, et de l'Anjou, ensemble.................................	5,000,000
Le Languedoc, comprenant les principaux centres, tels que Carcassonne, Castres, Clermont, Nîmes, Sommières, Alais, Bédarieux, Lodève, Saint-Aignan, etc.................	5,500,000
	103,585,000
A ce chiffre on doit ajouter la bonneterie en laine, évaluée alors à...	25,000,000
Total..........................	128,585,000

Nous devons faire remarquer que, sauf les chiffres concernant la Champagne, la Normandie et le Languedoc consignés directement dans les publications des inspecteurs du temps, les autres ne peuvent être considérés que comme des approximations. Nous avons été obligé de chercher à les établir à peu près, d'après la consommation de la laine, le nombre des pièces et le genre d'articles généralement fabriqués dans chaque localité; mais il ne nous a pas été possible de nous les procurer pour toutes. Les éléments pour Paris et ses environs, tels que Saint-Maur, Saint-Denis, etc., pour Dieppe, Dijon, Moulins et le Bourbonais, Dourdans, Orléans, Montargis, Angers, La Charité, etc., et où il se fabriquait également une quantité plus ou moins considérable de lainages, nous ont manqué. La somme portée dans le tableau précédent est donc sensiblement au-dessous de la vérité. Nous ne pensons cependant pas qu'elle puisse atteindre celle de 225,000,000 de livres, indiquée par Tolosan, inspecteur des manufactures, comme représentant la production manufacturière des lainages en 1788. Mais ce chiffre serait dépassé si on y comprenait la quantité assez considérable d'étoffes de laine qui se tissaient encore dans l'intérieur des ménages.

§ 11. — Industrie des lainages en Angleterre jusqu'à la fin du dernier siècle.

Depuis que le travail est en honneur, que sa propriété génératrice des richesses sociales ne peut plus être contestée, et qu'il peut mener aux positions les plus élevées, on commence à se préoccuper de l'origine et de la généalogie des industries principales. Il y a une certaine émulation à cet égard entre les peuples. Ceux qui leur doivent le plus y apportent presque un zèle de sectaire; il est heureusement plus pacifique. L'Angleterre se signale surtout dans cette direction. Ses historiens spéciaux s'efforcent de démontrer l'existence des fabriques de tissus de laines dans la Grande-Bretagne dès les temps les plus reculés, et en attribuent l'introduction aux Romains et à l'installation des tisseurs venus à la suite de Guillaume le Conquérant. On ne peut nier que dès cette époque jusqu'au commencement du quatorzième siècle, on ne se soit occupé en Angleterre de la fabrication des lainages, mais elle y était évidemment moins déterminée et moins avancée qu'en France, et surtout en Espagne, en Italie et dans les Pays-Bas. La situation de l'Angleterre était alors loin de faire prévoir sa fortune future.

Un historien belge dit un peu crûment : « Au dixième et au onzième siècle les Anglais n'étaient que des gardiens de troupeaux et des marchands de laine ; leurs historiens évaluent à 45 millions, poids du marc, la quantité de laine qu'ils exportaient annuellement. Sous Edouard III, les manufacturiers flamands recevaient encore cinquante mille ballots de laine par année.

« Le même prince voulut introduire dans son royaume nos manufactures de draps, et accorda à cet effet de grands privilèges aux tisserands flamands et brabançons, qui se décidèrent à transporter leur industrie au delà de la Manche[1]. »

Cette appréciation de l'auteur belge nous paraît un peu trop absolue. Sans doute, les insulaires durent dès leur conquête se préoccuper tout d'abord de l'élève des moutons. Les nombreuses terres en friche, une population insuffisante à sa culture, contribuèrent à l'utiliser au pâturage pour produire la nourriture des conquérants. A l'origine, ce but ne fut pas toujours facilement atteint, tant la première occupation fut troublée par les guerres, les invasions des hommes et des animaux. L'un des titres d'Edgard, roi d'Angleterre, est d'avoir délivré son pays des nombreux loups qui le ravageaient. Bientôt après, le climat et les soins aidant, les toisons s'amé-

[1] De Smet, *Histoire de la Belgique.*

liorèrent au point de faire rechercher la laine anglaise par les diverses contrées manufacturières. Aussi les Anglais s'efforcèrent-ils de la travailler eux-mêmes.

Henri II défendit le mélange des laines espagnoles aux laines anglaises. Le produit qui en résultait devait être brûlé publiquement, et leur auteur condamné à une amende. Les étoffes de Lincoln, d'York, d'Oxford, et surtout de Winchester, avaient déjà une certaine réputation et donnaient un revenu sérieux à l'Etat au douzième siècle. Les premiers règlements sur la largeur et la qualité des tissus remontent à 1199. Les Flamands, à leur arrivée, une trentaine d'années plus tard, trouvèrent par conséquent la situation admirablement préparée, et purent contribuer au développement dont l'impulsion la plus énergique ne date que du commencement du quatorzième siècle.

Les historiens, sans exception de nationalité, sont d'ailleurs d'accord sur ce fait de l'impulsion donnée à l'industrie des lainages en Angleterre, en 1331, par Edouard III, et l'influence de la fille d'un comte flamand, qu'il avait épousée. Cette princesse protégea ses compatriotes, qui s'établirent surtout à Norwich, à Worsted, à Norfolk, Sudbury Colchester. Ces localités lui durent principalement leur prospérité.

Tout en cherchant à propager la fabrication des tissus de laine, Edouard III ne perdit pas de vue l'importance du commerce de la matière première. Le singulier usage qu'il institua, de faire asseoir les membres du Parlement sur des sacs de laine, avait pour but de leur rappeler l'intérêt capital de la production de cette matière, au moment où les bénéfices de ses transformations auraient pu la faire négliger.

De nombreux règlements, analogues à ceux dont nous avons parlé pour les fabriques françaises, furent établis par ce même prince. Comme conséquence de son système, il chercha à restreindre l'exportation des laines de son pays, en les imposant d'un droit de sortie [1]. Les fabriques restèrent néanmoins dans une position relativement inférieure, si l'on en juge par l'absence des lainages manufacturés à l'exportation. Ce n'est guère qu'en 1363 que l'on voit commencer une exportation d'étoffes de laine pour l'Allemagne. Depuis lors jusqu'au règne d'Elisabeth (1554), cette industrie a passé, chez nos voisins comme chez nous, par des fluctuations plus ou moins heureuses. Les gouvernements qui s'étaient succédé depuis la fin du règne d'Edouard III, pendant près de deux siècles, avaient fait de vains efforts pour développer et même maintenir les fabriques. Les divers statuts et règlements, et entre autres ceux de Henri VII, Henri VIII, Edouard VI, en témoignent.

L'impulsion la plus sérieuse donnée, en Angleterre, à l'industrie qui nous occupe, est due au gouvernement de la reine Elisabeth et aux émigrés protestants flamands, que les persécutions religieuses du duc d'Albe chassèrent des Pays-Bas. Les émigrés, dont faisaient partie les plus habiles industriels et artisans, rendirent avec usure à leur pays adoptif les bons procédés qu'on avait pour eux, prouvés d'ailleurs par les nombreux statuts du règne d'Elisabeth. Ils initièrent les ouvriers anglais aux moyens de faire les draps fins ; ils perfectionnèrent la teinture, les apprêts ; ils créèrent des articles ras nouveaux, en étoffes pures et mélangées de soie. Aussi l'Angleterre vit-elle dès lors son exportation en lainages augmenter d'une manière considérable. Malgré les vicissitudes commerciales et industrielles, conséquences des troubles de la révolution anglaise et de certains faits d'intolérance, l'industrie des lainages était trop solidement ancrée dans le pays, même en Ecosse et en Irlande, pour ne pas s'y relever. D'ailleurs, les divers gouvernements s'ingénièrent à qui mieux mieux, pour créer des débouchés

[1] Ses successeurs allèrent plus loin dans les rigueurs contre les exportateurs. Une loi de 1566, sous Elisabeth, les condamnait à avoir le poing coupé, et à la peine de mort en cas de récidive.

nouveaux; c'est ainsi que s'explique un acte du Parlement de 1666, qui dispose que les linceuls devront être en étoffe de laine, sous peine de cinq livres d'amende. L'Etat ne resta indifférent à rien de ce qui pouvait faire progresser cette importante branche industrielle. Aussi les soixante-dix mille émigrés français qui vinrent à la suite de la révocation de l'édit de Nantes, furent-ils accueillis avec empressement et traités avec une libéralité qui compléta le succès de la spécialité. Sa prospérité augmenta d'une façon telle, dès ce moment, que la valeur des tissus de laine exportés par l'Angleterre en 1699 s'élevait déjà à la somme de 2,932,292 livres sterling, à plus de 68 millions de francs! Cette prospérité un instant menacée, lorsque, quelques années plus tard, le travail du coton commença à se développer, les plaintes qui s'étaient manifestées dès 1674 contre l'emploi des cotonnades se renouvelèrent. Et cependant la création des manufactures du Yorkshire pour la laine, si florissantes depuis, date à peu près de cette même époque, de la fin du dix-septième et du commencement du dix-huitième siècle. Elles se développèrent également dans le Devonshire, le Hampshire, le Witshire, le Somerset, le Durham, à Warwick, à Norfolk, Suffolk, Essex, etc. L'origine de Bradford est un peu moins ancienne.

L'industrie du coton, dont on craignait tant les résultats, servit, au contraire, indirectement aux progrès des lainages par les moyens perfectionnés qu'elle leur fournit. Le travail de la laine rase, ayant plus d'analogie avec celui du coton que celui de la draperie, en profita le premier. Au moment de la révolution française, l'Angleterre exporta surtout ses étoffes lisses, mais ne put rivaliser avec la France et la Hollande pour la draperie fine sur les marchés étrangers.

Jusqu'à la seconde moitié du dix-huitième siècle, Londres et Coventry paraissaient plus particulièrement en possession de la teinture et des apprêts; on y envoyait les tissus pour y recevoir les apprêts. Leeds, Halifax, Bradford et Wakefield commencèrent à s'approprier ces opérations, qui terminent la fabrication.

Les auteurs anglais évaluent la production annuelle des lainages de toute sortes, en 1774, à un chiffre de 12 millions de liv. sterl., ou 300 millions de francs, sur lesquels on exportait à peu près un quart, ou 75 millions. Nous croyons qu'il y a là une exagération provenant de la manière dont le calcul a été établi par le docteur Campbell, cité comme une autorité par M. Jonh James. En effet, l'auteur suppose que l'Angleterre possédait alors 10 à 12 millions de moutons, dont il évalue les toisons à 75 millions, les frais de transformation à 225 millions, et la valeur totale avec les bénéfices à 300 millions.

Tout en admettant le nombre de brebis et la valeur de leur laine comme exacte, celle de leurs produits, estimés au triple de la matière première, est évidemment exagérée. Nous croyons être bien plus près de la vérité en supposant aux étoffes un prix double de celui du prix net de la laine. On arrive ainsi à la somme de 150 millions pour le prix de revient ; en ajoutant pour les bénéfices 50 millions, 200 millions seraient donc le montant maximum des tissus de laine produits en Angleterre vers la fin du dernier siècle.

§ 12. — Industrie des lainages en Espagne.

L'Espagne, comme nous l'avons déjà dit, transformait ses laines bien avant l'ère chrétienne. Elle avait profité de son admirable position, sur la Méditerranée et l'Océan, de la fertilité de son sol, de ses nombreux cours d'eau intérieurs, pour devenir commerçante et industrielle.

Les Maures y apportèrent plus tard leurs connaissances dans les arts, y fondèrent et firent prospérer pendant longtemps des établissements, les juifs concoururent à ce mouvement et y développèrent le commerce d'une façon prodigieuse; aussi, la Péninsule avait-elle alors une des premières places en Europe et dans le monde. Le travail des lainages y était surtout florissant; il employait les toisons si réputées du pays, dont la production était singulièrement facilitée par l'étendue des terres et le libre pacage, si longtemps en usage. Au commencement du treizième siècle, l'Espagne excellait surtout dans la fabrication de la draperie fine, certaines étoffes rases n'y prirent du développement que plus tard, en 1360. Ses manufactures furent régies par des ordonnances, des statuts et des règlements réunis en 1438.

L'ordre de la Toison d'or de Philippe le Bon est conservé en Espagne en mémoire, dit-on, d'une vente de laine très-considérable, dont le produit avait beaucoup augmenté la richesse des domaines de Flandre et du Brabant. La persécution des Maures et des Juifs, la découverte de l'Amérique, l'influence de son or sur les salaires et les mœurs, les guerres et la politique du gouvernement de Philippe II, sont bien connues comme les causes de la décadence de l'industrie en général et du travail des lainages.

« La seule ville de Tolède, dont la population totale était descendue à dix mille âmes, occupait, dit de Lasteyrie, dix mille ouvriers à la fabrication des lainages au milieu du seizième siècle [1]. » Vers la fin du dernier, les manufactures de draps fins n'existaient presque plus en Espagne; on en comptait deux seulement, l'une à Saint-Fernandez, près Madrid, et l'autre à Ségovie. Ces établissements appartenaient à la couronne; on y transformait les belles laines du pays. Malgré la qualité des matières premières, les produits laissaient beaucoup à désirer et ne pouvaient être comparés à ceux de France. Aussi nos lainages, et surtout les draps de Sedan, de Louviers, d'Elbeuf

[1] *Des bêtes à laine en Espagne.* Paris, an VII.

et d'Abbeville, les étamines et autres articles ras de Reims, de Lille, du Mans, etc., trouvaient-ils un écoulement au delà des Pyrénées. La fabrication intérieure des étoffes communes était assez restreinte; l'Angleterre y fournissait la plupart des articles inférieurs. L'Espagne a fait des efforts depuis pour redevenir industrielle; elle a augmenté le nombre de ses établissements, amélioré leurs procédés; mais elle est restée, pour le travail des lainages, vis-à-vis de ses voisines ce que celles-ci étaient autrefois par rapport à elle.

Pays-Bas, Belgique. — Ces pays, dont la réputation industrielle était plus grande et peut-être aussi ancienne que celle de l'Espagne, et dont le dernier, la Belgique, marche au premier rang dans la fabrication actuelle de la draperie, avaient tellement décliné depuis les tristes événements auxquels le duc d'Albe a attaché son nom, que l'on comptait, vers la fin du dernier siècle, à peine quelques établissements en Hollande et à Verviers. Ayant déjà mentionné l'ancienneté et l'origine des importants établissements des Flandres, nous n'en parlons ici que pour signaler leur état industriel avant la Révolution, afin de mieux faire saisir le chemin qu'ils ont fait depuis.

Allemagne. — L'industrie des étoffes de laine, si importante aujourd'hui dans les divers Etats allemands, où elle continue à progresser, y paraît moins ancienne que dans les contrées précédemment citées. Les Germains, comme l'indique l'étymologie de leur nom, étaient surtout des hommes de guerre. On attribue généralement l'origine de leur manufactures aux ouvriers émigrés de la Flandre après une révolte et de grands excès contre leurs patrons, à propos d'une réglementation de salaires, au commencement du quatorzième siècle. Les Etats voisins, la Hollande, l'Angleterre et l'Allemagne, profitèrent de la circonstance pour tendre les bras aux fugitifs, dont la réputation était bien justement établie. C'est de cette époque, dit

M. Alstroemer, ancien président de la Société royale de Stockholm, auquel nous empruntons ce fait, que date le commencement de la décadence des manufactures de laine dans les Flandres et la célébrité de celles de la Hollande. L'importance de ces dernières, contrairement à celles de l'Allemagne, a été constamment en diminuant. Bien qu'entrée plus nouvellement dans la voie industrielle que ses concurrentes de l'Europe, l'Allemagne était suffisamment avancée lors de l'avénement des moyens mécaniques qui caractérisent particulièrement le travail de notre époque pour en profiter. La production de ses magnifiques laines, le caractère de sa classe ouvrière, le bas prix relatif de la main-d'œuvre, l'aptitude spéciale de ses populations aux travaux manufacturiers, expliquent ses progrès notables. Le développement est surtout remarquable, pour certains centres, dans la production des beaux lainages drapés et des tissus légers à bas prix. Il en était tout autrement à la fin du dernier siècle, si l'on s'en rapporte aux appréciations de Peuchet, l'un des auteurs les plus exacts, sur les faits industriels de cette époque.

La fabrication des draps de belle qualité avait presque disparu de l'Allemagne au moment de la Révolution française; il n'y existait que quelques fabriques de draperies communes. Les tissus ras y étaient, au contraire, en progrès; on y employait les belles laines de Saxe, des marches du Brandebourg, propres aux étoffes d'Amiens, si estimées déjà. Le camelot, le baracan ou bouracan, les serges, les sayettes, les turquoises, les tamises et une foule d'autres genres compris dans la grande branche des étoffes de laine dites *rases et sèches* se fabriquaient en Allemagne. La haute Saxe, Cottingue, Berlin et ses environs, Lintz, etc., possédaient des établissements considérables. Cependant la production intérieure ne suffisait pas à la consommation, qui devait se pourvoir de lainages au dehors et surtout en Angleterre.

La *Suède*, favorisée par ses laines, s'est livrée l'une des premières à l'amélioration de la race ovine, et possédait quelques fabriques où la matière première était transformée; mais ses produits, sous le rapport des quantités, n'ont jamais eu qu'une importance secondaire.

CHAPITRE II.

§ 1. — Progrès des industries de la laine depuis la fin du dix-huitième siècle.

Sous l'ancien régime les tissus de laine pure étaient presque exclusivement consommés par la bourgeoisie ou le tiers état; le velours et la soie composaient les vêtements de la noblesse; les manants, dont les paysans et les ouvriers faisaient partie, portaient tout au plus des droguets et de la tiretaine, mélangés de fils ou entièrement en laine commune. Les étoffes légères, telles que les serges, les étamines, les tamises, etc., ne trouvaient de débouchés que chez les femmes de la classe aisée, et la *calemande* grossière rayée formait le vêtement principal des paysannes. La fortune et le désir d'effacer ces distinctions extérieures ne suffisaient pas pour s'en affranchir. De vaines tentatives ont été faites pendant longtemps dans ce sens. On lit dans un document du temps, adressé aux états généraux : « Prescrire à chacun état tel habit que par l'accoutrement on puisse faire distinction de la qualité des personnes, et que le

velours et satin soit défendu, si ce n'est aux gentilshommes.[1] »
C'est encore la richesse des étoffes qui distinguait les différents grades des membres des parlements; la laine en était exclue, même dans la robe des fonctionnaires les plus modestes. Pour les huissiers, elle était en taffetas; les greffiers portaient du batavia (tissu croisé en soie); les conseillers étaient vêtus en satin, et les présidents, en velours.

Lorsqu'au dix-huitième siècle, l'opinion des masses et les écrits des philosophes eurent fait théoriquement justice des moyens extérieurs pour distinguer les classes, les mœurs et l'usage en prolongèrent cependant la coutume; et si quelques riches parvenus se permettaient des vêtements de luxe, ils formaient l'exception, à en juger par le costume modeste des députés du tiers état en 1789, presque tous vêtus en drap brun uni. Cest donc à partir de la *Révolution* que la consommation des lainages de toutes sortes est devenue universelle, ainsi que le pressentait Colbert, si l'on s'en rapporte aux appréciations d'un économiste que nous avons cité précédemment.

Mais la production, limitée dans sa source, par le nombre considérable de bras exigé dans l'ancien système de fabrication, serait restée stationnaire, si la puissance d'action ne s'était élevée, métamorphosée au point de devenir un des faits les plus remarquables de l'époque la plus féconde en grands événements. Nous voici arrivés aux premières installations de la machine à vapeur, à l'application étendue de la loi de la division du travail et des transformations automatiques. Les succès obtenus dans cette voie pour le coton ont contribué à ceux de la laine. Afin d'apprécier nettement le chemin parcouru et l'importance des progrès réalisés dans la production des lainages, constatons d'abord l'ancien mode d'opérer.

Un historien dont les travaux ont été plusieurs fois cou-

[1] Cahier de la noblesse, 1615. A. Thierry, *Essai sur l'histoire du tiers état*, p. 151.

ronnés par l'Académie, a enfin eu l'idée de s'occuper de la vie pratique des masses. Il a résumé la manière de travailler la laine au quatorzième siècle, qui n'avait pas varié jusqu'à la fin du dernier, dans les termes suivants :

« ...... Maître Vincent, lui dis-je, parlons maintenant du travail des étoffes ; c'est le plus important. Je viens d'apprendre que les laines de la ferme de l'abbaye sont arrivées hier. Nous allons examiner quelles opérations elles doivent subir depuis l'instant où les brebis en sont dépouillées jusqu'au moment où elles sont posées sur les épaules des respectables dames de ce couvent. Je vous suppose déjà reçu frère convers de la maison. Voyons un peu, qu'allez-vous faire ? Vincent me répondit : Je porterai d'abord les laines dans les chaudières pour les dégraisser, les laver ; ensuite, je les étendrai au séchoir. Dès qu'elles seront sèches, je les battrai, je les trierai ; j'en ferai deux parts : d'un côté, je mettrai les laines longues, propres à la chaîne ; de l'autre, les laines courtes, propres à la trame. Je graisserai ensuite les laines de la chaîne avec du saindoux ou du beurre, après quoi je les peignerai ; et puisque maintenant le roi trouve bon que nous cardions celles de la trame, je les carderai. Je ferai ensuite filer à la quenouille les premières, et seulement au rouet les dernières. — Maître Vincent, lui dis-je, combien de marches mettez-vous à votre métier ? — Mon frère, me répondit-il, deux pour les étoffes à pas simple, comme le drap ; trois, quatre, pour les étoffes croisées. — Combien de fils de portée à la chaîne de vos draps ? — Suivant le genre ou la qualité des draps, tantôt quatorze cents, tantôt dix-huit cents. — Votre chaîne est collée ; vous la tendez sur l'ensouple ; vous tissez, vous avez tissé toutes vos pièces de drap ; quels sont les apprêts que vous leur donnez ? — Je les foulerai au moulin pour les dégorger et les feutrer. Je leur donnerai un trait de chardon pour tirer en dehors le poil de la laine ; je les foulerai encore, et quelquefois je les soufrerai ; quelquefois aussi je les tonderai avec de grandes forces. Je leur donnerai encore un léger trait de chardon lorsqu'on me demandera des draps tout prêts. Je répéterai une, deux fois ces opérations; enfin, si je ne veux pas laisser mes draps en blanc, je les enverrai au teinturier; sinon, je les presserai, je les calendrerai. — Combien de longueur donnerez-vous à votre pièce de drap? — Quinze aunes. — Et de largeur? — Sept à huit quarts. — Si le tisserand donnait des dimensions moindres à ses pièces, que lui arriverait-il? — Il aurait le poing coupé, et c'est bien fait. Tant pis pour les voleurs; les honnêtes tisserands ont toujours voulu conserver leurs deux mains pour dire le chapelet.»

« ... Voici les prix que m'a donnés ce bon tisserand; il les connaît mieux que personne : la livre de laine, quatre sous; l'aune de drap, quarante sous; l'aune de blanchet, six sous.[1] »

Les renseignements sont complets sur les transformations, sauf certaines opérations accessoires, telles que le ratinage, pratiqué dès lors en Hollande, et peut-être chez nous. Les opérations sont restées les mêmes en principe : seulement, les moyens pour arriver aux résultats se sont profondément modifiés. La sévérité avec laquelle on punissait une infraction aux règles, qui n'était pas toujours du fait de la mauvaise foi, indique plus de rigidité dans l'observation des principes que de connaissances techniques. La faculté de travailler, la nature de la matière première, son mode d'emploi, etc., étaient soumis à des règles non moins invariables. Nous avons déjà insisté sur ces points. La disposition des maîtres à l'égard des ouvriers et la législation qui réglait leurs rapports étaient tout aussi oppressives que celles concernant les rapports entre seigneurs et bourgeois. L'abolition de ces entraves par le nouveau régime a été aussi féconde peut-être en résultats que la substitution du travail automatique aux manipulations surannées. L'élan qui

[1] A.-A. Monteil, *Histoire des Français des divers états*, ép. LXXXI. Quatorzième siècle.

en est résulté eût été arrêté à chaque pas dans son développement sans la destruction des anciens liens qui paralysaient l'industrie et le commerce.

Chaptal, dans son ouvrage *De l'Industrie française*, démontre tout le mal que la réglementation avait fait à notre commerce d'exportation en général. Il cite pour les lainages, par exemple, la cessation de la vente de nos serges en Espagne, en Portugal, dans le Levant et dans l'Inde; de nos gros lainages, au Canada, etc., parce que les éléments constitutifs de ces articles et leurs modes d'apprêt étaient imposés, invariables, et ne pouvaient se plier ni aux exigences du consommateur, ni même aux perfectionnements que le fabricant pouvait y apporter. L'industrie anglaise, émancipée avant la nôtre, libre dans ses allures, modifiait ses produits, et cherchait à compenser certaines économies de matières par une apparence plus flatteuse, grâce à des apprêts nouveaux interdits à nos manufacturiers. Dans une autre direction, nous citerons un progrès technique, qui eût certainement été retardé si l'influence des idées nouvelles ne l'avait protégé; nous voulons parler de l'emploi de la navette volante, et la suppression d'un tisserand sur deux pour tisser les étoffes larges comme les draps.

L'origine de la disposition connue sous le nom de *navette volante*, à cause de sa vitesse, par rapport à celle de sa devancière la *navette glissante*, est anglaise, comme l'indique son nom primitif de *carrybarry*, francisé aujourd'hui, elle remonte à 1780; son introduction en France, par un Anglais, nommé Macloud, date de 1788. Tous les gouvernements qui se sont succédé, y compris celui de la Restauration, ont encouragé la propagation du carrybarry et récompensé son importateur. Macloud fut envoyé par le gouvernement de Louis XVI, et à ses frais, dans les principales villes manufacturières, pour y faire connaître et propager la modeste et fructueuse invention; l'administration républicaine lui accorda, en 1793, six mille francs de récompense à titre d'artiste ayant rendu des services à la patrie ; enfin, en 1816, le gouvernement lui donna quelques secours et le fit admettre à l'asile des Incurables, où il mourut âgé de soixante-douze ans. Malgré la protection de toutes les administrations, son utile invention ne l'a pas sauvé de l'indigence.

Qu'on nous permette de placer ici une réflexion relativement à la législation qui régit les inventions en France, controversée et représentée parfois comme un obstacle au progrès et une entrave à la liberté. Elle n'a, selon nous, d'autre signification que de régulariser l'état civil d'un supposé perfectionnement. Réduite à ces termes, elle devient, au contraire, un stimulant du progrès. Ce stimulant régulier de l'intérêt privé faisant défaut, l'avancement des arts peut encore compter, il est vrai, sur le génie de certains hommes, tels que les Salomon de Caus, les Léonard de Vinci, les Palissy, les Fulton, etc., grands ouvriers de l'avenir, d'une âme assez fortement trempée pour supporter la misère et le dédain présent en vue du bien qu'ils préparent et de la gloire future. Mais il faut compter avec l'humanité et ne pas perdre de vue qu'à côté de ces grands hommes, dont la nature est avare, se trouvent les chercheurs du jour, non moins utiles par leur nombre et leur ardeur. Ce sont les véritables pionniers du progrès, presque tous en avance sur les industriels exerçant. Ils recherchent les besoins et les *desiderata* du moment, se passionnent pour le projet qui en est la conséquence, sont soutenus dans leur carrière paisible par l'espérance des résultats qu'ils attendent de la réalisation de ce projet. Pauvres, en général, ils ne peuvent mener leur conception à bien qu'avec des ressources financières hypothéquées à l'avance sur les produits espérés, de ce que nous appellerons modestement *le prix de la course*. Pour y atteindre, ils ne font, certes, pas moins que les *sportsmen*, moins ardents peut-être si l'amélioration de la race chevaline était leur point de mire exclusif. Nous réduisons la question, on le voit, à ses proportions les plus minces. Ne pouvant incidemment l'examiner au point de vue du droit et de la légitimité, ni discuter pour le moment l'insuffisance et le côté abusif de la législation. Des hommes plus autorisés l'ont fait et le feront encore, le sujet est des plus graves et des plus importants, parce qu'il intéresse le progrès et le droit de propriété sous une de ses formes les moins bien acceptées jusqu'ici. Nous avons seulement voulu dire un mot de l'influence de cette législation sur l'avancement de la spécialité dont nous nous occupons. Si nous ne nous trompons, elle a été le complément logique de la liberté donnée à chacun de produire et de jouir du fruit de son labeur. Telle qu'elle est, malgré ses défauts, elle a hâté le progrès des cinquante dernières années que nous allons passer en revue; et nous osons affirmer que le développement industriel eût été plus grand encore s'il ne fallait à la plupart des inventions, même les plus utiles et les plus pratiques, une vingtaine d'années au moins pour se faire adopter.

§ 2. — Origine du travail automatique de la laine.

Les premiers essais du filage mécanique de la laine datent à peu près de la même époque en Angleterre et en France. D'après l'historien anglais le plus complet sur l'industrie des lainages, John James, la première machine pour filer la laine aurait été essayée à Dolphin Holme en 1784; mais les premiers succès sont de 1791 seulement. Or la France avait déjà fait quelques tentatives pour arriver au même but. Sur le rapport de Roland de La Platière, le gouvernement accorda, en 1780, 3,000 livres à un sieur Price, apprêteur anglais établi à Rouen, pour l'invention d'une mécanique propre à filer la laine peignée. Quelques années plus tard, en 1783, Quatremère-Disjonval, propriétaire d'une fabrique de draps près de Châteauroux, annonça qu'il cardait avec succès la laine sur les machines à coton. En 1787, un nommé Garnett, mécanicien anglais, après avoir établi des filatures de coton à Rouen et à Sens, s'occupait également de la laine lorsqu'il est mort. Dans le même moment, un industriel du même nom, probablement un de ses parents, établissait une filature de laine à Bradford.

Dans les premières années de la République, les essais se continuent en France ; parmi les promoteurs de ce progrès, il faut citer : MM. Grangier frères, d'Annonay, pour leurs machines à carder et à filer la laine (1791) ; le brevet de Sarazin, de Lyon ; M. Simonis, de Verviers, dont le nom est resté célèbre dans la spécialité, fit élever *un moulin à l'aide duquel trois personnes pouvaient filer quatre cents écheveaux par jour;* les essais d'un nommé Ovide, à Toulouse, du mécanicien Milne fils, à Marly, sont de la même époque. Pendant ce temps, les Anglais étaient parvenus à filer la laine peignée sur les machines d'Arkwright, également auteur d'une machine à peigner, remarquable par les principes sur lesquels elle repose. Antérieurement encore en 1793, Henri Wright et Jean Hawksley, de Nottingham, s'étaient fait patenter pour une peigneuse mécanique très-originale et rationnelle dans ses dispositions. Le filage de la laine cardée commençait à se faire assez généralement sur les métiers *à pince*, connus sous le nom de *jenny*.

Mais jusqu'alors on s'occupait presque exclusivement des premières et dernières opérations de la filature et des moyens de tisser mécaniquement. On semblait perdre de vue l'importance des préparations intermédiaires si nécessaire au filage, surtout de la laine peignée, et des apprêts des étoffes drapées. Les perfectionnements dans cette direction, sans lesquels l'effet des métiers à filer eût été stérile, ne vinrent qu'ultérieurement. Les machines appliquées à la draperie furent réalisées d'abord. Les premiers assortiments à peu près complets, composés sans doute d'appareils de divers inventeurs, furent construits en France par deux mécaniciens dont les noms sont restés connus, Douglas et Cokerill. Le premier avait ses ateliers à Paris, et le second, à Verviers et à Liége ; il fonda quelques années plus tard un second établissement à Reims. L'origine de ces machines, en France[1], remonte au commencement du siècle. Le ministre Chaptal, dont la sollicitude pour l'industrie rappelle celle de Colbert, contribua puissamment à leur propagation.

Le jury de l'Exposition de 1806 atteste que Douglas avait livré depuis deux ans environ, *aux manufactures de draps de seize départements, plus de 340 machines de différentes espèces.*

Composition de l'assortiment en 1804. — L'assortiment complet des machines appliquées à l'industrie drapière se composait de la manière suivante :

1° Une machine à ouvrir, alimentée par un enfant, faisant le travail de quarante personnes.

2° Une carde *briseuse*, travaillant 60 à 65 kilogrammes par jour.

3° Deux cardes *finisseuses*, à loquettes, pour desservir la précédente. Chacune alimentée par deux enfants.

4° Une machine à filer en gros de trente broches, produisant 25 à 30 kilogrammes de boudins ou gros fils.

5° Une machine à filer de quarante broches, filant avec une femme et un enfant 15 kilogrammes de gros fils de chaîne pour couvertures.

6° Un métier de soixante broches, pour produire 6 kilogrammes de fils pour la draperie.

7° Une machine à lainer les draps.

Cette première lainerie remplaçait vingt laineurs à la main.

8° Une brosserie mécanique pour les draps ordinaires.

9° Une brosserie pour les casimirs plus étroits.

[1] En parlant de la France nous y comprenons la Belgique, française alors.

Le même constructeur faisait également des métiers à tisser à navette volante. Aussi obtint-il une médaille d'or à l'Exposition de 1806.

La machine à tondre, à lames hélicoïdales disposées autour d'un cylindre, agissant sur le drap longitudinalement, n'existait pas encore. Inventée en Angleterre par un nommé Lewis, elle ne fut exécutée en France que vers 1817, par John Collier, qui imagina, quelques années après, la tondeuse transversale, aujourd'hui moins usitée.

Abraham Poupart imagina vers le même temps la tondeuse dite à lames oscillantes, très-ingénieuse et efficace, mais peu employée, à cause de sa faible production. Jusqu'alors on tondait encore avec les *forces*. On cherchait seulement à les faire mouvoir par des transmissions mécaniques. Un mécanicien de Reims, Leblanc-Paroissien, s'était ingénié pour opérer automatiquement avec les ciseaux gigantesques auxquels on donnait ce nom, et un nommé François Mazeline, de Louviers, construisait, de son côté, des machines à lainer dans le genre de celle de Douglas.

Nous voici loin déjà des moyens séculaires universellement usités naguère; la transformation était telle, disent les appréciations de l'époque reproduites dans les bulletins de la *Société d'encouragement pour l'industrie nationale*, qu'un personnel donné produisait quarante fois plus que vers la fin du dernier siècle. Cependant, les opérations fondamentales du foulage, du tondage et certaines autres, étaient restées sans changement.

L'industrie de la laine peignée fut moins heureuse tout d'abord, quoique l'objet d'autant de recherches; elle se montra rebelle à la filature mécanique. Les brins, même les plus lisses, ne glissaient et ne s'échelonnaient qu'avec difficulté, la régularité des étirages et, par conséquent, du fil, en souffrit. L'expérience démontra bientôt qu'on ne pouvait vaincre ces difficultés que par l'application de moyens préparatoires perfectionnés, par un peignage parfait et des laminages analogues à ceux du coton. Les premiers essais dans cette direction eurent lieu de 1808 à 1809, à Incarville, près Louviers, par un nommé Demaurey. Ses moyens pour peigner mécaniquement remplissaient à peine les conditions des machines employées depuis pour préparer les filaments au peignage. Le premier métier à filer la laine qui ait fonctionné en France fut construit par M. Dobo, mécanicien, en 1811, dans l'établissement de M. Ternaux, à Bazancourt, près Reims, pour des fils d'étoffes rases désignées sous le nom de tissus Ternaux. La machine connue sous le nom de *peigneuse Collier*, de l'invention de M. Godard, d'Amiens, vint quelques années après, vers 1817. Elle fut plus ou moins en usage pendant une vingtaine d'années environ.

§ 3. — Premières divisions du travail de la laine en grandes spécialités.

A partir de l'époque dont nous venons de parler, on remarque une bifurcation sérieuse et caractéristique dans les diverses parties de l'industrie des lainages. Non-seulement, le travail des laines longue et courte est nettement séparé et commence à être pratiqué dans des établissements distincts plus ou moins considérables, mais la filature de la laine cardée est à son tour pratiquée en dehors des établissements du tissage et des apprêts de la draperie. Ces parties du tout constituent désormais des branches spéciales. Darnetal, près Rouen, Bazancourt, près Reims, Autrecourt et Mouzon, dans les environs de Sedan, le faubourg Saint-Antoine à Paris virent élever les premières filatures mécaniques de laine, celle des environs de Rouen, pour les fils cardés, appartenait à M. Prosper Bellanger. MM. Ternaux, Jaubert et Lucas, propriétaires de l'établissement de Bazancourt, et Dobo, de celui de Paris, filaient tous deux la laine peignée.

Quant au tissage du drap et des articles ras, il avait lieu à la main chez des tisserands isolés ou réunis dans des ateliers plus ou moins importants; enfin les apprêts formèrent à leur tour deux industries distinctes : l'une spéciale aux articles foulés et drapés, et l'autre aux tissus ras. La filature, le tissage et les finissages formèrent dès lors trois groupes tranchés dans les deux spécialités. Celui des apprêts des produits foulés était même scindé en deux, car le foulage a toujours été considéré avec raison comme une transformation spéciale et s'est constamment pratiqué séparément des autres. Il en est même parfois ainsi de la filature des fils lisses, qui ne transforment la laine qu'à partir du peignage; des établissements considérables se sont formés pour peigner à façon.

Cette division de la fabrication par groupes facilita le travail, concentra les aptitudes, éleva la production, contribua à améliorer les résultats et les conditions économiques. La spécialisation rendit l'industrie accessible à tous, aux fortunes modestes, aussi bien qu'aux gros capitaux. Et contrairement à ce que l'on pourrait supposer, les connaissances générales et la compétence spéciale intervinrent plus que jamais dans la réussite du nouveau mode de production. C'est surtout lorsque divers établissements concourent à l'ensemble des résultats que l'entrepreneur manufacturier doit être apte à juger la valeur des résultats de chacun d'eux, et savoir s'ils ont bien rendu tout ce que la matière première promettait. Cette aptitude est indispensable au manufacturier dirigeant l'ensemble des transformations aussi bien qu'à celui qui fait travailler à façon.

L'excellence du nouveau principe s'étendit jusqu'au commerce de la laine. L'industrie des laveurs et des trieurs et une meilleure entente de l'emploi de la laine indigène en furent une conséquence. La spécialité de certains marchands de laines se modifia ; ils montèrent un grand nombre d'établissements à laver, surtout aux environs de Paris, où Ternaux, toujours à la tête du progrès, avait donné l'exemple. Ces lavoirs, où les toisons étaient plus ou moins épurées et classées par qualités, étaient à peine connus en France au commencement du siècle; il en existait au moins quarante dans le département de la Seine, vers 1818. L'action réciproque des laveurs sur les fabricants, et de ceux-ci sur ceux-là, eut une grande influence sur les triages et l'assortissage des laines. Il en résulta une valeur plus précise, une appropriation plus facile et mieux entendue de la matière première. Les beaux draps de France, des Jourdain-Riboulleau, des Gerdret, des Frigart, des Poupart de Neuflize, des Grandin, des Quesné, des Flavigny, des Dannet, des Cunin-Gridaine, des Bacot, etc., qui figurèrent à l'Exposition de 1819, étaient fabriqués exclusivement avec les laines du pays [1].

Est-il nécessaire de faire remarquer que cet heureux résultat, dont la division du travail appliquée à l'industrie du laveur a été le point de départ, eût été impossible, avec l'ancienne obligation d'employer une laine déterminée pour un produit donné. Les conquêtes nouvelles qui assuraient l'indépendance technique à l'industriel ne furent cependant pas appréciées de la même manière par tous. Sur des instances pressantes d'un certain nombre de retardataires, les chambres du commerce furent consultées en 1806, pour savoir s'il serait utile de rétablir des règlements. Il est juste de dire que toutes celles des centres manufacturiers des lainages, donnèrent un avis contre le retour plus ou moins complet à l'ancien état de choses. Les raisons étaient nombreuses et puissantes ; les reproduire aujourd'hui qu'elles sont dans l'esprit de tout le monde, serait sans objet.

Pendant ce temps, les progrès mécaniques se manifestèrent

[1] Cette industrie des laveurs s'amoindrit et tend à disparaître de nouveau, le fabricant traite en général lui-même la laine en suint.

de plus en plus; la tondeuse automatique de John Collier se propagea avec un succès prodigieux, le drap en recevait une perfection inattendue, et l'économie annuelle réalisée fut évaluée à 10 millions, pour la seule opération du tondage. Elle contribua pour sa part au développement extraordinaire de l'industrie drapière, estimée à 150 millions par an vers 1820. Le travail par les forces, l'un des plus pénibles de la fabrication ancienne, quoiqu'il en ait été moins parlé que du tissage façonné au métier à la tire, dont Jacquart délivra l'industrie, fut alors complétement supprimé. Ces exemples de l'influence des progrès techniques et économiques sur l'amélioration des conditions hygiéniques se retrouvent heureusement à chaque pas dans l'histoire industrielle. Presque toujours les perfectionnements mécaniques offrent des conséquences analogues. La substitution du peignage automatique au travail à la main eut pour conséquence de supprimer l'acide carbonique dégagé par les fourneaux sur lesquels se pratiquait le chauffage des peignes, et de faire disparaître une condition dangereuse pour la santé des peigneurs et de leurs jeunes auxiliaires. Les premières applications d'une machine à peigner mécaniquement, les services qu'elle commença à rendre, au point de vue technique et hygiénique, remontent, comme nous l'avons déjà vu, à 1819. C'est aussi à cette époque que l'industrie des châles dits *cachemires*, ou châles français, et des tissus de cachemire commença à se développer. Elle cherchait sa voie depuis quelques années déjà. Les magnifiques tissus orientaux rapportés par les chefs de l'expédition d'Egypte avaient mis les châles de l'Inde à la mode et fait naître le désir de les imiter. On chercha non-seulement à reproduire ces élégantes étoffes, mais on tenta également d'acclimater les producteurs de la matière première chez nous. MM. Ternaux et Jaubert firent des sacrifices considérables pour faire venir des chèvres de la race kirghize, pour les élever et les propager en France. Elles réussirent pendant quelque temps; leur duvet fut filé et tissé par Hindelang, dont le nom reste attaché aux progrès de l'industrie des tissus.

A l'Exposition de 1823, les transformations du cachemire, entièrement concentrées dans Paris et ses environs, étaient déjà représentée par cinq filateurs, à la tête desquelles était M. Hindelang, auquel fut décernée une médaille d'or. On remarque également pour la première fois le nom de M. Biétry comme filateur de cachemire. Les fabricants de châles cachemires, ou quasi-cachemires, y étaient bien plus nombreux encore; à leur tête se retrouve nécessairement M. Ternaux, le plus ardent promoteur de la nouvelle industrie. Cette spécialité était arrivée à un développement tel, que la production annuelle atteignait au moins 25 millions. C'est de cette époque que date l'élan particulier imprimé aux industries de la laine rase; elle s'est substituée dans le Nord à certaines spécialités qui s'amoindrirent alors, et, entre autres, à celle des batistes.

L'important établissement de MM. Paturle-Lupin et Ce, élevé au Câteau, a été l'un de ceux qui, par l'honorabilité et les progrès réalisés par ses fondateurs et leurs successeurs, a le plus contribué à développer le commerce extérieur des tissus français et surtout des étoffes rases unies. Pour les façonnés de la même branche et, entre autres, les gilets en laine et cachemire, on citait des noms dont la plupart ont grandi depuis, tels que ceux de *Lagorce*, *Bausan*, *Bosquillon*, *Rey Ternaux fils*, *Ysot* et *Eck*, etc., auxquels sont venus s'ajouter, un peu plus tard, ceux de *Deinerousse*, *Gaussen*, *Frédéric Hébert*, *Chambellan* et *Duché*, etc., dont les produits se sont fait remarquer à toutes les expositions, depuis celle de 1827 jusqu'à ce jour.

Vers la fin du règne de Charles X, de 1827 à 1830, l'industrie des lainages en général commença à prendre un développement inattendu; des progrès naissants, à peine sensibles naguère encore, s'étendirent au point de se manifester partout.

Les moyens mécaniques et automatiques se perfectionnèrent; les transformations devinrent plus faciles, leurs résultats plus parfaits, et les frais moins considérables. Ces circonstances, jointes à l'amélioration des laines indigènes, déterminèrent la création de produits plus variés à meilleur marché; de nouveaux débouchés sur les marchés étrangers en furent la conséquence.

Plus de vingt départements avaient envoyé des lainages remarquables à l'Exposition du Louvre, en 1827. On y vit figurer alors des draps si forts, qu'on les avait nommés *cuirs-laine, imperméables ;* d'autres si légers, qu'ils étaient désignés sous les noms de *zéphyrs* et d'*amazones*. Dans les articles légers on signala les *bolivars*, ou flanelle avec chaîne et trame en fils cardés, qui désormais partagea le marché avec les flanelles croisées en chaîne peignée et trame cardée. Le nouveau tissu, plus moelleux, plus léger, plus souple, remplissait, par conséquent, mieux certaines conditions recherchées dans les vêtements destinés à être directement appliqués sur la peau ; on le désignait également sous le nom de flanelle *de Galles* ou *anglaise*, à cause de son origine. Une foule d'autres articles légers en laine pure, des variétés nombreuses de mérinos et de napolitaines, des produits mélangés, telle que la *circassienne*, en chaîne coton et trame cardée; la même chaîne, tramée en poil de chèvre ou de laine longue et brillante, constituant les popelines, furent créés, et se propagèrent rapidement. Le centre industriel comprenant les articles de Reims, et dont cette cité est toujours restée le principal centre, avait atteint une production d'environ 30 millions par an.

Cependant les tissus n'étaient pas encore parfaits; on se plaignait des *barres* ou *barrages*, résultant de l'irrégularité de l'application des couleurs et des nuances. Ces défauts disparurent en grande partie dès qu'on put mieux assortir les fils de la chaîne et de la trame, et que celle-ci, filée sur les métiers mécaniques, donna une grande régularité aux articles lisses. Quant aux mérinos renforcés, napolitaines, etc., dont les deux systèmes de fils venaient du métier mécanique, ils avaient également acquis une amélioration notable. Le filage à la main allait donc complétement disparaître. Vers 1830, il ne lui restait plus qu'à produire la chaîne en laine peignée.

L'élan donné ne devait plus s'arrêter; il se continua plus rapidement qu'on ne pouvait s'y attendre. Les machines produisirent bientôt le fil peigné aussi bien pour chaîne que pour trame, et l'on vit figurer des produits, à l'Exposition de 1834, filés à des longueurs variant de 42,000 à 106,000 mètres au kilogramme; et pour les fils cardés dégraissés, les machines livraient jusqu'à 150,000 mètres pour la même unité de poids. Toutes les autres transformations progressèrent dans les mêmes proportions. Au nombre des outils mécaniques formant l'assortiment composé par Douglas, déjà mentionné pour la laine cardée, s'ajoutèrent de nouvelles machines pour la transformation de la laine lisse longue et brillante, ou courte. John Collier, qui, à partir de cette époque, occupa la place dévolue antérieurement à Douglas, exposa une peigneuse mécanique, si souvent tentée sans succès pratique auparavant. Il est juste de citer ici le nom de M. Laurent, auquel on attribue l'emploi du hérisson à aiguilles pour faciliter et régulariser l'étirage. Les premiers essais du tissage automatique, les perfectionnements dans les apprêts, l'emploi de la vapeur dans cette direction, remontent également à cette époque. Une production annuelle d'environ 400 millions de francs de lainages de toutes sortes fut la conséquence du mouvement général et du progrès réalisé dans les diverses directions. Cette production se partageait à peu près par moitié entre les tissus ras en laine et la draperie feutrée et foulée. L'emploi des duvets ou laine d'alpaca, qui depuis lors a donné naissance à une branche importante de tissus ras mélangés, commençait à s'introduire dans la transformation des étoffes feutrées; la maison Chayaux, de Sedan, en fabriqua des lainages drapés légers qui furent distingués à l'Exposition de 1834.

La variété des lainages drapés augmenta d'une façon remarquable, une foule d'articles inconnus jusqu'alors furent classés sous la dénomination générique de *nouveautés*. Le satin *de laine couvert*, créé par M. Bonjean, basé sur l'armure dont il a emprunté le nom, fut, sous le rapport de son emploi, un dérivé du casimir, mais offrait une apparence plus flatteuse à l'œil et un usage plus agréable; teint en noir d'abord, comme la plupart des tissus de Sedan, on lui donna bientôt les nuances les plus diverses. Des modifications dans les fils, des combinaisons de teinture, des entrelacements au tissage pour produire des rayures, des quadrillés et d'autres dessins par l'intervention du métier Jacquart, donnèrent naissance non-seulement aux étoffes drapées exclusivement consommées jusqu'alors pour vêtements d'homme, mais à des tartans, des tissus à poils, mouchetés, etc., destinés à des manteaux, châles, écharpes, robes, etc., pour femme. L'ensemble des articles dits de fantaisie, dont il vient d'être question, prit une si large part dans les lainages foulés, que leur production égalait presque celle des étoffes unies. Ils se composaient des draps piqués, matelassés, jaspés, cuirs-laine fins, satins Bonjean, vigontines à poils, à deux faces, etc. Les principaux tissus ras de la Picardie et du Nord étaient les napolitaines, les mérinos, les bolivars, les petits draps lisses, les tartans, les châles tartans, kabyles, les mousselines-laine, les stoffs, les damas, l'alépine, etc.

Les couleurs claires unies, tels que l'écarlate, le bleu, le jaune, difficiles à appliquer solidement, s'étaient perfectionnées au point de ne plus rien laisser à désirer. Des procédés en apparence secondaires vinrent prendre leur part au progrès général et à l'amélioration des conditions économiques de la fabrication.

Dans le tome III, p. 490, par exemple, le jury de l'Exposition de 1839 cite « *comme l'*[illegible] *des plus notables améliorations apportées à l'industrie la substitution de l'acide oléique (oléine) à l'huile d'olive pour le graissage des laines, et le dégraissage au carbonate de soude*. Ce procédé de MM. Alcan et Peligot, dit encore le rapport, *a simplifié le travail et a amené une économie notable dans la fabrication des draps et tissus de laine*. » L'emploi, en quelque sorte universel, de ce procédé a justifié le jugement porté par le jury, dont les lignes ci-dessus ne sont qu'un extrait.

Les deux grandes branches principales de la transformation des laines continuèrent à marcher en quelque sorte parallèlement et se présentèrent avec des titres également remarquables à l'Exposition de 1844.

Les fils peignés y étaient représentés par 24 exposants, au nombre desquels on voit figurer pour la première fois des maisons de Mulhouse, de Bordeaux, d'Angers, de Saint-Jean-de-Luz, dont les produits, pour la plupart, marchaient de pair avec ceux de Reims. Une augmentation dans le nombre de broches, qui, de 240,000, fut porté en dix années à 600,000, un abaissement de prix d'au moins 10 pour 100 marquèrent ce développement et ce progrès. Une large part de cette prospérité doit être attribuée à l'amélioration apportée aux constructions, principalement par MM. Villeminot-Huard et Bruneau aîné, qui s'attachèrent à compléter les machines préparatoires et à les perfectionner dans tous leurs détails; des types nouveaux reproduits depuis furent créés surtout par le premier de ces deux habiles constructeurs. Le métier à filer fut également modifié et amélioré par la maison Dollfus-Mieg, qui eut la première l'idée de commander les tambours du mule-jenny d'une manière plus précise en substituant les engrenages aux cordes. L'influence de la science appliquée commença à se manifester dans les machines spéciales avec le succès que les grandes constructions des moteurs lui devaient déjà. Les travaux des maîtres, des Coriolis, des Poncelet, des Morin, etc., portèrent leurs fruits en se propageant dans les écoles, les ateliers et les chantiers.

Les métiers à tricots circulaires, qui ont actuellement une si large place dans l'industrie de la bonneterie, et constituent une des spécialités les plus remarquables dans les arts mécaniques, commencèrent à se développer. On ne peut les mentionner sans citer les noms de MM. Gillet, Jaquin, Berthelot, Taillebouis, Emmanuel Buxtorf, etc., qui donnèrent l'impulsion à cette ingénieuse branche des constructions; on doit au dernier une série d'inventions qui le rendent digne de figurer à côté de ses devanciers.

Les progrès dans les articles de goût et de luxe n'étaient pas moins remarquables; ils étaient évidents surtout dans l'industrie des étoffes pour ameublement, dans la fabrication des châles cachemires dits châles français. Elle se fit remarquer par des effets nouveaux et plus étendus dans les dessins, la multiplicité des couleurs et les moyens d'exécution. Il en résultat une collection apte à satisfaire tous les goûts et les consommateurs de toutes les classes par des produits variant de prix pour un châle de même surface, de $1^{m},60$ carré, de 8 à 800 francs et plus.

Quoique moins susceptible de modification dans ses moyens, l'industrie des fils cardés et des étoffes foulées et drapées avait marché à grands pas, et amélioré la plupart de ses machines. Le travail du *rattacheur*, si pénible pour les enfants qui l'exerçaient et si préjudiciable à la perfection du résultat, fut supprimé partiellement, grâce aux cardes fileuses ou *cardes américaines*. Celles-ci, au lieu de fournir des petits cylindres ou loquets d'une longueur limitée à la largeur de la carde, puis soudés ou rattachés à la main, rendit la substance sous la forme d'un *boudin*, ou gros fil continu. Une augmentation de vitesse dans les diverses machines de l'assortiment permit de produire plus et mieux. De cette époque (1840 à 1844) datent les premiers foulons cylindriques formés, au moyen desquels le travail important qui leur incombe s'exécute avec plus de précision, de sûreté; et une économie de place considérable, en supprimant les pilons à chocs, et en évitant la déperdition de la chaleur, si utile à l'opération. Ces machines s'installent partout comme un outil quelconque, et il n'est plus indispensable de reléguer au dehors, dans les campagnes isolées, une des opérations les plus dignes de l'œil du maître.

Le domaine des lainages fut augmenté par l'adjonction des tricots foulés et drapés fabriqués sur les métiers circulaires. La toile de laine, tricotée avec une grande économie sur les nouvelles machines, prend, après le foulage et les apprêts, un moelleux remarquable en conservant l'élasticité due au genre d'entrelacement des fils, et devient particulièrement propre aux vêtements chauds, tels que pantalons à pieds, robes de chambre, camisoles, gilets unis ou à poils, etc.

Dans le même temps apparaissent aussi les machines à feutrer directement les nappes de laine cardée. Cette invention eut un grand retentissement; les uns augurèrent trop et d'autres pas assez de la destination des nouveaux moyens mécaniques. Leur application est désormais acquise à des produits spéciaux, tels que les tapis communs, les tentures ordinaires imprimée, les chabraques et autres objets pour le service militaire, des articles pour chaussures, des manchons pour enveloppes, pour appareils calorifiques, des applications aux marteaux de pianos et à diverses autres garnitures pour amortir les chocs, etc.

L'effilochage des chiffons des tissus ras pour en utiliser de nouveau la laine est encore un résultat des recherches de cette époque, auquel aucune espèce de déchet de laine n'échappe maintenant, ce travail a pris, comme on sait, une très-grande extension. Une série de catégories et de qualités de matières à bas prix, dont il est question plus loin, vint fournir une certaine ressource à la production des tissus mélangés à très-bas prix.

Malgré les graves événements qui eurent lieu dans la période quinquennale de 1844 à 1849, le progrès ne ralentit pas sa marche. La dernière Exposition, exclusivement nationale, fut à sa devancière ce que celle de 1834 fut à celle de 1827. Le développement de la production avait subi par intervalles des amoindrissements dont les conséquences réagirent souvent en faveur du progrès. Les temps d'arrêt, en donnant des loisirs forcés aux recherches, démontrent en même temps leur nécessité, et l'urgence d'allier de plus en plus l'économie à la perfection.

Aussi l'Exposition de 1849 a-t-elle tenu largement la promesse faite par le concours de 1844, tant sous le rapport de l'augmentation du mouvement que sous celui de la création d'articles originaux, et des moyens techniques perfectionnés tout à fait nouveaux ou déjà mentionnés. Parmi ces derniers, il y avait des détails, compléments modestes et indispensables cependant pour tirer parti d'innovations précieuses qui seraient restées sans applications sérieuses si le concours des perfectionnements accessoires auxquels nous faisons allusion leur avait fait défaut. Nous pouvons ranger au nombre des éléments et des organes perfectionnés les garnitures et les tambours à carder, les machines à aiguiser, les broches à filer, les peignes à tisser, les aiguilles des métiers à tricoter, les appareils à sécher, la fabrication des chardons au moyen des fils métalliques, et, en un mot, la précision particulière apportée à toutes les parties de la construction des machines. Les produits s'en ressentirent notablement, les tissus de goût et de luxe, tels que les châles et autres étoffes façonnées, n'avaient jamais eu plus de succès. Au nombre des inventions existant déjà, mais dont il ne fut question que plus tard et sur laquelle nous nous étendons plus loin à cause des services nombreux qu'elle a rendus il faut citer la peigneuse Heilmann. L'industrie était loin de se douter alors des conséquences importantes et prochaines réservées à cette création. Son début fut un exemple de plus du temps nécessaire à toute innovation pour se faire adopter, quelles que soient sa valeur et la puissance des industriels intéressés à sa propagation. Quoique le plus grand progrès de l'Exposition de 1849, il ne fut pas le seul. Nous n'insistons pas davantage sur les autres, ils vont être analysés en parlant de l'Exposition de 1851.

§ 4. — Les industries de la laine à l'Exposition internationale de 1851.

Ce premier champ clos de la civilisation, où il était possible d'embrasser d'un clin d'œil les échantillons des produits du monde entier, n'a fait que confirmer les jugements portés jusque-là sur nos progrès envisagés soit isolément, soit comparés à ceux des autres nations. Il a été prouvé en outre, par l'appréciation la plus impartiale, que si l'outillage mécanique de nos voisins d'outre-Manche était plus généralement complet dans l'industrie des lainages, il ne renfermait néanmoins aucun élément qui nous fût étranger. Et nous ne pensons pas être aveuglé par un faux patriotisme en disant que sous le rapport de la valeur des inventions mécaniques et de l'influence qu'elles ont eue, la France n'avait rien à envier à ses concurrentes.

L'Angleterre avait marché plus résolûment dans la voie des transformations automatiques, toujours réalisables par des modifications dans les transmissions mécaniques.

La France s'était fait remarquer par des perfectionnements dans le traitement des substances et la *création* d'un outillage à organes nouveaux, celui du peignage, qui fut le point de départ de toute une révolution industrielle ; et par les moyens et les résultats de l'industrie de la laine mérinos, déjà parfaits chez nous, existant à peine en Angleterre, et bien moins avancée encore partout ailleurs. Le travail de la laine longue, qu'on abordait seulement sur le continent, fournissait, au contraire, des masses de produits parfaits en Angleterre.

Quant aux produits de la laine cardée, la France ne craignait aucune rivalité : elle faisait des qualités qu'on trouvait difficilement ailleurs, et son industrie les livrait à des conditions aussi avantageuses que possible. Pour les articles plus communs, et surtout pour ceux dont la chaîne était en coton, encore peu abordés par notre industrie, dont le travail pouvait être fait automatiquement, certains pays, et surtout l'Angleterre, avaient une avance notable sur leurs concurrents.

L'appréciation comparative avait donc démontré que la construction et l'outillage français étaient plus avancés qu'on le supposait alors, ou, en d'autres termes, que le progrès dans les machines, en Angleterre, résidait plutôt dans un emploi plus général de métiers connus et également appliqués en France, sur une échelle moindre. Mais nul ne pouvait méconnaître la part considérable de l'industrie française dans les progrès les plus marqués et les plus récents. Nous pourrions en multiplier les preuves, si les deux exemples cités précédemment n'étaient suffisamment caractéristiques. Les puissances productrices et les valeurs relatives des résultats classés par nations et par spécialités se sont bientôt dégagées avec la même netteté; dans les lainages unis et façonnés de belles qualités, on ne pouvait nier la supériorité française et belge. Dans les tissus ras unis, à armures ou façonnés, obtenus avec la laine peignée lisse et courte, du genre dit mérinos, avec ses nombreuses variétés et dérivés, la France n'avait pas de rivale sérieuse. Les progrès techniques et économiques s'étaient réalisés à pas de géant dans cette direction. Les moyens s'étaient tellement améliorés dans l'espace d'un quart de siècle, que dans la filature de la laine mérinos, on était arrivé à une régularité et à une finesse qu'il eût été impossible, à la meilleure fileuse, d'atteindre d'une façon uniforme. Les métiers donnaient des longueurs de 200,000 mètres au kilogramme, avec une sorte de laine qui, vingt-cinq ans auparavant, aurait pu être amenée à 50,000 mètres à peine. Et le prix de l'unité de poids d'un article identique était descendu de 80 francs à 14 francs, quoique les salaires eussent généralement haussé.

Cette belle industrie des étoffes mérinos, si importante en France, n'avait de rivale nulle part. Elle s'était propagée d'une manière sérieuse cependant dans les différentes contrées allemandes et en Belgique, où l'on s'efforçait de marcher sur nos traces.

L'industrie anglaise, de son côté, se faisait remarquer par ses bas prix relatifs des lainages drapés ordinaires, et par certaines spécialités qui lui étaient tout à fait particulières et obtenues tantôt par la matière pure et tantôt par une combinaison de matières nouvelles, comme les articles en laine longue, mate ou soyeuse et brillante, en trame alpaca combinée de mille manières avec des chaînes formées par l'une quelconque des autres matières filamenteuses, et surtout par des fils de coton ou de soie ; et encore par ses étoffes variées dans lesquelles l'intervention du poil de chèvre joue le rôle principal.

On remarquait dans ces variétés des types originaux ou dérivés d'anciens tissus, entre autres les *moreen*, ou moire de laine imitant le crin imprimé obtenu avec de la laine longue du Don, provenant de la Russie, les *lastings*, les *alepines* et les *tissus damassés* pour meubles, et les popelines ou papelines en belle laine longue anglaise.

Nous les mentionnons seulement quant à présent, comme la partie la plus nouvelle, la plus originale et la plus brillante de l'Exposition des tissus anglais en 1851. Pour bien des visiteurs, au nombre desquels on pouvait compter des manufacturiers en tissus, cette partie de l'Exposition était presque une révélation.

Les fibres animales exotiques, nouvellement mises en œuvre, constituaient dès lors pour l'Angleterre un nouvel élément pour le commerce maritime, et une ressource industrielle des plus intéressantes, par les nombreuses variétés qu'elle sut s'en procurer. Les spécialités dont il est question furent le résultat de l'esprit commercial, de l'investigation mercantile des Anglais et de leur aptitude industrielle. L'histoire de la fabrication des tissus d'alpaca et autres analogues, dont les essais ne remontent pas au delà de 1836, peut se résumer en deux mots : d'une part, des commettants étrangers, des Américains, demandent un article nouveau léger et brillant à leurs fournisseurs ; de l'autre, et presqu'en même temps, le voyageur que l'esprit des affaires n'abandonne jamais, cherche à tirer parti d'une laine fine, lisse et brillante, produite et employée depuis longtemps au Pérou, mais dont on était loin de tirer le parti que l'usage de nos moyens perfectionnés pouvait faire espérer [1]. Malgré les obstacles que la filature rencontra à l'origine de ses essais pour transformer l'alpaca à la mécanique, l'industriel compétent pouvait prévoir néanmoins qu'ils n'étaient pas fondamentaux, ne nécessiteraient aucun outillage spécial, que le problème serait résolu par de légères modifications auxquelles la connaissance de l'art et des propriétés de la matière amènerait sans difficultés sérieuses.

La nouvelle branche de fabrication est donc plutôt une conséquence des conditions commerciales où se trouve l'Angleterre, et de l'esprit mercantile de ses habitants, pris dans la meilleure acception du mot, que le résultat d'une invention quelconque. Ce n'est pas pour chercher à amoindrir le mérite de nos voisins et de nos rivaux d'outre-Manche que nous faisons cette remarque, mais pour faire ressortir une fois de

[1] Voir p. 41, *L'industrie des lainages au Pérou au quatorzième siècle.*

plus l'importance de l'élément commercial. En France et dans diverses autres contrées européennes, si on excepte la Hollande et peut-être la Russie, le développement du commerce et surtout du commerce maritime est presque toujours la conséquence de la production industrielle. Celle-ci est au contraire, en général, le résultat des conditions et des exigences commerciales dans les pays où l'esprit des affaires est dominant. Nous pourrions ajouter bien d'autres faits à l'appui de cette considération, si nous ne nous étions imposé l'obligation de nous borner aux spécialités qui nous occupent.

Malgré les conditions particulièrement favorables de l'industrie des lainages dans le Royaume-Uni, il n'y avait cependant pas de différence sensible sous le rapport de l'importance entre production anglaise et la production française.

Un auteur très-compétent dans ces sortes de matières, M. Bernoville, dans son remarquable travail sur les lainages à l'occasion de l'Exposition internationale de 1851, estimait la production anglaise, tant en tissus foulés que ras, à la somme de 957,500,000 francs, y compris les tissus en alpaca et les fils en poils de chèvre, obtenus par une transformation de 121,900,000 kilogrammes de laines brutes dont elle exportait pour une somme de 246 millions de francs, composée de 232 millions de francs d'étoffes et 14 millions de francs de fils.

La production française s'élevait, d'après le même auteur, à 921 millions de francs avec 86 millions de kilogrammes de laine lavée à dos, dont on exportait pour 116 millions de francs. Malgré la grande compétence de l'industriel qui a établi ces chiffres, ils nous paraissent trop élevés, d'autant plus que lui-même évalue avec une exactitude qui nous paraît incontestable la production des tissus légers et ras au chiffre de 280 millions de francs pour la France; celui des étoffes foulées eût été, par conséquent, de 641 millions de francs, ce qui nous paraît exagéré. D'un autre côté, un économiste, M. A. Moreau de

Jonnès, estimait la production des lainages de toutes sortes, *purs et mélangés,* tant des fabriques qu'exécutés dans les ménages en 1850 [1], à la somme de 445,418,000 francs. Ce chiffre devait être au-dessous de la valeur réelle. Nou nous demandons si le trop d'élévation du premier ne venait pas de la supposition que toutes les laines des 40 millions de moutons français étaient appliquées à la fabrication, tandis qu'une certaine quantité des plus communes ne sont pas filées. D'un autre côté, les éléments d'appréciation du second, puisés dans la statistique officielle, et d'après la production de chaque établissement, sont peut-être trop bas, par suite de la tendance des localités à amoindrir certains renseignements qu'ils fournissent à l'administration. Nous avons lieu de supposer que l'appréciation exacte doit être comprise entre le maximum et le minimum cités plus haut [2]. Quoi qu'il en soit, il est évident que lors de la première Exposition internationale, le chiffre des lainages fabriqués chez nos voisins d'outre-Manche était considérable, que celui des produits français, et surtout celui très-exact de l'exportation, indiquait une grande vitalité dans ces industries. A la même époque, on estimait la production des *Etats du Zollwerein* à 403,750,000 francs, dont ils exportaient pour 56 millions. Celle de l'Autriche était d'environ 120 millions, dont elle vendait pour près de 30 millions au dehors. Les lainages fabriqués en Russie s'élevaient à peu près au même chiffre de 110 à 120 millions, sur lesquels elle en exploitait pour 50 à 60 millions à l'étranger. La Belgique produisait pour 60 millions environ, principalement en draperie, dont l'étranger lui achetait pour 20 à 25 millions. Les Etats-Unis arrivaient à un peu plus de 150 millions. Les autres contrées qui figuraient à l'Expo-

[1] *Statistique de l'industrie de la France.*

[2] On trouve, dans la partie technique de cet ouvrage, les éléments exacts d'après lesquels la valeur des produits doit s'établir en partant de celle de la laine.

sition, telles que la Hollande, autrefois si renommée dans la spécialité, la Suisse, la Suède, la Turquie et même l'Espagne, ne produisaient relativement que des quantités peu importantes.

§ 5. — Progrès des industries de la laine à l'Exposition internationale de 1855.

Les quatre années entre le premier et le second concours international avaient suffi pour faire passer un certain nombre de recherches et d'essais antérieurs à l'état de progrès pratiques, aussi bien dans les moyens que dans les résultats des deux grandes spécialités. L'emploi définitif sur une vaste échelle et avec un succès inespéré de la *peigneuse Heilmann*, construite par la maison Schlumberger, a été l'un des faits industriels les plus considérables qui se soient produits depuis longtemps, tant à cause de l'originalité et de l'ingéniosité de la conception qu'à cause de l'influence qu'elle a eue sur la perfection et l'économie du travail des matières diverses auxquelles elle est propre. Comme produit, l'article dit *velours Montagnac*, du nom de son inventeur, eut autant de succès dans sa spécialité. La description technique des caractères de cette étoffe foulée et à poil droit, ainsi que les moyens qui servent à la produire, étant donnés plus loin, nous n'avons pas à nous y arrêter autrement pour le moment. Mais comme nous n'aurons plus à nous occuper des détails du peignage, nous reproduisons ici le rapport fait à la Société *d'encouragement* pour l'industrie *nationale* sur l'invention capitale d'Heilmann.

§ 6. — Rapport tendant à accorder à M. Josué Heilmann, inventeur de la peigneuse mécanique, le prix fondé par M. le marquis d'Argenteuil, fait dans la séance générale annuelle du 3 juin 1857, par M. Alcan.

I.

« Messieurs, M. le marquis d'Argenteuil a légué à la Société d'encouragement une somme de 40,000 francs, dont le revenu, cumulé pendant six années, doit former un prix de 12,000 francs. Ce prix est destiné à récompenser l'auteur de la découverte la plus importante pour l'industrie nationale, faite dans le cours des six années qui précèdent le jugement de la Société.

« Deux fois, déjà, vous avez été appelés à remplir le vœu du testateur. Le prix décerné à M. Vicat pour ses travaux impérissables sur les chaux hydrauliques, a heureusement inauguré ces grands concours.

« Votre second jugement a valu cette distinction au célèbre créateur de l'industrie des bougies stéariques, qui suffisait à elle seule pour illustrer le nom de M. Chevreul.

« Aussi l'opinion publique signale-t-elle vos décisions au nombre des plus éclairées et des plus impartiales.

« Ces solennités sont, pour votre Conseil, des occasions naturelles d'apprécier avec indépendance les faits les plus saillants qui se sont produits dans les diverses branches de connaissances que vos travaux embrassent.

« Le mouvement extraordinaire auquel nous assistons agrandit, élève la tâche qui vous est dévolue, et lui donne, chaque jour, plus d'importance.

« Vous en jugerez bientôt par l'exposé des principaux sujets qui ont été mûrement examinés dans ce troisième concours.

Vous remarquerez alors, si nous ne nous trompons, que les prévisions les plus enthousiastes sur l'alliance des sciences aux arts sont en voie de s'accomplir.

« Les arts agricoles, naturellement les plus lents et les plus difficiles à perfectionner et à transformer, concentrent leurs efforts pour combattre certaines causes de l'augmentation du prix des denrées et des matières qu'ils fournissent à l'industrie.

« De nouveaux moyens pour faire rendre aux substances du sol la somme des produits utilisables dont la nature les a douées, sont expérimentés par les arts économiques, dont le domaine s'est développé d'une manière si remarquable par les applications multipliées de l'électricité et de la lumière. Les constructions civiles leur devront peut-être bientôt des matériaux plus avantageux pour les habitations les plus modestes, comme elles viennent d'en obtenir des procédés pour augmenter la durée des grands travaux et des monuments publics.

« Une voie nouvelle semble s'ouvrir à la métallurgie. Qui oserait affirmer, en présence des résultats déjà obtenus, que les opérations séculaires de la fabrication du fer et de l'acier ne sont destinées à subir [illegible] révolution complète et à fournir un nouvel exemple du rôle considérable de la chimie appliquée aux arts !

« Et si, malgré les progrès constants des arts mécaniques en général, leur importance ne peut être comparée à celle qu'ils ont atteinte chez nos voisins de la Grande-Bretagne, la découverte que vous couronnez aujourd'hui prouve, une fois de plus, que, si le génie et les connaissances étaient les seules conditions de leur développement, la construction des machines en France n'aurait de rivale nulle part.

« Cette découverte, modeste en apparence, a eu une influence immense sur les progrès de la fabrication des tissus, dont l'importance, pour notre pays seulement, s'élève, chaque année, à 2 milliards au moins.

« Par l'indication sommaire et nécessairement incomplète de ses investigations, votre Conseil désire prouver que ce n'est qu'après un examen approfondi que son choix s'est fixé sur l'invention dont nous avons l'honneur de vous rendre compte.

II

« La transformation automatique des matières textiles, qui a si puissamment contribué à modifier les relations internationales et les conditions d'existence intérieure des peuples, repose sur un ensemble de découvertes dont quelques-unes seulement ont été mises en lumière jusqu'ici.

« La mémorable invention du métier à filer, dont il ne serait pas juste d'amoindrir la valeur, a été assez heureuse pour ouvrir la voie; elle est due à l'un des rares inventeurs favorisés de la fortune, et dont la part est si belle, que l'opinion ajoute encore à leurs mérites. Ainsi, l'on fait honneur à l'obscur barbier ambulant qui s'éleva si haut par son génie, non-seulement de l'admirable conception qui constitue en quelque sorte la pierre angulaire du *filage automatique*, mais encore des moyens antérieurs qui l'ont provoqué et de ceux qui l'ont complété.

« Personne n'ignore le nom du célèbre Arkwright; des monuments attestent sa gloire; une riche et noble descendance témoigne de sa prospérité, et l'on conteste encore le nom de l'inventeur de la jenny, qui n'a cependant pas moins contribué aux progrès que nous rappelons.

« Cette espèce d'empiétement est surtout manifeste dans la réalisation de moyens considérés comme accessoires, lors même qu'ils fécondent les créations les plus brillantes qui, sans leur secours, seraient demeurées stériles. Tel eût été le sort du métier à filer, si une série de magnifiques machines préparatoires ne lui fussent venues en aide.

« Nous ne pourrions sans trop nous écarter du cadre qu'exige notre sujet, retracer ce qu'il a fallu de labeur et de génie pour amener à bien cette seconde partie de la tâche. Cependant l'histoire des progrès industriels mentionne à peine, et au hasard, quelques-uns des collaborateurs de l'œuvre entière; cette manière de présenter les faits les simplifierait sans doute, si la vérité et la justice n'en devaient souffrir.

« Grâce à la noble tâche que la Société d'encouragement s'est imposée et aux libérales dispositions de feu M. le marquis d'Argenteuil, des confusions et des lacunes regrettables deviendront de plus en plus rares.

« L'invention de la machine à peigner de Josué Heilmann, placée par vos suffrages unanimes au premier rang dans le concours qui vient de se terminer, est au nombre de ces machines auxiliaires et préparatoires qui changent la face des spécialités par l'importance et l'étendue des améliorations qu'elles y apportent.

« Cette découverte, d'autant plus remarquable qu'elle s'est produite dans une direction et à une époque où le génie seul pouvait entrevoir de nouveaux progrès, a été conçue avec une hardiesse, une science de combinaisons et de moyens dont la réunion paraissait indispensable pour atteindre le but auquel Heilmann est arrivé par ses savantes et laborieuses recherches.

« L'énonciation des données du problème démontrera l'exactitude de cette appréciation.

« Les substances textiles se présentent avec des caractères variés et dans divers états.

« Tantôt ce sont des organes définis, indivisibles, formant un duvet épais composé de fibrilles éminemment flexibles comme celui du cotonnier. Tantôt ce sont des fibres longues, peu élastiques, divisibles à l'infini, comme la filasse du chanvre, du lin, etc. Dans les matières animales, les unes ont les brins rugueux, vrillés, de longueurs variables et tellement tassés et adhérents, qu'ils présentent une résistance considérable à la pénétrabilité; les laines, en général, sont dans ce cas. La bourre de soie et les duvets animaux possèdent, au contraire, une propriété de glissement très-remarquable.

« Quelle que soit, d'ailleurs, la nature de la substance, elle se compose d'une masse de fibres noueuses d'inégales longueurs, se croisant dans toutes les directions. Trier ces filaments, les redresser, les épurer, enlever les nœuds et boutons apparents ou microscopiques, réunir parallèlement entre eux ceux d'égale longueur, enfin les diviser et les affiner lorsque la matière le comporte, telle est la tâche réservée au peignage.

« Le travail à la main est resté en possession exclusive de cette opération délicate jusque vers 1830. Ce n'est qu'à partir de cette époque que des applications sérieuses de peignage automatique ont eu lieu. Près de vingt années s'écoulèrent en essais plus ou moins heureux, dont les résultats ne purent rivaliser avec ceux obtenus à la main.

« Les auteurs des nombreux systèmes de peigneuses produits depuis un demi-siècle n'ont eu en vue que l'imitation du travail à la main et la création de machines spéciales à chaque espèce de filaments. La supériorité du peignage manuel et la diversité des caractères des matières premières expliquent l'opiniâtreté avec laquelle les plus habiles et les plus compétents ont suivi cette voie.

« Avant Heilmann, nul n'aurait supposé qu'un même système pouvait être indistinctement appliqué aux diverses fibres, et bien moins encore que l'opération automatique distancerait bientôt les résultats les plus perfectionnés, exceptionnellement fournis par l'ouvrier le plus habile.

« C'est en abandonnant les errements du passé que le célèbre inventeur a si remarquablement réussi. Il a imaginé deux machines; l'une ébauche le travail par un démêlage, et l'autre reçoit le produit de la première sous forme de ruban : celle-ci le fractionne, en redresse et épure les fibres presque une à une, réunit celles d'égale longueur, les parallélise et les soude par la juxtaposition pour reformer un ruban peigné dans tous les sens. Remarquons incidemment que c'est en opérant sur les filaments en quelque sorte isolés, que l'auteur a pu se passer de l'intervention de certains éléments auxiliaires, indispensables à tous les autres procédés, et peigner la laine, par exemple, sans le secours de la chaleur.

« Les propriétés de la machine sont telles, que les fibrilles les plus courtes, mêlées aux impuretés constituant les étoupes, les blouses, ou les déchets du coton réservés jusqu'ici à l'action de la carde, peuvent être peignées désormais.

« Cette faculté toute nouvelle de travailler, avec un égal succès, des filaments d'une longueur quelconque, non-seulement des matières usuellement peignées, mais aussi celles qui n'avaient été transformées de la sorte avant l'invention Heilmann, a eu des conséquences inespérées pour l'industrie. Des déchets sont devenus ainsi propres aux fils les plus estimés.

« L'inventeur range, par le fait, toutes les substances textiles en un certain nombre de catégories basées sur les longueurs, et pour lesquelles il établit autant de types ou formats de démêloirs et de peigneuses. Le volume des organes, le règlement et l'amplitude des mouvements sont nécessairement en rapport avec les dimensions des fibres à ouvrer.

« La supériorité du système nouveau sur ceux qui l'ont précédé est si tranchée, que son emploi a été le point de départ d'une phase nouvelle de progrès dans les arts textiles en général.

« Le génie de Heilmann paraît s'être résumé dans cette dernière œuvre de sa vie. Des démonstrations géométriques aussi neuves qu'ingénieuses en exposent le principe ; plusieurs solutions élégantes et sûres, et des combinaisons de détails d'une précision mathématique en assurent la réalisation.

« Le succès inouï de la nouvelle méthode de peignage a provoqué les recherches, et fait surgir de nombreux essais ; mais jusqu'ici, ou leurs résultats sont moins parfaits et moins généraux, ou les moyens participent de ceux de Heilmann.

« Par le caractère de sa dernière invention comme par l'ensemble du progrès que l'industrie lui doit, Josué Heilmann est le digne continuateur des Vaucanson, des Jacquard et des de Girard.

« Son œuvre, après avoir traversé les phases plus ou moins pénibles réservées surtout aux grandes découvertes, fait aujourd'hui le profit de toutes les nations industrielles du monde. Il fut plus heureux cependant que la plupart de ses devanciers. A peine la contrefaçon crut-elle pouvoir se produire au loin, que les tribunaux en furent saisis. La justice anglaise n'hésita pas entre le devoir et un faux amour-propre national ; elle constata, d'une manière éclatante, les droits de l'inventeur français à l'œuvre qu'on voulait lui ravir. Ce jugement, célèbre dans les annales industrielles, restera comme une preuve de l'impartialité des magistrats anglais, et de la constatation irrécusable de l'originalité de l'invention de notre compatriote.

« L'exploitation de la nouvelle peigneuse remonte à quelques années seulement ; cependant il serait difficile de se rendre compte de l'importance des résultats obtenus, si nous n'exposions un certain nombre de faits constatant les progrès dont les diverses spécialités de la filature lui sont redevables.

« *Application à l'industrie des laines.* — Notre importante industrie des laines lisses eût été sérieusement menacée par l'élévation croissante des cours de la matière première, si le procédé nouveau ne lui fût venu en aide en augmentant d'une manière notable la quantité et la qualité du rendement, et en diminuant les frais de plus de 100 pour 100. De 2 fr. 50 c. que coûtait en moyenne, précédemment, le peignage imparfait de 1 kilogramme de laine, il est descendu à 1 franc pour un travail d'une rare perfection sans que les salaires en aient souffert. Nous devons signaler aussi la facilité nouvelle d'approvisionnement, grâce à l'extraction, dans toute espèce de laines, des brins propres au travail du peigne. Les laines rares et chères aujourd'hui eussent été inabordables, s'il eût fallu d'aussi considérables emmagasinages qu'autrefois.

« L'usage des nouvelles machines s'est donc répandu avec une rapidité sans exemple dans tous les États de l'Europe. L'industrie française en possède plus de huit cents, transformant, en moyenne, 40,000 kilogrammes par jour, représentant une valeur de près de 100 millions de francs par an. L'importance de cette application est peut-être plus grande encore dans le Royaume-Uni. Les États de l'Allemagne en font mouvoir trois cents environ, et la Russie plus de cinquante.

« *Application à l'industrie du coton.* — Si favorable que soit cette invention à l'industrie des laines, elle le sera peut-être davantage encore à celle du coton. Restée à peu près stationnaire depuis quelques années, ses perfectionnements se bornaient à des détails, on la croyait en possession d'elle-même et à l'apogée du progrès, lorsque la machine Heilmann est venue lui donner une impulsion inattendue. Les plus beaux cotons de la Géorgie et d'Égypte ne pouvaient être triés, épluchés et battus qu'à la main ; ces opérations insalubres, réservées aux ouvrières, étaient une protestation contre l'art mécanique, et un reproche bien plus grave à l'humanité ; ce sera pour Heilmann un éternel honneur d'avoir simultanément affranchi les femmes d'un travail pénible, et d'avoir substitué au cardage et à ses préparations incomplètes un peignage si parfait, qu'il imprime au coton une pureté, une netteté, un brillant, et, en un mot, un caractère nouveau. La limite de la finesse et de la solidité a été reculée d'une manière remarquable. On fabrique avec une matière première donnée, non-seulement des fils plus fins et plus résistants, mais les déchets qui tombent des machines, mélangés à toutes sortes d'impuretés, et vendus jusqu'ici de 1 fr. 50 c. à 2 francs, subissent une telle métamorphose, qu'ils remplacent des matières premières de 6 à 8 francs le kilogramme.

« Des progrès de cette importance ont bientôt frappé les industriels de tous les pays. Ceux de la terre classique de la filature du coton, à qui nous accordions si libéralement l'initiative dans cette branche d'industrie, se sont empressés de faire leur profit du nouveau système de peignage. Nos voisins possèdent, en effet, plus de deux mille quatre cents peigneuses, et notre industrie du coton, cinq fois moins importante, plus de sept cent cinquante; les autres contrées manufacturières entrent dans cette voie avec la même activité.

« *Application à la filature du lin.* — Les services rendus à la filature du lin seront bientôt aussi importants. Les étoupes, qui forment à peu près moitié de la matière, tant en quantité qu'en valeur, traitées à la machine Heilmann, donnent des fils plus beaux que ceux du long brin et d'un prix aussi élevé.

« Nous n'avons pu nous procurer les chiffres exacts sur le nombre de peigneuses en usage dans cette industrie ; mais nous savons qu'elles fonctionnent dans beaucoup d'établissements, qu'un seul du Yorkshire en fait travailler cent cinquante au moins.

« *Application à la bourre de soie.* — Enfin le travail de la bourre de soie, frison, galette, chappe, etc., particulièrement insalubre, imparfait, perdant des déchets d'un grand prix, a subi une transformation économique et hygiénique des plus heureuses; les ouvriers sont désormais à l'abri des dégagements nuisibles, et des déchets d'une valeur de 10 à 75 centimes, se vendent aujourd'hui de 2 à 9 francs. Plus de cinquante peigneuses fonctionnent en France, où le travail de la bourre est assez restreint. La Suisse, renommée dans cette spécialité, et si positive dans ses appréciations industrielles, en emploie le double.

« Cette régénération de matières, d'un rapport insignifiant, est, selon nous, bien plus encore que les résultats principaux de la machine, le critérium de l'étendue du progrès. Presque toujours, en effet, l'avancement d'une industrie est en raison inverse des débris qui en résultent ; n'est-ce pas en donnant à ces débris sans emploi, et souvent même nuisibles, une valeur sérieuse que la nature particulière des services rendus par l'inventeur devient évidente, et que sa faculté créatrice doit le placer au premier rang de l'humanité ?

« La découverte de Heilmann réalise donc plus qu'on ne lui demandait tout d'abord ; elle donne une impulsion nouvelle aux arts mécaniques, provoque une foule de recherches, alimente d'importants ateliers de constructions, et substituera bientôt, pour tous les produits ras, une méthode parfaite de peignage au travail incomplet de la carde. Elle crée, régénère et transforme, en un mot, les spécialités qui lui doivent leur prospérité. Sous quelque aspect qu'on l'envisage, elle commande à un égal degré l'estime de la société, l'admiration de la science et la reconnaissance de l'industrie.

« Le jury international de l'Exposition de 1855 a considéré cette découverte comme la plus importante qui ait eu lieu depuis quarante ans dans l'art de la filature.

« Josué Heilmann, avec une persévérance et un courage inouïs, consacra la fin de son existence, si courte par les années et si remplie par ses travaux, au perfectionnement de sa peigneuse. Que d'œuvres intéressantes ne devait-on pas espérer du célèbre ingénieur qui, à une époque où l'industrie des tissus était dans l'enfance, même en Alsace, ne se contenta pas de créer et de diriger un établissement important, mais inventa un système de métier à tisser des plus appréciés encore, malgré les innombrables recherches et les perfectionnements survenus depuis ; de l'auteur de cette fameuse machine à broder, dont la décoration de la Légion d'honneur fut la récompense à l'Exposition de 1844, qui ne fut pas moins appréciée à celle de 1855; de l'inventeur de la machine à plier et à métrer, et de tant d'autres créations ingénieuses; de cet esprit synthétique par excellence, à qui nulle réforme utile, nulle amélioration pratique n'échappent; de l'observateur qui, l'un des premiers, comprit la nécessité de bien préciser les caractères des matières textiles; de l'homme arrivé si haut avec les seules connaissances puisées dans la fréquentation passagère des cours publics du Conservatoire des arts et métiers de Paris, lorsqu'il menait de front son instruction théorique et pratique. Les préoccupations de toute nature dont fut assiégé Josué Heilmann ne l'empêchèrent pas d'être l'un des fondateurs et des membres les plus actifs de la Société industrielle de Mulhouse, qui a acquis une position si honorable parmi les Compagnies qui stimulent le progrès des arts et de l'industrie. Aussi eut-il le rare bonheur de se voir entouré de la sympathie générale.

« Sa peigneuse ne fut exploitée commercialement qu'en 1849, mais appréciée, dès sa conception en 1844, par l'une des maisons les plus importantes dont notre industrie s'honore. Sans le puissant patronage de MM. N. Schlumberger et Cᵉ, cette découverte aurait peut-être eu le sort de tant d'autres qui, nées sur notre sol, n'ont pu s'y implanter qu'après avoir fructifié entre les mains de nos rivaux. La coopération de constructeurs aussi distingués n'a pas été sans influence sur le succès d'une machine dont l'exécution devait être parfaite, et l'exploitation précédée d'expériences pratiques les plus précises.

« La Société d'encouragement constate avec bonheur la fécondité créatrice dont est doué notre pays, et tout ce que le progrès industriel du monde lui doit.

« En accordant le prix fondé par M. le marquis d'Argenteuil à la peigneuse de Heilmann et aux enfants de l'inventeur, dont l'aîné, ancien élève de l'Ecole centrale, collabora plusieurs années avec son père et le seconda puissamment dans ses derniers travaux, la Société a la conviction que son jugement sera aussi unanimement approuvé que l'ont été dans les mêmes circonstances ses précédentes décisions.

« Puisse l'hommage qu'elle rend à la mémoire et aux découvertes de Heilmann servir de stimulant à ceux qui, comme lui, se vouent à la recherche du progrès toujours lent et difficile, à ceux-là surtout dont le temps constitue le seul patrimoine, l'unique ressource! Puisse le vœu exprimé par notre illustre président, lors du dernier concours, se réaliser dans six ans d'une manière aussi éclatante qu'aujourd'hui! »

Les deux progrès fondamentaux remarquables par l'originalité de leur conception et leurs conséquences industrielles importantes dans l'Europe manufactière, ne furent pas les seuls dont le travail des lainages fut redevable aux inventeurs français; M. Vimont appropria le métier à filer continu à la transformation de la laine cardée : grâce à lui les fils pour chaîne peuvent être améliorés de manière à faciliter le tissage automatique. M. Muller, de Thann, exposa un modèle de métier mule-jenny, dont les broches étaient commandées par engrenages. Il entrait résolûment dans la voie ouverte par la maison Dollfus-Mieg, qui la première commanda par engrenages les tambours des métiers à filer. On vit figurer également à la même Exposition une machine ou plutôt un outil automatique des plus simples de M. David-Labbez, pour remplacer l'épeutissage à la main des tissus ras par un moyen self-acting aussi sûr qu'économique. Le travail lent et difficile, payé de 15 à 20 francs la pièce, s'effectuait désormais mieux que par le passé, pour 2 francs, y compris la redevance prélevée par le breveté.

L'exposition si complète des assortiments pour la laine peignée de MM. Schlumberger, celle de M. Mercier pour la laine cardée démontrèrent que la construction des machines de ces spécialités ne laissaient plus rien à désirer, et que les ateliers français étaient aussi bien outillés et dirigés que les plus estimés du Royaume-Uni. La Belgique et la Saxe se firent également remarquer sous ce rapport. Dans la première, on signala les machines de MM. Houget et Teston dont les travaux ont contribué pour une large part au succès croissant de Verviers et de la draperie belge. M. Richard Hartmann, un Français qui alla fonder en Saxe un établissement considérable, aujourd'hui à Chemnitz, avait une exposition de machines diverses applicables aux lainages foulés, dignes en tout point de figurer à côté des meilleures du même genre fournies par ses anciens compatriotes.

Quant à l'Angleterre, elle continuait à diriger ses efforts principalement dans la substitution de l'action automatique au travail à la main. Depuis le lavage de la laine brute jusqu'aux apprêts des tissus, toutes les opérations y étaient plus ou moins modifiées; et la puissance productrice progressivement élevée par l'amélioration des machines, par l'augmentation du nombre des organes des métiers. Les perfectionnements apportés entre autres aux machines préparatoires ont contribué, pour leur part, à mieux travailler les déchets, à faire reservir certains d'entre eux qui étaient presque complétement perdus, et à utiliser des matières communes qui n'avaient pas eu d'emploi sérieux jusqu'alors. Des modifications notables se faisaient remarquer dans les appareils à feutrer et dans leurs résultats, soit à l'état de feutres simples, plus ou moins épais, soit dans la combinaison des étoffes légères avec des feutres purs pour des usages spéciaux. Les machines à préparer les fils et les métiers automatiques à tisser se propageaient pour les articles chaîne et trame, en laine, comme ils l'étaient déjà sur une grande échelle pour tous les produits mélangés, dans lesquels la chaîne est en coton. Les machines à épurer, à fouler, à lainer, à apprêter, à tondre, etc., présentaient surtout une rare perfection et de nombreuses améliorations et modifications de détails.

Afin de donner plus d'autorité aux considérations qui précèdent, nous croyons devoir reproduire les appréciations d'une Commission anglaise nommée par la chambre du commerce de Bradfort, pour examiner et lui rendre compte des produits de l'Exposition de 1855.

« La députation, dit ce document, a divisé l'examen de ces produits en deux classes :

« 1° Des tissus de laine pure.

« 2° Ceux composés de trames de laine, d'alpaca ou de poils de chèvre combinés avec une chaîne de coton ou de soie.

« La supériorité de la France est très-marquée dans la première de ces deux catégories, et celles des fabriques du Yorkshire l'est également dans la seconde.

La Commission considère comme superflu de s'étendre sur la beauté des mérinos de France et de Saxe.

« On doit supposer que la France tire une partie de sa supériorité, dans ce genre d'étoffes, de la qualité de quelques-unes de ses laines, que la qualité rend particulièrement propre aux chaînes ; que sa méthode de dégraissage laisse à la laine plus de souplesse et de douceur ; que ses préparations et ses procédés de filature sont supérieurs aux nôtres ; enfin, que le *drawback* accordé par son gouvernement rend la concurrence extrêmement difficile pour nos manufactures.

« Cependant la députation, après avoir tenu compte de tous ces avantages, examiné les laines, les machines et les fils, incline à croire que des difficultés insurmontables ne s'opposent point à ce que notre district se livre avec succès à cette importante branche d'industrie.

« En ce qui concerne les étoffes de fantaisie en pure laine ou en laine et soie de la France, elles ne sont pas propres à un commerce important en Angleterre, et leurs prix élevés seront toujours un obstacle à un grand écoulement général. Quant à leur beauté, à leur élégance, il ne saurait y avoir deux opinions. Leur supériorité résulte en grande partie, non-seulement de la nature de la matière, mais aussi de ses heureuses combinaisons et de l'harmonie des couleurs dans lesquelles excellent nos voisins.

« Pour les articles sur chaîne de coton tramés en laine, en alpaca ou en poils de chèvre, nous réclamons la supériorité aussi marquée que celle de la France pour les tissus pure laine.

« En comparaison de l'énorme quantité de tissus bon marché que nous fabriquons, les manufacturiers français n'ont exposé que bien peu d'articles s'adressant aux classes moyennes et laborieuses. »

Ce jugement offre un cachet d'impartialité qui atteste en même temps la compétence et la sincérité de ses auteurs. Depuis que cette espèce de verdict a été formulé, l'industrie anglaise a fait des efforts pour s'approprier la fabrication des tissus ras en laine pure, conformément aux incitations du rapport. Nos manufacturiers, de leur côté, surtout ceux du Nord, se sont livrés avec une grande ardeur à la production des tissus mélangés en laine, alpaca et poils de chèvre. Nous ne croyons pas nous tromper en affirmant que les progrès obtenus chez nous dans cette dernière branche d'étoffes sont bien plus notables que ceux de nos concurrents dans la fabrication des articles en pure laine [1].

[1] L'habile rapporteur du jury de l'Exposition de 1862, pour les tissus en laine pure et mélangée, M. Larsonnier, exprime le regret que nos industries, et surtout celles de Roubaix, aient tant tardé d'entreprendre l'exploitation des étoffes mélangées, avec les nouvelles matières exotiques, l'alpaca, le poil de chèvre. Qu'on nous permette de dire que nous partagions ce sentiment depuis longtemps; qu'avant 1851, nous avions été frappé, dans un de nos voyages en Angleterre, de l'immense avenir réservé à ces spécialités nouvelles. Nous n'avons cessé, depuis lors, dans nos écrits, notre enseignement et nos conversations avec des manufacturiers,

§ 7. — Les industries de la laine à l'Exposition de 1862.

La dernière grande Exposition internationale offrit la preuve du développement croissant des progrès techniques signalés aux concours industriels précédents. Les nations les plus avancées dans le travail manufacturier se signalèrent en outre, chacune dans des directions nouvelles; le Royaume-Uni, par le goût de certains de ses articles qui laissaient encore tant à désirer en 1851; la France et surtout les départements du Nord, par la fabrication sur une échelle relativement très-importante d'excellentes étoffes mélangées en laine longue, en alpaca et en poils de chèvre, dont l'Angleterre, et surtout Bradfort, avait naguère encore le monopole.

L'addition de cette branche nouvelle aux industries fondamentales ne diminua en rien l'importance des anciennes spécialités. Nos étoffes rases et la belle draperie de France surent conserver leur prépondérance passée sous le rapport de l'excellence de leur exécution. Ne pouvant entrer dans les nombreux détails et perfectionnements généraux qui ont profité aux arts textiles en général, nous devons au moins mentionner ceux directement réalisés en vue des lainages; ils comprenaient principalement les machines à épurer et à sécher la matière première, et dans une application plus complète des moyens automatiques.

Les divers systèmes en présence, dont la plupart avaient passé sans être remarqués et recherchés, démontrèrent la juste appréciation préalable des inventeurs. Mais il avait fallu un développement nouveau qui rendît le lavage à bras d'homme et

d'appeler leur attention et celle du public sur ce sujet. Pour n'être pas taxé de prophétiser après les événements, nous invoquerions au besoin le témoignage de M. Cordonnier, l'un des fabricants de Roubaix qui se sont mis à la tête de ces spécialités en France.

le séchage à l'air ou dans les anciens séchoirs insuffisant et trop lent. Aussi vit-on surgir en Angleterre et en France des machines à dégraisser, à laver et à sécher, accouplées ou combinées, de manière à obtenir des résultats prompts et continus. Pour les premières, on a imaginé ou reproduit des combinaisons mécaniques les plus ingénieuses et les plus complètes; et dans les secondes, on a fait intervenir une ventilation d'air chaud dans des masses de laine, dont le séchage eût demandé dix fois plus de temps par les moyens encore usités naguère. La machine à égratronner qui, dans sa construction primitive, avait déjà rendu des services signalés, améliorée par MM. Houget et Teston, devint d'un usage plus répandue encore.

Le passage de la matière d'une machine à l'autre dans le cardage effectué par des manipulations et le transport à la main commença à se faire spontanément et automatiquement, grâce à l'invention d'un appareil additionnel connu sous le nom d'*Apperly*. Divers inventeurs sont entrés dans la même voie pour corriger certains défauts accessoires reprochés au premier mécanisme de ce genre. Enfin, on vit apparaître le métier self-acting mule-jenny depuis longtemps appliqué au coton. Comme les opérations fondamentales à réaliser pour les deux matières sont les mêmes, on comprend que les maisons comme celle de M. Platt, la plus importante pour la construction des machines à coton, et des constructeurs, comme MM. Stehelin, Hartmann, Mercier et Houget, spéciaux pour les machines à laine, soient entrés les premières dans cette voie.

Les métiers de divers systèmes à faire les étoffes à mailles présentèrent surtout des progrès signalés. Nous ne parlerons ici que de ceux employés à la laine aussi bien qu'aux autres substances, soit qu'elles figurassent ou non à la dernière Expo-

[1] Les descriptions dans machines à laver dans la partie technique, démontrent que les machines anglaises employées en France étaient depuis longtemps inventées chez nous.

sition. Il eût été en effet impossible de juger des perfectionnements et du développement extraordinaire de cette partie des constructions, sur les quelques spécimens qui y furent envoyés. Dans la pratique, au contraire, il y avait un mouvement considérable et si récent, que les inventeurs et les industriels dont la propriété n'était pas suffisamment assurée ou qui complétaient leurs recherches, ne voulurent pas les mettre à jour encore. Au nombre des progrès auxquels nous faisons allusion, nous citerons dans les métiers circulaires complétement automatiques, des améliorations de constructions telles qu'ils sont désormais applicables aux fils les plus fins, les plus élastiques et les plus difficiles à tricoter mécaniquement, et fournissent avec une rapidité étonnante des pièces de diverses dimensions, depuis les plus petites jusqu'à une largeur développée de 12 mètres au besoin. MM. Gillet et Berthelot, que nous avons déjà nommés, ont le plus contribué à ces améliorations. MM. Buxtorf et autres, de leur côté, ont transformé les métiers presque exclusivement employés à faire des étoffes unies, pour y produire avec la même rapidité des tricots façonnés de toutes espèces. MM. Taillebouis et Jacquin sont parvenus à faire exécuter avec une grande économie des tricots à formes proportionnées, c'est-à-dire avec des élargissements et des rétrécissements à volonté, voilà pour les métiers circulaires, dont la première idée remonte à 1810, et les premiers services industriels à 1840.

Quant au métier droit, dit *système français*, dont l'origine date du dix-septième siècle, il était resté sans changement sérieux jusqu'à ces dernières années, où il est entré dans une phase nouvelle. Il était estimé à cause de la perfection de ses produits, mais la belle fabrication qui lui est dévolue, était aussi la plus chère, parce que la main ne pouvait exécuter qu'une pièce à la fois. Aujourd'hui, le même système modifié entièrement automatique produit six pièces simultanément, et chaque métier peut remplacer douze à quatorze ouvriers sans que la perfection du résultat en soit amoindrie. Les progrès réalisés dans cette branche de la construction sont tels, que les mécaniciens de Troyes et des environs travaillent pour presque toutes les contrées étrangères.

Dans la fabrication des châles, problème considéré pendant longtemps comme insoluble, le spoulinage mécanique a reçu plusieurs solutions industrielles plus ou moins précises attestées par des articles commerciaux qui, par leurs caractères, peuvent être classés entre le travail du crochetage des beaux tissus indiens remarquables par la solidité et la multitude des couleurs et nos imitations au métier, tissées d'une lisière à l'autre de l'étoffe par des fils teints lors même qu'ils ne doivent apparaître que sur une minime fraction de cette largeur. La complication et la dépense est dans ce cas en raison du nombre des couleurs. De plus, l'accumulation de celles-ci à l'envers de la pièce la rendrait d'un poids impossible si l'on n'enlevait les parties flottantes par un découpage. Malgré tous les progrès réalisés dans la composition des dessins et dans toutes les parties de la fabrication des châles français, ils conservaient par conséquent une infériorité intrinsèque comparés à ceux de l'Inde. Le spoulinage mécanique, réalisé déjà sur une certaine échelle par des procédés divers, fera disparaître peu à peu la différence entre les deux systèmes. MM. Deincrous, Hébert, Durand, Fabart, Souvraz, sont les industriels qui ont le plus contribué à la réalisation de ce progrès, dont les applications pourront passer du travail du châle à d'autres articles du tissage façonné.

Si des moyens techniques nous revenons au mouvement commercial pour nous rendre compte du progrès, nous remarquons un accroissement marqué dans presque toutes les branches, mais surtout dans celles des tissus mélangés. Le matériel estimé en 1851 à 850,000 broches, paraît avoir atteint un nombre de 1,300,000. Une grande partie de cette augmentation s'est réalisée principalement dans les localités indiquées précédemment comme le siége le plus considérable de la production des articles nouveaux; et à ce titre, Roubaix a droit à une mention spéciale pour l'ensemble de sa fabrication; l'Alsace, pour ses filatures de laine peignée, dont l'une, à Mulhouse, est depuis longtemps à la tête du progrès, et l'autre, plus récemment fondée à Guebwiller par M. Henry Gand, n'est pas moins remarquable par un tissage automatique où fonctionnent des machines d'un intérêt tout particulier. En dix ans, de 1851 à 1861, Roubaix a élevé le nombre de ses broches de 145,000 à près de 200,000; Turcoing, de 81,000 à 189,000, et Amiens, de 43,000 à 55,000.

Tous les fils produits par ces usines ne sont pas employés à la fabrication intérieure; une partie des peignés et cardés sont exportés, l'augmentation de la vente à l'étranger de ces articles a été remarquable. Elle s'est élevée de 310,000 kilogrammes en 1852, à 695,000 kilogrammes en 1857; mais elle est retombée de nouveau à près de 500,000 kilogrammes dans les années de perturbation qui ont suivi cette période, dont les fâcheuses conséquences commencent à disparaître. Néanmoins le mouvement ascendant de la production des lainages en général ne peut faire de doute, si on l'apprécie d'après la transformation de la laine en général et des lainages exportés. La production de la matière première indigène n'ayant pas varié sensiblement depuis 1851, le mouvement peut donc être considéré comme proportionnel à celui de l'introduction des laines étrangères et des lainages vendus au dehors.

Or, on remarque une augmentation considérable dans la valeur des laines importées en 1863 et 1864; elle était de 220 dans la première, et de 285 millions de francs dans la dernière, et l'exportation des tissus de laine a atteint 318 millions de francs; quoique presque tous les articles qui composent ces produits aient diminué de prix par unité de poids. En effet, la draperie, évaluée en moyenne à 31 francs en 1859, a été vendue à 25 en 1863, et les mérinos, à la même époque, sont descendus de 26 fr. 60 à 21 fr. 60 le kilogramme. Si nous remontions à une époque un peu plus ancienne, la baisse serait bien plus marquée encore, tandis que les salaires et le prix de la matière première ont généralement augmenté.

Le développement de l'industrie des lainages chez les principales nations de l'Europe a été au moins proportionnel à celui que nous venons de constater pour la France. Sans entrer pour le moment dans les détails concernant les quantités produites et leur valeur, on peut mesurer la marche ascendante de l'industrie par l'augmentation du nombre des établissements, et celle du matériel :

Pour le Royaume-Uni, la statistique de 1851 donne :

	875,830	broches filant de la laine peignée.
Et........	1,595,278	broches pour la laine cardée.
Ensemble..	2,471,108	broches pour les deux grandes spécialement.

En 1861, le compte rendu officiel de la Grande-Bretagne donne :

	1,289,000	broches en laine peignée.
	2,183,000	broches en laine cardée.
Ensemble..	3,472,000	

Le matériel pour la laine peignée et les tissus ras a donc augmenté dans la période décennale de plus de 60 pour 100, et celui de la draperie de plus de 73 pour 100.

On se fera une idée de l'importance croissante de la transformation des fils et tissus en alpaca et poils de chèvre produits par l'Angleterre, par les quantités de matières premières mises en œuvre. Elles s'élevaient à près de trois millions de kilogrammes en 1861, se divisant à peu près par moitié entre ces deux substances. Les progrès réalisés, en outre, par l'industrie anglaise dans la fabrication des tissus de fantaisie et dans les articles de goût en général ont frappé tous les observateurs; et il n'en est pas des Anglais sous ce rapport comme de certains industriels étrangers qui cherchent à nous faire concurrence la plupart du temps en copiant servilement et rapidement nos compositions les plus goûtées; les Anglais créent, au contraire, souvent des genres à eux, surtout dans les nouveautés plus ou moins foulées, qui sont recherchées par la mode, et dont nous sommes parfois contraints de nous inspirer, sinon de les imiter tout à fait.

Malgré les progrès très-sérieux réalisés par les concurrents du continent et l'accroissement notable de leurs productions et exportations qui, en dix années, ont presque doublé, dans le Zollverein, Autriche, Belgique, etc., nous insistons particulièrement sur celle du Royaume-Uni, parce qu'elle est la plus originale et la plus redoutable. Quoi qu'on en dise, du jour où nous pourrons franchement lutter avec les producteurs puissants d'outre-Manche, qui, tout en opérant sur des masses, prouvent qu'ils ne négligent aucun moyen de détails et font des efforts gigantesques pour former et épurer le goût des générations qui s'élèvent, en mettant partout une instruction solide à leur disposition; de ce jour, nous serons assez vigoureusement armés pour n'avoir à redouter aucune autre nation concurrente. Le domaine de l'activité de chacune trouvera alors son aliment propre et sera définitivement et sérieusement assuré.

La puissance de la production et la facilité plus ou moins grande à se procurer la matière première constituant des éléments importants de la prospérité industrielle, nous devons jeter un coup d'œil sur la production des laines dans les différentes contrées, la fluctuation qu'elle a subie, et les marchés les plus importants qui le fournissent.

CHAPITRE III.

§ 1. — Aperçu général des progrès et du développement de la production des laines dans les diverses contrées.

L'industrie pastorale produit de la laine sur presque tous les points habités du globe. Elle est devenue un des éléments importants de transaction des lieux les plus opposés du monde. Les Iles-Britanniques et le cap de Bonne-Espérance, l'Australie et les frontières les plus éloignées de la Russie en font également un grand profit. Les climats divers, les marais de la Hollande, aussi bien que les terrains crayeux de la Champagne ; les pays froids de la Russie et le désert brûlant du Sahara sont également propres à l'élève des bêtes à laine. Le bélier sauvage devient de plus en plus rare, même dans ses contrées habituelles, et les toisons grossières des races primitives se transforment et s'améliorent plus ou moins dans les régions les plus opposées. Tantôt, c'est en expatriant à des milliers de lieues quelques individus à toisons estimées, qu'on parvient à développer une race identique sous tous les rapports avec une rapidité remarquable, et tantôt l'animal lui-même est tellement modifié dans ses formes, en raison du climat particulier et des besoins spéciaux qui lui sont assignés, qu'on le dirait produit par le pétrissage et le moulage appliqués aux objets inanimés. Sa transformation ne peut cependant se réaliser avec rapidité et succès et ne sera durable que si les agents extérieurs et le genre de vie auxquels la race animale est soumise, viennent seconder les efforts des éducateurs. La production des laines, appropriée aux besoins les plus recherchés de l'industrie, peut donc être considérée, avec juste raison, comme une véritable fabrication. La négligence de l'application des règles laborieusement conquises par la science expérimentale; la diminution des troupeaux et de la qualité de leurs produits, dans une même contrée, ou les progrès faits dans une autre, dont l'histoire nous offre de si fréquents exemples, viennent à chaque pas attester la vérité de ces considérations, qui ne trouvent, d'ailleurs, plus de contradicteur.

Les laines de l'Italie, de l'Espagne et de la Gaule, tant vantées autrefois, du temps des Romains, ont peu à peu dégénéré; celles de la France étaient devenues tout à fait inférieures au quatorzième siècle, tandis que la plupart des nations voisines en fournissaient encore d'excellentes, grâce aux moyens spéciaux auxquels ils avaient recours. Une sélection intelligente parmi les béliers et les brebis, et l'accouplement de celles-ci avec des mâles à toisons estimées, constituaient et constituent encore le principe fondamental sur lequel repose le perfectionnement des races. L'application de ces moyens a dû être réalisée, dans chaque cas, d'après les indications physiologiques spéciales en rapport avec les conditions climatériques et atmosphériques des pays où l'on poursuivait la solution du problème. Les disproportions physiques entre les conjoints; l'union d'animaux trop jeunes ou mal conformés, dans des régions trop humides ou trop sèches, doivent être évités. Les conditions de pacages, de pérégrinations, d'alimentation, de stabulation, de séjour plus ou moins prolongé dans tel ou tel lieu, la nature du sol, des aliments; le mode de tonte, de lavage; les rapports du poids de la viande à celui de la laine, sont autant d'éléments que l'éleveur éclairé doit prendre en considération. Les anciens paraissent avoir été pénétrés de tous ces points, et les ont sans doute mis scrupuleusement en pratique, si l'on en juge par le degré de perfection auquel leurs laines étaient arrivées. Mais les malheurs des temps sont trop souvent venus troubler les occupations pacifiques, produire des lacunes dans les meilleures traditions et amoindrir ainsi les revenus les plus clairs d'une contrée. C'est probablement là l'explication de la dégénérescence première des laines d'Espagne, et la nécessité où ce pays s'est trouvé, au quatorzième siècle, de raviver cette source de son ancienne prospérité, que les Maures avaient su si heureusement développer. L'expulsion de ce peuple a été l'une des causes de l'amoindrissement dans les qualités et les quantités des laines d'Espagne. Le gouvernement fit venir de la partie la plus septentrionale de l'Afrique, de la Barbarie, un certain nombre de béliers et de brebis réputés pour les grands profits qu'ils rapportaient à leurs propriétaires. L'origine de ces animaux leur fit donner le nom de *ganados-merinos*, troupeaux d'outre-mer, selon un auteur espagnol, et le nom de *mérinos* est resté à la race célèbre qui s'est propagée depuis et qui a donné les meilleures laines espagnoles.

La domination des Arabes, qui faisaient leur principale ressource de l'élève des troupeaux, avait, d'ailleurs, laissé de précieux errements dans le pays. On cite en effet, dès le septième siècle, des associations privilégiées de bergers chez cette nation.

L'introduction des troupeaux de belles qualités, au quatorzième siècle, est probablement une des premières mesures, prises souvent depuis, lorsqu'on s'apercevait de l'abâtardissement des races indigènes. L'Espagne dut revenir à ce moyen sous le gouvernement de Ferdinand. Elle introduisit de nouveaux béliers, de la plus belle espèce, des Etats barbaresques. C'est à ces introductions réitérées, aux conditions climatériques, aux pacages les plus favorables et à une expérience séculaire des soins les plus rationnels à donner aux moutons, que les laines d'Espagne ont dû leur réputation universelle.

C'est avec des troupeaux espagnols que l'*Angleterre* commença à son tour à perfectionner et à modifier les siens au quinzième siècle. Le croisement de la race espagnole avec la race anglaise; le climat, le séjour, la nourriture, et surtout les procédés intelligents du célèbre Backevel, amenèrent peu à peu une transformation dans les brins, ils grossirent, s'allongèrent, blanchirent et augmentèrent de lustre. De là la naissance des races à laine longue en Europe, qui ont été constamment en s'améliorant dans le Royaume-Uni, grâce à la sollicitude constante des administrations qui se sont succédé et aux intérêts privés considérables qui se rattachent à cette exploitation.

La *Hollande*, dont les laines ont présenté le caractère des laines anglaises et ont joui de la même réputation, a fait progresser la qualité des toisons de ses troupeaux en important chez elle, vers la fin du dix-septième siècle, une belle race de béliers et de brebis à laine longue des Indes orientales, transplantée dans le *Texel* et la *Frise* orientale; cette race fut croisée un siècle plus tard avec la race espagnole. Les laines qui provenaient de ces toisons furent longtemps livrées dans le commerce comme étant des laines anglaises.

La *Suède* améliora à son tour ses laines, au moyen de l'importation des meilleurs troupeaux de l'Espagne et de l'Angleterre. L'Allemagne commença ses tentatives d'améliorations en 1748, sous Frédéric II; mais la grande impulsion donnée au perfectionnement des laines, en Prusse surtout, ne date sérieusement que de 1815. Les autres contrées du continent : la Saxe, le Danemark, etc., avaient également fait des progrès; car c'est à ces différentes localités que les manufactures françaises du Nord demandaient encore toutes leurs laines fines, tandis que celles du Midi les recevaient de l'Espagne, de l'Italie, de la Turquie et des côtes de la Méditerranée. Nos laines indigènes ne servaient qu'aux produits les plus ordinaires. Tel était l'état des choses lorsque le naturaliste

Daubenton commença ses remarquables recherches sur les moyens d'améliorer la laine la plus commune. Ses premiers essais, couronnés du plus grand succès, se firent à Montbard. Le principe de sa méthode consistait à croiser les races, à épurer celles du pays, à accoupler des brebis indigènes choisies avec des béliers mérinos d'Espagne, que le gouvernement avait obtenus à cet effet. Il propagea les produits de ces croisements, publia des mémoires sur ses études, recherches et expériences[1]. L'élan était donné ; une ferme modèle, sous le nom de *maison rurale*, qui venait de se former à Rambouillet, obtint du gouvernement espagnol, en 1786, un troupeau de bêtes à laine superfine, qui fournit à son tour des béliers à la plupart des provinces. Nos belles et bonnes laines de la Bourgogne, du Berry, de la Normandie, de la Brie, de la Beauce, etc., doivent leur amélioration à cette origine[2].

Non-seulement la laine du troupeau de Rambouillet est restée comme le plus beau type ; mais la plupart des progrès réalisés dans cette voie depuis lors, les instructions les plus utiles et les errements les plus rationnels sont partis de cette bergerie-école. C'est ainsi que la race ovine de nos contrées s'est relevée de façon à faire disparaître presque complétement le type commun et à donner une proportion considérable de bêtes à belle toison. Sur les 35 à 40 millions de moutons de la France actuelle, on estime que les deux tiers produisent de magnifiques laines mérinos ou métis ; le reste, tout en étant d'une qualité ordinaire, s'est ce-

[1] Voir deux mémoires de Daubanton, lus à l'Académie des sciences en 1768 et 1769, et un article inséré dans le *Journal de physique*, 1784, *Sur le premier drap en laine superfine du crû de France.*

[2] On trouvera des détails intéressants au sujet des résultats obtenus dans un *Mémoire sur la tonte du troupeau national de Rambouillet, la vente de ses laines et de ses productions disponibles.* Lu par M. H. Gilbert à la classe des sciences et mathématiques de l'Institut, le 6 messidor de l'an VI.

pendant notablement amélioré. Toutes nos laines, dites fines, n'ont pas exactement les caractères et la finesse extra des beaux troupeaux espagnols d'autrefois et des laines actuelles les plus renommées des possessions de l'Autriche. Elles n'ont pas non plus la longueur, le brillant des magnifiques laines anglaises; mais elles n'en sont pas moins précieuses pour divers emplois. Les tissus foulés et ras en font également leur profit. Le type intermédiaire auquel elles se rapportent, en général, est tellement estimé et recherché pour l'ensemble de ses qualités, que les éleveurs étrangers, et surtout des diverses parties de l'Allemagne, dont la compétence, en pareille matière, est bien prouvée par des progrès considérables, viennent, chaque année, acheter de nos béliers et de nos troupeaux pour les propager chez eux.

Cependant, le développement et l'amélioration de la laine indigène sont loin de suffire au besoin de notre industrie, et d'avoir répondu à l'attente générale, lors des premiers succès obtenus dans la voie de la régénération. La France possède à peine le tiers des 100 millions de moutons que Napoléon Ier espérait pour elle. Cette quantité est bien insuffisante à la consommation : il en est à peu près de même des autres nations industrielles les plus importantes ; toutes, si on en excepte la Russie et l'Espagne, dont le travail des lainages est encore relativement restreint, sont obligées d'avoir recours à l'étranger, tant pour les quantités que pour certaines qualités qui leur font défaut. Pendant longtemps, au contraire, les contrées aujourd'hui les plus avancées dans l'industrie des lainages produisaient plus de laine qu'elles n'en consommaient, et tiraient leur plus grand profit de l'exportation de cette matière première, malgré sa prohibition à la sortie. Il en fut ainsi, notamment pour la Grande-Bretagne, jusqu'au dix-septième siècle, époque à laquelle ses manufactures prirent un développement tel que les laines indigènes devinrent insuffisantes. Les États germaniques qui, de leur côté, avaient été obligés d'approvisionner leur travail avec des laines du dehors, augmentèrent cette production, comme nous l'avons dit, à partir du dix-huitième siècle, au point de devenir pourvoyeurs à leur tour de l'étranger et notamment de l'Angleterre. L'Espagne était également comptée alors au nombre des plus importantes productrices. A partir du commencement du dix-neuvième siècle, la Russie, grâce à son immense territoire et à ses climats divers, où l'on trouve depuis le mouton sauvage jusqu'aux laines les plus perfectionnées, développa ses troupeaux au point de posséder plus de 50 millions de moutons dans ces derniers temps, et put, à son tour, prendre une large part à l'approvisionnement des manufactures de ses voisins. Ses laines plus fines, en général, que celles de la France, n'en offrent cependant pas toutes les qualités ; si certaines d'entre elles sont aussi nerveuses que celles de notre pays, elles manquent parfois de souplesse. Si on ajoute à ces provenances les contrées du Levant, de l'Amérique du Sud et du Cap, ensemble pour des quantités plus ou moins notables indiquées plus loin, on aura à peu près tous les pays producteurs qui fournissaient exclusivement, jusqu'il y a une vingtaine d'années, à l'Europe industrielle les laines qui lui manquaient. A partir de cette époque, les importations d'outremer ont considérablement augmenté, grâce à l'amélioration des troupeaux et à l'invention de machines qui ont permis de débarrasser automatiquement et économiquement les matières premières de certaines impuretés et corps étrangers, et entre autres de petits chardons ou *graterons* qui adhéraient intimement aux toisons. Jusqu'alors, cette opération occasionnait une dépense de main-d'œuvre tellement élevée, qu'on ne pouvait y avoir recours qu'exceptionnellement [1].

[1] L'invention modeste en apparence de la machine à égratronner que nous décrivons plus loin dans la partie technique, a eu une influence dé-

Il est intéressant de suivre le développement progressif des laines importées annuellement en France depuis la fin du dernier siècle par les différents pays. Pour simplifier les chiffres, nous indiquerons ces importations par période de dix années :

Tableau des importations des laines étrangères en France, de 1788 à 1841.

Années.	Russie.	Allemagne.	Belgique	Angleterre.	Espagne	Turquie.	Italie.	Rio de la Plata.	Algérie.	Autres pays.	Totaux.
	k.	k.	k.	k.	k.	k.		k.	k.	k.	k.
1789.	»	»	»	»	»	»	»	»	»	»	6,860,087
1816.	»	»	»	»	»	»	»	»	»	»	7,308,880
1821.	»	508,000	987,000	»	1,521,000	1,542,000	»	»	»	1,493,000	4,912,000
1831.	375,000	1.061,000	920,000	»	2,276,000	1,793.000	»	»	»	1,240,000	7,214,000
1841.	»	6,197,000	5,782,000	771,000	3,159,000	1,605,000	»	413,000	54,000	3,100,000	21,453,000

§ 2. — Mouvement ascendant de la production des laines coloniales.

Mais le grand fait contemporain qui a changé la face du commerce des laines, est dû au développement agricole des colonies anglaises, et entre autres de l'Australie. L'initiative privée, les efforts et la persévérance d'un homme dont le nom est à peine connu, donnèrent l'impulsion à ce grand mouvement. Le capitaine Mac Arthur commença, en 1802, à tirer du cap de Bonne-Espérance, où la race mérinos espagnole avait été introduite en 1782, un couple d'animaux de race pure ; il en obtint quelques-uns encore un peu plus tard de la bergerie royale d'Angleterre, et provenant de la capture d'un bâtiment espagnol. C'est là le modeste point de départ de la production toujours croissante dont nous sommes les témoins, et qui permet à l'in-

cisive sur l'emploi de ces laines, si recherchées aujourd'hui et presque délaissées avant l'invention de l'*égratronneuse*.

dustrie européenne d'aller s'approvisionner à six mille lieues. En 1810, quelques années seulement après l'introduction des premiers moutons en Australie, on en comptait déjà 34,760; en 1845, 5,604,644. Ce nombre a été en se doublant tous les dix-huit mois, jusqu'en 1851.

A partir de ce moment, le mouvement, toujours ascendant, s'est un peu ralenti, par suite de la découverte des mines d'or, qui détourna une partie des bras et de l'activité des habitants; cependant, l'importation des laines australiennes a acquis une importance dont les chiffres suivants peuvent donner une idée exacte :

En 1820, elle produisait.......	50,000	kilogrammes.
1830....................	1,000,000	—
1840....................	4,000,000	—
1850....................	19,000,000	—
1861....................	30,000,000	—

Les conditions de production, tant sous le rapport des quantités que de la qualité des laines, y sont particulièrement avantageuses. Des pâturages immenses, favorisés par le climat, expliquent la possibilité d'y élever des troupeaux de 30,000 à 60,000 moutons, dont la laine paye à peine 0f15 du kilogramme pour le transport de Melbourne à Londres.

L'accroissement des laines de l'Afrique du Sud, ou du cap de Bonne-Espérance et des Indes orientales, mérite également d'être signalé. Ces productions ont progressé parallèlement, et ont à peu près la même importance aujourd'hui.

En 1850, elles étaient,	pour les laines dites du Cap, de.		2,573,000	kilogr.
—	—	des Indes......	1,573,000	—
En 1861,	—	le Cap expédie..	8,300,000	—
—	—	les Indes.......	9,000,000	—

La production des laines des colonies du Royaume-Uni, qui

arrivent presque toutes en Angleterre et à l'entrepôt principal de la métropole, s'élevait par conséquent :

	kilogrammes.
Ensemble, en chiffres ronds, à environ....................	54,000,000
Elle doit avoir atteint en (1865), au moins................	60,000,000
Sur une importation totale en laines étrangères, évaluées à.	75,000,000
Dans ce chiffre, les laines de l'Amérique du Sud sont comprises pour..	5,000,000
Les laines des différentes contrées de l'Europe ne comptent, par conséquent, dans l'approvisionnement du plus grand marché du monde, que pour 1/7......................	10,000,000
Sur lesquels l'Espagne, le pays classique des belles laines, dont toutes les contrées manufacturières étaient tributaires autrefois, n'entre que pour........................	50,000
Les laines d'Allemagne y prennent encore une part de......	5,000,000
Et toutes les autres contrées réunies de l'Europe y sont représentées par..	5,000,000

§ 3. — Commerce des laines en France.

En 1863, le commerce français a importé, d'après les documents officiels, une quantité de laine de.................	63,772,204
Dont il a revendu..	650,140
Les fabriques ont, par conséquent, consommé......	63,792,264

Les pays qui ont fourni ces laines à la France, sont les suivants :

	kilogrammes.
Russie....................	2,475,046
Associat. Allemandes.......	5,703,459
Pays-Bas..................	1,903,594
Belgique..................	3,643,000
Villes Anséatiques.........	306,478
Angleterre................	17,249,942
Autriche..................	1,272,259
Espagne...................	1,727,505
Royaume d'Italie..........	281,314
Suisse....................	229,883
Etats-Romains............	407,284
Turquie...................	8,331,671
Etats-Barbaresques........	3,554,101

Uraguay..................	2,932,144		
Rio de la Plata............	8,289,687		
Algérie....................	5,143,470		
Chili, Pérou et autres pays..	440,942	Ensemble, quantité égale....	63,772,261

Nos fabriques ont acheté, en outre, à différents pays, en bourre et déchets de laine, ensemble..................		1,307,530
La valeur des laines est estimée à..........	218,807,466	
Celle des déchets — à..........	4,715,206	
Ensemble.............................	223,522,672	

Il résulte de ces chiffres que l'Angleterre nous fournit un peu plus du quart des laines étrangères, et que toutes celles de l'Australie et du Cap, au transport desquelles notre marine devrait participer, nous échappent complétement : le reste est acheté directement aux pays producteurs, si ce n'est une petite quantité provenant du marché belge.

Nous avons donc un intérêt direct et immédiat à employer et à voir se développer les laines du Levant, de l'Amérique du Sud, dont les produits gagnent en qualités et en soins de conditionnement, et surtout de l'Algérie, dont les quantités commencent à prendre un rang honorable, et qui devrait devenir, pour nous, ce que les pays du Cap et de l'Australie sont pour la Grande-Bretagne. La nature paraît avoir tout fait pour cette colonie à notre porte : une partie de sa population ne ferait que suivre les errements fructueux de ses ancêtres, en propageant ses troupeaux; elle arriverait évidemment à des résultats remarquables, si elle savait s'approprier les connaissances acquises par les Européens, et dont ils ont démontré la valeur pratique par les succès précédemment constatés et obtenus depuis le dix-huitième siècle.

Malgré ces succès, la production, dans une matière agricole comme la laine fine, devait nécessairement augmenter lentement, dans les pays comme le nôtre où la population est condensée, la main-d'œuvre et le prix de la viande à un taux élevé; cette progression indigène ne pouvait suivre celle de la fabrication intérieure, dont le développement peut encore se mesurer, toutes choses égales d'ailleurs, sur les quantités de lainages vendus au dehors. Or, voici les chiffres annuels des étoffes de laine exportées dans la période décennale de 1851 à 1861.

Lainages fabriqués en France et exportés à l'étranger, exprimés en millions de francs.

1851.	1852.	1853.	1854.	1855.	1856.	1857.	1858.	1859.	1860.	1861.
150,5	132,1	175,4	1,750	211,2	244,4	239,0	209,7	243,8	313,0	251,7

Si l'on considère le dernier chiffre, celui de 1863, où les exportations en tissus de laine ont atteint plus de 300 millions; si on y ajoute la part qui revient aux lainages dans les vêtements exportés, on peut avancer que les quantités vendues par le commerce français à l'étranger ont doublé depuis dix ans.

La production des laines indigènes, au lieu d'augmenter dans la même proportion, est restée à peu près stationnaire. Aussi les importations des laines, pendant la même période, se sont-elles successivement élevées; en voici les chiffres :

Laines importées et mises en fabrication, exprimées en millions de francs.

1851.	1852.	1853.	1854.	1855.	1856.	1857.	1858.	1859.	1860.	1861.
34,7	64,69	48	48,9	68,9	128,7	116,5	105,5	125,7	178,6	166,1

En 1862, on l'a estimé à 182 millions; en 1863, à 218 millions; en 1864, à 220 millions, et pour 1865, à 255 millions de francs : le rapport des valeurs de la matière première importée a donc plus que quadruplé dans les dix dernières années. Il ne faut pas perdre de vue que les laines ont été appliquées aussi bien aux lainages consommés à l'intérieur qu'à ceux exportés. En admettant que la production indigène soit restée au moins stationnaire dans la période correspondante, l'augmentation des quantités de laine introduites représente assez fidèlement le rapport du développement manufacturier.

Quelles que soient d'ailleurs les conséquences à tirer des chiffres qui précèdent, il en est une dominante, c'est la dépendance des pays manufacturiers, de leur colonies et de l'étranger pour leurs approvisionnements en laine, et la concurrence de plus en plus considérable que les laines d'Europe rencontrent dans celles produites au loin. Les éleveurs de nos contrées ne pourront désormais lutter avantageusement sur les marchés qu'en s'attachant, 1° à la production soit de toisons exceptionnellement belles, auxquelles on ne peut arriver que par un ensemble de soins d'une application presque impossible en présence des conditions particulières dans lesquelles ont lieu les exploitations rurales de l'Australie, du Cap et de l'Amérique du Sud ; 2° soit en renonçant à l'extrême finesse si ardemment recherchée pendant longtemps dans les laines indigènes, en propageant, par conséquent, les toisons d'une finesse intermédiaire, qui trouvent chaque jour plus d'emploi. Le développement de la taille du mouton étant une des conditions essentielles de la modification de ses filaments, l'éleveur trouvera dans l'augmentation de la viande un élément compensateur et rémunérateur, sur lequel les colons ne peuvent compter au même degré. Ces errements, conseillés à l'industrie agricole par les hommes les plus compétents et les plus autorisés, lui permettront de jouir, pour sa part, des fruits de l'immense développement industriel activé chaque jour par ses progrès directs et l'influence de l'amélioration des conditions générales qui rapprochent les distances, diminuent les frais de transport et contribuent, par un ensemble de moyens, à augmenter le bien-être de tous, et, par conséquent, le nombre de consommateurs.

Malgré le changement des régimes douaniers à l'entrée des laines étrangères en France, les prix des laines indigènes n'en ont pas été sensiblement affectés. La libre introduction des laines étrangères n'a pas fait baisser les cours de celles de France, et les droits protecteurs ne les ont pas fait hausser, au contraire. Cette anomalie apparente s'explique par la destination spéciale et la valeur intrinsèque des toisons de nos contrées, dont les caractères et les propriétés sont particulièrement recherchés, et qui sont difficilement remplacées par les matières similaires du dehors. Voici, d'ailleurs, le tableau des prix pendant plus d'un demi-siècle.

Tableau[1] présentant le prix moyen des laines de Brie, de Beauce et de Caux, de 1805 à 1858.

ANNÉES.	PRIX MOYEN DU KILOGRAMME DE LAINE EN BLANC.		ANNÉES.	PRIX MOYEN DU KILOGRAMME DE LAINE EN BLANC.	
	Brie et Beauce.	Caux.		Brie et Beauce.	Caux.
	fr. c.	fr. c.		fr. c.	fr. c.
1805	12 10	6 60	1832	9 25	5 40
1806	11 65	6 10	1833	10 »	6 25
1807	12 50	6 55	1834	10 30	6 75
1808	13 40	7 40	1835	7 70	5 50
1809	13 40	7 35	1836	6 25	5 05
1810	11 40	6 80	1837	5 75	4 40
1811	9 45	5 65	1838	7 50	5 70
1812	10 »	5 00	1839	10 25	6 75
1813	10 90	6 33	1840	8 25	5 50
1814	8 60	4 90	1841	6 25	5 70
1815	10 75	6 35	1842	6 25	4 30
1816	12 60	7 70	1843	6 25	4 30
1817	12 10	7 45	1844	8 »	5 50
1818	11 »	6 80	1845	9 25	5 70
1819	7 85	4 75	1846	8 »	5 50
1820	6 95	4 20	1847	6 25	4 30
1821	8 20	4 85	1848	5 15	3 10
1822	7 05	4 35	1849	6 65	4 30
1823	6 50	4 »	1850	7 35	5 80
1824	9 18	5 25	1851	6 75	4 95
1825	10 70	5 90	1852	8 »	6 15
1826	8 40	4 80	1853	7 90	6 50
1827	7 70	4 60	1854	7 »	6 10
1828	7 »	4 25	1855	8 35	5 95
1829	6 55	4 »	1856	8 25	6 75
1830	8 »	4 85	1857	9 35	6 85
1831	6 »	4 10	1858	8 25	6 70

On remarquera que ce tableau comprend des périodes de libre introduction et de droits protecteurs variables. En effet, de 1817 à 1822, la laine étrangère entrait sans taxe ; de 1822 à 1834, elle payait, au contraire, 33 pour 100, et de 1835 à 1855, 22 pour 100 de sa valeur. Or, les prix moyens

[1] Ce tableau est extrait d'un intéressant travail de M. Augustin Poussin, président de la Société industrielle d'Elbeuf, ayant pour titre : *Esquisse sur la marche de l'industrie des laines* des principaux centres de la Normandie.

aux périodes correspondantes étaient, pendant la libre entrée de 1817 à 1822, de 9 fr. 25; et 1823 à 1835, avec un droit de 33 pour 100, 8 fr. 29 c.; et dans la dernière période, avec les droits de 22 pour 100, la moyenne a été de 5 fr. 47 c. La laine du pays s'est donc vendue à un prix plus élevé, lorsque la laine étrangère lui faisait une libre concurrence, que lorsque celle-ci payait un droit de 1/4 à 1/5 de sa valeur. Mais il est juste de faire remarquer que le commencement de l'abaissement relatif des prix correspond, surtout à l'époque où la production des laines coloniales a pris l'élan extraordinaire que nous avons fait ressortir précédemment, et que le maintien d'un prix moyen rémunérateur est dû au développement considérable du travail des laines et à l'amélioration des qualités de cette matière.

§ 4. — Emballage des laines.

Les laines exotiques arrivent sur les marchés en balles, dont la forme, le poids, la toile indiquent à première vue la provenance, nous allions dire le caractère des pays qui les envoient. Chaque contrée, en effet, a adopté son emballage particulier et invariable, qui dénote, jusqu'à un certain point, les habitudes commerciales des expéditeurs, la plus ou moins grande facilité des transports dans les pays producteurs, etc. La balle d'Allemagne, longue, étroite, aplatie, l'une des plus légères, est munie à chaque extrémité d'une oreille rembourrée de débris de laine qui en rendent le maniement facile et commode. La balle d'origine anglaise (Sydney, Port-Philippe, le Cap) est un cube aux faces rectangulaires et allongées, dont la forme, éminemment pratique, est la plus propre à l'entassement dans la cale des navires ou à l'emplacement dans les docks. L'Amérique (Buenos-Ayres, Montevideo), pourvue d'engins mécaniques gigantesques, expédie des balles dont le poids dépasse souvent

500 kilogrammes, sous un volume relativement restreint; les cercles en fer, rivés autour des extrémités de ces balles, maintionnent difficilement les toisons. Celles-ci sont soumises à un tel effort sous la presse hydraulique qu'il faut, au déballage, les frapper pour les ouvrir sans les déchirer. Les balles de Buenos-Ayres ont, en outre, l'inconvénient d'exiger pour leur maniement un grand nombre d'hommes et de se ranger difficilement, à cause de leur déformation, conséquence d'une compression excessive. L'Espagne, dépourvue jusqu'à ces dernières années de moyens de transport analogues à ceux des autres pays, expédie par petites balles carrées et plates, qui peuvent passer par les chemins les plus étroits. La Russie possède l'emballage le plus soigné, le plus aristocratique, toile particulièrement forte et blanche, entourée de belles cordes en chanvre. La marque, très-visible, est souvent rehaussée d'une couronne, indice du rang du propriétaire. En outre de la marque commune aux balles de toute provenance et destinée à donner le numéro de la série et le nom du propriétaire ou de la bergerie, les balles de Russie portent des lettres qui servent à classer les laines suivant leur nature et leur qualité. Ainsi la première lettre de l'alphabet, répétée trois fois, représente la première qualité; deux fois, la deuxième qualité; inscrite une fois, la troisième; puis vient le B, puis le C..., P X veut dire *pailleux*, V *ventres*, etc. Ajoutons, à l'honneur des trieurs russes, que les balles ainsi étiquetées dans un triage général opéré sur le lieu d'expédition sont loyalement titrées. Cette classification ne dispense évidemment pas l'acheteur d'examiner à son tour l'intérieur des laines, qui souvent, pour la même bergerie, varient sensiblement d'une année à l'autre, suivant les pâturages, les influences atmosphériques, les conditions de reproduction, etc. On n'ignore pas, d'ailleurs, la valeur de certaines marques pour chaque provenance: quelques maisons achètent tous les ans les mêmes bergeries, afin d'être plus sûres des

résultats de leur fabrication, en accumulant sur une laine de même origine les renseignements apportés par chaque année de travail. — Nous ne parlerons pas de l'emballage des laines de France, expédiées quelquefois en toisons sur des charrettes plus ou moins bien recouvertes d'une bâche, ou dans des sacs de formes diverses, dont le poids moyen varie entre 50 et 100 kilogrammes. Nous ne pouvons cependant nous défendre d'appeler l'attention des acheteurs sur la nécessité souvent reconnue d'une convention réglementaire du ficelage des toisons, qui, tantôt liées avec de la paille, en sont singulièrement salies, tantôt nouées avec des cordes beaucoup trop grosses, donnent à l'acheteur un poids relativement considérable de chanvre payé au prix de la laine.

Les laines de France sont achetées dans les foires ou chez le cultivateur par l'intermédiaire d'un commissionnaire ou par l'industriel lui-même. Après les débats de prix, toujours longs à la campagne, les toisons sont livrées dans un endroit désigné, pesées, payées comptant et expédiées aux frais de l'acheteur. Ces conditions sont à peu près les mêmes pour les achats faits aux ventes publiques, aux enchères des marchés de Londres, d'Anvers, du Havre, de Rouen et de Marseille. Seulement, l'acheteur est obligé de s'y faire représenter par un courtier de commerce chargé de prendre livraison des balles et de les expédier.

Nous avons inscrit les cinq marchés principaux des laines étrangères, d'après leur importance relative, et nous regrettons de n'y voir figurer la France qu'en seconde ligne. N'est-il pas déplorable que l'industrie continentale soit obligée de traverser périodiquement le détroit pour s'approvisionner sur les marchés anglais, tandis que les docks du Havre, de Rouen et de Marseille sont dans des conditions d'arrivée et de vente au moins aussi favorables que ceux de Londres et de Liverpool.

L'acheteur du continent y trouverait d'autant mieux son

compte, que les frais de transport du lieu de vente au lieu de fabrication seraient sensiblement diminués, restant les mêmes pour les vendeurs.

§ 5. — Duvets et poils.

Le duvet de cachemire se place au premier rang, sinon par son importance, du moins par ses qualités remarquables. Il y a deux qualités de poils de chèvre; la plus estimée provenant des chèvres de Lakha, cantonnées dans les régions les plus hautes des montagnes du Thibet; c'est cette qualité qui est connue à tort sous le nom de *cachemire*. Le duvet des chèvres kirghiz, récolté au pied de la chaîne de l'Oural, est moins estimé que le premier. Celui-ci, comme nous l'avons indiqué précédemment, a des finesses et une douceur remarquables. Ce duvet est arraché de la peau de l'animal vivant; il est alors mélangé d'une quantité notable de jarre, dont il faut le débarrasser. Ce premier travail d'épuration a lieu en général en Russie, où se fait le commerce de cette matière; elle est apportée par caravanes de la Tartarie et du Thibet au Caucase, et de là à Moscou. Le cachemire n'est pas enduit de suint comme la laine; il est seulement mélangé à quelques impuretés qu'une eau de savon enlève facilement. Mais ses fibres ont l'inconvénient d'être chargées de petits nœuds ou grosseurs qu'on croit des boutons de galle; il a fallu imaginer des moyens mécaniques spéciaux pour les en débarrasser, leur présence s'opposait à la confection d'un fil régulier. Les duvets du cachemire varient de tons et de nuances, du blanc au gris plus ou moins foncé; le premier vaut, en moyenne, 5 fr. 50 c. le kilogramme, et le second de 4 à 5 francs, avec 30 pour 100. Le commerce de ce duvet est peu important, avons-nous dit; les laines, si variées dans leurs qualités, lui font une grande concurrence. Les quantités de cachemire en poil importées dans ces dernières années s'élevaient à peine à 40,000 kilogrammes, sur lesquelles on en a réexporté 4,000 à 5,000.

Les poils de chèvre ont plus d'importance; on peut les diviser en poils de chèvre étrangers, poils d'Angora (Anatolie), et en poils du Levant, connus aussi dans le commerce sous la désignation de *chevrons*, et en poils de chèvre ou chevreau du pays. Ces filaments contiennent beaucoup de jarre comme le cachemire. La récolte se fait de deux manières, comme celle de la laine, par la tonte sur l'animal vivant et par l'enlevage à la chaux de la peau dépouillée. Les fibres tondues ont naturellement une qualité supérieure à celle des poils enlevés par le mégissage.

Les poils dits *chevron d'Alep* proviennent de la toison du chameau, et arrivent de la Syrie sur les marchés d'Europe.

Le poil de Messine, employé principalement pour les feutres communs, provient des chèvres, des boucs et des chevreaux du midi de l'Europe.

Le poil de chameau proprement dit, nommé quelquefois *gingerline*, et employé en général à des articles communs, quoiqu'il contienne des fibres très-fines susceptibles de donner de beaux produits lorsqu'elles sont triées avec soin, vient de l'Afrique, de l'Inde, de la Perse et de l'Arabie; ces contrées en utilisent une partie à la fabrication d'étoffes consommées dans le pays. L'ensemble de ces diverses matières importées peut s'élever à environ 2 millions de kilogrammes.

Poils pour la chapellerie et le feutrage. — Le lièvre, le lapin, le castor, les rats, la vigogne, la loutre, etc., sont les animaux qui fournissent les poils les plus recherchés et le plus généralement employés dans la chapellerie; on les mélange parfois à la laine et même à une certaine proportion de chevron.

Diverses provenances des poils. — La France, l'Angleterre et la Belgique produisent les plus grandes quantités de poils de lapin, l'Allemagne en fournit moins. Les qualités et la valeur diffèrent; on distingue les *poils clapier* et les *poils de garenne*.

Les premiers sont récoltés sur les lapins domestiques et de plaine ; ils sont blancs, gris, nankin, bariolés et noirs. Les gris de France sont les plus recherchés, à cause de leur propriété particulièrement feutrante. La Lorraine, l'Alsace, l'Auvergne, le Périgord, la Saintonge et la Garonne sont les contrées qui en fournissent le plus. Le nord de la France, l'Allemagne et la Belgique donnent une plus grande proportion de blancs. Les poils cendrés, quoique moins feutrants, donnent les plus beaux produits, ils viennent surtout de la Belgique, c'est la nuance cendrée qui, avec le gris, coûte le plus cher. Ceux de garenne viennent surtout des pays montagneux, les animaux qui les fournissent sont plus petits que ceux de plaine, leurs poils sont par conséquent les plus fins et en général les plus courts. L'Angleterre, l'Ecosse, l'Espagne et nos pays élevés les récoltent principalement ; on les mélange ordinairement avec ceux des plaines. Les dépouilles des animaux amphibies sont connues sous le nom de *poils de fantaisie*. Leur propriété feutrante naturelle est moindre que celle des variétés précédentes.

Poils de lièvre. — Les poils de lièvre sont plus feutrables encore que ceux des lapins et offrent une résistance plus grande. Ils sont, par ce motif surtout, employés purs pour les produits qui doivent être soumis à des matières tinctoriales dont l'application demande une température élevée, et peuvent se mélanger avantageusement avec les produits du lapin pour une foule d'autres articles. Les commerçants connaissent les nombreuses localités de la France et de l'étranger qui fournissent ces précieuses dépouilles. On en fait une première division par ordre des qualités en séparant les poils du dos, des côtés et du ventre. Les coupeurs qui en font le trafic les subdivisent de nouveau en un très-grand nombre de qualités. Nous indiquons plus loin les motifs de même que les causes des différentes colorations. L'industrie a constaté des propriétés feutrantes diverses, en raison de la provenance des poils ; ceux de la France font un feutre serré ; il est plus épais avec ceux de la Saxe, et plus rude s'ils sont de la Russie ; ces effets résultent évidemment des densités et des grosseurs variables des brins. L'habileté du fabricant consiste à savoir pondérer ces variations par un mélange de matières de diverses provenances.

Divers états et dénominations des poils sur les marchés. — *Le poil veule* est à l'état naturel, sans avoir subi aucune préparation, ni sur la peau, ni après sa coupe.

Le poil sécrété est celui qui a reçu une préparation spéciale qui détermine et développe sa propriété feutrante (Voir plus loin l'exposé des moyens employés à cet effet). S'il n'est pas tout à fait impossible d'arriver à feutrer certains poils sans le secours du secrétage, il est vrai de dire que le travail courant et pratique n'est possible que par cette préparation qui prédispose les filaments à la transformation du feutrage. Les poils peuvent avoir subi l'opération avec plus ou moins d'intensité, c'est-à-dire qu'ils peuvent être saturés ou imbibés à divers degrés du liquide sécréteur, de là les noms de *sécrétés pâles* et *sécrétés forts*. A ces indications sont en général jointes celles des finesses, des couleurs et des provenances, et même aussi parfois l'état de transformation, celui par lequel ils sont triés par densité au moyen du soufflage. L'ensemble de ces éléments donne lieu à une nomenclature compliquée, dont voici les principaux termes :

Garenne sécrétée, pâle *extra*.
— — n° 1.
— *fort* ou *jaune* extra.

La même division encore pour les lapins ordinaires, puis le *moyen lapin*, le *lapin bleu*, *gris*.

Les poils de lièvre sont indiqués par les places où ils se sont coupés, leur état de préparation et leur coloration, on les dit :

Pure, dos de Russie ou Saxe, extra.
Noir de France.
Dos de France.
Arête avec côtés bleus et ventre, Russie ou Saxe, extra.
— France, Russie ou Saxe, n° 2.
— France, extra.

Viennent ensuite les autres parties : ventre, tête et queue; même classification pour le castor, les rats gandins et musqués, etc.

Voici d'ailleurs quelques moyennes des prix qui donneront une idée plus exacte des qualités et des valeurs relatives de ces matières :

Castor soufflé, argenté, supérieur AB, veule ou sécrété pâle.	100f	le kilog.
Rat musqué, court ; non soufflé, sécrété pâle............	50	—
Rat gandin, dos, sécrété pâle........................	40	—
Pur, dos Saxe et France...........................	26	—
Arête Saxe..	24	—
Arête France, Saxe extra et pur dos..................	23	—
Garenne extra......................................	21	—
Bon extra pâle......................................	18	—
— fort......................................	18	—
Petit bon, pâle ou fort..............................	16	—
Bariolés, pâle et fort................................	14	—
Communs...	8 fr. 50 c.	
Têtes, lapins et lièvres..............................	6 fr. 00 c.	

§ 6. — Laines d'effilochage et des déchets en général.

S'il est vrai, comme nous l'avons dit, que les progrès d'une industrie peuvent souvent être appréciés d'après le parti tiré de ses déchets, celle des laines peut être considérée depuis quelque temps comme l'une des plus avancées sous ce rapport. Ses résidus de toute nature, aussi bien ceux résultant des transformations de ses manufactures que les débris de ses produits, sont aujourd'hui largement utilisés. Ils sont de diverses sortes et origines. Le dégraissage de la matière première et des fils donnent des combinaisons chimiques utilisées et plus ou moins utilisables. Nous avons déjà parlé des premières, et nous revenons plus loin sur les secondes. Les transformations mécaniques aux diverses périodes produisent des déchets de brins, de fils et de bourre, qui sont également retravaillés après avoir été épurés. Enfin, les chiffons neufs ou vieux, blancs ou teints, les articles purs ou mélangés provenant des nombreuses spécialités des lainages, sont ramenés à l'état de filaments plus ou moins résistants et propres à être mélangés à des laines neuves, en vue de l'obtention de certains articles à bon marché.

Le nom générique de *renaissance* est généralement appliqué aux laines provenant de la désagrégation des chiffons, quelle que soit d'ailleurs leur origine; celui de *déchets* est plus spécialement réservé aux bouts plus ou moins gras résultant de la filature et du tissage, et de la bourre faite aux apprêts. On a cherché de tous temps à utiliser les déchets des transformations composés d'excellentes matières, mais difficiles à épurer lorsqu'ils sont imprégnés de matières grasses végétales, telles que l'huile d'olive ou de colza, faciles à régénérer au contraire, lorsqu'ils ne contiennent que de l'acide oléique. La Belgique, notamment la ville de Mouzon, près Verviers, est parvenue la première à utiliser en grand ces résidus précieux; le parti qu'elle a su en tirer a été une des principales causes de sa prospérité. L'Angleterre, de son côté, et Londres avaient, depuis 1813, des machines à effilocher, dont les produits ont servi longtemps à rembourrer des meubles et des articles de harnachement. Ce n'est qu'en 1840 que la ville de Batley, dans le Yorkshire, commença à produire de la renaissance en grand. Les chiffons furent soumis à une machine dite *diable*, analogue au loup des filatures de laine. Aussi les premières appliquées à ce travail produisirent-elles une *poussière du diable*, d'après les récriminations des voisins des usines où elles furent établies.

Il a fallu une grande énergie à l'industriel qui le premier fit un article de commerce du *shoddy* et du *mungo*[1], noms donnés aux laines effilochées, ce dernier est particulièrement applicable aux meilleurs déchets des filatures et des morceaux de lainage qui n'ont pas servi; le premier est réservé aux produits des vieux chiffons.

Pour donner une idée de l'importance acquise par cette industrie en Angleterre seulement, voici quelques chiffres sur la production annuelle à laquelle on était arrivé en 1858; cinquante machines fonctionnaient alors, et transformaient près de 25,000 tonnes de chiffons bruts, qui rendaient en laine effilochée près de 19,000 tonnes, cette quantité se composait de :

13,000,000^k de shoddy à 0^f,80, représentant une somme de.	10,400,000 fr.
6,000,000^k de mungo à 1^f,20........................	7,200,000
Ensemble............	17,600,000 fr.

Les déchets laineux résultant de l'effilochage, saturés parfois de matières grasses, forment, à leur tour, un excellent produit tellement recherché par l'agriculture comme engrais, que leur vente paye presque complétement les frais de la transformation des chiffons.

La localité dont Batley est le centre avait trente-cinq établissements occupés à la transformation complète des chiffons en fil. Ces manufactures faisaient mouvoir 17,500 broches en gros et 35,000 broches en fin, servies par plus de 1,000 chevaux-

[1] *Mungo* dérive de *it must go*, prononcée parfois *it mun go*. Réponse négative qui fut faite au premier vendeur de ce déchet, qui l'offrit avec insistance au fabricant, qui ne voulait pas en entendre parler. Et *shoddy* désigne certains vieux débris.

vapeur et un personnel de 5,408 individus, hommes, femmes et enfants.

Ces renseignements, qui remontent à six ans, sont actuellement bien au-dessous de la vérité.

Il y a en Prusse également de très-importants établissements du même genre. Une seule maison, près d'Aix-la-Chapelle, emploie vingt-cinq machines, et produit en moyenne trois millions de kilogrammes d'effilochage par an. Il en existe également en Belgique et en France, mais dans des proportions bien moindres, si nos informations sont exactes. Les établissements étrangers sont alimentés en partie par des chiffons achetés en France, où ils trouvent également un débouché assez important de leurs produits.

Procédés et machines appliqués à l'effilochage.— Le nombre et l'importance des établissements qui se livrent aujourd'hui à l'industrie de l'effilochage en Angleterre, en France, en Allemagne et en Belgique, où ces industries donnent lieu à des affaires considérables, méritent qu'on s'y arrête un instant. Les procédés employés peuvent se distinguer en deux classes :

1° Ceux qui traitent les chiffons neufs ou vieux, feutrés, ras ou foulés, à fils serrés ou en tricots, formés exclusivement par des fils de laine ;

2° Et ceux qui opèrent sur des chiffons provenant de tissus de laine mélangés à des fils végétaux.

Chacun de ces procédés est plus ou moins modifié dans les détails pratiques ou les organes des machines qui y concourent.

Effilochage des chiffons pure laine. — Les chiffons de toute nature, en arrivant à l'usine, sont parfois soumis à un lavage préalable à la vapeur, et sont ensuite toujours triés par catégories de couleur et de qualités; les blancs, les pures laines, les couleurs, les neufs, les usés et les mélangés de substances différentes, sont triés par des femmes et posés dans les compartiments qui leur sont réservés, et d'où ils sont portés à la machine à deffilocher.

Machines à effilocher. — La machine la plus simple, la plus usitée et la plus connue, a la forme du *loup* employé dans toutes les filatures de laine cardée. L'organe principal se compose alors d'un cylindre d'un diamètre d'environ 0m,80, un peu plus ou moins, et d'une largeur de 0m,33. Ce cylindre est garni, sur toute sa circonférence, d'une grande quantité de dents coniques en acier; leur nombre s'élève, en moyenne, à 14,000 et tournent avec le tambour, auquel on imprime une vitesse de sept à huit cents révolutions à la minute. Les chiffons sont livrés au cylindre déchireur par une ou deux paires de rouleaux alimentaires, qu'on nomme aussi parfois *entrée*. Cette entrée reçoit les morceaux de lainage convenablement étalés sur une toile sans fin automatique. La force centrifuge développée par la grande vitesse du tambour à dents projette au dehors la laine et le résidus non déchirés.

Un appareil semblable, absorbe une force motrice considérable de six à huit chevaux et peut effilocher de cinq à huit cents kilogrammes de chiffons par jour, suivant leur degré d'adhérence : la première quantité n'est guère dépassée lorsque les chiffons sont en drap solide, mais ils atteignent facilement la seconde pour des tricots, par exemple.

Ce résultat peut être plus ou moins parfait, c'est-à-dire être entièrement effiloché, ou contenir encore des parcelles d'étoffes non divisées, si l'organe alimentaire qui livre les morceaux en laisse échapper. Aussi cet organe a-t-il été l'objet de recherches constantes. On s'est bientôt aperçu que les conditions d'alimentation n'étaient pas les mêmes que pour la livraison des filaments ordinaires de dimension régulière dont la marche peut facilement être réglée; qu'il fallait, par conséquent, modifier l'appareil introducteur. On a essayé successivement de différents systèmes : des entrées multiples à pointes, c'est-à-dire composées de deux paires de cylindres à mouvement légèrement différentiel ; d'alimentaires à auges, où le rouleau livreur tourne dans une courbe concave pour y entraîner successivement et graduellement les fragments qui y sont livrés par la toile sans fin, pour ne rien laisser échapper à l'action des dents. Le caoutchouc a été également essayé comme système de livraison à compression élastique. Un mécanicien de Paris, qui s'est beaucoup occupé du perfectionnement de ces machines, M. A. Busson, a combiné les deux moyens, l'alimenteur à compression et l'auge concave. Son système consiste dans une pièce à double concavité garnie en caoutchouc, dont l'une, la première, reçoit un cylindre métallique rigide et fixe. Il a pour objet de faire pénétrer les matières à travailler dans la seconde sous un deuxième cylindre. L'ouverture de la seconde auge est réglée à la partie opposée à l'introduction par une lame d'acier ; les chiffons viennent s'y présenter par l'action des cylindres aidée de la pression élastique du caoutchouc et sont régulièrement livrées aux dents du tambour effilocheur.

Nous n'avons pas la prétention de donner pour le moment la description de tous les moyens proposés. Nous indiquons celui-ci, parce qu'il nous paraît simple, sans levier ni poids de pression; économique, sans frais d'entretien notables, et surtout parce que la quantité de chiffons qui passe sans être atteinte par les dents, peut être réduite au minimum par suite de la combinaison des auges, des cylindres et de la lame qui règle la sortie. On réduit ainsi la quantité de chiffons à traiter de nouveau par une main-d'œuvre longue et coûteuse, pour faire cette espèce de charpie de laine.

Traitement des chiffons mélangés.— Pour séparer les parties végétale et animale dans les chiffons, on a recours à un procédé chimique : on les immerge dans une dissolution sans action sur la laine et qui attaque la cellulose. L'acide sulfurique par exemple, plus ou moins étendu d'eau, est, en général, employé à une température bouillante, s'il faut opérer rapidement, et à un moindre degré de chaleur, si on peut laisser macérer.

La substance végétale étant dissoute, on l'essore dans un hydro-extracteur ; on complète le séchage dans un séchoir chaud, d'un système quelconque. Le mélange sec se compose de filaments de laine et de substances plus ou moins divisées, mais si friables, que la moindre action mécanique la réduit en poussière impalpable. On sépare les deux corps par l'effet d'un puissant ventilateur qui chasse la poussière au loin et laisse tomber la laine sous la machine. Elle est prête alors, soit à être vendue ou teinte, et traitée en un mot comme la laine neuve elle-même, mais dont elle n'a jamais la valeur.

Considérations sur l'emploi de la laine dite renaissance. — La laine de chiffons est employée sous des noms différents, et entre autres sous celui de *micmac*, lorsqu'elle est à l'état de mélanges de plusieurs sortes ou de plusieurs couleurs. On la nomme aussi quelquefois *bourre de laine*, etc. : ces noms varient avec la laine et les localités. Quels que soient d'ailleurs les noms, la chose est considérable, quoique son emploi ne soit pas approuvé d'une façon générale ; bien des industriels ne veulent pas encore en entendre parler, et penseraient compromettre leur réputation en faisant une part quelconque à cette sorte de matière première dans leur fabrication. Les centres de la grande draperie en France, qui jouissent d'une réputation séculaire, ont jusqu'à présent résisté à l'envahissement du *shoddy*, du *mungo*, de la *renaissance* et autres *micmacs*, et cependant c'est par millions que ces matières entrent dans la fabrication : et surtout dans la draperie commune, qui ne s'en fait pas faute. Il est évident que les déchets soit des draps neufs, travaillés par les tailleurs, ou de draps usés, ne peuvent, dans aucun cas, avoir la valeur de la laine qui n'a pas servi, quelle que soit l'apparence qui leur sera donnée dans la transformation ; les étoffes de cette origine ne vaudront jamais celles obtenues avec de la laine vierge, la résistance même de celle-ci se trouvant amoindrie par les transformations indispensables qu'on est obligé de lui faire subir. Combien, à plus forte raison, le tissu doit-il perdre avec de la laine deux fois soumise aux mêmes opérations, lors même que les chiffons d'où elle provient n'auraient pas servi encore !

Cependant le commerce de l'effilochage est un fait acquis aux affaires ; modérément et convenablement employés, les filaments qui en résultent ont une raison d'être et peuvent rendre service : ici comme dans beaucoup de cas, l'abus surtout est à blâmer. Les laines d'effilochage, employées dans une proportion raisonnable pour certains tissus, pour des envers, des étoffes très-épaisses, si elles ne sont pas toujours aussi chaudes que celles d'un même poids faites avec de la laine neuve, peuvent du moins fournir à bas prix des articles peu perméables à l'eau et à l'humidité, et trouver sous cette forme et d'autres encore des services à rendre à la classe de consommateurs forcée de rechercher le bon marché. Le fabricant intelligent et consciencieux peut arriver à des combinaisons réellement avantageuses dans cette direction, en mélangeant des laines neuves et résistantes, quoique communes, à une certaine proportion de renaissance. Il y a là une voie nouvelle qui réclame des connaissances spéciales, approfondies, tant des matières que des transformations, pour être suivie avec succès. Nous pourrions citer des industriels qui leur doivent leur fortune et une réputation méritée. Puisque l'emploi de ces sortes de matières est devenu une nécessité, nous préférons faire allusion à ceux qui l'ont compris d'une façon convenable et loyale, qu'à ceux qui seraient tentés d'en abuser.

Classification des chiffons de laine. — Il y a un choix varié à faire dans les chiffons, en raison de leur état et qualités. Les morceaux de lainages neufs, ras ou drapés, non coupés ou provenant des déchets faits par les tailleurs et les tailleuses, viennent au premier rang; les vieux chiffons purs ou mélangés et toutes sortes d'articles divers prennent le second rang. Nous en donnons ici une liste avec les prix les plus récents.

Tableau des prix des chiffons de laine.

Draps neufs et mérinos neufs, les 100 kil.

Drap noir fin	110 à	» fr.
Drap bleu fin	110	120
Drap fantaisie clair	200	240
Drap fantaisie foncé	110	120
Drap rouge militaire	115	120
Drap bleu militaire et drap capote	105	115
Drap noir ordinaire	95	»
Drap incolore	60	75
Drap castor	60	»
Flanelle blanche avec lisières	350	355
Flanelle blanche sans lisières	380	450
Chaîne coton blanche	100	»
Mérinos neuf avec flanelle blanche	280	300

Draps vieux coupés.

Drap noir	55	»
Drap bleu civil et militaire	90	110
Drap rouge	70	95
Drap marron	45	50
Drap vert	40	45
Drap bleu militaire	90	»
Drap fantaisie clair fin	120	125
Drap fantaisie clair gros	60	70
Drap fantaisie foncé fin	65	»
Drap fantaisie foncé gros	45	»
Drap incolore	40	»
Drap noisette	125	135
Drap écarlate	95	110
Drap capote	90	»

Drap mêlé fin de fantaisie et toutes couleurs.	60 à »	fr.
Drap mêlé sans fantaisie	45	»
Drap non coupé mêlé de fantaisie	35	40
Drap non coupé sans fantaisie	»	24

Serge et couverture non coupée.

Couverture et serge noire	18	22
Couverture et serge verte	30	»
Couverture et serge bleue	35	»
Couverture et serge rouge	35	»
Couverture et serge marron	25	»
Couverture et serge grisaille claire	28	»
Couverture et serge limousines	35	»
Couverture et serge jaune	35	»
Couverture blanche	100	105
Molletons blancs	130	140
Couverture mêlée de toutes couleurs et blancs.	22	»
— de toutes couleurs sans blancs.	18	»

Serge et couverture coupée.

Couverture et serge	25	»
Couverture et serge verte	40	»
Couverture et serge bleue	55	»
Couverture et serge marron	35	»
Couverture et serge grisaille claire	38	»
Couverture et serge limousines	55	»
Couverture et serge jaune	65	»
Couvertures blanches	125	»
Molletons blancs	165	»
Couvertures de toutes couleurs sans blancs.	30	»
Couverture de couleur grisaille demi-foncée.	35	»
Molleton blanc neuf délissé	180	190

Tricots et bas non coupés.

Tricots blancs fins et bas	160	»
Tricots blancs ordinaires et bas	145	»
Tricots blancs et bas grossiers	110	»
Tricots gris	85	»
Cache-nez	105	»
Bas noirs fins dépiécés	130	»

Bas noirs gros dépiécés..................	75 à »	fr.
Chaussons noirs piécés et dépiécés.........	18	»
Bas bleus............................	95	100
Bas burels............................	65	70
Bas bleutés de Paris et province...........	115	»
Bas mêlés de campagne avec blancs........	80	»
Bas mêlés de campagne sans blancs........	60	»
Bas mêlés de Paris avec blancs............	90	100
Bas mêlés de Paris sans blancs............	80	»
Bas gris dépiécés.........................	70	»
Bas du Nord français....................	90	95
Bas du Nord belges......................	85	90
Bas rosés du Nord et bleutés..............	100	120
Chaussons de Strasbourg..................	26	»

Tricots et bas coupés.

Bas mêlés de toutes couleurs..............	110	»
Bas bleus............................	130	»
Bas noirs fins..........................	135	»
Bas noirs ordinaires......................	110	»
Bas burels............................	82	90
Bas grisaille............................	90	95
Bas blancs............................	175	»
Bas bleutés............................	135	»
Tricots blancs et bas blancs fins...........	175	190
Tricots blancs et bas blancs ordinaires......	155	165
Cache-nez............................	120	»

Mérinos mêlés, coupés et classés.

Mér. coupé toutes coul. sans schalls ni stoffs.	150	160
Mér. coupé avec flanelle blanche sans schalls.	180	»
Mérinos coupé bleu......................	170	»
Mérinos coupé blanc......................	280	»
Mérinos coupé noir sans pisseux...........	160	»
Mérinos coupé marron....................	160	»
Mérinos coupé vert......................	160	»
Mérinos coupé rouge.....................	180	»
Mérinos coupé clair......................	170	»
Mérinos coupé noir pisseux................	120	»
Mérinos coupé molleton mérinos...........	140	»

Mérinos non coupés.

Mér. n. c. sans flanelle et sans schalls ni stoffs.	100 à »	fr.
Mér. n. c. avec flanelle, sans schalls ni stoffs.	95	»
Flanelles blanches..........................	170	175

Articles divers.

Stoffs non coupés sans chaine coton........	28	»
Stoffs coupés sans chaine coton............	40	»
Schalls coupés sans chaine coton..........	125	»
Tapis de laine..........................	15	»
Tapis de laine et coton..................	8	»
Engrais..................................	6	7
Rognures de drap pour engrais............	10	»
Chaine coton mêlée......................	9	12
Chaine coton claire......................	18	24
Drap neuf mêlé avec fantaisie............	100	110
Drap neuf mêlé sans fantaisie............	80	90
Laine à matelas..........................	80	100
Chocotte.................................	16	20

§ 7. — Diverses autres catégories et dénominations de laines inférieures.

Pour conserver aux laines toutes les qualités qui leur sont propres, elles ont besoin d'être coupées sur l'animal vivant; lorsqu'elles proviennent de la dépouille des peaux de la boucherie, elles valent moins, parce qu'en général on nourrit les moutons un peu moins, et qu'ils sont souvent fatigués avant d'arriver à l'abattoir; et surtout à cause de l'emploi général de la chaux pour détacher la laine de la peau, cette méthode dessèche et durcit les brins. Lorsque ces laines ne sont pas entièrement lavées, on les désigne, en général, sous les divers noms de *pelades*, *pelures*, *pelier* ou *avalées;* si ces mêmes laines ont été lavées, elles sont connues sous celui d'*écouailles*. Les *morilles* sont des laines de peaux d'animaux morts par maladies, et valent moins encore que les précédentes. La *blouse*, dont la draperie fait un usage fréquent, est toujours la conséquence du peignage de la laine lisse plus ou moins longue. Tous les brins qui, par suite de l'insuffisance de leur longueur, n'ont pu être entraînés et rangés par le travail du peignage, constituent donc la blouse; ses caractères et qualités, au point de vue de sa valeur intrinsèque, participent de ceux de la laine dont elle provient. Il est évident que la commune ne donnera pas de blouse fine, et réciproquement.

§ 8. — Laine végétale.

Bien des matières végétales, employées depuis un temps plus ou moins long comme pâte à papier, laissent apparaître dans les transformations des filaments plus ou moins tenaces, élastiques et faciles à isoler; ces apparences ont souvent suggéré l'idée de chercher à les employer, dans une certaine proportion, pour en faire des fils et des étoffes. De nombreuses tentatives de ce genre ont échoué devant l'insuffisance des caractères de ces sortes de filaments, ou devant les difficultés ou les dépenses que présente leur traitement. Le produit nommé *valdwolle*, laine des forêts, et qui, par une désignation plus générale encore, a été appelé *laine végétale*, paraît avoir été également la conséquence d'une pâte à papier obtenue des feuilles du pin mélangées à un quart de chiffons dans la fabrication des papiers communs, surtout dans certaines usines d'Allemagne. On conçoit que la Prusse orientale et occidentale, la Lithuanie et la Volhynie, si riches en forêts de pins, se soient particulièrement préoccupées des feuilles et des produits de cet arbre. Après avoir cherché à l'utiliser, comme nous venons de le dire, à la fabrication du papier, on a eu l'idée, il y a une vingtaine d'années, vers 1842, d'en tirer des fibres textiles. Ces filasses, quoique grosses, roides, sans douceur au toucher ni élasticité sensible, ont cependant été baptisées du nom de *laine végétale*, à cause d'un certain contournement des brins et de la possibilité d'utiliser cette propriété au foulage en déterminant l'entrelacement entre les fibres de cette espèce de crin végétal avec celle de la laine à laquelle on les mélange dans une certaine proportion ; on obtient alors une sorte de drap rude et carteux, qui est à la draperie ordinaire ce que les premiers papiers de paille étaient au papier blanc de bonne qualité. Cependant, dès 1842, l'hôpital de Vienne fit l'acquisition de cinq couvertures ouatées avec de la laine végétale, qui servait également à faire des matelas et à rembourrer les meubles. Cet emploi, à cause du bas prix de revient de la matière, et de certaines propriétés qui la rendent inattaquable aux insectes et incorruptible, paraît plus rationnel que sa transformation en fils et en étoffes [1].

S'il fallait transformer les feuilles du pin uniquement pour en retirer les fibrilles intérieures, et s'il n'en résultait pas des produits accessoires, elles perdraient les avantages du bas prix.

Tous les pins ne sont pas également propres à cette exploitation : les feuilles les plus riches, à faisceaux de fibres délicates, sont précisément celles des arbres résineux les plus communs, celles du pin sylvestre et du pin noir ; les autres espèces donnent ou des fibres trop courtes ou trop cassantes. Les produits accessoires, résultant par les transformations chimiques et mécaniques de ces feuilles, sont :

1° Une eau qui peut être employée pour les bains médicinaux ; elle contient du carbonate de soude et de potasse, de l'acide tannique, de l'acide pinique et de l'acide sylvique ; enfin,

[1] Des échantillons de cette fabrication, que nous conservons au Conservatoire des Arts-et-Métiers depuis près de dix ans, sont encore sans aucune altération, tandis que des échantillons de laine exposés dans les mêmes conditions ont été complétement détériorés.

de la résine et des huiles essentielles. On extrait de cette dernière une huile essentielle spéciale, dite huile de laine végétale, et vendue comme remède pharmaceutique contre certaines affections ;

2° Un savon résineux et un savon vert employés, le premier au blanchissage, et le second comme médicament ;

3° Enfin, du noir pour la peinture, résultant de la combustion des résidus.

Pour obtenir les fibres et ces résidus qui en sont la conséquence, on opère de la manière suivante :

Traitement de la feuille de pin dans l'établissement de Humbolds, auprès de Zugmantel. —

Il est nécessaire d'opérer sur les feuilles en plein développement ; les feuilles d'arbres trop jeunes d'un vert clair, les feuilles tombées sèches et mortes, doivent également être rejetées.

La première préparation consiste à retrancher les pétioles ou gaînes qui attachent les feuilles aux branches ; non-seulement ces pétioles nuiraient au procédé en le compliquant, mais encore l'acide tannique impur qu'ils contiennent communiquerait au résultat une couleur d'un vert foncé qui en diminuerait la valeur ; de plus, cet acide pourrait facilement altérer les produits secondaires.

Si les feuilles sont en quantités trop considérables pour que l'on puisse les travailler immédiatement, on doit en soumettre une partie à une dessiccation prompte, afin de les conserver. Cette dessiccation s'opère sur des claies, dans des ateliers couverts, à l'aide de la chaleur ou dans une touraille ; mais on doit éviter avec soin de chauffer trop fortement ce dernier appareil. Les feuilles, ainsi desséchées, peuvent être gardées pendant longtemps.

La première opération consiste à passer les feuilles au four comme le lin : cette opération est destinée à en isoler l'épiderme vert. On les dépose dans un grand vaisseau, par exemple dans une pipe à eau-de-vie vide, ou mieux dans un bassin en maçonnerie, muni d'un conduit de décharge et revêtu intérieurement d'un enduit bien uni ; on les y foule fortement sous un couvercle en planches que l'on charge de grosses pierres, en ayant soin cependant de ménager assez la compression pour conserver dans la masse des vides suffisants. Un tuyau amène de l'eau de manière à recouvrir les feuilles de 0^{m},10 à 0^{m},12, et l'on abandonne ensuite le tout à la fermentation, qui peut être accélérée par l'introduction de 0^{l},20 de levûre, et de 1^{l},55 environ d'eau-de-vie pour 1,000 litres d'eau. Mais on obtient des résultats plus avantageux encore, en remuant suffisamment, de huit jours en huit jours, toute la masse des feuilles, et en y ajoutant chaque fois une certaine quantité de carbonate de soude. Ce sel isole en même temps des feuilles une partie de la résine ; dans ces conditions, les carbonates alcalins, réagissant sur les substances résineuses, les transforment en combinaisons solubles dans l'eau. On obtient également ainsi, et l'on extrait par le conduit de décharge, un liquide alcalin et aromatique, dont on peut tirer des savons résineux comme produits accessoires, ou bien que l'on peut employer pour des bains curatifs. Les feuilles sèches, avant de subir le passage au four, doivent toujours être pénétrées d'eau tiède, à la température de 30° C. au moins.

La fermentation est tout à fait suffisante au bout de six semaines environ, on peut alors en extraire la résine, la térébenthine, etc., on immerge les feuilles durant quarante-huit heures dans une faible lessive de potasse caustique, qui ne doit pas peser spécifiquement plus de 0,06, mais qui suffit très-bien à ce degré ; au lieu de cette lessive caustique, on peut aussi employer des cendres de hêtre ou du savon vert. L'alcali caustique dissout encore une grande quantité de résine, que l'on sépare au moyen d'un lavage à l'eau froide.

Au lieu d'immerger les feuilles dans la solution d'alcali caustique, on pourrait aussi les en imprégner avant de les passer au four, ce qui simplifierait le traitement, car la seconde opération chimique n'est surtout nécessaire que quand on veut obtenir un produit aussi fin et aussi parfait que possible.

L'immersion dans la lessive caustique exige de la prévoyance et des précautions attentives, et elle donne pour produit accessoire un savon par la combinaison de la base alcaline avec la résine.

L'opération la plus importante est le traitement par la vapeur. On l'exécute en plaçant les feuilles dans un grand vaisseau analogue à l'appareil usité dans les distilleries d'eau-de-vie de pomme de terre, et en les chauffant au moyen d'un courant continu de vapeur amené au-dessous par un tuyau ménagé dans la paroi d'une chaudière. L'opération dure une heure environ, jusqu'à ce que le monceau de feuilles se soit considérablement affaissé, et que l'eau qui s'écoule par plusieurs trous, d'abord d'un vert foncé, sorte claire et transparente. Cette eau entraîne le savon résineux, l'acide tannique et une huile essentielle qui présente sensiblement le même aspect, les mêmes propriétés et la même composition que celle qui est tirée du pin des Alpes (*pinus pumila*). On peut la recueillir en la puisant, ou par une distillation très-facile; on peut aussi extraire les savons résineux.

L'eau aromatique qui s'écoule, possède des propriétés curatives plus puissantes que celles de l'eau recueillie après le passage au four. Il serait, d'ailleurs, très-facile de modifier l'appareil indiqué, de manière à en faire un appareil distillatoire complet. Après avoir traité les feuilles par la vapeur, on les sèche de nouveau, comme il a été dit précédemment.

On procède alors aux opérations mécaniques. Les feuilles, déjà considérablement brisées et divisées, présentent les fibres presque isolées, mais encore adhérentes, retenant de l'épiderme et du tissu cellulaire. Pour les en délivrer, on doit les soumettre à un teillage analogue à celui du lin et très-simplement exécuté par une machine spéciale, assez semblable à la broie mécanique usitée pour cette matière filamenteuse. Les feuilles, préalablement bien secouées, sont placées dans une trémie qui les déverse sur une toile sans fin tendue par deux rouleaux. Cette toile les conduit entre un système de cylindres cannelés en bois dur ou en fonte, l'épiderme se brise si complétement sous la pression, qu'il ne reste presque plus de travail à faire pour nettoyer le produit.

Au lieu de cet appareil, on pourrait aussi employer la broie belge, après l'avoir modifiée convenablement.

La dernière opération est encore exclusivement pratiquée à la main. Les feuilles, teillées, sont battues avec des verges flexibles sur des toiles élastiques et bien tendues ; on les promène ensuite avec la main sur des tamis en fils métalliques, puis on les étire pour en démêler et redresser la fibre. La laine végétale est alors prête à recevoir les préparations spéciales pour chacun des emplois auxquels on la destine.

Plusieurs opérations pourraient cependant être plus sûrement exécutées par des machines. Ainsi, au lieu de battre la laine aux baguettes, on pourrait facilement exécuter ce travail dans un appareil qui présenterait de l'analogie avec un cylindre de papeterie.

L'épluchement ou le feutrage pourraient encore très-bien être opérés dans un loup ou dans un arçon de chapelier.

Le résidu du teillage, le déchet ligneux surtout, peut être brûlé dans des vases fermés où l'on recueille sur des toiles un noir de fumée dont la finesse est des plus grandes, et parfaitement propre à la peinture.

Le produit que l'on obtient par les opérations décrites, est une matière filamenteuse, frisée et assez fine, d'un vert tirant sur le jaune ou sur le gris. Cette nuance n'est cependant pas celle des filaments mêmes, mais elle provient des restes de matière colorante ou d'épiderme que l'on n'a pu isoler complétement. Si l'on voulait obtenir des filaments qui en fussent absolument exempts, il faudrait les faire repasser par toutes les phases de la fabrication, autant de fois que l'on en reconnaîtrait la nécessité. Ainsi, la laine végétale deviendrait d'autant plus parfaite, qu'on la soumettrait un plus grand nombre de fois au traitemen décrit, ce qui tendrait naturellement à en élever beaucoup le prix. Les traces d'huile essentielle et de résine que cette laine conserve encore après sa préparation, lui communiquent une odeur fraîche tout à fait caractéristique, qui diminue à mesure que l'on réitère les opérations, mais qui, en général, paraît être une qualité désirable et une de ses propriétés les plus agréables.

Malgré les avantages que paraissent présenter les produits accessoires de cette fabrication, elle ne s'est pas propagée, même dans les contrées où elle a pris naissance.

Crin végétal. — Il est tiré du genêt ou sparte, dont l'Espagne et certaines provinces d'Afrique, telle que celle d'Oran, abondent, il a par ses caractères, son apparence et son emploi, beaucoup d'analogie avec la *laine végétale;* il lui ressemble par un vrillement artificiel très-prononcé, et en diffère par sa couleur brun foncé presque noir. Si sa transformation, assez simple, d'ailleurs, ne donne pas naissance à des produits accessoires, elle a, d'un autre côté, l'avantage d'être plus prompte et moins dispendieuse. Les opérations sont les suivantes :

Traitement du sparte pour en faire du crin végétal. —

1° *Assouplissage.* — Cette opération a le but de celle que l'on fait subir au chanvre, et les moyens sont les mêmes : ils consistent dans une espèce d'émeulage. Le genêt sec est disposé dans une auge en pierre légèrement creusée, dans laquelle vient tourner une puissante meule, également en pierre dure. La disposition est, par conséquent, identique à celle des meules à faire l'huile, à écraser le plâtre ou autres substances ;

2° Les tiges, assouplies par l'action énergique de la meule, sont divisées d'abord par une espèce de loup ou appareil à ouvrir, puis peignées par de gros peignes à la main, ou sur les machines à peigner le chanvre;

3° Ainsi préparés, les rubans qui en résultent sont filés en très-gros numéros pour en former des ficelles, au moyen de métiers à filer rustiques du *système continu;*

4° Ces ficelles sont câblées pour former de petites cordes ou des cordages, par les anciens procédés élémentaires employés par les cordiers;

5° *Teinture*, suivant la nuance demandée;

6° *Détorsion* et *désagrégation* des brins par une nouvelle action du loup, qui ouvre et divise le produit. Cet effet, obtenu par un mouvement en sens opposé de celui de la torsion, donne le résultat de l'effilochage de toute espèce de corps fortement tordus; les brins qui en proviennent restent plus ou moins vrillés, et de là la *frisure* du crin végétal;

7° La désagrégation donnant des filaments irrégulièrement teints, on les soumet parfois de nouveau à la teinture, pour régulariser la nuance et lui faire acquérir du brillant.

Les objets ras et veloutés en sparterie sont obtenus avec les gros fils dont nous avons parlé; ils sont alors tissés et apprêtés par des procédés que nous ne pourrions décrire pour le moment sans nous éloigner de notre sujet.

§ 9. — Conservation des laines.

Les filaments animaux, les lainages, les feutres, les fourrures et les pelleteries, sont exposés aux attaques de teignes microscopiques d'une grosseur à peu près égale, mais désignées sous des noms différents correspondants à des insectes de nuances diverses. La *teigne fripière* (tinea sarcitella) a les ailes d'un gris jaunâtre argenté; la *teigne tapissière* a des ailes inférieures d'un blanc jaunâtre, et les ailes supérieures sont brunes à la base; la *teigne des pelleteries* (tinea pellionela), a les ailes d'un gris plombé brillant. Toutes les espèces d'étoffe ou produits textiles en matière animale sont exposées aux détériorations plus ou moins pomptes de ces ennemis, si on ne s'efforce de les préserver, si on n'a recours à un moyen, pour éloigner les larves et empêcher l'insecte de déposer ses œufs, ou pour l'asphyxier lorsqu'il s'est introduit dans les objets à préserver. Bien des remèdes sont en présence, ou proposés : ils peuvent se résumer dans quelques principaux; car on ne doit admettre que ceux dont l'action ne peut nuire aux couleurs des étoffes, ni à la santé des personnes qui les emploient. Les moyens de propreté et de salubrité ordinaires, quoique n'étant pas toujours complétement efficaces, viennent cependant se placer au premier rang. L'époussetage, les lavages à chaud et le blanchîment de toutes les parties des pièces contenant les lainages, les battages réitérés de ces produits lorsqu'ils sont possibles, sont les préservatifs les plus connus et les plus ordinairement employés; cependant ils ne sont pas toujours suffisants, et parfois n'empêchent pas la ponte des insectes et le dépôt des œufs, dans la saison d'été, du mois de mai au mois d'août. On se met presque toujours à l'abri de ces inconvénients, en déposant les pièces en balles ou paquets, serrés dans des toiles ou toilettes, sur des rayons parfaitement nets : ces moyens réussissent généralement aux marchands de draps. Les toiles cirées ou savonneuses, si leur prix n'était pas trop élevé, seraient plus efficaces encore que les toiles ordinaires employées à cet effet. Les courants d'air et la lumière établis dans des pièces contenant des lainages ou des meubles en laine, réussissent encore parfaitement, l'obscurité et la chaleur à une température à peu près constante, paraissant favorables au développement des teignes. Les divers soins ci-dessus réunis et convenablement répétés sont généralement efficaces, toutes les fois qu'ils peuvent être appliqués; mais il est des cas où il y a des masses plus ou moins considérables accumulées, ou des échantillons sur des échelles moindres, à conserver dans des conditions spéciales; on a alors recours à divers remèdes physiques et chimiques. D'après *Réaumur*, la laine en suint ne serait jamais attaquée; il suffirait même de frotter un objet laineux quelconque avec des fibres brutes, pour préserver l'article ainsi frotté. Il est vrai que la laine en suint, tassée en masse par une pression suffisante, maintenue par une ligature et exposée convenablement dans un lieu propre, résiste mieux aux attaques des insectes, que la laine lavée et les lainages; mais nous avons l'expérience qu'elle n'est pas non plus entièrement à l'abri de ces attaques, pour peu qu'il soit nécessaire de la manier et de la désagréger de temps à autre. D'ailleurs, l'emploi de cette friction du suint n'est pas toujours possible sans altérer les produits ainsi frottés. Les dissolutions de feuilles de tabac, de noyer, de sureau, etc., pour y immerger les produits à conserver, présentent des inconvénients analogues, et une manipulation des lavages et des séchages, qui ne sont pas toujours praticables. Les dissolutions de sels, la vapeur acide sulfureuse également proposée, auraient les inconvénients de durcir parfois ou d'altérer les nuances. La chaleur sèche, à une température élevée, recommandée à son tour, n'a pu l'être que par des personnes peu au courant des inconvénients précédemment étudiés de cette action sur les laines. Les fumigations par la combustion des plantes âcres, comme le tabac, la jusquiame, etc., ou des matières animales, du cuir, des déchets de laine, de poils, de crins, sont plus praticables si leurs dépenses permet de les renouveler suffisamment. Les odeurs, dont certaines de ces fumées imprègnent les objets, disparaissent lorsqu'on peut les aérer et les ventiler pendant un temps plus ou moins long.

La volatilisation des substances odorantes a fait songer à un moyen assez simple, c'est de confectionner des rayons et des parties qui reçoivent les produits, en planches de pin vert, et même de faire déposer des pommes de pins près des objets à conserver : ce moyen est plutôt auxiliaire que complétement efficace. Souvent aussi on saupoudre les articles à préserver avec des poudres de poivre, de tabac, de coloquinte, de lavande, de camphre, etc. Les fourreurs ont souvent recours à ce préservatif; ils en imprègnent les pelleteriers à conserver. Nous nous sommes assuré de l'efficacité du camphre, surtout lorsqu'il est mis avec les objets dans des boîtes ou des cartons, qu'on a soin de calfeutrer en collant du papier sur les joints. On peut ainsi préserver, pendant la saison chaude, les matières les plus délicates et les plus susceptibles d'être attaquées. Réaumur est parvenu à conserver des quantités considérables par l'action des vapeurs de l'alcool et de l'essence de térébenthine, mais l'effet demande à être prolongé et renouvelé de temps à autre.

Les huiles lourdes, le sulfure de carbone et surtout la benzine peuvent être employés, soit à l'état liquide, lorsque les objets peuvent en être imprégnés, soit, dans le cas contraire, par l'évaporation si facile et si prompte de ces corps. La benzine surtout, par la rapidité de son action, paraît l'insecticide par excellence. Un expérimentateur distingué, M. Mathieu de Sèvres, a fait des essais sur le pouvoir asphyxiant de diverses substances les plus recommandées dans le cas qui nous occupe. Nous donnons ses résultats dans le tableau suivant :

NUMÉROS D'ORDRE.	SUBSTANCES MÉDICAMENTEUSES dont LE POUVOIR INSECTICIDE doit être déterminé.	NOMBRE DES ACARUS soumis aux diverses expériences.	TEMPS pendant lequel L'ACARUS A VÉCU dans la substance insecticide employée.	OBSERVATIONS.
1	Teinture d'iode.	15	1 à 2 minutes.	Nous ignorons si cette substance a été employée en vétérinaire comme antipsorique. Dans la négative, nous sommes convaincu qu'elle mérite d'être essayée dans le traitement de la gale. Les propriétés fondantes de l'iode ne peuvent qu'être d'un grand secours dans une affection qui, ainsi que la gale ancienne, s'accompagne d'épaississements de la peau, d'engorgement et de tuméfaction des vaisseaux et des ganglions lymphatiques.
2	Mélange de : Eau pure....... *une partie.* Teinture d'iode.. *une partie.*	6	3 à 5 minutes.	
3	Mélange de : Eau pure....... *trois parties.* Teinture d'iode.. *une partie.*	6	4 à 6 minutes.	
4	Mélange de : Eau pure....... *une partie.* Teinture d'iode.. *quatre parties.*	3	7 à 8 minutes.	
5	Mélange de : Teinture d'iode.. *une partie.* Solution aqueuse et concentrée de potasse....... *une partie.*	4	7 à 9 minutes.	
6	Solution d'iodure de potassium : Iodure de potassium. 50 centigr. Eau .... 1 gramme	4	9 minutes.	Un acarus a vécu 1 heure dans ce mélange. Il est vrai que l'iodure de potassium s'est cristallisé avec rapidité et a diminué la puissance toxique du liquide.
7	Solution d'iodure de potassium : Iodure de potassium. 50 centigr. Eau. .... 2 gramm.	2	20 à 26 minutes.	
8	Goudron de gaz.	7	7 à 12 minutes.	
9	Huile essentielle de térébenthine.	7	7 à 14 minutes.	
10	Solution de sulfure de potasse : Sulfure de potasse sec. 10 gram. Eau................ 100 —	5	10 à 12 minutes.	
11	Décoction concentrée de tabac.	6	10 à 18 minutes.	
12	Décoction de tabac moins concentrée.	4	30 à 50 minutes.	
13	Décoction concentrée d'ellébore blanc	6	1 heure 40 minutes à 3 heures.	

NUMÉROS D'ORDRE.	SUBSTANCES MÉDICAMENTEUSES dont LE POUVOIR INSECTICIDE doit être déterminé.	NOMBRE DES ACARUS soumis aux diverses expériences.	TEMPS pendant lequel L'ACARUS A VÉCU dans la substance insecticide employée.	OBSERVATIONS.
14	Solution concentrée de chlorure de chaux : Parties égales, en poids, de chlorure et d'eau.	5	14 à 23 minutes.	
15	Solution alumino-arsenicale : Eau............ 1000 grammes Alun........... 100 — Acide arsénieux.. 12 —	15	Un acare est mort en 7 minutes; quatorze sont morts de 15 à 50 minut.	En se refroidissant, l'alun se cristallise, se fixe aux membres de l'acarus et surtout aux longues soies qui terminent la paire de pattes postérieures. Le parasite est ainsi condamné à une immobilité presque complète.
16	Solution alumino-arsenicale : Eau............ 1000 grammes Alun........... 100 — Arsenic .... 10 —	7	16 à 65 minutes.	
17	Solution ferro-arsenicale : 12 grammes d'arsenic par litre d'eau.	10	7 à 25 minutes.	
18	Savon vert.	4	20 à 60 minutes.	
19	Solution de savon vert dans l'eau, consistance sirupeuse.	1	3 heures après son introduction dans ce liquide, l'acarus vit encore.	
20	Onguent mercuriel double.	3	4 heures après, l'animal vit encore.	Les parasites ont été introduits avec précaution dans des parcelles d'onguent mercuriel.
21	Alcool concentré à 40 degrés.	8	1 heure 1/2 à 2 h^es 50 minutes.	L'alcool a été renouvelé aussi souvent que l'évaporation de ce liquide le recommandait.
22	Huile soufrée, 1/10 de soufre.	2	24 heur. après, les acarus vivent encore.	
23	Huile d'amandes douces.	2	*Idem.*	
24	Huile de chènevis.	4	*Idem.*	
25	Décoction de chanvre d'Europe.	3	4 heures après, ils vivent encore.	
26	Teinture d'aloès.	2	2 heures après, ils vivent encore.	
27	Benzine.	10	15 à 45 secondes.	Nous regardons la benzine comme le toxique par excellence.

Enfin, nous nous sommes posé cette dernière question, dont l'importance n'échappera pas aux vétérinaires praticiens : Pendant combien de temps des acarus enlevés d'une peau affectée de la gale peuvent-ils vivre, après avoir été transportés dans un milieu où ils trouvent de l'air et un degré de chaleur à peu près identique à celui qui existe dans l'intérieur de la toison d'où on les a extraits? — A l'aide d'un appareil très simple qui réunissait les conditions désirables, nous avons conservé des acarus vivants pendant un laps de temps qui a varié entre trente-six à soixante-deux heures. (Extrait du *Recueil de médecine vétérinaire.*)

En résumé, toutes les fois que l'odeur de la benzine, dont il est possible de se débarrasser par une ventilation convenable, ne sera pas un obstacle, elle sera le plus sûr moyen de conservation des articles en laine. Dans le cas contraire, l'empaquetage dans des toiles et les moyens recommandés au point de vue hygiénique, l'aération, le battage, l'époussetage, les brossages combinés à quelques fumigations convenablement choisies, pourront présenter un avantage suffisant. Et si les objets doivent être conservés enfermés pendant un certain laps de temps, dans la saison d'été par exemple, la présence du camphre et l'abri de l'air extérieur seront également un préservatif certain.

§ 10. — Classement et assortiment des laines en raison de leurs provenances et de leurs destinations.

Les caractères multiples des brins de laine, leurs nombreuses modifications et variétés, peuvent, en raison de leur origine, et des soins dont elles ont été l'objet, faire pressentir la difficulté de les choisir et de les approprier en vue d'un résultat déterminé. La solution de cette question n'est pas possible, *à priori*, d'une manière théorique, et ne peut être généralisée pratiquement. Si, pour juger et comparer les valeurs relatives des laines, il faut beaucoup d'expérience, il en faut bien plus encore pour déterminer leur emploi le plus avantageux et le genre de transformations auxquelles elles sont le plus propres.

Si quelques indications théoriques générales sont faciles, la solution du problème ne devient possible en réalité qu'en le fractionnant, ou plutôt en le spécialisant. S'il ne s'agit, en effet, que de déterminer les caractères à rechercher dans les laines en vue de leurs principales catégories de produits, les spécifications pourront être précises. Les brins les plus fins, les plus courts et les plus régulièrement vrillés, seront toujours appliqués à la plus belle draperie lisse. Moins vrillés, un peu plus longs et plus gros, ils seront convenables pour les articles de fantaisie ou de nouveautés, moins foulés que la belle draperie unie. Lorsque le nombre des spires devient moindre encore et que la longueur du brin augmente, ils deviennent propres aux tissus ras. Enfin, si les filaments atteignent de grandes longueurs; une grosseur, une ténacité et un brillant sensibles, ils trouvent leur place marquée dans une seconde catégorie d'articles ras, spécialement réservés aux laines, dites *longues*.

Chacune de ces catégories peut être rapportée à un ou plusieurs types excellents, pour les définir d'une façon plus nette: les belles laines extra, de la Saxe électorale, donnent l'idée des qualités les plus parfaites de la première des spécialités ci-dessus dénommées assignée à la draperie fine; les excellentes laines ordinaires de la Brie, du Berry et de la Russie sont les plus recherchées pour la seconde, les lainages ordinaires et les nouveautés; les toisons si renommées de la Bourgogne, des environs de Chartres et certaines catégories d'Australie, sont les plus avantageuses pour la troisième; et les tissus ras enfin, les laines longues, nerveuses et brillantes de Lincoln, de Leicester, de Cotswold, etc., et de diverses autres contrées de l'Angleterre, représentent le type par excellence de la quatrième, qui emploie exclusivement les laines longues. Mais une même localité dans un rayon assez circonscrit produit souvent des laines très-variées de qualités, et les contrées diverses les plus éloignées les unes des autres peuvent donner des laines de caractères presque identiques, tandis qu'on trouve parfois des laines fines et des communes dans un rayon peu étendu. Il est donc rationnel, dans un classement pratique, de réunir celles qui peuvent concourir aux mêmes produits, et d'indiquer leurs destinations respectives. C'est d'après ces considérations que nous avons formé le tableau suivant:

Classement commercial des laines.

PAYS DE PROVENANCES.	CARACTÈRES.	EMPLOI.	OBSERVATIONS.
1. LAINES FINES ÉTRANGÈRES. — D'Allemagne et principalement de Saxe, de Moravie, de Hongrie, Silésie, Bohême, Bavière, Wurtemberg et Prusse. *Toutes brèves à dos*, pelotées en manchons formés de plusieurs toisons d'Australie et de Russie; certaines laines d'Espagne, les Ségoviennes, les Léonaises, les Sorianes, les Molines et les fines de Navarre, dont on fait trois qualités, et des parties de l'Amérique du Sud et du Cap.	En général douces, soyeuses, grandes variétés de finesse; les plus courtes et les plus vrillées sont les laines de Saxe dites *électorales*. Viennent ensuite et après le premier classement de l'Allemagne, en général, la Russie, l'Australie, le Cap, l'Espagne, etc, dont la longueur des brins ne dépasse pas 0m,04.	Sont, en général, appliquées à la draperie fine, à certains articles de nouveautés et pour le peigne. Les premières, celles d'Allemagne, sont exclusivement employées à la draperie fine.	Les États de l'Allemagne n'exportent en général que des laines fines. Les autres contrées mentionnées, telles que l'Australie, produisent depuis les plus fines jusqu'aux ordinaires, Buenos-Ayres en fournit même de très-communes.
2. LAINES FINES DE FRANCE. — Mérinos et métis provenant des races les plus pures d'Espagne Les premières qualités sont récoltées en Brie, en Berry, en Beauce et aux environs de Versailles et de la Bourgogne.	En général douces, souples et nerveuses, d'une longueur de brins de 0m,05 à 0m,08.	Triées, lavées et assorties; les brins courts pour la bonne draperie et les plus longs pour le peigne.	
3. LAINES INTERMÉDIAIRES. — Surges de France, tenant entre les communes et les métis, venant du Roussillon, du Berry, du Poitou, de Provence. Ces laines sont en général lavées avant la vente. Russie méridionale. Maigres et tendres, destinées à la fabrication des draps. Ces mêmes localités fournissent des laines intermédiaires.	Roussillon. Finesse, douceur et nerf propre aux apprêts. Berry. Fin, trié et assorti, parfois dures et sèches, difficiles aux apprêts. Poitou. Blanches, douces et soyeuses. Provence. Viennent en général après les Roussillon, d'une longueur de brins irrégulière.	Draperie moyenne, commune, couvertures et flanelles.	

PAYS DE PROVENANCES.	CARACTÈRES.	EMPLOI.	OBSERVATIONS.
4. Laine de M. *Graux, de Mauchamps* (département de l'Aisne), *croisement de mérinos* avec un bélier à laine longue fine soyeuse. Plus *fine* et plus *lisse* que les laines anglaises, a reçu le nom de *cachemire indigène*).	Longue, souple, soyeuse, brillante, régulière de brins, et mèches homogènes. Les brins varient de 0m,06 à 0m,08.	*Cardée*, elle est trop longue; *peignée*, elle devient sèche; mais *cardée peignée*, on en fait des tissus qui rivalisent avec le cachemire.	
5. LAINES COMMUNES LAVÉES.			
Bourgogne, Beauceronne et Picarde..........	Hautes de mèches, fortes et nerveuses.	Étoffes rases, couvertures, tapis, lisières, bonneterie, draperies communes, étoffes à poils, matelas, etc.	Les longueurs de toutes les laines qui suivent, étant très-variables, on les retrouvera plus exactement dans l'étude spéciale aux tubes des laines.
Sologne..................................	Plus basses de mèches.		
Lorraine..................................	Un peu plus fines, maigres, molles, piquées de poils roux et jarre.		
Médoc......................................	Molle, chargée de bruyères.		
Béarnaises et Bayonnaises.................	Fortes, hautes, mécheuses et feutrées.		
6. LAINES COMMUNES ÉTRANGÈRES.			
Laines d'Afrique en général................	Plus ou moins chargées de sable très-fin jaune, lavées à Marseille.	Grosses draperies, couvertures, lisières et matelas.	
Maroc, Fez et Tunis.......................	Fortes, nerveuses, mais chargées de chardons et sables.		
Alger, vieille colonie romaine.............	Sans chardons, mais plus jarreuses.		
Oran.......................................	Plus jarreuses encore et plus rougeâtres.		
7. Echelles du Levant......................	Blanc laiteux après lavage, plus ou moins chargées d'un sable à grains inégaux.	Grosses draperies, couvertures, lisières et matelas.	
Smyrne et du littoral.....................	Molles, douces, jarreuses et galeuses.		

PAYS DE PROVENANCES.	CARACTÈRES.	EMPLOI.	OBSERVATIONS.
8. Italie, Constantinople, Andrinople et Para.....	Plus nerveuse, plus nourrie et moins jarreuse que les précédentes.	Grosses draperies, couvertures, lisières et matelas.	Les laines de ces diverses contrées se perfectionnent chaque jour, et les proportions des bonnes qualités indiquées plus haut, de la même provenance, vont en augmentant. Buenos-Ayres, le Levant, etc., fournissent d'excellentes parties, employées pour draperie et nouveautés, après égratronage.
Salonique...............................	Id. mais plus fine		
Galatz et Valachie.........................	Id.		
Transylvanie, Hongrie, Pologne, Mecklembourg.	Id.		
9. Laines communes de Fraconnie et Allemagne intérieure.................................	Lavées à dos, sont supérieures aux précédentes et valent les laines communes de France.	Même emploi avec les laines communes de France.	
10. Laines danoises..........................	Teinte ardoisée; très-douces, brillantes et feutrant facilement, classées en plusieurs qualités; la première se vend sous le nom d'agneau de Hambourg.	Grosse draperie et chapellerie.	
11. Buenos-Ayres, Monte-Video et Rio-Janeiro...	Hautes, fortes, plates, remplies de chardons, mélangées de noir et de blanc.	Grosses étoffes et matelas.	
12. Laines d'agneaux.........................	Plus fine, plus douce et plus moelleuse que la laine mère dont elle provient.	Étoffes légères, pures et mélangées.	
13. Laines anglaises, trois types. 1° Les plus longues pour estames.........................	Lincoln, Leicester et Cotswold.	Popelines, reps, mailles pour lisses, etc.	
2° Intermédiaires...........................	Dorset, Cheviot et Radnor.		
3° Courtes.................................	Downs, Mérinos, Welch et Shetland.		

Les données fournies par ce tableau sont plus commerciales qu'industrielles, puisque les laines pouvant se rapporter à un même type offrent une grande variété de caractères et de qualités, et qu'elles doivent concourir à une échelle de finesse très-étendue, surtout lorsqu'il s'agit des tissus ras, depuis les numéros les plus bas jusqu'au n° 200 et plus, au besoin, dont les caractères doivent varier encore en raison de leur destination, suivant qu'ils doivent servir pour la chaîne ou la trame, pour des étoffes à grains ou lisses, que le produit doit être teint ou imprimé en filaments ou en laine, avec telle ou telle substance tinctoriale. Dans les lainages drapés, où les écarts entre les finesses des fils sont moindres, il reste à observer les considérations sur le genre de fils et de teinture, et à tenir compte des modifications apportées par l'opération intime et fondamentale du foulage, et par celles si complexes et si délicates des apprêts qui terminent les produits. Le rôle des fils d'une étoffe n'est pas le même : celui de la chaîne doit être particulièrement solide et exige toujours une torsion supérieure à celui de la trame ; ce dernier, plus spécialement chargé de fournir la matière feutrable, doit se laisser facilement effilocher au foulage ; il a, par conséquent, besoin d'une laine plus courte, plus vrillée, *plus amoureuse*, comme on dit, et doit recevoir moins de torsion. Les deux faces de l'étoffe, suivant les genres, qu'elle soit duveteuse ou lisse, sont parfois appelées à deux rôles distincts et exigent un choix différent de laine. Enfin, la question économique ne doit jamais être perdue de vue pour faire rendre à une laine donnée tout ce dont elle est susceptible. Le grand art consiste à savoir choisir les laines en vue du genre de produit et, par conséquent, des apprêts à lui faire subir. Ceux-ci ont, en effet, toutes choses égales d'ailleurs, une grande influence sur les résultats. Un exemple, entre autres, suffira pour mettre le fait en lumière. Une même laine, également bien transformée pour faire deux articles différents, l'un en drap lisse, et l'autre en tissu dit *velours Montagnac*, modifiés seulement par les apprêts, donnera une apparence si différente aux résultats, que l'article velouté, et même l'article lisse, s'ils ont subi le battage aux apprêts, paraîtront avoir été fabriqués avec une laine d'une bien plus belle qualité que s'ils n'avaient pas subi ce mode d'action. Nous donnons plus loin les causes de ces différences. Nous croyons en avoir dit assez en ce moment pour faire saisir tout ce que le choix des laines et de leur mélange réclame de soins et de connaissances. Il y a néanmoins des errements pratiques généraux dans cette direction. Comme ils peuvent servir de guide, nous donnons quelques recettes concernant la manière d'opérer à ce sujet dans les principaux centres manufacturiers : à *Louviers et à Elbeuf*, pour les qualités communes en draps lisses, au-dessous de 14 francs le mètre, par exemple, on emploie les laines de France et de l'étranger, lorsque les cours sont avantageux ; pour les produits d'une valeur supérieure, on donne la préférence aux laines d'Allemagne de diverses provenances ; voici d'ailleurs quelques indications à ce sujet :

Pour les *draps fins*, on emploie la plus belle laine de Silésie et de Moravie, de 13 francs à 13 fr. 50 le kilogramme, transformée en fil du n° 18,000 à 19,200 mètres au kilogramme, pour la chaîne, et un peu moins fin pour la trame.

Pour les *draps ordinaires* les plus courants d'Elbeuf, les laines varient à l'infini avec la couleur et les articles. Le tableau suivant en donnera une idée :

Désignation des articles.	Genres et prix des laines au kilogr., dégraissées.		
Drap noir deux bains.	Laine d'Allemagne.......	9f	20
— mélangé —	Laine d'Allemagne, à 8f et d'Australie, à..........	7	»
— rouge —	Russie, à.	8	10
— marron —	Australie premier choix...	7	50
— blanc —	Russie à chaud. AR......	8	60

Désignation des articles.	Genres et prix des laines au kilogr., dégraissées.	
Drap mélangé pour articles d'hiver.	Buenos-Ayres noir, à.....	6 »
	Russie AA blanc..........	8 »
	Buenos-Ayr. noir, 2me choix.	5 75
	Bout-veules et loquets.	
— noir deux bains —	Buenos-Ayres, à.........	7 50
— bleu de roi.	Australie et Allemagne, à..	8 50
— bleu indigo.	France et Australie.......	8 »
— nouveautés de 14 à 15f le mètre.	Russie AM, à............	10 80
Sedan. — Draps fins.	Blouses extra-fines d'Allemagne..........	13 à 14 »
Draps pour redingotes.	Blouses, de.........	10 à 11 50
— pour confections.	Blouses, de.........	9 à 9 50
— nouveautés.	Russie, de.........	10 à 15 »
— nouveautés d'hiver.	Espagne, à..............	6 75
— — genre anglais.	Russie, à................	8 30
— mélanges pour lisières.	Agneaux gris, à..........	4 »
	— noir, à..........	4 »
	Poils de chameau, à......	3 85
	Blouse de soie, à.........	4 50
— — pour trame d'envers.	Effilochage, à...........	2 56
	Corrons ou déchets, de.	4 à 4 50
	Espagne................	7 45

Mélanges de laines pour les fils destinés à la vente. — Il se fait un commerce assez considérable de fils cardés. Reims est le centre principal de la production de cet article, qui se vend en France, en Allemagne et en Angleterre. La recherche de ces fils tient au progrès de nos filatures dans la qualité et les prix de leurs produits. C'est surtout par l'entente parfaite des mélanges qu'on est arrivé aux conditions les plus avantageuses. Les titres les plus courants de ces fils sont compris entre les numéros 15 et 50.

Pour les plus gros de cette série jusqu'au 25, on emploie d'ordinaire 33 pour 100 en laine de Buenos-Ayres, mélangée pour le reste dans des proportions variables à de la laine d'agneau d'Espagne, d'Italie ou du pays, et à de l'effilochage. Le principe de cet alliage repose sur la faculté de glissement spécial de la laine d'agneaux, unie à la résistance de la mère-laine d'un prix modéré.

Pour les titres plus élevés de 25 à 50, on fait souvent un mélange par tiers, de blouse, d'écouailles et d'agneaux. Le meilleur choix dans ces parties sert naturellement aux produits les plus fins. Les fils résultant de ces combinaisons sont employés en général pour les flanelles dites *bolivars*, et autres articles fins.

Ces indications sur les mélanges et leurs emplois sont loin d'être absolues et complètes, elles n'ont pour but que de fournir des exemples de l'élasticité des moyens et des connaissances pratiques exigées par cette partie de la fabrication, ainsi que des ressources présentées par les nombreuses variétés de laines.

Les compositions des tissus dont il va être question donneront un complément de détails sur l'emploi des matières à l'état de fils.

Jetons d'abord un coup d'œil sur l'ensemble des étoffes de laine, classées par groupes principaux.

CHAPITRE IV.

LAINAGES.

§ 1. — Classification générale.

La laine et un certain nombre de poils d'animaux peuvent non-seulement être transformés en fils et en étoffes, comme les substances textiles en général; mais ils jouissent en outre de la propriété singulière de feutrer. Le feutrage convenablement exécuté permet de former, avec les brins ou fibres élémentaires, des surfaces de dimensions quelconques, d'épaisseur et de ténacité variables, on raison de la quantité de matière sur laquelle on opère et de l'énergie de l'action exercée. Les substances animales sont les seules susceptibles de donner directement des étoffes sans le concours du filage et du tissage. La propriété feutrante est néanmoins utilisée plus souvent sur les étoffes tissées. Les apparences et les propriétés des résultats changent suivant l'état de la matière auquel le feutrage est appliqué. En opérant sur des nappes de filaments convenablement préparées, on arrive au feutre proprement dit ; on obtient aussi des fils de caractères spéciaux, si on substitue le feutrage à l'action du métier à filer sur des cylindres de laine cardée (boudins). Enfin la draperie de toute espèce est déterminée par le foulage qui feutre la toile de laine tissée.

Ces divers modes d'opérer réalisent des types qui peuvent à leur tour se combiner entre eux et donner des produits mixtes, soit par la réunion d'un feutre à une étoffe et l'intervention de l'action feutrante seulement, soit par la consolidation préalable, d'une façon spéciale, de nappes de matières différentes condensées ensuite au foulage. De là un certain nombre d'articles formés avec une même matière première, qui se distinguent néanmoins entre eux, au moins autant que s'ils étaient composés de substances différentes. De là encore des caractères et des propriétés susceptibles d'applications les plus variées. Il n'est presque pas un besoin des arts vestimentaires, depuis les plus modestes jusqu'aux plus recherchés, sans acception de climat ni de saison, qu'elles ne puissent satisfaire.

Mais à côté des besoins constants et en quelque sorte fixes du domaine de l'hygiène que les lainages sont appelés à satisfaire, il y a des exigences de goût et d'élégance indéterminées qui ne peuvent être comprises au nombre des éléments dont une classification puisse s'emparer. Les moyens techniques qui, avec une même matière première, produisent des résultats différents, fournissent au contraire une base certaine pour établir des délimitations rationnelles dans la classification des produits laineux en groupes, genres et variétés, de façon à ce que chaque division soit la conséquence d'une spécialité distincte, et renferme des articles ayant leur destination propre et caractérisée. Considérés sous ce rapport, tous les lainages peuvent être compris tout d'abord en cinq groupes fondamentaux, qui sont :

I. *Les feutres purs*, ou feutres de filaments laineux, sans mélanges, ou en laine et poils, ou en poils seulement feutrés manuellement ou automatiquement.

II. *Les tissus plus ou moins foulés*, en chaîne et trame laine, ou tramés laine seulement.

III. *Les tissus ras non foulés*, en laine ou en fils de laine, et autres substances. Les moyens, machines, procédés et appareils de ce groupe constituent une industrie qui diffère au moins autant de celle des lainages foulés que du coton ou des lins.

IV. *Les tissus en fils feutrés*. Cette spécialité, de création française toute récente, substitue le feutrage au filage, pour obtenir des étoffes avec des fils réguliers comme les peignés, mais veules et ouverts, réunissant par conséquent les propriétés des peignés cardés.

V. *Les tissus réticulaires à mailles*.

Plusieurs des groupes précédents correspondant à un certain nombre d'industries spéciales, dont les produits offrent des caractères distincts, tranchés, auxquels on ne peut arriver que par des moyens qui leur sont propres. Ces premiers groupes représentent en quelque sorte des *espèces* principales, qui à leur tour sont susceptibles de se diviser en un nombre plus ou moins considérable de genres.

On peut distinguer dans le premier, les feutres en général :

1° *Les feutres simples*, plus ou moins épais et plus ou moins carteux ou souples, obtenus par le feutrage direct de la main ou des machines opérant sur des nappes de filaments convenablement disposées, offrant tantôt un caractère particulièrement carteux, et tantôt une certaine souplesse, suivant que l'article est plus ou moins *clos*. Ils sont principalement propres à former des surfaces tendues ou de revêtement, des enveloppes peu conductrices, des garnitures pour amortir le choc, etc. Ils sont par conséquent particulièrement employés à faire des tapis communs, des calottes, des articles de sellerie, tels que schabraques, surtout à cause de leur imperméabilité, des manchons pour entourer les tuyaux de chaleur, divers organes des machines à imprimer, à faire le papier, et comme garniture de certaines parties des instruments de musique, etc.

2° *Les feutres mixtes ou combinés*, formés par la réunion d'une étoffe de laine quelconque, et d'un feutre par l'action du feutrage obtenu par une disposition particulière, participent des propriétés des tissus et des feutres, et présentent par conséquent l'élasticité régulière des premiers et la résistence particulière des seconds. Ils peuvent servir avantageusement dans un certain nombre de cas auxquels les précédents sont employés, et pour vêtements ; mais ils présentent surtout un ensemble de propriétés qu'aucune autre substance n'offre au même degré appliquée à certaines catégories de chaussures.

3° *Les feutres piqués*, de création récente, sont ainsi nommés, parce qu'au lieu d'être formés par des nappes de filaments directement feutrés, ces nappes pures ou mélangées sont cousues transversalement et longitudinalement par des fils également feutrables, au moyen d'une machine spéciale. Les surfaces ainsi préparées peuvent dès lors être traitées par l'outillage ordinaire des lainages drapés et donner des articles combinés avec de la laine et toutes espèces de bourres animales et même végétales interposées. Il en résulte des avantages économiques, des propriétés particulières et des apparences spéciales, qui rendent ces étoffes propres à former des chaussons à bas prix, des tentures drapées d'ameublement, où les toiles imprimées pouvaient seules être employées jusqu'à présent.

4° *Les fils feutrés* obtenus par la substitution du feutrage au filage de la laine cardée, donnent des fils nouveaux dont les emplois sont indiqués plus loin.

5° *Le second groupe, les tissus foulés*, peut se diviser :

1° *En tissus lisses unis*, plus ou moins épais à surface laineuse rase, sans direction déterminée de la couche duveteuse qui recouvre et cache complétement les entrelacements des fils. C'est le genre *draperie* proprement dit qui constitue l'une des grandes spécialités des lainages drapés.

2° *En tissus duveteux à poils couchés*, comprenant les couvertures, les peluches, les castorines, les molletons, les sealskin, etc., dont la texture intime est celle de la draperie, mais qui s'en distingue par les apparences provenant d'apprêts spéciaux.

3° *En tissus à poils droits ou velours par les apprêts.* Ce genre est caractérisé par une surface copieusement garnie d'un duvet mathématiquement vertical, obtenu par un apprêt spécial imitant complétement le velours produit ordinairement par le tissage.

4° *En tissus ratinés*, garnis d'un duvet vrillé et boutonneux déterminé aux apprêts par une espèce de frottement, de roulement des brins de la laine.

5° *En tissus façonnés, dits nouveautés*, plus ou moins foulés, réalisés soit par une combinaison de fils simples et doubles, différemment tordus, soit par des entrelacements ou variations d'armures, soit encore par l'emploi de fils de couleur et de nuances différentes, soit enfin par la reproduction de figures plus ou moins étendues, au moyen de combinaisons infinies que le métier Jacquard permet d'exécuter, en agissant sur des fils de laine seulement, ou sur des fils quelconques entrelacés avec ceux de la laine.

On emploie de préférence, pour les étoffes de ce groupe, des laines vrillées, dites laines à carde, ou laines courtes, dont la longueur et la finesse des brins varie entre 0,04 et 0,08.

Autrefois, jusqu'à la fin du dix-huitième siècle, où toutes les spécialités étaient réglementées, elles étaient parfaitement définies et caractérisées. C'est à peine, cependant, si on retrouve une trace de certains articles de feutres : c'est évidemment une preuve de l'insignifiance de leur emploi. Quant aux tissus plus ou moins foulés, ils étaient tous compris sous une même dénomination, et différenciés en raison de leurs qualités, et par conséquent, de la nature, de l'excellence de la matière, du genre et du nombre des fils, et des modes de transformations, conformément à la classification suivante :

§ 2. — Lainages anciens plus ou moins foulés, en laine pure ou mélangée.

Les divers produits de cette catégorie étaient désignés sous le nom générique de *draperie*, et divisés suivant ses qualités : en *draps superfins*, *fins*, *ordinaires* et *communs*, et en raison de leur apparence, en *draps lisses*, *à poil*, ou *ratinés*. Moins corsés, plus légers, plus souples, ils étaient connus sous le nom de *petits draps*, dans lesquels entraient diverses variétés, telles que les *espagnolettes*, les *mahous*, les *londrins*, les *pinchinats*, les *flanelles*, les *bayettes*, les *frocs*, etc.

Les *droguets*, les *cadits* étaient des lainages communs, dont la trame seulement était en laine, avec chaîne en fil de lin ou de coton. Ces divers articles recevaient la teinture à divers états et dans des conditions différentes, suivant leur prix et les couleurs dont ils devaient être ornés, ainsi que cela se pratique encore. On les disait : *teints en laine*, lorsqu'elle avait reçu la teinture avant d'être filée ; *teints en fil*, si la teinture était appliquée sur ceux-ci, et *en pièce*, si elle l'était après le tissage. La teinture était dite *douce*, lorsqu'elle avait lieu à la cuve ou à une basse température, et *forte*, toutes les fois qu'il fallait faire bouillir. Les dimensions sur la largeur étaient désignées en pouces, ou en aunes et fractions d'aune, celles de la longueur en *enseigne*, ou nombre de tours de l'ourdissoir; chaque tour correspondait en moyenne à 3 1/6 d'aune de Paris, de 44 pouces ou 120 centimètres.

Pour tous les articles rangés dans la draperie fine, on employait exclusivement des laines d'Espagne première qualité, dite *Ségovienne;* on mettait de 2,800 à 3,600 fils de chaîne de laine, pesant de 29 à 34 livres, et 50 à 54 livres de trame. La largeur du drap fini était de 5/4 d'aune, et environ du double avant le foulage, et la longeur moyenne était de 73 aunes avant, et de 45 après le foulage. Ces rapports de réduction étaient fixés par les règlements et se rapportaient aux étoffes de la généralité de Rouen et de Sedan.

Pour la généralité d'Orléans et les draps de Romorantin, on autorisait la laine fine du Berry pour les qualités ordinaires, et la laine inférieure, de la même provenance, pour les draps communs. Les premiers se faisaient sur 5/4, avec 2,240 fils de chaîne, sur une largeur de 90 pouces sur le métier à tisser, la réduction et le foulage étaient nécessairement moindres que pour les draps fins.

Les draps communs de l'Orléanais étaient fabriqués sur 4/4 de large avec 74 pouces sur le métier, et il n'y entrait que 1,424 fils en moyenne.

Les draps du Dauphiné, de Vienne, façon Carcassonne, avaient 2,520 fils en laine du pays et du Languedoc, sur une largeur de 102 pouces, réduite après le foulage à une aune 3/16.

Les draps communs de Châlons employaient la laine commune de Champagne, et avaient les mêmes règlements de fabrication que l'Orléanais. Les nombreux documents qui existent à ce sujet n'ont plus d'intérêt direct, ils ne peuvent plus servir qu'à des comparaisons techniques sur le mode d'opérer d'alors et d'aujourd'hui, dont les conséquences trouveront plus utilement leur place dans la partie traitant de la fabrication. Nous nous bornons pour le moment à faire remarquer l'absence du genre fantaisie, ou *nouveautés* d'aujourd'hui, qui occupe une si large place, il faisait presque complètement défaut dans la draperie proprement dite de l'ancien régime. Les étoffes rases étaient relativement plus avancées sous ce rapport. Le tableau suivant donne l'indication des principales variétés de cette catégorie.

Principaux lainages produits sous l'ancien régime jusqu'à la fin du dix-huitième siècle.

PETITES DRAPERIES * OU ÉTOFFES RASES ET SÈCHES COMPRENANT DEUX GRANDES CLASSES.

1° Les tissus *à pas simple* (armure toile), à grain mat ou luisant; les principaux articles renfermaient les étoffes désignées sous les noms de : *camelots, bouracans, étamines, Tamise, Duroy*, etc.

2° Les tissus *à pas croisé* (armure sergée et ses dérivés) contenaient : *les serges de toutes espèces, les serges d'Aumale, de Blicourt, de Rome, de Géraudan*, de *Minorque; les prunelles, les calamandes unies et à côtes, les basins, les turquoises, les grains d'orge, les silésias, les malboroughs*, etc.

PRINCIPALES VARIÉTÉS DE LA PREMIÈRE CLASSE (A PAS SIMPLE).

NOMS DES VARIÉTÉS ET LARGEUR D'AUNE.	COMPOSITION DE LA CHAINE.	TRAME.	OBSERVATIONS.
Camelot laine 1/2.	5/4. 1,000 à 1,800 fils doublés et retors; fils blancs ou teints, 4 fils en dents.	Fil simple, teint ou blanc.	Ces articles donnaient un grain par la chaîne. On employait 4 lames et 4 marches mues deux à deux.
Camelot moires.	Grosse double et retordue.	Grosse simple.	Pour tissus imprimés imitant la moire.
Camelot d'Allemagne.	A fils doubles ou multiples.	Double ou multiple.	Se faisaient en rayures, avaient le grain écrasé et la surface brillante.
Camelot de Lintz.	5/4 de 2 à 3,000 fils fins du n° 20 à 30.	Fil simple, même numéro.	Tissus lisses et brillants.
Camelot baracané 5/8.	1,320 fils, double et retorse.	Triple retordue.	Article à grain dans la direction de la trame.
Camelot mi-soie 5/8.	2,000 fils organsin.	Laine torse simple ou double.	Tissu à grain et brillant.
Camelot de Lintz.	Soie et poil de chèvre.	Laine fine et floche.	Tissu lisse et moelleux.

* Autrefois ce nom était donné aux étoffes rases et sèches, et on appelait GROSSES DRAPERIES tous les articles fins ou communs en laine foulée.

NOMS DES VARIÉTÉS ET LARGEUR D'AUNE.	COMPOSITION DE LA CHAINE.	TRAME.	OBSERVATIONS.
Camelot poil 5/8.	En fils de soie et de laine, 1 fil laine pour 2 fils soie. Ce rapport variait; l'un des systèmes servait de poil.	4 fils retordus en poil de chèvre ou de chameau	Tissu lisse et moelleux.
Camelot de Bruxelles.	Fils triples en soie sous laine, au moins 2,688 à 3,024 fils.	4 ou 5 fils, poil de chèvre.	Article brillant et un peu roide.
Baracan.	800 à 1,200 fils gros, doublés et retordus, 2 fils en dent.	Teint en laine; fils très-serrés.	Grain par la chaîne. 2 marches et 4 lames.
Etamine fine, 1/2 aune.	Fils de laine et d'organsin écrus, retordus ensemble et teints après le retordage.	Fils de laine, teints en poil.	Caractérisés par l'éclat.
Etam. virées, 1/2 aune.	Comme dessus, mais en couleurs différentes.	Idem.	Idem.
Etamines glacées.	4 fils de soie retordus, ensemble et teints, 9 à 1,200.	Idem.	Idem.
Etamines du Mans, de Reims, burats, etc.	En fils de laine.	Fil de laine fine.	Ces tissus en pure laine, ne différaient entre eux que par les finesses des fils et les réductions.
Crépons d'Alençon, 1/2 aune.	En laine très torse, virée avec 2 et jusqu'à 4 fils de soie. Ces combinaisons variaient de couleurs pour les fils.	Fil de laine de la couleur de la chaîne.	L'emploi de la soie qui domine donnait beaucoup de brillant à ces tissus.
Tamises, 28 pouces.	15 à 1,600 fils simples tordus.	Fil simple un peu plus fin, très-tors.	Tissus lisses fins, à apprêt très-luisant, plus ou moins légers, ne variant que dans les réductions, la nuance et les apprêts.

NOMS DES VARIÉTÉS ET LARGEUR D'AUNE.	COMPOSITION DE LA CHAINE.	TRAME.	OBSERVATIONS.
Duroy, Calamandes, 5/12. *	N'est qu'une tamise plus réduite, ourdie en fils de couleurs diverses, pour former des rayures unies ou à côtes.	Fil simple.	
Buratte.	Fils bourre de soie retordus.	Fil simple.	
Barège des Pyrénées.	Fils de laine très-tordus.	Fil très-tordu.	
Serges d'Aumale.	12 à 1,600 fils ras et tordus.	Fil ouvert, peu tors.	Ces articles parfois légèrement foulés s'employaient pour doublures et articles meubles.
Calamandes à côtes.	Laine peignée, fil simple. 5 fils en broche.	Fil ouvert, peu tors.	Articles brillants croisés en ar [illegible] satin.
Prunelles.	2,000 à 3,000 fils fins peignés, très-tors et en fils de laine et soie retordus.	Fil de soie doublée de 2 à 5 fils virés.	Exécuté avec l'armure croisée 6 fils en dent, par l'armure de 4 lisses levées contre 2 baissées.
Grains d'orge, Silésie, etc.	800 à 1,000 fils simples d'une couleur.	Fils simples de couleur différente de celle de la chaine.	C'était une espèce de tissu commun de fantaisie, à divers effets d'armure et à dessins saillants.
Marlboroughs.	De 900 à 1,000 fils simples, faiblement tors, sur une 1/2 aune.	Fils des mêmes genre et finesse que la chaine.	C'était l'étoffe la plus compliquée qui donnait des dessins divers, c'était un façonné très-fortement apprêté. On y employait jusqu'à 24 marches avec les fils passés en zigzag.

* Les fils de laine, dans les tissus qui précèdent, et leurs variétés étaient exclusivement en laine peignée.

NOMS DES VARIÉTÉS ET LARGEUR D'AUNE.	COMPOSITION DE LA CHAINE.	TRAME.	OBSERVATIONS.
Turquoises, 1/2 aune.	1,000 fils, laine peignée, doublés et retordus.	Fils simples peignés.	Avec au moins 2 marches et 4 lames. Il y en avait un grand nombre de variétés qui ne différaient que par la complication des effets, et par conséquent des marches et des lames.
Basin ou variété de turquoise.	Mêmes réduction et nature de fil que les précédentes, mais d'une couleur opposée à celle de la trame.	Comme dessus, mais d'une couleur différente de la chaîne.	Exécutés avec 3 marches et 4 lames. Se distinguent par des cannelures longitudinales bien marquées.
(Pour compléter ce tableau, il faut mentionner les peluches et pannes, et les velours d'Utrecht, en laine ou poil de chèvre.)			
TABLEAU DES TISSUS RAS ANCIENS (A PAS CROISÉ).			
Serges d'Aumale, de Blicourt, etc.	De 12 à 1,600 fils ras et tordus.	Fil ouvert, peu tordu.	Ces articles parfois légèrement foulés s'employaient pour doublures, meubles, flanelle, etc.
Calamandes à côtes.	Fils de laine peignée simple.	Idem.	Ces articles brillants étaient croisés en armure satin, de 5 et 6 fils en broches.
Prunelles, 18 pouces.	De 2,000 à 3,000 fils fins, peignés très-tors, et en fils de laine et soie retordus.	Fil de soie doublé de 2 à 3 fils virés.	Exécutée avec l'armure croisée, 6 fils en dents, par l'armure de 4 lisses levées contre 2 baissées.
Grains d'orge, Silésie, etc.	800 à 1,000 fils simples, d'une couleur.	Fils simples en couleur différente de celle de la chaîne.	C'était une espèce de tissus communs de fantaisie, à divers effets d'armures et à dessins saillants.

NOMS DES VARIÉTÉS ET LARGEUR D'AUNE.	COMPOSITION DE LA CHAINE.	TRAME.	OBSERVATIONS.
Malboroughs.	De 900 à 1,000 fils simples, sur une 1/2 aune, faiblement tors.	Fils de même genre et même finesse que la chaîne.	C'était l'étoffe la plus compliquée qui donnait des dessins divers; un façonné très-fortement apprêté. On y employait jusqu'à 24 marches avec les fils passés en zigzag.
Turquoises, 1/2 aune.	1,000 fils fins doublés et retordus, en laine peignée.	Fils fins simples peignés.	Avec au moins 2 marches et 4 lames, il y avait un grand nombre de variétés qui ne différaient que par la complication des effets, et par conséquent des marches et des lames.
Basin ou variété de turquoise.	Même réduction et nature de fils que la précédente, mais d'une couleur opposée à celle de la trame.	Id., mais d'une couleur différente de celle de la chaîne.	Exécutée avec 3 marches et 4 lames; se distingue par des cannelures longitudinales bien marquées.
	ÉTOFFES A POIL FORMÉ AU TISSAGE.		
Pannes ou peluches de laine de 2/3 de largeur.	1° Une série de 700 fils de laine doublés et retors. 2° Une série de 360 fils doubles et retors en chameau, pour former le poil ou duvet. Le nombre de ces fils varie en raison des qualités.	Une trame grosse pour le fond, et une fine pour le liage.	Cet article, exécuté par 4 lames pour le fond et 2 lames pour le poil, mues par 3 marches, variait considérablement avec la réduction du poil depuis 12 jusqu'à 30 verges au pouce. Il variait encore avec la qualité des matières, les couleurs, nuances, etc., qu'on donnait aux éléments intervenants. Le *velours d'Utrecht*, les *pannes mouchetées*, *tigrées*, etc., rentraient dans cette grande catégorie d'étoffes à poil non foulées, et apprêtées d'une manière spéciale. On les faisait unies ou façonnées à la tire, parfois la trame de fond était en fil de lin, comme dans le velours d'Utrecht.

ARTICLES DE LA FABRICATION ACTUELLE. — **Tableau des tissus ras pure laine.**

NOMS DES ÉTOFFES.	ARMURE.	CHAINE.	TRAME.	RÉDUCTION AU CENTIMÈTRE.	OBSERVATIONS.
Manteau.	Taffetas.	Cardé.	Cardé.	Variée.	Dérivé de la flanelle. Se fait en grande largeur.
Reps.	»	»	»	»	Petits articles très-légers, très-fins peu foulés. Se font pour confection sur une largeur de 0m,30, ou en laine longue sur grande largeur pour meubles.
Turquoise.	Sergé.	Laine.	Laine.	»	Article en carreaux, en écossais, avec des travers trame, qui font en sergé l'effet contre-semplé de la chaîne, à armure sergé de 2 et 1, tandis que ces travers sont en sergé de 1 et 2.
Carreaux damiers.	Batavia.	Laine.	Laine.	»	On appelle ainsi un article spécial à la place de Reims qui se fait généralement en noir et blanc pour pantalon.
Mérinos.	Batavia.	Laine.	Laine.	De 8 à 50 croisures.	Se fait en écru, en toutes largeurs, toutes qualités; son emploi est universel, et il y a un cours pour ses prix en écru.
Mousseline.	Taffetas.	Laine.	Laine.	Variée.	Même observation que pour les mérinos.
Moiletons.	Satin de 5.	Laine.	Laine.	»	Très-employé pour confections. Tissu foulé et tiré à poil.
Lastings.	Batavia.	»	»	»	Se tisse en blanc et s'imprime pour meuble. — Diffère du lasting pour chaussures.
Popeline ou popelline.	Taffetas.	Voir les observations.			Tissu pour ainsi dire fondamental et de consommation courante. Les variétés de popeline sont fort grandes. La popeline tout laine (tissée en écru). — chaîne coton, tramée laine; — — chappe, — — — fantaisie, — — — organsin, — Les popelines sont les articles les plus difficiles à tisser et les plus fatigants pour l'ouvrier. Il faut des tisserands parfaits. La trame est en laine lisse ou non gazée, mais toujours retorse, soit en laine Kent, soit en laine Devonshire, 2510 à 2550 fils.
Châles cachemire d'Écosse.	Façonné à carreaux.	Cardé.	Cardé.	21 fil en chaîne 30 en trame.	
Châles façonnés.	Croisé spécial.	Laine et soie retordue avec la laine	Cardée ou peignée suivant les articles.	De 40 à 50 en chaîne et de 40 à 220 en trame	La grande réduction en trame indique la superposition des duites nécessitée par la partie brochée.

Articles ras pure laine et mélangés.

NOM DE L'ÉTOFFE.	NATURE DE LA CHAINE.	NATURE DE LA TRAME.	ARMURE.	RÉDUCTION au centim. (teint) CHAINE.	RÉDUCTION au centim. (teint) TRAME.	LARGEUR après la teinture	OBSERVATIONS.
Alpaga	Coton	Laine Lincoln	Taffetas	28 fils.	30 duites.	0,80c	
Popeline satin	Laine montée sur grége.	Laine Kent	»	54 »	22 »	100	
Taffetas	Soie	Laine mérinos	»	60 »	48 »	100	
Biarritz	Laine mérinos	»	Cannelé 2 et 2.	38 »	110 »	114	
» fin	»	»	»	42 »	112 »	86	
»	»	»	»	32 »	100 »	100	
Epinglé	»	»	Cannelé et toile	54 »	9 » à 4.6	96	
Alépine	Soie	»	Sergé 2 et 1	44 »	66 »	90	
Drap d'Aleps	Fantaisie, 2 bouts	»	» 2 et 2	38 »	92 »	98	
Anacoste	Laine	Laine	»	21 »	48 »	120	
Mérinos	Laine mérinos	Laine mérinos	»	26 »	46 »	120	
Batavia	Laine	Cachemire	»	32 »	96 »	190	
Satin grec	Soie	Laine	» 3 et 1	78 »	68 »	100	
Epingline	Soie	»	» 3 et 3	62 »	80 »	102	
Tamise reps	Laine	»	Côtelé	28 »	75 »	97	
Veloutine	Fantaisie	»	»	36 »	82 »	105	
Drap d'Alma	Laine	»	»	30 »	130 »	120	
» »	»	»	»	30 »	134 »	120	
» d'Alger	Fantaisie	»	Sergé interr.	63 »	92 »	100	
Crêpé	»	»	Articulé	58 »	80 »	100	
Vénitienne	Laine	»	»	36 »	56 »	90	
Satin impérial	Soie	»	»	62 »	78 »	100	
» rayé	Laine	»	Cotelé	34 »	60 »	100	
» romain	Soie	»	Gros sergé	66 »	48 »	120	
Milleraies	Fantaisie	»	Milleraies	60 »	104 »	140	
Drap reps	Laine	»	Articulé	34 »	78 »	110	
Velours d'Utrecht, popeline.	Laine mérinos	Laine mérinos	Cannelé chale.	56 »	32 »	100	

Suite du tableau des tissus ras et pure laine.

NOMS DES ÉTOFFES.	ARMURE.	CHAINE.	TRAME.	RÉDUCTION AU CENTIMÈTRE.	OBSERVATIONS.
Barége.	Gaze.	Coton.	Laine anglaise ou de pays.	16 à 24 fils. 12 à 20 duites	La chaîne est simple ou retorse. Les numéro et finesse de laine varient. Le barége ainsi composé se fait beaucoup en blanc pour impression.
Chaly.	»	Grége.	Laine mérinos.	20 à 24 fils. 18 à 25 duites	Ce tissu ne diffère du barége, que par les matières. Cette étoffe se fait en Picardie sur une très-large échelle.
Grenadine.	»	Grége. Organsin. Coton.	Laine retorse.	Variées.	Trois sortes de tissus ayant la même trame, en belle laine Kent retorse à deux bouts, grillée au gaz, variant des numéros 2/40, 2/60, 2/70, donnant de très-beaux tissus. La grenadine est un article de fond ; l'Amérique en consomme de grandes quantités.
Mozambique	Gaze et toile Après le coup de gaze, la culotte lève en toile, ce qui permet de lancer 1 duite.	Coton.	Laine anglaise ou de pays.	Réduction du barége en chaîne. 24 à 30 duites en trame.	Cet article a eu une vogue énorme de 1860 à 1864. Il est maintenant un peu tombé, mais fait cependant toujours partie de la fabrication de Paris et de Roubaix (Picardie). Il a été originairement formé d'une chaîne coton simple ou retorse et d'une trame laine anglaise; mais on l'a varié à l'infini. La vogue de ce tissu s'explique par la solidité de son armure qui permet d'en faire une sorte de barége serré, grâce au coup de taffetas qui vient ouvrir le pas de barége, et permet d'y lancer une duite.
Crêpe d'Espagne.	Idem.	Grége.	Laine mérinos.	16 à 20 fils, 15 à 34 duites	Cette étoffe jouit d'une très-grande vogue. Il est un nouvel exemple des résultats variés de l'emploi de matières différentes. Pour le crêpe d'Espagne, l'armure est la même que pour la mozambique, et l'emploi de la soie en chaîne et de la laine douce ou mérinos en trame, en font un beau tissu très-doux, pour châles, confections, robes, etc., etc. Le crêpe se tisse en écru et se teint en pièces. On l'imprime également de jolis motifs; on en fait aussi pour confections qui sont composés de travers alternés par un travers de 1 centimètre tramé laine, armure mozambique, par un travers de 1 centimètre tramé chappe, armure satin, etc.

Linos.	Idem.	Coton.	Poil chèvre soit pur, soit mélangé de soie.	Variées.	Depuis deux ans, cet article est très-recherché. L'Amérique, l'Espagne, l'Italie en consomment énormément. C'est encore là une des nombreuses applications de la mozambique; mais il y a dans la chaîne une addition de fil qui, quoique minime, donne une grande solidité au tissu. Au lieu d'être empeigné à deux fils en broche, comme toutes les armures gazes, ce tissu est passé à 3 fils. — Le fil de fixe reste simple, et le fil de tour est double. Le linos véritable se fait en chaîne coton, trame par poil de chèvre. La chaîne est : violet, bleu, noir, et la trame blanche, ce qui donne du glacé à l'étoffe; on a aussi fait des linos en trame laine, auxquels on donnait un apprêt brillant et roide. L'*apprêt linossé* est aussi connu maintenant que l'apprêt allemand, que l'apprêt Sainte-Marie, etc., etc.
Grisaille.	Taffetas.	Coton. Chappe. Fantaisie.	Laine anglaise ou Saint-Omer.	Variées.	Tissu assez ancien qui se fait toujours, soit avec des chaînes chinées sur fil, soit chinées après l'ourdissage. Pour adoucir l'effet, on tisse quelques duites laine, et une ou deux duites coton chiné; du reste, il n'y a rien d'absolu, le goût seul décide. Il faut de bons ouvriers pour faire les grisailles, parce que la chaîne imprimée casse facilement. Cette année, on a fait de très jolies grisailles en chaîne chappe, dont les fils étaient chinés soit violets, soit bleus, soit toute autre couleur, et la trame en laine grise.
Toile de Saxe dite aussi poil de chèvre.	Taffetas.	Coton simple ou retors.	Laine anglaise.	Variées.	Le nom de toile de Saxe est assez juste, la Saxe en ayant produit des quantités; mais la désignation de *poil de chèvre* n'est pas exacte; car il ne renferme pas un seul fil de cette matière. Cette toile est fabriquée par l'Alsace, le Nord, la Picardie, qui ont à soutenir la concurrence allemande, dans laquelle nos fabricants ne sont pas toujours vainqueurs. Comme qualité, il n'y a généralement pas de milieu, on produit cette étoffe en très-commun, dans les prix de 60 à 78 centimes (en France), ou très-belle, dans les prix de 1 fr. 30 c à 1 fr. 45 c L'apprêt, appelé apprêt allemand, joue un grand rôle. Il donne au tissu un aspect brillant et glacé, quand il est bien compris; car il est généralement assez difficile à réussir. Dans les belles qualités, on emploie, soit du coton retors, 80 à 90 en chaîne, soit du coton simple et de la belle laine dite anglaise, à 10 ou 12 francs le kilogramme écru.

NOMS DES ÉTOFFES.	ARMURE.	CHAINE.	TRAME.	RÉDUCTION AU CENTIMÈTRE.	OBSERVATIONS.
Circassienne	Taffetas.	Grége.	Poil de chèvre ou mêlé soie.	Variées.	Ces tissus sont désignés souvent par autant de noms différents qu'il y a de fabricants qui les font. Ils ont un aspect très-flatteur, et se font pour robes et confections. Ils sont, du reste, d'un prix de revient assez élevé. La chaîne est généralement empeignée à 1 fil.
Cretonne.	Taffetas.	Coton retors.	Laine.	Variées.	Cet article se fait beaucoup à Roubaix, armure taffetas, chaîne coton, trame laine; mais la chaîne est en coton retors, empeignée très-clair, ce qui donne à l'étoffe une élasticité et une certaine nervure qui en font tout le prix.
Jupons.	Taffetas.	Coton simple.	Cardée.	Variées.	Cet article est spécial et très-varié, il se fait beaucoup à Rouen et en Alsace. Il y a du jupon, et c'est le plus grand nombre : Chaîne coton, trame laine cardée. — — coton. — — coton et laine cardée. — — laine cardée et soie. On en fait de toutes les sortes, suivant les caprices de la mode : — avec des trames satin cannelé, etc. La chaîne est généralement simple. Les jupons avec dispositions se vendent par jupon. Les jupons unis se vendent par coupe de 58 mètres.
Voile.	Taffetas.	Laine.	Laine.	18 carrés.	Se tisse en écru. Article de Reims pour religieuses.
Burat.	»	»	»	36 carrés.	Se tisse en écru. Article de Reims pour religieuses.
Flanelle lisse.. Flanelle croisée	Taffetas. Batavia.	»	»	Variées.	La flanelle lisse s'appelle généralement Bolivar; la seconde conserve son nom de flanelle croisée. Le bolivar se fabrique en écru et teint en toutes couleurs. On le fait aussi sur une grande échelle en écossais, carreaux, rognures, etc., pour l'intérieur et l'exportation. L'Italie en consomme énormément
Valencias.	Taffetas.	Chappe.	Laine peign.	34 fils, 40 d.	Pour robes.
Damas.	Façonnés.	Laine, soie.	Laine.	Variées.	Pour meubles.

Les tableaux qui précèdent renferment des articles qui varient considérablement de prix. Si on les compare par unité de poids, on trouve dans les articles pure laine, les plus faciles à comparer, des tissus variant de 7 à 70 francs au kilogramme. Voici d'ailleurs quelques prix des principales moyennes actuelles :

Couverture, à	7f 25
Tapis, de	14 à 15 »
Mérinos	21 60
Draps ordinaires	22 »
Draperie fine	25 »
Bonneterie	22 15
Châles brochés	70 »

Quant à la moyenne du prix de 1 kilogramme de tissu mélangé, il est estimé à 31 fr. 50 c.

Lieux de production des lainages drapés plus ou moins foulés. — Presque tous les pays de l'Europe fabriquent aujourd'hui la draperie sur une échelle plus ou moins étendue. Les moyens et les procédés employés dans les diverses contrées sont, à peu de chose près, identiques. A peine une machine nouvelle ou un procédé nouveau sont-ils appliqués par l'une d'elles, que les autres se l'approprient; il ne reste donc de différence réelle entre les produits que dans les prix de revient, dans les soins donnés à l'exécution et les apparences plus ou moins flatteuses des étoffes, surtout de celles dites *nouveautés*.

Chaque nation a un certain nombre de groupes principaux de fabriques qui produisent les lainages. Quoiqu'il y ait partout une tendance à généraliser tous les genres, c'est-à-dire à produire l'assortiment complet des variétés qui peuvent composer une même classe, et à faire, dans le même centre, des draps forts et légers, des articles lisses et à poils, des unis et des nouveautés, il n'en est pas moins vrai que chacun d'eux forme en quelque sorte un marché spécial, caractérisé par la qualité, le poids et la perfection de l'étoffe qui y dominent. La nécessité des affaires impose néanmoins à chaque pays manufacturier une grande variété, et la confection des tissus lourds et légers appropriés aux diverses saisons, afin que l'acheteur puisse se procurer toutes les sortes sur le même marché. Il est par conséquent difficile d'arriver à une classification absolue des produits fabriqués dans chaque localité, où les prix peuvent varier de 5 à 14 francs le mètre, sur une largeur de 1m,37 et pesant de 300 à 1,000 grammes. On ne peut donc prendre, pour caractériser le genre de fabrication de chaque pays, que les qualités les plus élevées qui leur sont propres; et à ce point de vue, la France présente trois groupes principaux, qui comprennent au premier rang :

Elbeuf, Louviers, Sedan et Abbeville, produisant chacun quatre catégories distinctes d'articles, qui sont : les draps unis, valant en moyenne de 27 à 30 francs le kilogramme de 2 mètres environ; les étoffes façonnées pour le printemps, pour paletots et pantalons, du même prix au kilogramme, contenant près de 3 mètres; les variétés façonnées pour pantalons d'hiver, de 18 à 20 francs le kilogramme, sur 1m,30; enfin les façonnées pour paletots d'hiver et manteaux de dame, de 20 francs le kilogramme de 1m,20 de largeur.

Les localités qui produisent les spécialités similaires à l'étranger sont *Leeds*, *Huddersfield*, *Bath* et *Cambridge*, *Chippenham*, *Glascow*, en Angleterre; *Verviers* et *Dison*, en Belgique; *Brünn*, *Namiess*, *Vienne*, *Alexowitz* et *Teltsch*, en Autriche; *Aix-la-Chapelle*, *Düren*, *Borcette*, en Prusse; *Bischofswerda*, *Grassenhayn* et *Grimmitschau*, en Saxe, et quelques-unes dans le Wurtemberg, l'Espagne, le Portugal, la Suède, le royaume d'Italie, et naguère encore dans les Etats sardes et le duché de Luxembourg. Si l'on avait à classer ces localités, sous le rapport de leur puissance productrice, il faudrait mettre en première ligne Elbeuf, Verviers, Leeds, Huddersfield, Aix-la-Chapelle. Le chiffre d'affaires des premières s'élève à près de 100 millions par an.

La catégorie des fabriques que nous placerons en seconde ligne imite, dans des qualités moins chères, les divers articles fabriqués dans les centres manufacturiers qui viennent d'être dénommés. Ces établissements sont, en France : ceux de *Bitschwiller*, *Lisieux*, *Vire*, *Carcassone*, *Castres*, *Beauvais*, *Châteauroux*, *Vienne* en Dauphiné, *Mazamet*, *Dieulefit* et *Bédarieux*; en Angleterre : *Townbridge*, *Hawick*, *Aberdeen*, *Kendal*, etc.; en Belgique : *Dison*, *Francomont*, *Dahlem*, *Euloo*; en Autriche : *Donbrowink*, *Nedwetitz*, *Tischowitz*, *Dotschitz*, *Trebitsch*, *Saar*, *Wollen*, etc.; en Prusse : *Sommerfield*, *Sagan*, *Ketwig*, *Werden*, etc.

Le *troisième groupe* comprend les localités qui font surtout les qualités les plus basses, soit en laine commune pure, soit en fils de laine mélangés de coton ou en chaîne coton et trame *laine renaissance* ou *micmac*, c'est-à-dire en filaments laineux provenant du défilochage des chiffons de laine, employés en quantités considérables dans presque toutes les espèces de lainages [illegible]s communes.

Les principales localités qui produisent les tissus de cette troisième classe sont en France : *Lodève*, *Bédarieux*, *Lavelanet*, *Mouy*, *Metz*, *Nancy*, *Saint-Pont*, *Saint-Chignan*, *Sainte-Colombe*, *Limoges*, *Orléans*, *Châteauroux*, etc. A l'étranger, les articles de cette catégorie sont produits, en grande partie, dans les lieux que nous avons déjà indiquées : en Russie, à Moscou, *Klintzau* et *Kalisch*. Ainsi, par exemple, quoique Glascow, Leeds et Huddersfield soient les villes où se fabrique, en général, la plus belle draperie, on y fait également de grandes quantités de tissus en laine pure et renaissance, et surtout en laine et coton. Ces derniers articles se font aussi à *Bradford* et à *Batley*. La même observation est applicable à Dison, en Belgique, et à la plupart des manufactures de l'Autriche, de la Suède de la Saxe, etc.

§ 3. — Classification du troisième groupe comprenant les tissus ras en général.

Les étoffes produites par des fils de laine qui n'ont pas reçu l'action du foulon après le tissage peuvent d'abord être divisées en deux classes : en articles en laine longue, lisse et brillante, et en articles en laine courte et lisse. Les produits de la première, faits avec des filaments longs de $0^m,10$ à $0^m,30$, donnent, comme nous l'avons déjà dit, les produits carteux plus ou moins roides et à grains brillants. Ceux de la seconde sont le résultat de la transformation de brins de $0^m,07$ à $0^m,10$ pour faire les nombreux articles ras, unis ou croisés, moelleux et souples. Ainsi envisagés, ces deux groupes donnent lieu chacun à un certain nombre de spécialités distinctes qui ne sont cependant pas toujours très-nettement délimitées ; nous les rangerons par conséquent en genres renfermant chacun des articles offrant un ensemble de caractères et d'apparences uniformes, obtenues par des filaments sinon toujours de même nature, du moins ayant des moyens de transformation à peu près identiques ou similaires. En un mot, si l'on considère chaque spécialité comme un art ou une industrie distincte, nous réunissons dans un même genre tous les produits auxquels il peut donner lieu. Nous distinguons de cette façon neuf genres dans la grande branche des tissus ras.

Le *premier* comprend toutes espèces de tissus unis, pure laine, n'offrant de différences d'exécution que dans la direction des fils, leurs modes d'entrelacements, leur degré de torsion et leur nombre ou *réduction* par unité de surface. Telles sont les étoffes obtenues par les fils de laine non foulés après le tissage, ou qui n'ont subi cette action que très-légèrement ; elles donnent lieu à six grandes variétés au moins comprenant : les mérinos, la mousseline laine, le cachemire d'Ecosse, les stoffs, le reps, le barège pure laine, le satin de Chine, les serges, etc.

Le *second* comprend les tissus façonnés pour gilets, les damas et autres variétés pure laine pour ameublements.

Le *troisième* constitue : les châles tartans et brochés, depuis les plus ordinaires jusqu'aux plus élégants.

Le *quatrième* renferme toute espèce de velours de laine uni ou imprimé, tels que panes, peluche unie ou frisée, velours d'Utrecht, etc.

Le *cinquième* embrasse les nombreuses variétés de tapis, tapisseries et moquettes.

Nous rangeons dans le *sixième* ces quantités innombrables d'articles où la laine est mélangée avec le coton, le lin, la soie, l'alpaga, le poil de chèvre, le cachemire, etc., pour obtenir la grande branche de produits connus sous les noms d'orléans, de cobourg, d'alpagas, de barèges, de lastings, de gaze, de grenadine, de méfieuses, de mozambique, de foulards, de tissus pour ameublements, etc., et que l'on désigne plus particulièrement sous le nom générique d'estame ou de worsted en Angleterre.

Dans le *septième*, toutes les espèces de tissus veloutés ou fourrés obtenus par la formation des boucles ou du duvet, au moyen du tissage.

Le *huitième* embrasse toutes les étoffes à mailles élastiques pour la bonneterie en général.

Le *neuvième* comprend les dentelles de laine kyac, unies et façonnées, de toute espèce.

Lieux de production des tissus ras. — La fabrication des étoffes rases, aussi ancienne et aussi répandue que celle de la draperie, a subi des modifications plus profondes dans ses moyens et ses produits. L'emploi des machines et les procédés de notre temps en améliorant considérablement les fils, a étendue la limite de finesse des étoffes, et a permis de les établir avec une grande régularité, et de les varier à l'infini. Quelles que soient, par exemple, les quantités de fils sur lesquelles on opère, il est possible actuellement de les tordre dans des conditions identiques, de même que l'on peut à volonté changer ces conditions suivant les besoins. Autrefois, au contraire, il y avait nécessairement des irrégularités, à cause de l'impossibilité à une même ouvrière de produire constamment avec l'uniformité voulue, et surtout à cause de la différence d'habileté du nombreux personnel employé. Grâce aux progrès mécaniques, il est non-seulement possible de faire mieux, mais d'arriver à une variété de produits résultant des différents degrés de torsion des fils, et d'en faire les articles les plus divers connus sous le nom de grenadine, par exemple, obtenus par les fils les plus tordus, jusqu'aux châles, *moëlleuses*, avec des fils à peine assemblés. Le gazage des fils, surtout des fils doublés et retordus, a permis de faire des genres lisses d'un caractère particulier qu'on ne connaissait pas autrefois, et dont divers articles, entre autres les popelines, ont tiré un très-grand avantage. L'addition récente des poils de l'alpaga, du chameau, du duvet du cachemire, et même de certains poils de chèvre indigène, dans les tissus mélangés, a considérablement augmenté le nombre des variétés. Le coton, qui n'était guère employé que pour des articles peu nombreux et bien définis, pour la futaine, par exemple, s'est répandu dans les tissus mélangés d'une manière inattendue; des quantités considérables de barèges, d'orléans, de popelines, de tartanelles, de tissus façonnés, etc., ont aujourd'hui le coton pour base. Au milieu d'un tel développement dont chaque centre manufacturier a pris sa part, il est difficile d'établir d'une façon bien tranchée la spécialité des divers lieux de fabrication; mais on peut déterminer les articles fondamentaux que chacun d'eux produit en plus grande quantité.

En France, la fabrique de Paris vient se placer au premier

rang pour les variétés de ses produits. Il n'y a cependant à Paris que deux genres de fabrication de tissus qui s'y exercent d'une façon complète à partir du tissage; (les fils sont produits en province). Nous voulons parler de la fabrication des tissus-tapis, des tapisseries pour meubles et décorations, et de celle des châles brochés, dits châles français. Les autres produits de la fabrique parisienne, tels que les barèges, les gazes, les foulards pour robes, les grenadines, les mozambiques, les gazes maret, les reps, le velours, la popeline, les méfleuses ou bagnos, etc., sont autant de tissus divers en laine pure ou mélangés de fils de coton, de soie, de bourre de soie, de poil de chèvre, qui se distinguent, en outre, par le degré de torsion des fils, leur nombre par unité de surface et le mode de croisement, d'entrelacement ou *d'armure*, pour nous servir du terme technique. Tous ces articles sont exécutés en province pour le compte des maisons qui ont leur siége à Paris, d'où partent les dispositions, c'est-à-dire la composition de l'étoffe, le dessin, le genre de tissu, sa réduction, etc., et les matières, après leur teinture. Les fonctions du fabricant consistent, par conséquent, dans la détermination des éléments principaux ci-dessus, dans l'approvisionnement des fils, leur assortiment et mise en teinture; puis, rentrés au comptoir, ils sont expédiés avec une note à la manufacture, située en général en Picardie et dans le Nord. Les principales localités où l'article de Paris se confectionne sont : *Saint-Quentin*, *le Cateau*, *Origny*, *Serain*, *Vervins*, *Cambrai*, *Fourmi*, *Péronne*, *Arras* et les lieux circonvoisins. Ces localités ont d'ailleurs, en outre, des établissements qui travaillent pour le dehors et à façon. La célèbre usine fondée par MM. Paturle et Lupin, et à la tête de laquelle sont aujourd'hui MM. Sieber, se trouve au Cateau, elle est complète dans tous ses détails, à partir du traitement de la laine brute jusqu'après l'achèvement des tissus écrus.

La production du mérinos, de la flanelle unie et façonnée,

a principalement lieu à Reims et dans ses environs. Les velours d'Utrecht et la dentelle en laine, imitation de Chantilly, font un objet important de la fabrication d'Amiens. Le Nord, et surtout Roubaix, fabriquent toutes espèces d'articles mélangés, unis ou plus ou moins façonnés, ras ou veloutés. Ce sont des tissus où les fils de laine douce ou longue sont entrelacés à ceux du coton, à l'alpaga, à la soie, au poil de chèvre ou à la bourre de soie, et dont les noms et les effets varient à l'infini. La fabrique de Turcoing, qui forme en quelque sorte une annexe manufacturière de Roubaix, fait les mêmes genres sur une échelle moins étendue et moins variée. Son industrie consiste surtout dans de nombreuses filatures, et dans des fabriques de tapis et de tapisseries renommées, qui sont également fabriquées à *Bordeaux*, à *Nîmes*, à *Aubusson*, à *Tours*, à *Amboise* et dans quelques autres localités qui n'ont pas la même importance.

En *Angleterre*, la fabrication des tissus ras et mélangés se fait principalement à *Bradfort, Norwich* et ses environs, et notamment à *Saltaire*, du nom de son fondateur, M. Salt, l'un des plus anciens et des plus importants fabricants des tissus qui ont l'alpaga pour base, tels que les *orléans*, *cobourgs*, *lastings*, etc.

La fortune considérable de ce centre manufacturier, son développement rapide tiennent du prodige. Sa population, qui dépasse aujourd'hui 120,000 âmes, s'élevait à 13,000 à peine au commencement du siècle. On y fabrique surtout les tissus pure laine en fibres longues particulières au pays avec les autres matières animales. Les tissus mérinos, dans lesquels excelle notre industrie et surtout celle de la Champagne, sont à peine fabriqués dans le Royaume-Uni, et ne rencontrent guère de concurrence sérieuse qu'en Saxe.

La fabrication des tapis, si développée chez nos voisins, se fait à *Halifax*, à *Glascow*, à *Londres*, à *Manchester*, à *Landestrarde, Kidderminster*, *Kendal*, *Durham*, etc.

Le siége principal de cette manufacture en Belgique est *Tournai*; *Vienne* et *Berlin* fabriquent également ces articles.

L'Algérie et le Levant produisent les tapis désignés sous les noms de *tapis turcs*, imitation de Smyrne; ces articles sont tantôt à haute laine, tantôt à nœuds, et toujours fabriqués à la main par les indigènes.

Après la France et l'Angleterre, les principaux pays qui fabriquent les tissus ras en laine, sur une échelle plus ou moins développée, sont la *Saxe*, le *Brandebourg*, les provinces rhénanes, la *Silésie*, la *Thuringe*, le grand duché de *Weimar*, le voisinage de la *Bohême*, la *Bavière*, la *Franconie*, la *Souabe*, le *Wurtemberg*, le grand duché de *Bade*, les deux *Hesse*. Les principaux établissements de la Bavière sont à *Augsbourg* et *Nuremberg*.

Les manufactures les plus importantes de ces articles en Autriche sont situées à *Richemberg* et dans ses environs, à *Vienne*, à *Brünn*, à *Iglau*, à *Bielitz*, à *Lintz*, dans le district de *Leitmeritz*, en Bohême, etc.

La Russie commence également à fabriquer ces produits. Il existe à *Moscou*, à *Proskine* et dans leurs environs quelques établissements assez importants.

La Belgique, la Suisse, l'Espagne et le Portugal ont aussi quelques manufactures de ce genre, mais qui font plutôt les articles mélangés que le mérinos pur.

Les *Etats du Maine*, de *New-Hampshire*, de *Vermont* et du *Massachussets* de l'Amérique filent la laine peignée; mais elle est presque exclusivement employée à la fabrication des tapis et de la bonneterie; les quantités destinées à faire des tissus pour robes et vêtements d'hommes sont insignifiantes.

§ 4. — Composition, dimensions des principaux articles. Conditions de vente.

A mesure que le progrès se réalise, que les variétés d'articles se multiplient dans une spécialité, les conditions de fabrication et de vente se modifient également. Les largeurs, les longueurs, les réductions des pièces et les usages n'ont plus rien d'absolu; les dimensions mêmes changent suivant la destination des produits. Prenons encore le tissu le plus simple et le mieux caractérisé; par exemple, le mérinos : il est fabriqué sur des largeurs de 4/4, 5/4, 6/4 et 7/4, c'est-à-dire, en mesures métriques, sur 1^{m},20, 1^{m},50, 1^{m},80, 2^{m},10, et parfois jusqu'à 2^{m},20 de largeur. Au-dessus de 1^{m},25 les mérinos sont spécialement destinés aux châles; les qualités peuvent également changer selon les réductions très-variables du § 2, et être estimées par le nombre de croisures au centimètre. L'ensemble de l'échelle comprend de 6 à 50 croisures; les produits courants les plus recherchés sont compris entre 9 et 15 croisures. Si l'on ajoute que ces divers articles sont faits, soit en mérinos simple, c'est-à-dire en fils de chaîne et de trame simple laine peignée, soit en mérinos double pour vêtement d'homme dont la chaîne est en fils doubles retordus et la trame un peu forte, l'on aura une idée de l'ensemble des variétés de cette grande branche des articles ras unis, qui se vendent en général en écrus, à raison de 20 à 25 centimes la croisure du mérinos simple, et 30 à 35 centimes pour la même unité en articles doubles. Les pièces ont ordinairement 80 mètres et se vendent au comptant, sans escompte.

Les flanelles se font sur des longueurs de 57 mètres à 88 mètres. La première est celle des flanelles de Galles et des Bolivars, la dernière est plus spéciale aux flanelles croisées, dont la largeur moyenne est de $0^m,75$. Les conditions de vente de ces articles sont de 6 pour 100 d'escompte et à 120 jours de la date de la facture, ou 8 pour 100, 60 jours, ou encore 6 mois fixes, sans escompte. Les tares sont appréciées équitablement et portées en réduction du métrage.

Mais si l'on passe de ces articles classiques nettement caractérisés aux mille tissus de fantaisie, variés dans leur composition et leurs apparences, il n'y a plus de cours ni d'usage possible. La raison en est facile à saisir. Deux articles d'un prix de revient égal pour le fabricant ont souvent une valeur bien différente aux yeux de l'acheteur, selon qu'ils sont établis avec plus ou moins de bonheur, de goût, de connaissance et d'habileté. Il suffit parfois de l'assortiment bien ou mal combiné de deux nuances dans un effet pour obtenir la vogue, ou voir un produit délaissé. Dans le premier cas, l'industriel profite, autant que possible, de la réussite, et fait des conditions en conséquence; dans le second, il est, au contraire, souvent heureux de trouver le placement de sa marchandise au-dessous de son prix de revient. Cependant, pour les lainages fantaisie, dits articles de Roubaix, et qui se traitent également en quantité sur la place de Paris, les conditions de vente sont généralement de 5 pour 100 d'escompte, et de 30 jours après le mois d'achat; il est accordé, en outre, un rabais de $0^m,50$ par tare ou tache.

Mais, à côté des conditions de vente officielles et régulières, il en est d'autres tacites, moins avouables, et cependant passées en usage. Ces dernières viennent encore compliquer la question en s'ajoutant aux premières, déjà très-variables. Ainsi, pour les lainages drapés, les règles reconnues de la place sont un escompte de 4 pour 100 pour les draps lisses décatis, 6 pour 100 pour les draps lisses non décatis, et pour les nouveautés, ils sont 4, 6, 15 et 18 pour 100, et 60 jours. A ces taux variables vient toujours s'ajouter une réduction faite par l'acheteur, sous divers prétextes. En général, 1 pour 100 pour défauts, 1 pour 100 pour toilette et emballage, 1 pour 100 pour avance de payements, et parfois un chiffre variable pour tares, raccourts de métrage, etc. L'ensemble de cet escompte peut bien être évalué, en moyenne, encore de 2 à 3 pour 100 au minimum. La manière de traiter dont nous venons de parler est celle appliquée par l'acheteur français, qui vient en fabrique. Lorsqu'il commissionne des articles à l'avance, les conditions changent de nouveau. Le fabricant accorde alors généralement six mois de crédit et encore une augmentation d'escompte de 2 à 3 pour 100 sur le chiffre ci-dessus.

§ 5. — Production générale et commerce des lainages.

Les chiffresqui vont suivre sont basés sur les documents officiels des pays qui fournissent directement les valeurs des produits passant par les bureaux des douanes, sur l'estimation des rapports entre la valeur de la matière première et celle des tissus qui en dérivent; les quantités de fils qui peuvent être consommées par chaque contrée, d'après le nombre de broches qui y fonctionnent ont été également pris en considération. Il est fâcheux néanmoins que l'on ne distingue pas d'une manière absolue, dans les états officiels, la part afférente aux produits ras et foulés. Quoiqu'il en soit, les évaluations suivantes forment le complément et donnent les détails sur le mouvement commercial, dont les résultats ont été précédemment annoncés pour chaque pays.

France. — La production française, pour les lainages en général, est évaluée à 850 millions de francs par an; une moitié de cette somme représente les produits foulés, et l'autre les tissus ras et mélangés. La France a, de plus, acheté en 1863[1], à

[1] Nous prenons encore ici pour exemple, des chiffres d'une époque à

l'étranger, des lainages pour une somme de 66,981,398 francs, et de fils de poils de chèvre, pour 3 millions de francs.

Le chiffre total des lainages fabriqués et achetés en France était donc de 916,981,398 francs, sur lesquels il a été exporté :

Tissus..............	243 millions[1].
Fils................	10 —
Total.....	253 millions.

Il reste donc pour la consommation intérieure 668,981,398 fr., qui représentent 18 fr. 44 c. par tête et par an[2].

Les pays qui ont vendu les lainages à la France sont les suivants :

	kilogrammes.		francs.
Angleterre (tissus)......	769,154	pour une valeur de...	21,485,351
— (fils)........	82,925	—	1,042,107
Association allemande...	1,360,211	—	32,482,451
Belgique..............	426,202	—	9,806,624
Suisse................	49,438	—	1,248,048
Villes Hanséatiques.... .	35,856	—	916,217
			66,981,398

Son exportation pour les pays ci-après désignés s'est répartie, pour la même année, de la manière suivante :

		kilogrammes.	valeur.
Angleterre (tissus et passementerie en laine).		1,670,688	45,183,046 fr.
Association allemande,	—	353,119	11,617,913
—	(fil)...........	123,895	1,391,896
Belgique	(tissus)..........	481,284	15,674,468
—	(fil)............	206,691	3,740,814

peu près normale; nous avons d'ailleurs indiqué précédemment les accroissements réalisés successivement.

[1] Ces chiffres sont du commerce général, y compris, par conséquent, les lainages achetés à l'étranger, etc.

[2] Cette consommation est plus du double de ce qu'elle était en 1718 et en 1812, etc.

		Kilogrammes.	Valeur.
Suisse	(tissus)..........	1,113,444	32,168,745
Villes Hanséatiques,	—	9,012	231,665
Portugal,	—	133,302	3,298,732
Espagne,	—	509,253	14,010,889
Etats sardes,	—	600,003	15,118,488
Toscane et Lucques,	—	283,251	7,394,002
Autriche,	—	5,433	153,753
Etats romains,	—	72,104	1,972,824
Deux-Siciles,	—	246,630	6,919,405
Turquie,	—	255,212	6,813,210
Grèce,	—	47,329	1,236,444
Egypte,	—	68,232	1,586,206
Etats barbaresques,	—	29,308	760,430
Ile Maurice et Cap de Bonne-Espérance,	—	20,256	564,519
Etats-Unis (Océan pacif.)	—	27,800	786,109
— (Océan atlant.)	—	1,260,276	34,711,717
Brésil,	—	206,513	7,095,972
Uruguay,	—	96,464	2,520,698
Rio de la Plata,	—	137,056	3,677,491
Pérou,	—	217,276	5,761,520
Chili,	—	280,866	7,519,683
Algérie,	—	290,795	7,070,377

Angleterre. — Le Royaume-Uni produit chez lui une quantité d'étoffes de laine év·luées en moyenne à 830 millions de kilogrammes; il en a importé de l'étranger, dans ces derniers temps, 26,427,800 kilogrammes; ensemble : 876,427,800 kilogrammes, sur lesquels la Grande-Bretagne a revendu aux contrées étrangères 290,446,671 kilogrammes.

Reste, pour la consommation intérieure, une somme de 585,981,129 kilogrammes, ce qui, pour une population de 28,984,000 habitants, donne une consommation, par an et par individu, de 20 fr. 42 c.

Les principaux débouchés de l'industrie lainière anglaise sont : les Etats-Unis, l'Amérique anglaise, les Indes orientales, la Chine, l'Australie et la plupart des pays d'Europe, ainsi que cela résulte des divers tableaux concernant le mouvement commercial de ces contrées.

Belgique. La Belgique fabrique dans ses propres établissements, en tissus .... 9,000,000 kilogrammes.
Elle a importé .... 568,935 —

9,568,935 kilogrammes.

Ces quantités, estimées à une valeur moyenne, 17 francs le kilogramme, représentent une somme de........................ 162,671,895 fr.
dont elle exporte pour une valeur de................ 31,365,015 fr.
et consomme, par conséquent, pour................ 131,306,880 fr.

qui, à 5 millions d'habitants, représentent une consommation de 26 francs par tête et par an.

Les pays auxquels la Belgique achète des lainages sont :

L'Angleterre..................	307,457	kilogrammes.
Le Zollverein.................	25,590	—
La France.....................	222,624	—
Les Pays-Bas..................	6,362	—
Autres provenances............	6,902	—
Total..........	568,935	kilogrammes,

représentant une valeur moyenne de 7,240,830 francs.

Les pays dans lesquels la Belgique importe des lainages, sont :

Les-Pays-Bas..............	212,956	kilogrammes.
La France.................	496,637	—
L'Angleterre..............	553,857	—
Le Zollverein.............	83,855	—
Sardaigne et Piémont.......	29,285	—
Turquie...................	117,885	—
Etats-Unis................	100,420	—
Autres....................	142,665	—
Total...........	1,737,560	kilogrammes.
D'une valeur de...........	31,365,015	francs.

Autriche. — En basant la production de l'ancien Etat autrichien (on n'a pas encore de statistique depuis la séparation de la Lombardie) sur la quantité de laine que l'empire consomme à l'intérieur, on arrive à estimer la valeur des produits de ce pays à 260 millions, pour la fabrication desquels elle importe une assez forte quantité de fils fins à l'étranger, et une certaine quantité de tissus du Zollverein, de la France et de l'Angleterre surtout. Elle exporte à son tour des lainages dans ces derniers pays : en Russie, en Suède, dans le Danemark, en Hollande, dans les Etats de l'Italie, les deux Amériques, le Levant, les côtes barbaresques, en Asie et jusqu'en Chine. On évaluait le chiffre de ses exportations en tissus de laine, avant la dernière guerre, à une somme de près de 50 millions de kilogrammes, la consommation intérieure s'élevait, en conséquence, à 210 millions de francs pour les 36,514,486 habitants que donnait le dernier recensement avant la guerre. La consommation annuelle par individu serait, par conséquent, de 5f,75.

Suède. — Le dernier recensement de la Suède (1858) indiquait 105 établissements fabriquant la draperie, possédant 659 métiers à tisser et employant 2,796 ouvriers, qui produisaient annuellement pour une somme de 7,359,267 rixdallers (10,302,973 francs). La ville de Nowkoping entre à elle seule pour les 5/6 dans cette production totale.

Zollverein. — Les vingt et un Etats allemands, plus ou moins considérables, qui constituent le Zollverein, et en tête desquels se placent, par leur importance manufacturière, la Prusse, la Bavière, la Saxe royale, le grand-duché de Luxembourg, etc., fabriquent ensemble une quantité de lainages évaluée à 403,750,000 kilogrammes[1].

[1] D'après les documents que nous avons pu nous procurer, cette estimation serait trop élevée ; mais, comme nous n'étions pas certain de la statistique à notre disposition, nous avons préféré admettre le chiffre ci-dessus, indiqué par M. Bernoville, dans son rapport déjà cité, et publié en 1854, à l'occasion de l'Exposition de Londres ; il a nécessairement augmenté.

Auxquels viennent s'ajouter comme importation :

....	20,000,000 kilogrammes.
Ensemble des produits du marché........	423,750,000 kilogrammes.
dont ils exportent pour une somme de......	143,437,000 kilogrammes.
Reste pour la consommation intérieure, de 3 millions d'âmes....................	280,313,000 kilogrammes,

ou 8 fr. 75 c. de produits consommés par tête et par an [1].

Les principales contrées où le *Zollverein* achète les produits en laine qu'il importe, sont, en première ligne, l'Angleterre ; puis l'Autriche, la France et la Suisse.

Russie. — Les gouvernements de la Russie et de la Pologne possèdent environ :

Quatre cent-cinquante fabriques de draps, produisant ensemble annuellement pour une valeur moyenne de..............................	80,000,000 francs.
Et cent-cinquante établissements de produits de laines douces ou légèrement foulées, donnant..	30,000,000 —
La somme des tissus manufacturés dans ce pays s'élève donc à............................	110,000,000 francs.
L'importation en Russie, en étoffes de laine de la Prusse, de l'Angleterre, de la Turquie et de la France, forme, réunie, une somme d'environ..	6,000,000 francs.
C'est donc un marché de.....................	116,000,000 francs.
sur lesquels la Russie exporte, principalement en Chine, pour une valeur moyenne de............	12,000,000 francs.
Resterait donc, pour la consommation intérieure, un chiffre de..............................	104,000,000 francs,

ou une consommation de 1 fr. 50 c. par tête et par an, à raison de 70 millions d'habitants.

Etats-Unis. — Il résulte de la dernière statistique officielle

[1] A cette consommation, il faudrait pouvoir ajouter une quantité assez notable de lainages communs fabriqués encore dans l'intérieur des ménages, et qui élèverait, par conséquent, la consommation individuelle.

qui est établie tous les dix ans aux Etats-Unis, que ces pays produisent :

En lainages purs de toutes sortes, pour vêtements..	223,000,676 francs.
— pour tapis......	28,924,292 —
Qu'ils importent..............................	204,000,000 —
Ce qui constitue une valeur d'ensemble de........	455,924,968 francs,

ou, à raison d'une population de 23 millions, 19 fr. 75 c. par individu et par an.

La fabrication intérieure est répartie dans 2,563 établissements, dont 116 produisent exclusivement les tapis, et sont situés dans la Pensylvanie, pour la moitié de la production, et le reste à New-Jersey et le Massachusetts; 630 transforment la laine cardée et foulée; 1,817 sont occupés à des lainages peignés et cardés. Ces dernières catégories de manufactures sont toutes situées dans les Etats du Nord.

Les 204 millions que les Etats-Unis importent leur sont vendus principalement par les villes Hanséatiques, l'Angleterre et la France.

Importance de la production des lainages dans les principaux centres manufacturiers de la France, exprimés en millions de francs.

Roubaix....................................	150 millions.
Reims.......................................	75 —
Paris, sa fabrication intérieure..................	50 —
Paris avec les fabriques du Nord et de la Picardie..	150 —
Bonneterie de laine de divers départements........	40 —
Aubusson et la Creuse.	
Elbeuf.......................................	120 —
Sedan..	34 —
Louviers.....................................	15 —
Vienne.......................................	18 —
Castres......................................	12 —
Mazamet.....................................	15 —
Beauvais et Mouy.............................	8 —
A reporter............	687 millions.

Report................	687 millions.
Lisieux....................................	24 —
Vire..	4 —
Lodève......................................	6 —
Carcassonne.................................	5 —
Châteauroux.................................	5 —
Clermont.	
Bischweiler.................................	20 —
Lavelanet.	
Saint-Affrique.	
Saint-Aignan.	
Sainte-Colombe.	
Nancy et Metz...............................	5 —
Bordeaux et ses environs.	
L'Alsace.	
	756 millions[1].

CHAPITRE V.

CARACTÈRES ET PROPRIÉTÉS DES FIBRES ANIMALES.

§ 1. — Examen de la toison à l'état naturel.

Ce qui frappe tout d'abord dans l'état d'une toison, avant de lui avoir fait subir aucun lavage, c'est sa teinte jaunâtre sale,

[1] Si à ces chiffres on ajoute ceux de la production des localités que nous avons laissées en blanc, n'étant pas assez certain de leur exactitude, et de quelques-unes probablement omises, l'on arrivera facilement aux 850 millions indiqués ci-dessus comme représentant à peu près la valeur totale des lainages fabriqués en France, non compris ceux qui font encore l'objet du travail domestique, tels que les droguets des campagnes, les bas tricotés à la main, la tapisserie et autres objets ouvrés dans l'intérieur des ménages pour la consommation directe.

son toucher gras et huileux, si, comme dans la plupart des cas, elle appartient à des moutons blancs; si le pelage est noir ou brun, ce qui est beaucoup plus rare, la nuance naturelle est également masquée par le corps étranger, facile à constater à l'œil et au toucher. Avec un peu d'habitude, on arrive à reconnaître que la quantité de substances signalées dont les laines sont chargées, sont variables, et que la proportion augmente avec la finesse des brins de la toison; les plus fines présentent une coloration en jaune brun sale très-prononcée; les plus communes sont d'un blanc irrégulièrement jaunâtre.

Soumise à l'action de l'eau à la température ordinaire, soit en baignant et en frictionnant le mouton, soit en y trempant la toison coupée, elle perd une partie de son enduit et de sa coloration naturelle, elle en abandonne une quantité plus notable encore si elle est traitée à l'eau chaude, et si enfin on substitue sur la laine tondue l'action d'un bain alcalin plus ou moins chaud, suivie de celle d'un lavage à l'eau ordinaire, la laine perd pour ainsi dire toute sa matière grasse, reprend sa teinte naturelle, blanche, noire ou brune. Les quatre modes d'opérer auxquels nous venons de faire allusion, sont pratiqués dans le commerce des laines. Elle peut, par conséquent se présenter à cinq états différents. Si elle est à l'état naturel recouverte de toute la substance étrangère qui masque sa blancheur, on la dit à l'état *surge* ou *suint* [1]; si elle n'a reçu qu'un lavage à l'eau froide, on la dit *lavée à froid* ou *à dos*. La première dénomination désigne l'action de l'eau sur la toison coupée et trempée dans l'eau, la seconde indique que c'est sur l'animal que le lavage a eu lieu. Pratiquée à l'eau chaude, l'opération prend parfois le nom de *lavage marchand*, ou simplement de lavage à chaud. Enfin, la laine complétement

[1] On confond à tort ces deux noms; le surge pouvant être enlevé à l'eau froide, tandis que le suint ne s'enlève qu'à l'eau chaude; la composition des deux matières n'est, par conséquent, pas identique.

dégraissée aux alcalis et lavée à l'eau, est dite *lavée à fond*. Cette épuration complète est indispensable au début des transformations; ce n'est que dans un petit nombre de cas, lorsqu'on en fait des produits *extra-communs*, qu'on laisse parfois une certaine proportion du corps gras. Toutes choses égales d'ailleurs, une laine présente par conséquent une quantité de substances étrangères variable avec son état, chez le producteur ou sur les marchés. Cette quantité est, en général, en raison directe de la finesse de la laine, et pour la même laine, elle est en raison inverse du degré d'épuration. Les proportions enlevées par chaque mode d'épuration restent à peu près constantes, si les températures auxquelles on opère varient peu dans chaque cas. On peut admettre sans chance d'erreur sensible, que les proportions de suint ou corps étrangers enlevés à la laine par les divers modes d'opérer, sont dans les rapports suivants :

Lavage à froid par le trempage.........	1/4 pour 100.
— dos —	1/3 —
— chaud............ entre la 1/2 et	2/3 —
— fond.........................	le tout.

Quant aux quantités absolues de substances grasses, elles varient considérablement, les laines les plus ordinaires en contiennent à peine 20 pour 100 à l'état brut; les laines mérinos extra-fines en sont chargées parfois jusqu'à 80 pour 100, et même plus. Ces poids de matières étrangères peuvent augmenter encore par l'absorption d'une certaine quantité d'humidité, la laine étant un corps sensiblement hygrométrique. Il y a pour l'industrie un intérêt capital de pouvoir apprécier *à priori* le degré de pureté de la laine, et par suite, le rendement dont elle est susceptible, qui, toutes choses égales d'ailleurs, détermine sa valeur.

Apparence du brin de la laine en suint. — Le corps étranger dont l'existence est si facile à constater à l'œil nu, et par les opérations les plus simples, n'enveloppe pas les brins de la laine avec la régularité d'un enduit artificiel bien appliqué. Il recouvre le filament par couches et plaques, comme s'il s'était formé au hasard. La figure 1, planche II, montre des fibres de laine brutes grossies deux cents fois; elle révèle par places des grosseurs formant des espèces de dépôts ou boutons *o*, *o*, informes à la surface; ces mucosités anormales sont parfois de l'épaisseur du filament lui-même. Si on voulait transformer une substance semblable et à l'état brut, non-seulement la nature et la masse de ces espèces de dépôts masqueraient les caractères de la laine et s'opposeraient aux opérations de la teinture et des apprêts, mais les transformations mécaniques mêmes en seraient profondément troublées : ces irrégularités rendraient le glissement des fibres presque impossible dans la filature.

Apparence du brin lavé à fond. — La figure 2, planche Ire, fait voir quelques fibres de belle laine prise dans la même partie que la précédente, mais dégraissée à fond; ses irrégularités ont entièrement disparu. Des stries longitudinales et transversales formées comme par une série de calottes coniques qui s'emboîtent l'une dans l'autre, se manifestent et offrent la figure que donneraient des dés à coudre, disposés les uns dans les autres. On dirait un petit faisceau *filiforme*[1] conique, relié par des liens à des distances égales sur la hauteur, et déterminant un quadrillé produit par la rencontre des filets longitudinaux et des stries transversales. Les caractères communs à toutes les productions pileuses sont d'autant plus manifestes que le brin est plus gros; ils diffèrent plus sensiblement entre eux dans les toisons fines. La figure 3, représentant les cheveux à divers âges, la figure 4, un poil de singe; la figure 5, un crin de cheval, démontrent nettement l'apparence commune. Tous ces gros

[1] Cette structure des poils et des cheveux se confirme encore par la facilité relative avec laquelle d'habiles artistes sont parvenus à les fendre, ou à les diviser mécaniquement.

poils ont en outre, une ligne médiane sombre qui ne se manifeste pas dans les belles laines fines; mais les laines fortes et ordinaires qui n'ont pas atteint la perfection des belles races, l'ont d'une façon d'autant plus sensible que le brin est plus roide et plus gros; le groupe de la figure 6, formé par des fibres de laine du Don, en offre un exemple qui se représente d'ailleurs dans les poils d'alpaga, de chameau, si irrégulières de toisons. La forme conique qui n'est pas toujours sensible à l'œil nu, surtout dans les laines mères qui ont été coupées, l'est dans les laines d'agneaux, dans celle des animaux qui n'ont pas été tondus, et dans les poils arrachés. Les poils de putois et de chat, figures 1 et 4, pl. III, ne peuvent laisser de doute sur ce caractère, ils démontrent que ces filaments vont en s'amincissant de la racine à la partie libre. *Monge*, qui n'avait pu constater cette forme ni les stries avec les instruments grossissants de son temps, les avait néanmoins devinés.

On lira avec intérêt les ingénieuses observations du célèbre savant. « Lorsqu'on examine au microscope un poil de lapin, de lièvre, de castor, etc., quelque grand que soit le pouvoir amplifiant de l'instrument, la surface de chacun de ces objets paraît absolument lisse et unie, ou du moins, si l'on observe quelques inégalités, elles paraissent venir plutôt de quelques différences dans la couleur et dans la transparence des parties des objets, que de l'irrégularité de leurs surfaces, puisque sur le tableau du microscope solaire leurs ombres sont terminées par des lignes droites et sans aspérités. Cependant les surfaces de ces objets ne sont pas lisses ; elles doivent être formées ou de lamelles qui se recouvrent les unes les autres de la racine à la pointe, à peu près comme les écailles de poissons se recouvrent de la tête de l'animal vers la queue, ou peut-être mieux encore, de zones superposées, comme on l'observe dans les cornes, et c'est à cette conformation que toutes les substances dont il s'agit doivent leur disposition au *feutrage*.

« Si d'une main l'on prend un cheveu par la racine, et qu'on le fasse glisser entre les deux doigts de l'autre main de la racines ver la pointe, l'on n'éprouve presque aucun frottement, aucune résistance, et l'on n'entend aucun bruit; mais si en le pinçant, au contraire par la pointe, on le fait glisser de même entre les doigts de l'autre main de la pointe vers la racine, on éprouve une résistance qui n'avait pas lieu dans le premier cas, et il se produit un frémissement perceptible au tact, et qui se manifeste encore par un bruit à l'oreille.

« On voit déjà que la contexture de la surface du cheveu n'est pas la même de la racine vers la pointe, que de la pointe vers la racine, et qu'un cheveu lorsqu'il est pressé, doit éprouver plus de résistance pour glisser et prendre un mouvement progressif vers la pointe, que pour glisser vers la racine; mais comme c'est cette contexture elle-même qui fait l'objet principal de ce mémoire, il est nécessaire de la confirmer encore par quelques autres observations.

« Si, après avoir saisi un cheveu entre le pouce et l'index, on fait glisser les doigts alternativement l'un sur l'autre, et dans le sens de la longueur du cheveu, le cheveu prend un mouvement progressif dans le sens de sa longueur, et le mouvement est toujours dirigé vers la racine. Cet effet ne tient ni à la nature de la peau des doigts, ni à sa contexture; car si on retourne le cheveu de manière que la pointe soit à la place de la racine et réciproquement, le mouvement a lieu en sens contraire, c'est-à-dire qu'il est toujours dirigé vers la racine.

« Il se passe donc ici une chose parfaitement analogue à ce qui arrive dans un certain jeu des enfants de la campagne, lorsqu'ils introduisent un épi de seigle entre le poignet et la chemise, les pointes des barbes en dehors; dans les différents mouvements du bras, cet épi, en s'accrochant tantôt à la peau et tantôt à la chemise, prend un mouvement progressif, recule et arrive bientôt à l'aisselle. Cr, il est évident que cet effet est produit par les barbes mêmes de l'épi, et principalement par les aspérités de ces barbes, qui, étant toutes dirigées vers la pointe, ne permettent le mouvement que du côté par lequel l'épi tenait à la tige. Il faut donc qu'il en soit de même du cheveu, et que sa surface soit hérissée d'aspérités qui, étant toutes couchées les unes sur les autres du côté de la pointe, ne permettent de mouvement que du côté de la racine.

« Un nœud serré fait au milieu d'un cheveu est très-difficile à défaire par un procédé direct à cause de la ténuité de l'objet; mais si l'on couche le cheveu dans le pli de la main, de manière que le nœud soit placé dans le prolongement du petit doigt, et qu'après avoir saisi le cheveu en fermant la main, on frappe du poing une douzaine de coups sur le genou, les aspérités d'une des branches du nœud étant dirigées en sens contraire des aspérités de l'autre branche, chacune de ces branches recule peu à peu, l'une dans un sens, l'autre dans le sens contraire, le nœud s'ouvre; et, en introduisant une épingle dans l'œil qui s'y forme, il est très-facile d'achever de le défaire.

« Ces observations, qu'il serait superflu de multiplier davantage, sont toutes rapportées sur le cheveu pris pour exemple; mais elles ont également lieu pour les crins, pour les brins de la laine, et en général pour les poils de tous les animaux.

« D'après cela, il est facile d'expliquer pourquoi le contact des étoffes de laine sur la peau est rude, tandis que celui de la toile est doux; car les aspérités des brins de la laine, quelque flexible que soit d'ailleurs chaque brin en particulier, en s'accrochant à la peau, fait éprouver une sensation désagréable, à moins qu'on n'y soit accoutumé; tandis que les fibres ligneuses lisses dont la toile est composée ne peuvent faire éprouver rien de pareil. On voit encore que la qualité malfaisante de la laine pour les plaies n'est occasionnée par aucune propriété chimique, et qu'elle vient uniquement de la conformation de la surface des brins : les aspérités s'accrochent aux fibres qui sont à découvert, les irritent, les déchirent, et occasionnent de l'inflammation [1]. »

L'existence des aspérités, si ingénieusement démontrée par Monge et constatée par les faits qui précèdent, ainsi que par les images que donnent les instruments, ne peut plus laisser aucun doute. Ajoutons que c'est elle qui nécessite la lubréfaction des laines dans leur transformation en fils, afin de faciliter leurs glissements successifs, et de neutraliser les frottements et les résistances qu'opposeraient la rugosité de la surface des brins. Le graissage des laines avant de les soumettre aux machines a, par conséquent, un but analogue à celui pratiqué pour les corps tournants, les axes et tourillons des machines, et encore à celui de l'huile sur la chevelure pour lui imprimer les directions les plus convenables. Cette lubréfaction a de plus l'avantage de protéger les aspérités transversales des brins, mises à profit dans les transformations ultérieures, contre l'action des aiguilles de la carde qui, par leur frottement, feraient ressembler la laine neuve aux brins des déchets provenant de chiffons, et dans lesquelles les aspérités et une partie des propriétés feutrantes [2], ont en général disparu.

[1] Observation sur le mécanisme du feutrage, par M. Monge. *Annales de chimie*, t. VI, année 1790.

[2] Nous croyons devoir faire remarquer ici que, pour nous assurer de l'exactitude des formes des poils, que nous donnons planche I, nous les avons successivement examinés, à des grossissements et dans des milieux différents : dans l'eau, le baume du Canada, et l'huile, au microscope ordinaire et au microscope solaire ; une partie de ces formes ont, d'ailleurs, été photographiées par M. Lackerbauer, qui a eu l'obligeance de nous assister toutes les fois que nous éprouvions un embarras ou un doute. Malgré toutes ces précautions, nous pouvons affirmer qu'il nous a été impossible de constater un système de spires vésiculaires, parfois simple, parfois multiple, qui ferait voir les poils sous la forme d'une colonne cannelée enfilée dans un cylindre vertical, comme cela a été avancé par un

Des vrilles ou spires de la laine. — La direction des brins de la laine n'est presque jamais complétement rectiligne; ils sont plus ou moins contournés ou vrillés dans leur longueur. Il en résulte une différence sensible entre ces filaments, lorsqu'on les tend pour mieux examiner leur contour au microscope, et celle qu'ils présentent à l'état naturel. Ce vrillement, que la laine présente au plus haut degré parmi les fibres animales, est l'un de ses caractères les plus distinctifs. Nous avons déjà vu, néanmoins, que toutes les laines n'ont pas ce caractère au même degré : les unes sont à peine ondulées sur leur longueur, de là la qualification de *lisse*, d'autres le sont au contraire extrêmement, et offrent une quantité de petites spires d'autant plus nombreuses par unité de longueur, et d'autant plus régulièrement espacées, que les brins sont plus fins, plus homogènes et plus condensés de mèches. Il y a sous ce rapport, entre les caractères extrêmes des fibres, une série de degrés de vrillements et de finesses intermédiaires, qui ont servi à les catégoriser d'après une classification indiquée plus loin.

Examen des brins d'alpaga, de vigogne, de chameau; des duvets et poils du cachemire, etc.—Il existe un certain nombre d'animaux dont les brins de la toison offrent une grande analogie de forme avec celle des fibres de la laine. Il suffit de jeter un coup d'œil sur les figures 7, 8 et 9, pl. II, contenant, la première, des fibres d'alpagas, la seconde, des brins de laine de vigogne, et la troisième, des poils de chameau, pour être frappé de l'analogie entre la forme de ces filaments et ceux de la laine précédemment décrite. Chacun des groupes dont il est question contient des fibres de la même matière, mais de finesse différente. La figure 7, par exemple, montre cinq brins de la laine d'alpagas, offrant de la finesse, mais une assez grande irrégula-

observateur plus heureux, et sans doute plus habile que nous. Nous reviendrons, d'ailleurs, plus loin sur cette forme de poils en parlant de leur organe générateur.

rité qui distingue généralement cette précieuse substance, et un gros brin *a*, avec la ligne ombrée médiane dont il a déjà été question, qui s'est rencontré accidentellement dans la toison. Ce sont ces brins rudes, presque droits, très-peu flexibles et élastiques, qu'on nomme *jarre*. Ce poil inemployable se trouve dans presque toutes les toisons; mais il y en a d'autant moins que la qualité générale est plus belle.

La figure 8 représente trois brins de laine de vigogne, d'une régularité remarquable. Un quatrième *a*, est encore un poil jarreux qui s'y est trouvé mêlé, et qui se rencontre néanmoins rarement dans cette substance, tant elle est parfaite, lorsqu'elle a été convenablement triée.

Le groupe de la figure 9, des brins de la toison du chameau, montre au contraire leur irrégularité de finesse. Cette irrégularité est le plus grand défaut de ces poils recherchés pour leurs parties fines, qui ne forment jusqu'ici qu'une faible portion de la dépouille de l'animal et nécessite un triage soigné. L'industrie a néanmoins su tirer profit de cette matière, non-seulement pour en faire des fils et des tissus communs, comme cela s'est pratiqué en tous temps, mais de magnifiques étoffes de luxe veloutées obtenues par l'application du procédé d'apprêt particulier de M. de Montagnac.

Le chameau est au nombre des animaux qui renouvellent leur pelage l'hiver, ou du moins qui prennent alors du duvet comme vêtement de saison. Ce duvet offre naturellement plus de finesse et un toucher plus soyeux. Il a alors beaucoup d'analogie avec celui du cachemire, fig. 10, fort remarquable par la finesse, la flexibilité, la régularité et le système strié de ses brins, surtout lorsqu'il est épuré. Le cachemire est peut-être la matière la plus souple dont l'industrie dispose; elle a les défauts de ses qualités. Sa souplesse est telle que son emploi sans mélange n'est pas toujours avantageux, et donne alors des étoffes qui ne drapent pas suffisamment. Des motifs de bonne exécution et d'économie se réunissent par conséquent pour n'employer le cachemire qu'à l'état de mélange dans un grand nombre de cas. Le poil de chèvre long, dit d'*angora*, fig. 11, ne diffère en apparence du précédent que par la grosseur des brins et un espacement plus sensible entre les deux systèmes de stries; sa roideur, la longueur et l'éclat de la surface de ses brins le fait d'ailleurs distinguer. La belle laine indigène de *Mauchamp*, due, on l'a déja dit, au croisement d'un bélier mérinos avec un type accidentel découvert par M. Graux, producteur aussi intelligent que zélé, offre à l'état brut (fig. 12) une grande analogie avec les brins des deux figures précédentes; sa longueur et son *nerf* la rapprochent du poil de chèvre; elle est douce et soyeuse au toucher comme le cachemire, aussi l'a-t-on nommée *cachemire français*. L'un de nos plus habiles industriels, M. Frédéric Davin, a démontré, par la fabrication avec cette laine d'une série d'articles, qu'elle justifie ce nom. Les efforts faits par M. Graux pour perfectionner et multiplier ce type, et ceux de M. Davin pour démontrer toute sa valeur par les tissus intéressants que la fabrication peut en tirer, finiront peut-être par doter notre pays de troupeaux d'une race non moins estimable que celle des laines longues de la Grande-Bretagne.

Examen des poils des rongeurs et des carnivores. — Les poils de ces animaux qui existent à l'état de nature, ou qui de sauvages sont devenus domestiques et vivent librement, présentent des brins d'une apparence presque identique. Les dentelures résultant des tries transversales, sont nettement dessinées; elles sont d'autant plus sensibles que les brins sont plus gros.

Ils fournissent la plus grande partie des substances recherchées pour faire des feutres parfaitement clos, dont l'art de la chapellerie fait son profit. Grossis dans la même proportion que les brins de la laine, et vus dans le même milieu, ces poils n'ont pas cependant tout à fait la même apparence; ils offrent pour ainsi dire, tous, des parties régulièrement ombrées indiquant des points vides et la présence de l'air dans la ligne médiane. Les figures 13 à 15, pl. II, et 1 à 8, pl. III, donnent des groupes de poils de différents animaux de ce genre où ces caractères sont mis en évidence à un grossissement de deux cents.

Chacun des groupes présente des fibres de diverses finesses prises néanmoins à la même place de l'animal et pouvant, par conséquent, donner une idée de la plus ou moins grande régularité de ses poils.

Pl. II, fig. 13. Poils de lapin.
— — 14. — de rat musqué.
— — 15. — de fouine.
Pl. III, fig. 1. — de putois.
— — 2. — de lièvre de Saxe.
— — 3. — d'une espèce d'écureuil dit *petit-gris*. Ce groupe montre plusieurs poils accolés dans l'intérieur d'un même brin, désigné sous le nom de *poil composé* par les physiologistes.
— — 4. — de chat.
— — 5. — de renard.
— — 6. — de loup.
— — 7. — d'ours brun.
— — 8. — du castor.

Direction des poils. — La direction des poils représentés, et de tous les poils en général, au lieu d'être contournée et d'offrir les ondulations et les vrillements qui caractérisent la laine, suit en général la ligne droite, résultant de leur rigidité qui est l'un des moyens susceptibles de les distinguer des filaments laineux.

Structure intime des brins. — Lorsque, pour se rendre compte de la constitution intime d'un brin de laine, ou d'un poil, on en fait la section transversale, pour l'observer à un grossissement convenable sous le microscope, il offre tantôt une surface pleine avec une circonférence d'une certaine épaisseur et d'une forme plus ou moins régulière, affectant celle d'un cercle exact, ou d'une espèce d'ellipse comme les indique la figure 9, pl. III, qui donne la coupe d'un brin de laine lavée. Parfois ces sections offrent un canal médullaire dont la forme est presque toujours un cercle assez parfait, variable seulement par la grandeur du diamètre, comme le montre la figure 10, des coupes de brins de laine du Don.

Les coupes des filaments de la laine de vigogne, fig. 11, affectent la même forme, et ne diffèrent des précédentes que par la grosseur et une légère coloration jaunâtre.

Les sections de poils de chameau, fig. 12, sont des cercles avec de petits picots colorés en jaune, rappelant la constitution intérieure d'une tige verte remplie de matière spongieuse. Cette structure est encore plus nettement accusée dans la section du crin, fig. 13.

Dans les coupes, fig. 14, des poils de rat musqué, fig. 15, du renard, et fig. 16, de l'alpaga, on remarque le canal intérieur parfaitement déterminé et paraissant vide, si on en juge par la teinte noire de la circonférence centrale. De plus, ce canal dans les poils du rongeur, fig. 16 par exemple, met la constitution des poils *composés* en évidence par la vue *aa* des brins accolés. Quoi qu'il en soit, l'apparence tantôt pleine et tantôt vide de l'intérieur des brins, a probablement déterminé les hypothèses différentes qui ont été données sur leur constitution. Les uns les ont supposés formés d'une série d'espèces d'écailles pleines à emboîtements successifs, les autres les ont considérés comme de véritables tubes tantôt vides et parfois pleins d'une substance analogue à la moelle. Nous croyons cette dernière hypothèse la plus exacte, et attribuons la différence apparente de l'intérieur du brin, à l'état dans lequel il se trouve; frais et tendre pris sur le dos de l'animal domestique, le canal médullaire est encore garni de la substance qui l'imprègne, et de là la teinte et l'apparence uniformes ; vieilli et desséché au contraire, ou provenant d'un carnivore libre, ne vivant pas à l'état domestique, la circonférence extérieure se concrète, le tube intérieur se vide et la substance naturelle est remplacée par l'air. Il en résulte une différence de pouvoir réfringent entre la substance cornée des parois et son canal médulaire, ce qui explique les anomalies apparentes entre les corps de même origine. Pour nous, toutes espèces de poils ou de laine nous paraissent donc être un tube conique ouvert à sa base et fermé à son sommet, dont le canal intérieur est, ou n'est plus, alimenté par une substance homogène pendant l'excrétion du filament, et que celui-ci s'assimile peu à peu par ses pores dans le dernier cas, lorsque la source cesse de l'approvisionner.

Les diverses grandeurs que présentent les coupes de chacun des groupes qui ont été pratiquées sur des filaments d'une même partie, démontrent d'une façon évidente les variations de grosseur des brins de même origine, et, quelle que soit l'homogénéité apparente de leur masse, l'irrégularité des contours provient parfois de la pression indispensable à laquelle il faut soumettre les brins, pour en faire des tranches perpendiculaires à leurs troncs. Elle influence surtout la matière jeune, fraîchement coupée et tendre. Parfois aussi cette irrégularité est la conséquence d'un accident de la forme naturelle. Elle disparaît néanmoins presque complétement dans les sections des poils droits et résistants. Pour le crin par exemple, on obtient les sections nettes de la figure 13.

D'après ce qui a été dit précédemment sur la forme pointue des brins à l'état naturel, on conçoit que les surfaces des sections doivent varier également avec les points par lesquels a passé le plan de la coupe. Enfin la grosseur de la fibre animale ne varie pas toujours régulièrement et ne diminue pas d'une manière continue et uniforme de la base au sommet. Elle est parfois plus renflée dans une partie de sa longueur qu'aux deux extrémités, elle est alors fusiforme. Quelquefois aussi elle est *aplatie* au milieu, etc. Ces variations de formes, qui paraissent d'ailleurs accidentelles, se rencontrent plus souvent dans les poils que dans les laines.

Examen comparatif de l'apparence extérieure et de la structure intime des laines et des poils. — Observées et comparées par groupes, les *fibres animales* offrent des différences et des ressemblances accessoires intéressantes à constater. On peut, en quelque sorte, les classer toutes, sous le rapport de leur emploi, en deux grandes catégories : la première, comprenant les produits laineux des animaux domestiques de la race ovine et ses dérivés ; la seconde, ceux des animaux sauvages ou non apprivoisés, tels que les mammifères carnivores et rongeurs.

Les premiers se distinguent des seconds, comparés à l'état brut et avant qu'ils n'aient été l'objet d'aucune épuration, par la quantité considérable de corps étrangers dont la matière cornée des brins est chargée ; par la direction contournée plus ou moins prononcée de ces brins très-flexibles, et en général par la porosité sensible, la finesse relative de leurs parois, et par leur pouvoir réfringent assez uniforme ; enfin par l'absence, ou au moins la très-grande rareté des poils composés, si communs dans les cheveux et désignés sous les noms de *bifides*, *trifides* ou *multifides*. Les dépouilles des carnivores et des rongeurs diffèrent des précédentes par la quantité presque insignifiante d'enduit gras de la surface, par une direction constamment droite et rigide, par un vide ou tube intérieur et l'épaisseur relativement épaisse des parois, et par conséquent par une différence du pouvoir réfringent entre le milieu et les bords du brin, déterminant, si nous ne nous trompons, les petits rectangles noirs de la ligne médiane intérieure.

Caractères communs aux poils et aux laines. — La forme

conique ou en fuseaux pointus de la racine au sommet des brins de la laine, si bien démontrée par Monge, si facile à constater dans une laine d'agneau, et même dans les mèches des toisons mères presque toujours d'une surface trapézoïdale, ou à peine rectangulaire dans les laines extra-fines, est également celle des poils en général. Cette forme des brins est mise en évidence dans la plupart des groupes, mais surtout en *a* et *b* des figures 1, 3 et 6, pl. III. Il en est de même des stries transversales cannelées, plus ou moins apparentes, mais évidemment communes aux filaments des toisons de la race ovine aussi bien qu'à ceux provenant des carnivores.

Mais quelle que soit l'origine des filaments animaux observés, si on en compare un certain nombre provenant d'un même animal, on constatera des différences de caractères telles entre eux, qu'on les supposerait appartenir à des natures différentes. Les laines les plus fines et les plus perfectionnées contiennent, en effet, des brins gros, rigides, identiques à des poils communs, et dans ceux-ci il se rencontre souvent des brins fins, flexibles et contournés, en tout semblables à ceux de la toison du mouton. Une toison d'une qualité intermédiaire, par exemple, présente assez fréquemment des brins offrant ces caractères extrêmes. Ces irrégularités sont plus ou moins sensibles, elles diminuent dans la dépouille d'un même animal à mesure que les toisons s'affinent, soit par un effet naturel ou artificiel. On les retrouve néanmoins presquetoujours à un certain degré, même dans les plus beaux produits.

Presque toutes les figures des groupes de la planche II en donnent des exemples. La laine d'alpacas, par exemple, caractérisée par la finesse, la flexibilité et le contournement de ses brins, montre en *a*, fig. 7, un poil droit, rigide, qui diffère certainement plus, au point de vue de ses propriétés, de ses voisins de même origine que d'un poil quelconque. On retrouve un poil grossier analogue *a* du groupe de la figure 8, dans ceux de la vigogne, fig. 9. Les caractères de ces gros poils dits *jarre* ont plus d'analogie avec les cheveux et les crins des figures 3 et 5, et avec les poils de l'ours, fig. 7, pl. III, et du singe, qu'avec un filament offrant des propriétés textiles.

Il se rencontre au contraire quelquefois dans une toison ou une masse de poils de même origine des filaments si fins, si ténus, si flexibles, qu'ils se contournent sur eux-mêmes ou autour des filaments voisins, et offrent l'apparence d'une torsade microscopique, sans ombre sensible. Les brins *b*, *b* des figures 13 et 14, pl. II, montrent cette disposition dans les poils extra-fins du lièvre, du castor, elle se rencontre plus ou moins dans toutes espèces de fibres. La finesse de $0^{mm},0013$ et plus de ces fibres les a fait désigner sous le nom de *duvet*.

Il est si flexible et si ténu, qu'on ne le remarque dans les toisons jarreuses qu'en séparant les fibres.

L'existence des trois sortes de poils dont nous venons de parler est si ordinaire, que l'industrie trie les filaments en conséquence, en rangeant à part la *laine* proprement dite, le *duvet* et le *jarre*. Sauf quelques cas spéciaux, comme dans la toison des chèvres, par exemple, le duvet et la laine sont confondus dans leur emploi, mais les poils jarreux doivent toujours en être rejetés.

Il existe des animaux qui, à l'état naturel, n'ont en quelque sorte que du jarre, et d'autres qui n'ont que du duvet, suivant les climats et les besoins de leur existence, et quelquefois le même animal porte alternativement du poil et du duvet, comme nous l'avons vu pour le chameau. Dans les climats brûlants, les animaux sont dépourvus de toison, ceux des contrées glaciales fournissent, au contraire, les fourrures les plus recherchées; l'éléphant, le rhinocéros, l'hippopotame et les autres animaux de la zone torride n'ont presque pas de poils; ceux des animaux des plus hautes montagnes des régions septentrionales sont au contraire fins et touffus. Ils conservent encore ces caractères sur les plateaux élevés des Cordillères, patrie presque exclusive du lama et de l'alpaca.

La finesse et la quantité du poil ou du duvet augmentent, en général, à mesure qu'on avance vers les climats du pôle; le duvet le plus estimé des oies et des oiseaux du Nord, par exemple, et le plus recherché, celui de l'eider, est fourni par les environs du Spitzberg. Cette modification des caractères des poils est encore sensible pour des contrées relativement assez rapprochées; presque toute l'Europe fournit des poils de lièvre à la chapellerie, mais les plus précieux sont ceux de la Russie; ceux d'Espagne au contraire sont les plus communs. Aussi l'industrie recherche-t-elle de préférence les matières des pays du Nord comme les plus feutrables et les plus propres aux vêtements les plus chauds.

Le pelage même des animaux fournit des exemples dignes d'être pris en considération par l'art vestimentaire. Dans les climats les plus septentrionaux, le poil des animaux est entièrement blanc comme celui des ours de la mer Glaciale. Dans les contrées où la température change, le poil blanchit à l'approche de la saison rigoureuse. Le renard, la belette, le lièvre, etc., offrent la preuve de ce fait remarquable. Les duvets, qui forment la partie la moins conductrice de la chaleur, sont en général incolores, ou très-légèrement nuancés.

Le blanc, généralement employé pour vêtement d'été, comme bien moins pénétrable aux rayons solaires que les couleurs, devrait par conséquent être également recherché pour l'hiver, abstraction faite de toute autre considération que de la différence de sa conductibilité calorifique. Rappelons en effet, que les physiciens ont constaté que la perméabilité des corps au calorique, est influencée par leur coloration. Si on enveloppe une surface chaude d'un tissu blanc, elle se refroidira moins vite que si le tissu, toutes choses égales d'ailleurs, était de couleur. Dans l'expérience contraire d'un corps froid enveloppé de la même étoffe blanche, exposé à la même chaleur, s'échauffera moins vite que si l'enveloppe était teinte. Ces résultats sont la conséquence des propriétés émissives et absorbantes des corps, le temps nécessaire à la déperdition ou au passage de la chaleur étant proportionnel à celui de l'absorption. Cette faculté varie avec les couleurs dans l'ordre suivant : blanc, jaune, rouge orangé, brun foncé, noir. C'est-à-dire que le blanc conserve le plus longtemps la chaleur du corps chaud qu'il enveloppe, ou le préserve le plus longtemps contre la chaleur extérieure. Le noir, au contraire, est la couleur qui la laisse échapper et l'absorbe le plus rapidement. Si ces faits n'étaient incontestables et expérimentalement prouvés, nous rappellerions à l'appui l'observation de tous les jours sur la faible conductibilité de la laine blanche, qui la rend propre à conserver la glace, et l'excellent effet de la neige sur la terre lorsqu'elle précède la gelée. Elle lui sert d'écran protecteur dans ce cas contre le refroidissement brusque et les accidents qui pourraient en résulter pendant la germination de la semence.

Si on n'examinait l'usage des vêtements qu'au point de vue de leur propriété calorifique, on serait par conséquent amené à les avoir également blancs presque en toutes saisons. Seulement ils devraient être fourrés ou pelucheux, et envelopper le corps assez intimement pendant l'hiver, tandis que la forme ample d'une étoffe rase, comme le burnous arabe, convient mieux l'été. Mais la pluie, la boue, la fumée et la mode surtout des pays civilisés en ordonneraient autrement, lors même que les avantages du blanc pour tous les cas seraient à l'abri de toute objection. Or, il n'en est pas tout à fait ainsi : les propriétés calorifiques des vêtements blancs avaient été controversées, comme le fait remarquer M. le docteur Michel Lévy dans son *Traité d'hygiène*.

« Rumfort et sir W. Hom sont arrivés à conseiller des vêtements noirs dans les pays chauds. Mais les expériences du docteur Stark concilient heureusement les faits. En faisant remarquer que, si le nègre de la couleur duquel on avait argué absorbe plus de calorique par sa surface, il le rayonne dans la même proportion ; de là une sorte de circulation du calorique dans sa peau, dont la transpiration insensible augmente, et rend le corps plus frais. »

Les anomalies apparentes des phénomènes naturels disparaissent ainsi peu à peu devant l'observation de plus en plus attentive de la science. Les faits, appréciés avec précision, deviennent la plupart des fois le point de départ des progrès industriels. La laine, par exemple, n'est qu'une espèce de bourre animale, un poil naturel perfectionné par l'art agricole pour le faire passer de l'état de jarre inemployable à celui de duvet propre à tous les usages textiles. C'est en s'inspirant des conditions naturelles sous l'influence desquelles la toison se modifie ou acquiert telle ou telle propriété, qu'on parvient à la transformer à volonté au profit des arts. La constitution normale des poils ne pouvant être comprise que par la connaissance de l'organe producteur de toutes espèces de filament animal, nous ne pouvons nous dispenser d'en dire quelques mots qui intéressent directement le sujet qui nous occupe.

Organe producteur et mode de développement des fibres animales. — Nous donnons la description de l'organe producteur du poil d'après les physiologistes, et surtout d'après MM. Ducrotoy de Blainville, Bichat, Winslow, Haller, etc., et afin de rendre notre description aussi claire que possible, et d'en tirer les conséquences spéciales que nous avons en vue, nous y joignons des dessins de cet organe, empruntés à un physiologiste allemand, M. Lorda. La figure 17 est une vue amplifiée de l'organisme sous-cutané, depuis l'origine des poils jusqu'à leur sortie de la peau, et la figure 18, est un de ces organes isolés sur une échelle plus grande encore, pour en mieux faire saisir tous les détails intérieurs.

l, *l* indiquent les poils à leur sortie de la peau *p*.

Ces filaments sont le résultat de la sécrétion d'une matière pulpeuse *c* contenue dans les organes *B*,*B*, qui ont la forme d'une espèce d'oignon ou bulbe. Ces bulbes sont situés plus ou moins profondément sous la peau, parfois même directement sous le derme, et d'une façon oblique par rapport à la direction du poil. Chacun d'eux est formé : 1° d'une première enveloppe extérieure fibreuse *a*, qui lui donne sa forme, et qui est percée à ses deux extrémités ; par l'un de ses orifices toujours interne *f*, arrivent les vaisseaux et les nerfs nécessaires à la fonction de l'alimentation et de la sécrétion, et par l'ouverture externe, quelquefois prolongée en un petit canal, sort le produit de l'organe ; 2° d'une seconde enveloppe vasculaire *b*, formée par les ramifications plus ou moins nombreuses et serrées des vaisseaux artériels et veineux, qui sont entrés par l'orifice postérieure de la première enveloppe ; 3° enfin d'une troisième partie *c*, quelquefois encore disposée en membrane, et composée par le système veineux, qui a traversé les autres enveloppes pour entrer dans le bulbe. Voici d'ailleurs comment s'exprime Winslow sur le mécanisme producteur du poil et de ses fonctions :

« La racine, ou le bulbe, est revêtu en dehors d'une membrane plus ou moins blanche, très-forte et comme élastique. Elle est attachée au corps graisseux ou au corps de la peau, ou à l'un et à l'autre, par quantité de vaisseaux extrêmement déliés et de filets nerveux d'une grande finesse. En dedans, la racine paraît comme une espèce de glu, dont il avance quelques filaments d'une extrême finesse vers la petite extrémité de l'oignon, où ces filaments s'unissent et forment la tige qui passe par le petit bout de l'oignon et va à la peau. Dans ce passage, la membrane de l'oignon s'allonge en manière de tuyau fort court, qui embrasse étroitement la tige, et s'y unit tout à fait; ensuite la tige du poil s'avance vers la surface de la peau, et perce d'abord le fond d'une petite fossette entre les mamelons, ou même d'un mamelon particulier, dans laquelle fossette elle rencontre l'épiderme, qui paraît là se renverser autour d'elle et s'y unir entièrement[1]. »

La figure 18 démontre bien le petit mamelon *o*, *p* dont il est question dans cette description, et le point où le brin se revêtirait d'une gaîne cornée extérieure, qui ne serait autre chose qu'une partie de l'épiderme elle-même, selon Winslow, et qui, selon Blainville et d'autres, serait formée par la sécrétion de la membrane interne vasculaire du bulbe B. Quelle que soit l'hypothèse qu'on adopte, il n'en reste pas moins prouvé que le filament se compose de deux parties : d'une partie centrale molle et d'une enveloppe d'une matière différente, toujours plus dure.

La forme du bulbe et son action déterminées conformément à ces descriptions, on peut expliquer mécaniquement, ce nous semble, la transformation des globules de la matière pulpeuse intérieure en filets allongés ou stries longitudinales du brin, par le passage de cette substance plus ou moins sirupeuse, de la poche ovoïde ou cylindrique B, dans un tube cylindrioïde où elle est pressée par la membrane élastique ou parois du bulbe. La formation de ces filets longitudinaux a lieu par couches successives qui se superposent, et de là les stries transversales, conséquences de la pression sur la matière fluide a son passage par l'orifice ; les bords dentelés ou frangés de ces stries résultent évidemment de la courbure de la peau qui dispose ces orifices en entonnoirs. L'emboîtement successifs des couches qui détermine la figure d'une série de dés à coudre entrés les uns dans les autres, et la forme conique des brins paraissent les conséquences de la formation du jet par la pression

[1] Winslow, *Traité des téguments*, n° 96 et suiv.

sur le bulbe. Les saillies des stries peuvent, par conséquent, disparaître par une action mécanique, ainsi que cela a, en effet, lieu dans la laine usée, où on les retrouve à peine avec les plus forts grossissements, tandis que les filets longitudinaux, composés de la matière elle-même, se manifestent toujours.

La distance entre le bulbe et la peau, et sa position par rapport au point de sortie de la tige ou poil, expliquent sa plus ou moins grande adhérence à la peau; si on considère, par exemple, le bulbe *i* et son poil *k*, par rapport au système *m*, *n*, il est évident qu'il faudra faire moins d'effort pour arracher le premier, moins profondément implanté que le second. C'est ce qui explique l'adhérence à peine sensible de certains poils fins, tels que les duvets, qui naissent en quelque sorte en contact de la peau, et ont le bulbe et la tige dans la même direction. L'enchevêtrement des tiges de la plupart des autres poils et la profondeur à laquelle se trouve leur racine nécessitent plus d'effort pour l'enlever, et occasionnent parfois certains désordres causés par leur entrelacement.

Recherches des causes qui modifient les caractères des poils. — L'organe producteur des poils restant le même quant à son principe, et ne variant en quelque sorte que de volume, et par l'épaisseur tant des parois latérales que de celles de la peau, les différents caractères constatés précédemment, tels que la rigidité des uns et la flexibilité des autres, leur transparence ou opacité plus ou moins régulière, leur direction rectiligne ou curviligne, la coloration ne peuvent donc être le résultat que de la nature ou composition des substances sécrétées, et surtout des rapports entre les quantités qui constituent la partie centrale et son enveloppe, c'est-à-dire entre la matière pulpeuse intérieure et la matière cornée extérieure. Lorsque celle-ci domine, le produit acquiert une résistance qui lui donne la rigidité que l'on remarque aussi bien dans les poils les plus fins que dans les plus gros. Si c'est, au contraire, la première, la pulpe qui abonde, le brin peut devenir tellement flexible, qu'il se vrille naturellement entre ses voisins, qui le soutiennent forcément. Il croît d'une façon analogue à certains végétaux et se contourne comme un véritable volubilis. Le tube normal de la laine paraît toujours contenir la matière intérieure, celui des poils est en général vide, comme l'indique la différence de la propriété refringente des brins de ces deux sources. Selon nous, ceux de la première, plus abondamment alimentés, resteraient pleins pendant leur excrétion; tandis que ceux des animaux sauvages, moins bien fournis, formeraient un jet conique creux [1]. Quant à la finesse des différents poils, elle est en rapport avec celle de la peau et de l'épiderme traversés par le brin. On peut donc, si nous ne nous trompons, expliquer les modifications des toisons des animaux domestiques et des poils des animaux vivant en liberté, comme le résultat de toutes les conditions d'existence des deux espèces.

Le passage du poil, dit *jarre*, encore si abondant dans la laine commune, à l'état de belle laine fine qui en conserve à peine des traces, témoigne de la puissance des causes modificatives, d'ailleurs très-connues et très-appliquées aujourd'hui. Elles résident dans la nourriture, le climat, la locomotion, etc.

Entre autres, il en est une extrêmement remarquable qui influe sur les caractères et l'abondance des poils et des duvets. « Lorsque les excitants sont consommés dans les mouvements ou dans les sensations, c'est au détriment des poils et du duvet qui, en ce cas, restent courts et grêles, par défaut de nutrition

[1] Nous livrons ces hypothèses sans aucune prétention aux naturalistes compétents. Nous n'aurions peut-être osé les produire, si nous n'avions cru entrevoir une analogie remarquable entre les causes mécaniques qui déterminent la forme des poils et celle des corps, qui s'écoulent, et si nous n'avions été frappé de ces similitudes à la lecture du remarquable Mémoire *Sur l'écoulement des corps gras*, de M. H. Tresca, inséré dans le numéro 21 du tome VI des *Annales du Conservatoire impérial des arts et métiers*.

et de vie (le poil des chevaux arabes et de tous les chevaux soumis à un exercice continu, le duvet de l'eider ou du gerfaut).

« Lorsque les excitants sont accumulés par défaut de sensations ou de mouvements accoutumés, les poils et le duvet en reçoivent un accroissement spécial (le poil des animaux domestiques privés d'exercice et de pansement, tous les duvets pendant l'hiver et sous les latitudes polaires, la naissance du duvet sur les ruminants, sous ces latitudes).

« Entre les tropiques, l'excitant tactile est consommé dans les sensations infiniment plus nombreuses que près des pôles, ou bien il est entraîné par la transpiration; tandis que, sous ces derniers climats, cet excitant, que rien ne dégage, se condense à la surface et y détermine la formation du duvet[1]. »

Cette influence de l'action de la force motrice animale sur la production du système pileux ne fournit-elle pas une preuve curieuse de la corrélation entre les causes productrices de la chaleur et du mouvement dont la science s'est tant occupée dans ces derniers temps?

Le cadre que nous nous sommes tracé, aussi bien que notre manque d'autorité en pareille matière ne nous permettent pas de nous y étendre davantage, malgré tous l'intérêt qu'elle présente. Pour revenir directement à notre sujet, nous nous résumerons en disant qu'au point de vue de la transformation industrielle, il n'y a vraiment entre les poils et les laines utilisées dans les arts, de différence que dans la flexibilité, et par suite dans leur plus ou moins de vrillement; lors donc que l'on voudra employer les deux sortes de substances à des produits similaires, il faudra au préalable leur donner artificiellement les mêmes caractères. Si, par exemple, on veut donner aux poils la propriété feutrante de la laine, il sera nécessaire de les modifier de façon à faire acquérir à ses brins la possibilité de s'enchevê-

[1] Mémoire sur les poils, par M. C. Girou de Buzaringues. *Répertoire général d'anatomie et clinique chirurgicale*, 1821.

trer d'une façon analogue à ceux de la laine. L'opération spéciale du *secretage*, sur laquelle nous revenons plus loin, ne doit donc avoir d'autre but que d'obtenir cette espèce de vrillement que certaine laine possède naturellement.

Variation des finesses des brins avec l'épaisseur de la peau. — L'orifice par lequel le poil apparaît remplit les fonctions d'une espèce de filière percée dans une membrane, ses bords se relèvent plus ou moins en capsule formée par le soulèvement de l'épiderme, comme l'indique la figure 33. La grandeur de ce passage augmente nécessairement avec l'épaisseur de la membrane ou de la peau qui en forme les parois. Cette épaisseur varie avec les espèces animales et avec les races ; les rongeurs, par exemple, ont la peau bien plus fine que les carnassiers. Elle varie également avec la taille des individus d'une même race, et même avec les diverses parties du corps. De là l'échelle étendue de finesses dans une même partie de poils ou de laine, et de là aussi les efforts constants, lorsqu'il s'agit de la production des laines fines et courtes, pour perfectionner la petite race dans les conditions les mieux étudiées pour que la finesse ne soit pas obtenue au détriment de la ténacité, de la perfection dont l'homogénéité du produit pour chaque genre, petit ou grand, est un des indices les plus certains. Mais quel que soit l'état de perfection d'une toison, il ne sera jamais possible d'arriver à une homogénéité parfaite dans les qualités provenant des diverses parties du corps, précisément à cause de la différence d'épaisseur de la peau. Or, les parties les plus épaisses de la peau du mouton sont les *genoux*, le *front*, la *queue*, la *croupe*, le *dessus du cou*, les *cuisses*, et enfin le *dos;* ce sont aussi celles dont la laine est la moins fine. Certaines d'entre elles, telles que les genoux, ne donnent souvent que du jarre. Les mèches d'une toison seraient classées par qualité, suivant les désignations qui précèdent, si certaines parties n'étaient parfois détériorées, soit par le frottement contre la litière et autres causes accidentelles. On tient compte de cet amoindrissement de valeur en faisant le triage.

En raison des observations qui précèdent, le trieur ou le laveur de laine en fait ordinairement six catégories; les flancs et les côtés de l'épaule fournissent la première ou la meilleure; le chignon et l'arête supérieure du dos, le bas des hanches donne la seconde; la troisième provient des jarrets jusquaux hanches et aux genoux; la quatrième est placée sous le cou; la cinquième à la partie postérieure et supérieure de la queue et la naissance du dos, et la sixième forme la *pailleuse*, récoltée sur la tête, celle des parties sous-ventrales et entre les cuisses jusqu'aux

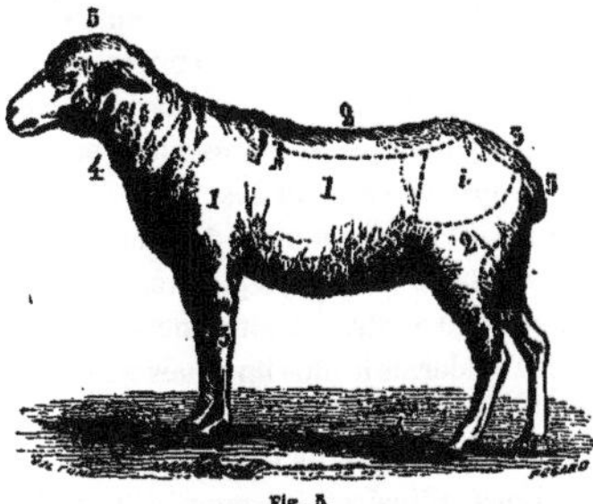

Fig. 5.

fesses. Pour mieux faire saisir ce triage, nous l'indiquons par numéros d'ordre sur la figure du mouton placé ci-dessus; chacune des parties peut être formée par un ensemble de brins de qualités variables, surtout dans les toisons ordinaires; l'homogénéité parfaite étant rare, même pour les laines extra-fines. *Les qualités relatives des brins, suivant les places qu'ils occupent sur la peau, varient avec les espèces d'animaux.* La classification adoptée dans le triage des toisons n'est pas la même pour toutes les dépouilles de ce genre, les valeurs relatives changent avec le mode d'existence des animaux. Les différences entre les qualités d'une même peau est plus grande encore pour les poils que pour les laines. Pour les filaments qui, par leur caractère, tiennent en quelque sorte le milieu entre les laines et les poils proprement dits, tels que ceux du castor, de la loutre, du rat musqué, du rat gandin, dits *poils de fantaisie* dans la chapellerie, et que nous appellerons des poils gras, le classement ne diffère pas trop de celui adopté pour la race ovine. Le ventre et les côtés de ces peaux produisent, en effet, les plus belles qualités; celles du dos sont beaucoup moins belles de finesse et de nuance, tandis que pour le lièvre et le lapin, c'est la partie du dos qui donne la plus estimée. Sa valeur est souvent triple de celle du ventre; lorsque celle-ci vaut de 11 à 12 francs le kilogramme, la première atteint de 38 à 40, le rapport est inverse pour les poils dits de fantaisie, provenant d'animaux amphibies, c'est-à-dire que le poil du ventre vaut ici trois fois le prix de celui du dos.

Ce que nous avons dit précédemment des causes qui influent sur les caractères des poils peut expliquer ces différences; les animaux dont la peau du ventre est constamment protégée par l'eau, doivent avoir l'épiderme le plus fin; mais nous le répétons, il n'y a rien d'absolu dans cette classification, chacune des parties peut être formée par un ensemble de brins de qualités variables, surtoutdans les toisons ordinaires. L'homogénéité parfaite étant un mythe, même dans les laines les plus homogènes. Les diamètres des brins peuvent varier du simple au double, suivant les parties du corps, et pour une même place assez circonscrite, on constate parfois des variations d'un tiers environ, c'est-à-dire qu'il y a souvent une différence de 33 pour 100 dans la finesse de deux filaments contigus. En divisant les fibres de la planche I, par deux cents, on aura déjà pu s'en convaincre. Nous réunissons, en outre, les finesses desprincipales laines du commerce que nous avons mesurées avec le plus grand soin sous le microscope : dans le tableau suivant, il donne les grosseurs extrêmes des brins dégraissés. Quant aux finesses intermédiaires, ne pouvant savoir si ce sont des moyennes exactes, nous appelons épaisseur des brins de la masse, la dimension de ceux qui paraissent dominer dans la partie. Le nombre des laines est tellement considérable et elles sont si variées que nous donnons le tableau plutôt à titre de renseignement que comme une classification complète de leurs diverses finesses.

Tableau des finesses et des longueurs des laines du commerce.

DÉSIGNATION DES LAINES.	ÉPAISSEUR * de la masse en centi-millimètres.	ÉPAISSEUR MINIMA en centi-millimètres.	ÉPAISSEUR MAXIMA en centi-millimètres.	LONGUEUR en millimètres.
	mm	mm	mm	
Kachmyr (trié)	0,0132	0,0117	0,0200	30-40
Australie	0,0132-0,0155	0,0132	0,0200	80
—	0,0145-0,0200	0,0132	0,0200	30-50
— (Port-Philippe)	0,0150	0,0117	0,0235	100-120
—	0,0150	0,0132	0,0176	90-100
Allemagne	0,0154-0,0176	0,0132	0,0220	60
France (Bourgogne)	0,0154-0,0176	0,0132	0,0264	70-90
Australie	0,0175	0,0143	0,0220	110
France	0,0175-0,0220	0,0132	0,0308	90
—	0,0176	0,0132	0,0264	40
Amérique (Buénos-Ayres)	0,0176	0,0154	0,0264	60-80
Australie	0,0178 0,0200	0,0175	0,0308	30-50
—	0,0198-0,0220	0,0200	0,0308	120
Guanaco du Jardin d'acclimatation	0,0200	0,0175	0,0220	80-90
Alpaca croisé avec *lama* femelle du Jardin d'acclimatation	0,0200	0,0132	0,0310	90-100
— jars	0,0880	»	»	»
Australie	0,0200-0,0220	0,0175	0,0242	110
—	0,0220	0,0175	0,0440	20-50
France (Bourgogne)	0,0220	0,0175	0,0352	90
— (Champagne)	0,0220	0,0187	0,0374	80
— (Mauchamp)	0,0220	0,0154	0,0308	70-85
Australie (Sydney)	0,0220	0,0132	0,0264	80-120
Russie (Don)	0,0220	0,0175	0,0264	130
France (Champagne)	0,0235	0,0200	0,0260	80-100
Afrique (laine peignée d'Oran)	0,0235	0,0300	0,0430	100-120
Poil de chèvre	0,0260	0,0165	0,0300	100-120
Irlande (laine lustrée)	0,0260	0,0260	0,0500	180-240
Laine usée	0,0264	0,0220	0,0310	5-15
— anglaise	0,0265	0,0265	0,0330	140
France (Lozère)	0,0265	0,9220	0,0485	80-100
— (laine dite de pays)	0,0300	0,0200	0,0330	100-110
Angleterre (Yorkshire 1re qualité)	0,0308	0,0264	0,0440	200
Mélange de laines longues anglaises et de china-grass	0,0325	0,0300	0,0400	250
Angleterre (Yorkshire 2e qualité)	0,0330	0,0200	0,0525	200
France (pays de Caux)	0,0330	0,0210	0,0500	180-220
Russie	0,0330	0,0200	0,0760	150
Angleterre (Kent)	0,0352	0,0330	0,0625	180-220
— (Leicestershire)	0,0360	0,0280	0,0430	150-180
Hollande	0,0360	0,0300	0,0430	250-300
Autriche (Gallicie)	0,0600	0,0485	0,1055	250-300

* NOTA. L'unité de mesure pour les épaisseurs est la centième partie du millimètre = $0^{m},00001$, l'unité pour les longueurs est le millimètre.

On connaît dans le commerce des laines d'Allemagne ou laine courte jusqu'à sept catégories, basées sur leurs finesses, d'après M. Schmidt de Hottenheim [1]. Les dimensions correspondantes aux différentes classes, telles qu'elles sont désignées, seraient les suivantes, d'après l'ordre de leurs qualités et valeurs.

DÉSIGNATION DES CLASSES.		NOMBRE DE BRINS par MILLIMÈTRE DE SURFACE.	DÉSIGNATION DES FINESSES EXTRÊMES par surface de millimètre.
			mm. à mm.
Laine	Electorale superfine...	60	0,01663 à 0,01778
	Electorale fine........	53	0,01778 à 0,02085
I.	Prime...............	47	0,02185 à 0,02177
II.	Prime...............	42	0,02268 à 0,02314
	Seconde.............	39	0,02314 à 0,02667
	Troisième...........	33	0,02740 à 0,03326
	Quatrième...........	28	0,03556 à 0,03975

§ 2. — Rapport entre les qualités et les vrillements des brins.

Nous avons déjà établi cette particularité si remarquable du vrillement des laines. Si nous avons bien fait saisir ses causes, on comprendra que ce caractère sera d'autant plus prononcé, et la disposition des petites spires d'autant plus régulière, et en plus grand nombre par unité de longueur, que le filament laineux sera plus fin. Ce fait se réalise au point qu'on a pu établir une corrélation d'une assez grande précision entre le nombre de petits vrillements ou le *frisé* par unité, et les finesses et qualités des brins auxquels ils appartiennent. Si on classe toutes les variétés de ces sortes, comme l'ont fait les anciens propriétaires du célèbre troupeau de Naz, MM. Perrault

[1] *Die Schafzucht und Wollkunde von Schmidt.* Stutgard, 1852.

de Jotemps, Fabry et Giraud (de l'Ain), en quatre grandes catégories, en laine de *haute finesse*, de *belle finesse*, de *finesse médiocre*, et de *finesse inférieure*, on arrive aux relations suivantes, constatées par ces habiles producteurs.

	LONGUEUR DES BRINS en centimètres.	ÉPAISSEUR en fractions de millimètre.	NOMBRE DE SPIRES par longueur	NOMBRE DE SPIRES au centimètre.
	m.	m. m.		m. m.
1re Haute finesse....	0,056	0,013 à 0,02	56 à 75	10 à 13,57
2e Belle finesse....	0.06	0,02 à 0,025	48 à 52	8 à 8,60
3e Finesse médiocre	0,08	0.025 à 0,0313	44 à 48	5,5 à 6,00
4e Finesse infér....	0,08	0,031 à 0,05	40 à 46	5,00 à 5,77

Il est à remarquer que la différence entre les rapports des finesses et le nombre des vrillements ne varie pas d'après la même proportion; tandis que le rapport des finesses entre la première et quatrième qualité est d'un peu plus de 1 : 4; celui du nombre des vrillemements par unité de longueur, dépasse légèrement le rapport de 1 : 2.

Les éleveurs allemands vont plus loin dans cette classification, puisqu'ils établissent les six catégories que nous avons indiquées précédemment. M. Schmidt donne leur vrillement sur un diagramme d'une hauteur de $0^m,0623$, que nous représentons (fig. 19, pl. III). Chacune des classes est représentée à sa longueur naturelle, avec le nombre le plus élevé de ses vrillements vus dans leur plus grande régularité.

§ 3. — Ténacité, ductilité et élasticité des laines et des poils.

La forme particulière des filaments laineux leur donne des propriétés spéciales. Dans la plupart des substances textiles, on peut en quelque sorte confondre la propriété d'allongement, ou leur ductilité, avec leur force élastique ; celle-ci est alors, en général, en raison directe de sa capacitité d'allongement ; pour les brins de la laine, et surtout de la laine vrillée, la force élastique qui réagit pour leur faire reprendre leur volume primitif et leur état naturel, lorsqu'on les comprime, tient surtout à leur forme contournée ; cette propriété est en raison directe de la finesse et surtout de la *réduction* du vrillement : plus une laine est fine et frisée et plus sa force expansive est grande ; elle est tellement sensible qu'on peut l'apprécier à la main, et par le gonflement qui s'opère, si on cesse de la presser. Cette propriété se manifeste encore pour les laines communes dont on se sert pour les couchages, comme l'a démontré M. de Laterrière par des expériences directes dans son *Manuel de la literie*, relatées plus loin ; mais la *ductilité*, c'est-à-dire la propriété des substances à s'étendre, en vertu de la nature de la matière qui les compose, ne varie pas de la même manière, elle reste à peu près dans le même rapport pour les fibres saines, de bonne nature, quel que soit d'ailleurs leur degré de finesse et de vrillement. Elle est, en général, de 1/10 de la longueur, d'après les nombreuses expériences auxquelles nous nous sommes livrés, c'est-à-dire qu'un brin de laine du Don, par exemple, de $0^m,20$ de longueur s'est allongé de $0^m,02$ avant de rompre, et l'allongement d'un filament de laine vrillée de $0^m,06$ a été dans le même cas de $0^m,006$. Le rapport pour la ductilité resterait, par conséquent, constant ; mais dans ces constatations, comme dans celle des finesses et de la résistance, on rencontre à chaque pas des anomalies. Les résistances à la rupture de ces deux échantillons ont été, pour la laine d'une finesse de $0^{mm},015$, de 6 grammes, et pour la laine du Don d'une finesse de $0^{mm},032$, de 10 grammes ; les résistances sont par conséquent, entre elles, en raison inverse des carrés des surfaces ou des sections des brins. Quoique cette loi ne se réalise pas toujours avec une précision mathématique, on peut néanmoins affirmer que les brins fins ont proportionnellement plus de ténacité que les gros.

Si ces sortes de matières ne présentaient pas tant d'irrégularités (d'une grande importance, malgré leur faible apparence, à cause des nombreux brins des plus petites mèches), on pourrait admettre les lois suivantes :

La résistance des brins de la laine et des poils est en raison inverse de la surface de leur section ;

Leur ductilité ou degré d'allongement est proportionnel, toutes choses égales, d'ailleurs, à leur longueur;

Et leur élasticité est en raison directe de leurs finesses et du nombre de vrillements, et en raison inverse du diamètre de leur brin et du nombre de leurs spires par unité de longueur.

Ce sont plutôt là des règles approximatives que des lois d'une exactitude rigoureuse, si difficiles à établir, nous le répétons, sans rencontrer à chaque pas des anomalies, dont il est bon de pouvoir se rendre compte dans les cas particuliers où se trouve la matière. Or, il y a pour le praticien trois moyens immédiats de constater la valeur de la laine qu'il emploie :

1° L'appréciation par la vue et le toucher ;

2° Par la détermination exacte et mathématique de la ténacité, de la ductilité et de l'élasticité des brins.

3° Par la détermination précise de la ténacité et la ductilité des fils qui en résultent.

La première méthode, la méthode empirique est la seule généralement en usage ; on peut dire d'elle, tant vaut l'appréciateur, tant vaut l'appréciation. Une grande habileté, des dispositions spéciales et une expérience consommée sont nécessaires pour devenir expert. Mais nous pensons que la compétence s'acquerrait plus rapidement, si l'industriel ou le négociant cherchait à se rendre compte de la valeur rigoureuse de ses appréciations, par des moyens plus précis que nous allons examiner.

Dynamomètre pour essayer et comparer la force des laines et des poils. — M. Régnier, ancien conservateur du Musée central d'artillerie, a construit, il y a plus d'un demi-siècle, un petit dynamomètre dont nous nous servons journellement pour essayer des brins textiles, qui mériterait d'être plus connu et répandu qu'il ne l'est. Nous donnons par conséquent sa disposition ci-contre (fig. 7).

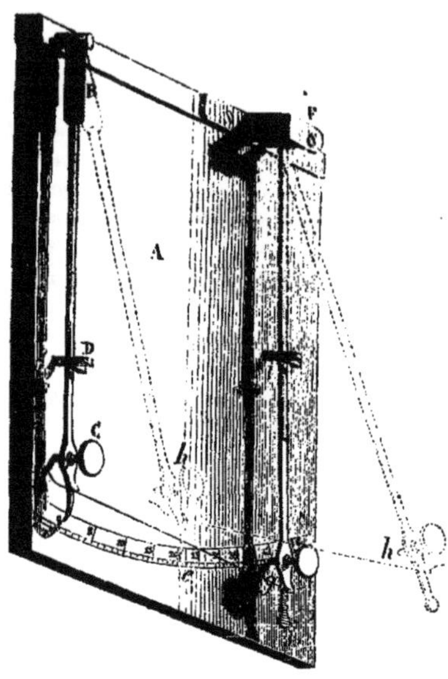

Fig. 7.

L'appareil se compose des parties suivantes :

A. Planchette en bois noir de $0^m,15$ de long sur $0^m,10$ de large.

B. Paillette à ressort à laquelle est fixée un bras de levier en laiton terminé par une aiguille.

C. Vis de pression pour serrer dans la pince à laquelle elle se rapporte le brin à éprouver.

D. Petit crochet d'arrêt qui porte à zéro l'aiguille de l'instrument.

ee. Portion de cercle graduée en grammes, pour indiquer la force du brin soumis à l'essai.

F. Pivot d'un second bras de levier à pince qui sert de conducteur au brin.

g. Vis de pression pour serrer l'autre extrémité du brin dont l'extrémité opposée est maintenue dans la pince C.

hh. Position ponctuée des deux aiguilles lorsqu'elles se déplacent pendant l'opération.

i. Arrêt pour empêcher de forcer le ressort du premier levier.

Usage de l'appareil. — On commence par desserrer la vis C de la pince du levier à ressort B, on y place une des extrémités du brin, et on resserre la vis suffisamment pour le fixer; on fixe ensuite l'autre extrémité du même brin de la même manière, le filament se trouve ainsi tendu sur une longueur de $0^m,08$. On fait agir doucement le levier à pivot F, on suit le déplacement du levier à ressort B jusqu'au moment de la rupture, on note alors le degré et le nombre de grammes où l'aiguille à ressort s'est arrêtée sur l'arc gradué.

Mais ce petit instrument n'est pas toujours d'une application facile lorsque les brins ont une très-grande finesse et sont très-élastiques; on ne peut pas non plus suivre facilement leur allongement, et les résultats pouvant varier par l'action directe de la main qui agit sur les bras de levier, on ne doit s'en servir que pour des renseignements qui n'ont pas besoin d'une très-grande précision, à moins d'opérer avec un soin tout particulier, ce qui n'est pas possible pendant longtemps dans une besogne de ce genre, car les yeux et les mains se fatiguent vite.

Afin d'éviter ces inconvénients et de pouvoir opérer au moyen d'un même instrument avec facilité et sans aucune sujétion particulière, aussi bien sur des filaments que sur des fils de toutes espèces, et de pouvoir indiquer en même temps la torsion la plus favorable à leur donner, nous avons fait construire pour notre usage, depuis une dixaine d'années, un appareil qui commence à fixer l'attention des industriels par les conséquences avantageuses de son emploi.

Expérimentateurs des fils. — L'instrument peut servir à l'essai de filaments qui auraient à peine deux centimètres de longueur aussi bien que pour des fils de un mètre, et plus, au besoin ; son principe est applicable aussi bien aux filaments les plus délicats qu'à l'essai des cordes, cordages, tresses, etc. Il peut servir aux préparations non tordues, et aux fils les plus tors, et enregistrer les résultats avec une précision absolue. Il suffit de le faire étaloner et exécuter avec une solidité en rapport avec la ténacité des substances auxquelles on le destine.

La description suivante de l'appareil représenté planche IV, figures 1, 2 et 3, va d'ailleurs compléter cet exposé et fera comprendre la facilité de la manœuvre et les services que l'appareil peut rendre.

La figure 1 est une élévation de profil, la figure 2 une coupe verticale dans le sens de la longueur, et la figure 3 le plan de l'instrument. — I. Appareil dynamométrique proprement dit, avec son cadran, son aiguille et sa pince d'attache agissant sur un poids dont l'action, pour de petites forces, nous paraît préférable à celle d'un ressort avec tendeur. Les crochets, tordeurs ou détordeurs à volonté, *r p*, sont destinés à recevoir les extrémités du fil ; les transmissions de mouvement entre cet axe et les aiguilles établies sur un cadran vertical R ont pour but d'enregistrer le nombre de tours opérés par l'axe. Chacune des deux parties de l'instrument, dynamomètre et compteur peut être fixe ou mobile, à volonté. L'appareil dynamométrique, monté sur des galets *g g*, avancera ou reculera, suivant que la vis *v* sera desserrée; on le maintiendra en place par le serrage. Le mouvement ou le repos est obtenu d'une manière analogue dans le chariot du compteur de torsion, en serrant ou en desserrant la vis de l'écrou *z*, et au moyen de l'action sur la manivelle M, qui, par l'entremise d'un pignon, agira sur la crémaillère *o* fixée au chariot du compteur R; celui-ci avancera par conséquent.

On peut aussi approcher les deux pinces ou crochets d'attache jusqu'au contact, ou les éloigner d'une quantité quelconque, de 1 mètre par exemple, sur une échelle soigneusement divisée, où la lecture est facilitée par les tiges ou indicateurs *i i*. L'échelle est pliante pour rendre l'instrument moins encombrant. Quoique les expériences puissent avoir lieu sur des longueurs de 1 mètre, l'appareil peut néanmoins être placé dans une boîte de $0^m,50$ de longueur.

Points d'attache. — Les points d'attache *r r* sont disposés de façon à ce que la traction ait toujours lieu sur l'axe du fil; celui-ci est d'abord passé dans une pince ou fente *p*, puis dans le crochet recourbé *r*, ou bien encore l'une des deux mâchoires de la pince *p* est à articulation, susceptible d'être serrée par une petite vis lorsque le fil y est entré. Cette dernière disposition rend la fixation du fil plus facile et plus sûre.

Correspondance entre le poids et l'aiguille du dynamomètre. — Une tige horizontale (fig. 2) porte à l'une des extrémités le crochet ou la pince *r*, et le poids *p* à l'autre. Cette tige avance lorsqu'on agit sur le crochet et donne une certaine inclinaison au poids, par suite de son assemblage à articulation avec la tige. Un petit taquet placé sur la tige avance avec celle-ci lorsqu'elle est sollicitée, et agit sur l'extrémité en équerre *b* de la crémaillère, qui engrène avec le pignon placé sur l'axe du pivot vertical portant l'aiguille indicatrice L du cadran dynamométrique. Il résulte de cette disposition que le taquet n'agit sur l'aiguille que pendant la durée de l'action sur le fil; si son adhérence et son action cessent à la rupture du fil, l'immobilité de l'aiguille en est la conséquence. Elle n'enregistre donc absolument que la résultante de l'action à laquelle le fil a été soumis, le mouvement de l'aiguille n'étant possible que sous l'influence de la traction. L'observateur n'a donc pas à s'en préoccuper pour saisir au vol la division sur laquelle elle s'arrête lors de la rupture, comme cela a lieu dans la plupart des dynamomètres, où l'action de la force vive se continue sur l'aiguille après la rupture du fil. Afin d'amortir l'effet de la réaction de la tige et de son poids, à leur retour rapide après la rupture, ils agissent sur une crémaillère courbe *m* assemblée au contre-poids *p*, dont les dents engrènent avec un petit pignon placé sur l'axe d'un volant V auquel l'action rétrograde du système imprime un mouvement plus ou moins accéléré, sans qu'il y ait de choc ni de danger pour la conservation des pièces qui constituent la précision de l'appareil.

Compteur d'ouvraison. — Nous conservons ce nom plus spécialement en usage dans l'industrie de la soie; il forme une partie de notre appareil suivant la désignation précédente, tandis que dans l'industrie des soies il constitue toujours un instrument isolé, séparé. Nous l'avons simplifié tout en le réunissant à un sérimètre. Pour les expériences des fils de soie, comme pour les autres matières, le compteur d'ouvraison a toujours pour but, un fil tordu étant donné, d'en compter le nombre de tours pour unité de longueur. Nous ajoutons qu'il doit en outre indiquer la limite de torsion la plus convenable à un produit déterminé. A cet effet, nous avons rendu mobile l'un des points d'attache *r* du fil; sa rotation donne le mouvement à une paire de petites roues coniques qui commandent l'axe de l'aiguille *s* du compteur principal ou des unités; chaque tour entier de celui-ci correspond à une des divisions du petit cadran et est enregistré par la petite aiguille. Nous n'avons pas à nous étendre davantage sur cette disposition, qui est celle de tous les compteurs de ce genre.

Manière de procéder. — Si l'on veut se servir de l'instrument pour constater seulement l'élasticité et la ténacité, on fixe le dynamomètre I de façon à ce que l'indicateur *i* corresponde au zéro de l'échelle, et on arrête le compteur à une distance réglée sur la longueur du fil à essayer; on place l'aiguille du cadran du dynamomètre au zéro et on attache le fil conformément aux indications précédentes. Pour compter le nombre de tours de torsion, l'on amène les aiguilles des compteurs à leurs zéros respectifs et l'on imprime à l'axe de rotation un mouvement dans le sens opposé à celui dans lequel le fil a été tordu, et cela jusqu'à ce qu'il y ait une détorsion complète, indiquée par le parallélisme des fibres. Comme la longueur sur laquelle on opère est donnée et les tours enregistrés par l'une ou l'autre aiguille, suivant leur nombre, on aura directement la quantité de tours par unité de longueur.

S'agit-il, au contraire, d'imprimer une torsion déterminée, on rendra l'un des deux chariots libre pour faciliter le raccourcissement correspondant à la torsion; on l'arrête lorsque l'aiguille indique le nombre voulu de tours. L'on peut ensuite essayer la ténacité du fil ainsi obtenu en procédant comme il a été dit précédemment.

Ce mode de recherches pour arriver au degré de torsion le plus convenable pour un fil donné est applicable à tous; pour les produits composés de fibres discontinues de petites longueurs, telles que le coton, les laines, la bourre de soie, on opérera sur les mèches avant de les soumettre au métier à filer; pour les soies, on agira sur les gréges simples ou multiples avant leur moulinage.

Remarquons toutefois que ces essais ont exclusivement pour but de rechercher les moyens les plus parfaits, sous le rapport de la solidité, mais que souvent dans la fabrication des fils il faut donner une torsion plus ou moins élevée, en vue des apparences et indépendamment de la question de ténacité. L'étoffe doit-elle être à surface lisse? la torsion des fils sera moindre que dans le cas où elle doit offrir du grain. Dans les cotonnades, par exemple, les articles destinés à l'impression sont tissés avec des fils moins tordus que ceux destinés au linge ou aux vêtements d'homme; mais dans l'industrie des soieries ces distinctions sont très-marquées, parce qu'il y a une grande différence entre les apparences des principaux articles. Les satins, les grenadines et les crêpes se distinguent à première vue. La différence de torsion des fils qui les composent, aussi bien que les modifications dans les armures ou modes d'entrelacement, concourt à déterminer les caractères si tranchés de ces tissus fondamentaux. L'appareil à essayer, quoique moins nécessaire dans ce cas, servira à compter non moins rapidement et avec précision la torsion de l'unité de longueur des fils dont l'analyse mécanique peut intéresser.

§ 4. — De quelques applications spéciales de l'expérimentateur des fils.

L'instrument sert aussi à mettre en évidence l'influence exercée sur le résultat par une épuration incomplète, par une action trop prolongée ou trop énergique dans les préparations premières, et par l'irrégularité dans les étirages et les torsions.

Les conséquences d'une épuration incomplète ne sont pas toutes les mêmes; tantôt les fibres conservent une certaine quantité de poussière impalpable, résidu de corps étrangers, qui masque la blancheur et la pureté de la matière, et dont le principal inconvénient est de rendre l'apparence du produit moins flatteuse; tantôt ce sont des grosseurs, petits boutons sensibles à l'œil nu, qui se perpétuent pendant toutes les transformations. Ces inégalités peuvent provenir de la nature même de la matière, ou se manifestent à la suite d'opérations mal faites, avec des outils mal entretenus, ou sur des machines dont les organes sont mal réglés. Il est bien plus facile à un habile praticien de remédier à ces dernières causes qu'aux premières. La gravité de ces défauts n'est que trop facile à démontrer au moyen de l'appareil. Ils ont surtout pour conséquence d'amoindrir considérablement la propriété élastique si précieuse à ménager pour l'opposer aux diverses actions que le fil doit subir et surtout aux chocs du tissage. En effet, supposons un fil d'un mètre de longueur, aussi parfaitement homogène que possible sur toute son étendue. Divisons-le, faisons-en deux fils de 0m,50 chacun, essayons-les tous deux au dynamomètre de l'appareil, après avoir fait une petite boucle presque imperceptible dans le milieu de la longueur de l'un d'eux. La propriété élastique de ce dernier sera alors amoindrie de moitié; le premier, exempt d'irrégularité, s'allongera de 0m,05 avant de rompre, tandis que l'allongement du second avant la rupture sera de 0m,025 à peine. Ces chiffres correspondent, bien entendu, à un fil déterminé, à une grége de soie du titre 4/5, par exemple, et varieront avec la nature et les qualités du fil et avec la position du bouton ou de la boucle; c'est-à-dire que l'amoindrissement de l'élasticité *sera en général en raison inverse de sa distance au point d'application de la force*. La présence de ces inégalités nuit aux fils en général; un fil de coton du n° 50, dont l'extension sera de 0m,03 sur une longueur de 0m,50, ne s'allongera plus que de 0m,015 avant la rupture s'il a une grosseur ou un autre défaut analogue sur le milieu de la longueur. Le fait n'est que trop vérifié en pratique par le tissage des fils de coton de l'Inde, si difficiles à débarrasser des boutons, qui amoindrissent tellement l'élasticité des fils, que les temps d'arrêts et chômages occasionnés par les ruptures sont triples au moins de ceux en bons cotons parfaitement épurés.

Les fils provenant de filaments naturellement boutonneux sont d'autant plus défectueux qu'ils ont été fatigués et énervés aux préparations, dans l'espoir, si généralement déçu, de les séparer des irrégularités qui y adhèrent.

Nous n'avons pas besoin d'invoquer les témoignages et les essais de l'appareil, pour affirmer qu'une action mécanique trop brusque ou trop prolongée sur les fils aux premières opérations amoindrit nécessairement leur ténacité, l'effet étant bien constaté par des corps plus résistants que ne le sont les filaments délicats des arts textiles.

Un effet moins connu est celui résultant de l'inégalité, de l'insuffisance ou de l'excès d'étirage. Lorsqu'on soumet à l'appareil un faisceau de fibres dont une partie seulement est convenablement développée à la traction, le faisceau tout entier ne résiste à la rupture que comme s'il n'était composé que des fibres qui ont reçu un développement uniforme et complet; il y aura inégalité de direction dans les brins lorsqu'on les tordra, et de là inégalité de résistance, et par conséquent diminution de ténacité. Il y a donc un intérêt marqué à ce que l'étirage ait lieu sur des filaments de même longueur et de même finesse, afin de pouvoir arriver à une limite maxima et à une résistance uniforme des brins élémentaires. Il ne faut cependant pas que le glissement soit exagéré, afin de ne pas trop presser, trop laminer et fatiguer les fibres les plus courtes, si elles ne sont pas toutes d'une longueur parfaitement égale, ce qui n'arrive presque jamais.

Quant à la torsion, elle peut être imprimée par l'appareil de deux façons différentes : ou en fixant deux points d'attache d'une mèche de préparation ou d'un fil, lors de la rotation imprimée à l'une des extrémités par le crochet tordeur, en laissant libre le chariot du point d'attache opposé, ou en rendant mobile l'un ou les deux crochets. Dans le premier cas, le nombre de spires sur la longueur comprise entre les deux points d'attache est égal au nombre de révolutions imprimées à l'axe de rotation. Si, par exemple, la longueur est 1 mètre et le nombre de tours mille, il y aura dans ce cas dix tours de tors par centimètre ; si la vitesse de rotation reste la même, et que la longueur diminue de moitié, la torsion sera double, c'est-à-dire 20 tours par centimètre, et ainsi de suite. La torsion est par conséquent directement proportionnelle à la vitesse de rotation imprimée au fil, et en raison inverse de la longueur sur laquelle elle est appliquée. Ces résultats seront encore les mêmes si, au lieu d'opérer sur deux points d'attache fixes, l'un des deux ou tous deux sont mobiles et se déplacent par un mouvement de translation *régulier*. Cette dernière condition est indispensable pour obtenir une répartition égale de la torsion ou un nombre uniforme de tours par unité de longueur. Supposons que, pendant la translation du premier centimètre du point d'attache mobile, la vitesse soit double à celle de sa translation dans le parcours du second centimètre de sa course; le premier recevra un nombre de spires moitié moindre du second, ou, en d'autres termes, l'étendue des spires sera moitié moindre dans le second que dans le premier centimètre, ou enfin la torsion sera double sur la seconde unité. Mais si, à ce moment, le point d'attache mobile s'arrêtant, la rotation du fil continue, la torsion se régularisera de proche en proche, jusqu'à ce que les spires soient équidistantes sur la longueur totale comprise entre les deux points d'attache, et alors le nombre de tours pourra augmenter sur la longueur si la rotation du fil continue jusqu'à ce que les spires se juxtaposent, si la substance est assez résistante pour ne pas rompre auparavant.

§ 5. — Conséquences et règles à déduire des diverses constatations qui précèdent.

1° *Des inégalités de grosseurs persistantes dans les fibres, désignées sous les noms de* nœuds *ou de* boutons, *quelles que soient leur origine ou leurs causes, ont pour conséquence de diminuer sensiblement l'élasticité et occasionnent par conséquent un amoindrissement dans la qualité du fil.*

Le praticien doit s'efforcer d'éviter ces défauts et les moyens d'y remédier varient avec les causes qui les produisent; ils sont analysés et étudiés dans les considérations générales dont chaque genre de transformation est précédé.

2° *Une action trop prolongée, trop énergique ou trop souvent répétée pour arriver à l'épuration, lors des premières préparations, affaiblit et énerve la substance. Les moyens doivent, par conséquent, être étudiés de manière à ce qu'une combinaison rationnelle et une application sobre atteignent le but.*

3° *La quantité de glissements, d'échelonnements ou d'étirages successifs à faire subir aux fibres dans les diverses transformations n'est pas arbitraire. Il y a pour chaque cas et pour chaque substance une limite moyenne à étudier, lorsque la pratique ne la connaît pas d'une façon certaine. En deçà de cette limite, le développement d'un certain nombre de fibres de la masse est insuffisant, et lors de leur réunion par la torsion, elles ne sont pas assez intimement unies pour résister également dans le produit. Si, au contraire, on exagère l'action, les fibres les moins longues de la masse subissent une extension anomale, au détriment de la solidité du résultat.*

Les préparations diverses doivent donc être pratiquées de manière à ne pas s'écarter des règles ci-dessus. Il faut également éviter d'outrer les quantités d'étirages dans le but d'opérer rapidement et économiquement, et de trop diminuer ces quantités, sous prétexte d'améliorer le travail. Il nous paraît évident que trop de glissement de la part des fibres en diminue l'élasticité et donne ce que l'on nomme dans le commerce un *fil sec ;* les étirages insuffisants du *sous-filage*, au contraire, ont pour conséquence un fil faible et peu résistant.

4° *Le but de la torsion est d'opérer la cohésion, espèce de soudure mécanique des filaments, pour les fixer dans la masse et s'opposer à leur désagrégation ; elle n'ajoute rien à la ténacité de la substance, et peut au contraire l'amoindrir, si elle est poussée trop loin ;* c'est-à-dire qu'une fibre élémentaire, ou une grége non tordue, supportera un poids aussi considérable que si elle l'était modérément, et plus considérable que si cette torsion dépassait une certaine limite. Mais si, comme la pratique l'exige, il faut, avec des filaments de 2 centimètres à peine, former des fils d'une longueur indéfinie, il est nécessaire, après les avoir échelonnés régulièrement, de leur imprimer une torsion pour fixer leurs positions relatives. Les quantités de torsion devront être en raison inverse de la longueur des filaments, car plus ils sont courts, plus le nombre de leur juxtaposition en longueur sera considérable, et plus il leur faudra imprimer de spires pour les consolider. Il résulte de cette considération, pour les fibres très-courtes (outre les difficultés de l'exécution de l'outillage, dont les organes doivent être disposés en raison de leur longueur), la nécessité de multiplier le nombre de tours, au point de rendre parfois le travail en quelque sorte impossible, à cause de la dépense supplémentaire et du peu de solidité et de netteté du fil qui en résulte. Si, en effet, on lui suppose un diamètre sensible, c'est à peine si une fibre dans ce cas pourra former une spire complète. Ces difficultés, jointes au manque d'entre-nœuds ou sutures, à la faible densité des fibres duveteuses, en général, s'ajoutent aux causes déjà données pour expliquer comment un certain nombre de ces substances végétales sont encore sans emploi industriel, malgré leur apparence flatteuse.

5° *L'exécution de la torsion, c'est-à-dire la manière de la pratiquer, a une grande influence sur l'homogénéité et la qualité du produit. Si elle est appliquée sur une longueur fixe, le nombre de tours par unité sera proportionnel au nombre de rotations imprimées au fil et en raison inverse de la distance comprise entre les deux points d'attache; si l'un des points d'attache peut cheminer, la régularité de la torsion dépendra du rapport entre le mouvement de l'organe fournisseur de la matière à tordre et l'organe tordeur mobile. Enfin une inégalité dans la répartition des spires peut être corrigée par la continuation de la torsion, lorsque la livraison de la substance a cessé.*

Ces constatations démontrent la nécessité d'apporter la plus grande précision dans les mouvements des organes d'un métier à filer, où le mécanisme tordeur se déplace toujours plus ou moins, suivant le système employé, et l'urgence de veiller sur cette partie des fonctions, lorsque le déplacement est relativement considérable et spontané, comme dans le système *mull-jenny self-acting* surtout. La régularité de la torsion n'est possible que si chaque unité de longueur de la mèche fournie reçoit un même nombre de tours de la broche tordeuse. Il y a malheureusement dans la filature des difficultés inhérentes au système même, qui s'opposent à ce qu'il en soit toujours ainsi. Les moyens connus sous les noms de *torsion* et d'*étirage supplémentaires* ont pour but de corriger ces inconvénients. Les indications de l'expérimentateur des fils font comprendre *à priori* les résultats obtenus par ces actions spéciales, sur lesquelles nous revenons d'ailleurs en traitant du filage. Afin de rechercher jusqu'à quel point les propositions précédentes sont vraies, nous nous sommes livré à des expériences nombreuses pour constater la résistance et l'élasticité des fils, ainsi que les causes qui peuvent avoir de l'influence sur leurs propriétés fondamentales. En voici quelques exemples :

Pour connaître l'effet du plus ou moins de torsion, nous avons pris deux fils en laine peignée du nº 28 produits dans les conditions identiques et ne présentant qu'une différence de torsion. Voici le résultat sur 20 expériences :

	Torsion.	Ténacité.	Allongement par centimètre.
Fil nº 28...	5 tours 1/2	111 grammes.	2,3 millimètres.
Fil nº 28...	6 — 1/2	146 —	2,6 —
Fil nº 28...	7 — 0	135 —	1,9 —

Il résulte de ces expériences que, pour un fil donné, il y a une torsion normale au-dessous et au-dessus de laquelle le produit perd de sa ténacité et de son élasticité ; l'économie, dans le premier cas, se trouve détruite par l'infériorité du résultat, et le surcroît de dépense occasionné par l'augmentation de torsion du second est une perte au détriment de la qualité.

Afin de nous rendre compte de l'influence des irrégularités provenant des préparations, nous avons essayé le même fil, après y avoir fait une légère boucle ; en voici les conséquences :

	Torsion.	Ténacité.	Allongement.
Fil nº 28.............	61/2	106 grammes.	2 millimètres.

Le produit avait donc subi une altération sensible.

Pour comparer l'influence de la torsion sur les fils diversement préparés, nous avons essayé deux fils du nº 30 chaîne, et 36 demi-chaîne :

	Torsion.	Ténacité.	Elasticité.
Fil nº 30.............	5,2	114 grammes.	1,9 millimètres.
Fil nº 30.............	6,7	137 —	1,9 —
Fil nº 36 1/2 ch.......	6,5	88 —	1,9 —
Fil nº 36 1/2 ch.......	7,17	90 —	1,9 —

Tout en acquérant une augmentation de solidité, l'élasticité n'a pas varié dans ces diverses expériences, ce qui indique que la torsion normale n'a pas été dépassée.

La trame et la chaîne du même numéro ont donné les résultats suivants :

	Torsion.	Tenacité.		Allongement.	
Trame nº 40..........	5,65	60	grammes.	1,6	millimètres.
1/2 ch. nº 40..........	8	117	—	2,2	—
1/2 ch. nº 40..........	6,6	56	—	1,5	—

Cette dernière expérience démontre bien la nécessité d'établir un rapport de torsion convenable, en raison même du mode de préparation ; car, à titre égal, une torsion plus élevée pour la demi-chaîne que pour la trame a produit des résultats inférieurs, parce qu'elle était néanmoins insuffisante, en présence de la différence du mode de transformation subie par les deux sortes de fils.

Nous donnons ces exemples plutôt comme des indications à suivre dans des essais à renouveler dans la plupart des cas par l'industriel, qu'à titre de données complètes, les résultats pouvant varier avec les mille circonstances que les praticiens connaissent au moins aussi bien que nous. Les expériences dont nous venons de parler, grâce à l'emploi de l'*expérimentateur des fils*, pouvant se faire aisément et sûrement, sans perte de temps appréciable, se réaliseront dans les ateliers avec bien plus de fruit que dans le cabinet. Elles serviront à éclairer des anomalies qui ne sont qu'apparentes, et à diriger à coup sûr dans la voie du progrès.

Nous avons choisi de préférence les fils peignés pour exemples, leur régularité permettant de déduire des règles plus nettes que lorsqu'on opère sur des fils cardés. Nous nous sommes assuré néanmoins que les indications précédentes sont applicables aux deux sortes de produits, et que l'usage de l'instrument peut être également avantageux dans les deux cas, et surtout pour les nombreux fils cardés destinés aux nouveautés et aux étoffes peu foulées en général.

§ 6. — Composition de la laine; moyens physiques et chimiques pour la distinguer des autres substances textiles.

Les divers caractères physiques des matières filamenteuses suffisent en général pour les distinguer les unes des autres lorsqu'elles sont à l'état naturel, sans préparation, sans apprêt, ni altération sensible. La constatation de la forme normale à l'œil nu, à la loupe, et au besoin au microscope, avec un grossissement modéré de la substance soit sèche, soit humectée d'eau, ou mieux d'un liquide gras, ne peut laisser de doute. Et, s'il ne s'agit que de reconnaître les origines, la combustion, la façon dont elle a lieu, l'odeur qu'elle répand, pourront servir d'indications presque toujours vraies. La matière animale, on le sait, se consume avec boursouflement et dégage l'odeur particulière de la corne brûlée. La substance végétale brûle avec clarté, sans donner de dépôt ni d'odeur; mais lorsque les filaments textiles, purs ou mélangés entre eux, ont subi les transformations auxquelles la plupart des produits sont soumis, les caractères extérieurs apparents sont souvent effacés. La laine, le coton, le lin et la soie sont aujourd'hui si fréquemment mariés entre eux, qu'il n'est pas toujours aisé de les distinguer. La difficulté augmente avec les substances d'un même règne, et les parties ou organes d'où les filaments sont extraits; il est par suite plus difficile de distinguer le lin et le jute, tirés tous deux des tiges, que de faire la différence entre ceux-ci et les duvets, et par conséquent entre ces derniers en général et le coton.

Ces distinctions sont d'autant plus délicates à établir, qu'au point de vue chimique, presque toutes les matières textiles végétales amenées à l'état de cellulose pure sont un composé de :

Carbone...............	42,11
Oxygène..............	52,83
Hydrogène............	5,06

Ces proportions varient parfois avec le plus ou moins de pureté de la substance analysée.

Il y a également une grande analogie entre la constitution chimique de la laine pure et celle de la soie. Avant de la donner, il est nécessaire de présenter quelques considérations sur la laine en suint; car, lors même qu'elle a subi un certain lavage et même un dégraissage marchand, elle n'arrive jamais pratiquement pure à l'usine, et à plus forte raison à un état de pureté complet.

Les apparences différentes de la laine en suint et dégraissée ont été mises en évidence, et la nécessité de son épuration démontrée, § 1. La constatation de la composition chimique de la matière dont les brins doivent être débarrassés, et de celle de la matière pure, intéresse les transformations industrielles. Nous avons déjà vu qu'une partie du suint qui recouvre et pénètre la laine peut être enlevée par l'action de l'eau ordinaire; le reste l'est seulement par une dissolution alcaline élevée à une certaine température, ou encore à l'état d'émulsion lorsque la partie du suint soluble dans l'eau est concentrée, et qu'elle reste un temps suffisant en contact avec la matière grasse. M. Chevreul, dans ses travaux sur la teinture de la laine, a démontré que le suint est essentiellement formé :

1° de la partie soluble contenant de la *potasse carbonatée*, du *sulfate de potasse*, du *chlorure de potassium*, du *phocénate de potasse;* d'un autre sel de potasse dont l'acide est volatil, et faiblement odorant; d'une matière *organique azotée et sulfurée;* enfin de sels savonneux à base de potasse désignés par le célèbre chimiste sous les noms de *stéarérine* et d'*élaérine*. Il y a, en outre, un sel ammoniacal [1].

2° De la partie du suint insoluble dans l'eau froide, ou partie terreuse, qui y est pour une portion à l'état de dépôt, et pour le reste en suspension dans l'eau. Cette matière contient la terre qui était attachée mécaniquement aux brins, une *matière azotée et sulfurée ;* enfin une petite quantité de *stéarérine* et d'*élaérine* à l'état d'émulsion.

Traitée à l'alcool, la laine abandonne presque toute sa matière grasse. Mais pour l'avoir tout à fait pure, on peut faire intervenir l'acide chlorhydrique. « Cet acide, dit encore M. Chevreul, n'enlève à la laine que très-peu de matière inorganique, lorsqu'elle a été dépouillée de toute matière terreuse provenant du suint.

« Il est nécessaire, quand on veut l'avoir bien pure, de la laver à l'eau pour enlever tout l'acide chlorhydrique, puis de la sécher et de la traiter par l'alcool, qui dissout un peu de matière grasse, et enfin par l'eau, pour en séparer tout l'alcool ; la laine, après ce traitement, peut être considérée comme pure.

« La laine qui a subi ce traitement diffère absolument, par une proportion notable de soufre, de la soie, qui, comme elle, est azotée ; pourtant le soufre n'est pas combiné immédiatement à la laine, mais il fait partie élémentaire d'un composé organique qui y est uni.

« Le soufre peut être séparé de la laine en faisant macérer celle-ci dans un lait de chaux pendant trente à quarante heures, la traitant successivement par l'acide chlorhydrique et par l'eau ; puis recommençant ces traitements successifs jusqu'à ce que l'eau de chaux n'enlève plus de soufre.

« Comme on peut séparer ainsi la plus grande partie de cet élément de la laine, et que celle-ci, sauf des déchirures et une

[1] MM. Maumené et Rogelet extraient pratiquement le carbonate de potasse des eaux de suint.

diminution de ténacité qu'elle a subie, après avoir été soumise jusqu'à vingt-huit fois à l'action successive de la chaux et de l'acide chlorhydrique, conserve toujours sa forme filamenteuse, on est conduit dès lors à considérer le soufre comme un élément non de la laine, mais d'un autre principe immédiat auquel elle est unie.

« La laine privée de soufre se rapproche beaucoup plus de la soie par la manière dont elle se comporte à chaud avec les sels métalliques, dont les oxydes sont susceptibles de se sulfurer facilement, qu'elle ne le faisait avant d'être désulfurée. Je reconnus que des étoffes blanches en laine avaient été tachées par un contact accidentel avec des sels de cuivre, d'antimoine, d'étain, de plomb ou de leurs oxydes, avant leur passage à la vapeur, et que, sous l'influence de cet agent, il y avait eu production d'un sulfure coloré. Je fis voir que la couleur brune que prend la laine dans le mordançage opéré avec l'acétate d'alumine, mêlé d'acétate de plomb, a la même origine, etc., etc. [1]. »

La composition d'une laine mérinos brute, séchée à 100 degrés, a donné les proportions suivantes :

Matière terreuse, qui dépose dans l'eau dans laquelle on la lave..	26,06
Suint de laine, soluble à l'eau froide..........................	32,74
Graisses particulières (stéarérine et élaérine)....................	8,57
Matières terreuses fixées par la graisse..........................	1,49
Laine proprement dite..	31,23

(M. CHEVREUL.)

Ces proportions peuvent varier, d'après ce que nous avons vu § 1. Mais, dans tous les cas, on remarquera que la moitié au moins de la quantité de substance étrangère peut être enlevée par un lavage et un trempage préalables.

[1] *Travaux de la Commission française sur l'industrie des nations*, t. V, 2me partie.

La laine ainsi épurée est composée des éléments suivants :

	Carbone.	Oxyg. et soufre.	Azote.	Hydrog. et soufre.	
D'après le docteur Ure.	53,70	31,20	12,30	2,80	
Scherer...............	50,643	24,60	17,71	7,09	traces.
Goerard.	50,00	22,00	17,7	7	3,1
Composition des poils de la barbe, d'après M. Scheerer........	51,99	24,009	17,28	6,717	
Composition de la soie.	50,69	34,14	11,33	3,94	

La science indique un certain nombre de moyens différents pour établir la distinction des substances textiles entre elles, quelque intimement qu'elles soient combinées. Voici le résumé de ces moyens :

Lorsque le microscope et la combustion ne suffiront pas, soit parce que les matières auront été préparées et combinées mécaniquement, soit parce qu'elles ont une grande analogie dans leur composition, l'on a recours à l'un des procédés suivants :

1° On place la matière à déterminer dans une éprouvette avec du papier tournesol bleu, et l'on chauffe. La réaction acide par le passage du papier bleu au rouge indiquera une substance végétale ; s'il n'y a pas d'action sur le papier bleu, mais sur le papier rouge, s'il est ramené au bleu, la matière sera d'origine animale.

2° On fait bouillir la substance à analyser dans un liquide composé de 5 parties de potasse ou de soude et de 100 parties d'eau, le coton est à peine altéré par cette ébullition, tandis que la soie se dissout ; mais cette dissolution est parfois lente lorsque la soie a subi certaines teintures [1].

[1] Pour opérer plus sûrement sur les échantillons teints, il est convenable d'enlever au préalable les matières tinctoriales, les mordants, etc., en les faisant bouillir dans de l'eau étendue d'acide oxalique, les corps étrangers disparaissent et la substance textile reste sans altération.

3° Pour éviter cet inconvénient, MM. Lebaillif et Lassaigne ont proposé de faire bouillir la substance dans une solution d'azotate et de protoxyde de mercure, qui teint la soie en une nuance amarante, tandis que le coton reste incolore; mais ce procédé ne peut convenir que pour la substance non teinte, ou à peine nuancée; la même objection s'applique au procédé de M. Maumené, qui a proposé de substituer le chlorure de zinc à l'azotate de mercure : il n'y a de différence que dans la coloration; le chlorure de zinc, qui ne nuance pas la matière végétale, teint la soie en noir. D'autres ont proposé l'acide azotique étendu, combiné à l'action de la chaleur; les fils d'origine animale sont alors nuancés en jaune, tandis que ceux du règne végétal restent incolores.

4° Pour distinguer la laine de la soie, M. Lassaigne se sert d'une dissolution froide d'oxyde de plomb par la potasse ou la soude. Ce réactif noircit la laine, qui contient toujours du soufre, et ne change pas la nuance de la soie. Si les filaments sont teints, il faut détruire la nuance au préalable par un moyen convenable.

5° M. le professeur Stefanelli, après la découverte de M. Schweitzer, de la propriété de l'ammoniure de cuivre pour dissoudre la cellulose et la soie, et de M. Schlumberger, qui a constaté que l'ammoniure de nickel la dissout également, mais n'attaque nullement la cellulose, emploie le procédé suivant : Il verse sur la substance, contenue dans une éprouvette, 10 à 12 centimètres cubes d'ammoniure ordinaire de cuivre, portant un excès d'ammoniaque, et agite le tout. La soie pure se dissout en quatre ou cinq minutes, à moins qu'elle ne soit teinte en noir; le coton, au contraire, est beaucoup moins soluble que la soie dans ce réactif, il en reste une partie, qui se précipite de suite. Mais ce moyen n'est pas très-sûr, car il n'est appréciable que si les quantités sur lesquelles on opère ne sont pas trop petites, et aussi parce que la laine se dissout également dans l'ammoniure de cuivre au moyen d'une agitation prolongée.

L'auteur, après avoir fait agir la solution pendant quatre ou six minutes sur la substance à analyser, étend la liqueur avec de l'eau; lorsqu'il observe un précipité, il décante, il y verse alors de l'acide azotique du commerce jusqu'à ce qu'il ait fait disparaître la nuance bleu foncé, et ajoute même un petit excès d'acide. On pourrait remplacer l'acide azotique par l'acide chlorhydrique; mais il ne faudrait pas employer une quantité surabondante de ce dernier, qui pourrait redissoudre tout ou partie de la cellulose très-divisée qu'il aurait d'abord précipitée, et rendre ainsi l'expérience incertaine et même erronée.

Si l'on opère comme il vient d'être dit, il se forme aussitôt, dans le cas où le mélange contient du coton, une certaine quantité de flocons très-légers, blancs ou peu colorés, uniquement composés de cellulose plus ou moins modifiée, ou de cellulose mêlée à de la substance qui la teignait. Si la substance était de la soie pure ou mélangée à de la laine, on ne voit se former, au moins pendant un certain temps après l'addition de l'acide, aucune quantité sensible de précipité. En ajoutant une plus grande proportion de réactif et en prolongeant l'action, on dissoudrait entièrement le coton, que l'on pourrait ensuite précipiter de nouveau par l'acide; la laine formerait un dernier résidu. La dissolution du coton se présente d'ailleurs en masse gélatineuse, tandis que celle de la laine conserve plus longtemps la forme de filaments.

6° Tout récemment M. Persoz fils a découvert un moyen plus simple et par conséquent plus à la portée de l'industrie courante, pour distinguer la soie, la laine et le coton contenus soit dans un même mélange, soit dans une même étoffe : il emploie le chlorure de zinc. Ce réactif détruit facilement la soie et n'a pas d'action sur la laine ni sur les fibres végétales, de telle sorte que, si on a un mélange de ces différentes substances, on pourra dissoudre d'abord la soie dans le chlorure de zinc, puis détruire la laine au moyen de la soude, de manière à ne conserver que les fibres végétales.

7° S'il s'agit de distinguer certaines fibres végétales entre elles, telles que le coton du lin, par exemple; si l'observation microscopique ne pouvait avoir lieu ou était insuffisante, on placerait les deux matières dans une huile limpide ou dans la glycérine; le lin devient alors translucide, par suite de l'action capillaire du liquide entre les faisceaux microscopiques, tandis que le coton resterait relativement opaque.

8° Les mélanges de lin, de phormium et de substances analogues peuvent se distinguer, d'après les recherches de M. Vincent, de la manière suivante : on soumet au chlore liquide, pendant une minute, les matières à reconnaître, on les étend sur une assiette en porcelaine et on les arrose de quelques gouttes d'ammoniaque; il y a coloration en brun foncé du phormium, les nuances déterminées sur le lin et le chanvre sont beaucoup plus claires; ce sont des teintes brun clair, orangés et fauves, qui ne peuvent se confondre avec la coloration du brun rougeâtre du phormium. Mais ce procédé n'est à peu près efficace que lorsqu'il s'agit de fibres ou de fils écrus ou imparfaitement blanchis; car à l'état de blanchiment parfait ou de cellulose pure, les différences de teintes sont insensibles à la réaction.

§ 7. — Influence de l'humidité, de la chaleur, de la lumière, et de l'électricité, sur la laine et les fibres animales en général.

La matière cornée filiforme tubulaire, à gaîne épidermique flexible et élastique, qui constitue la laine et les poils, est nécessairement poreuse et, par conséquent, plus ou moins perméable aux fluides qui l'environnent soit d'une manière permanente dans les conditions atmosphériques ordinaires, soit d'une façon spéciale lorsqu'on les transforme dans un but déterminé. Leur présence pouvant devenir un obstacle ou un auxiliaire dans le travail des substances dont il s'agit, suivant leur état de concentration, le moment et le degré de régularité de leur intervention, il devient utile d'examiner les modifications que chacun de ces agents peut leur faire subir. Ces connaissances nous permettront ensuite de mieux déterminer le rôle hygiénique des vêtements de laine.

Influence de l'humidité. — 1° La laine et les poils secs exposés à l'humidité, de manière à les saturer, augmentent de poids, et si leurs brins sont vrillés, ils se dévrillent plus ou moins et s'allongent sans que leur apparence en soit autrement affectée[1].

2° La quantité d'humidité absorbée et, par conséquent, l'augmentation de poids varient suivant le degré de pureté de la matière et son état pour un même poids de substance, elle est en général plus grande pour la laine en suint que pour la laine dégraissée, et elle diminue successivement si on opère sur du fil ou de l'étoffe. M. Chevreul a trouvé les chiffres suivants pour les différents cas et pour l'unité de poids de 100 desséché dans le vide.

	Absolument sèche.	A l'air saturé d'humidité à 18°.
Laine mérinos en suint...........	100	182,40
Laine mérinos désuintée..........	100	130,71
Laine mérinos pure..............	100	138,14
Fil de laine.....................	100	134.57
Drap de laine feutré blanc........	100	132,75

[1] On considère l'humidité du climat comme l'un des éléments qui déterminent l'aplatissement et la longueur des laines de certaines races, de celle des moutons de la Hollande, de l'Angleterre, de l'Anatolie, de la Syrie, de la Perse, etc. Les anatomistes démontrent que cette influence agit de la même manière sur les fourrures de toutes les espèces animales. On sait aussi que Saussure a utilisé cette propriété d'allongement pour construire son hygromètre à cheveu.

Ainsi donc, la laine séchée à l'absolu et complétement purgée d'air peut augmenter de 82,40 pour 100 ; et à l'état de drap, elle n'absorbe plus que 32,75 pour 100, si on lui laisse prendre toute l'humidité dont elle peut se pénétrer. Ce fait démontre toute l'influence de l'état de la matière sur ses propriétés absorbantes ; toutes choses égales d'ailleurs, elle paraît être sous un poids égal en raison du volume occupé.

Nous ne donnons ces exemples pour le moment que pour démontrer l'influence de l'humidité dans les cas extrêmes, et lorsque la matière est dans les deux conditions exceptionnelles de siccité absolue et de saturation hygrométrique.

Si, au lieu de la soustraire à l'air, on l'y expose, la faculté hygrométrique change ; c'est à l'état de filaments qu'elle se charge le moins, et à l'état de tissus que le poids s'élève le plus. Voici les chiffres.

		Dans l'air à 23° et hygr.
Laine de mérinos en suint passe de..	100 à 107	75,02
Laine mérinos désuintée...........	100 à 111,05	
Laine mérinos pure..............	100 à 111,85	
Fils de laine..........................	109,04	
Drap de laine feutré blanc.............	113,96	

Ces résultats prouvent évidemment que la perméabilité paraît être en raison inverse de la quantité d'air interposée dans la substance, et nous indiquent que les étoffes duveteuses à poils sont plus imperméables que les tissus ras. D'après les expériences du docteur Stark, la perméabilité des laines exposées à l'humidité est variable avec leurs couleurs, toutes choses égales d'ailleurs. La laine blanche est celle qui en absorbe le moins; la noire, au contraire, en prend le plus. Cette dernière, exposée à la rosée, avait acquis un poids double de celui gagné par la première dans les mêmes conditions. Voici les chiffres :

30 grains de laine noire avaient gagné..	52 grains.
Laine vert foncé......................	45 —

Écarlate.......................... 25 grains.
Blanche.......................... 20 —

Il faut donc reconnaître que, quel que soit l'état dans lequel se présente la laine, elle peut être chargée d'une quantité variable d'eau plus ou moins appréciable, susceptible de troubler les estimations de sa valeur lorsque les transactions commerciales ont lieu au poids.

Les établissements désignés sous le nom de *conditions publiques* ont pour but d'établir le poids réel de la substance complétement sèche. Le principe de leurs opérations repose sur le pesage d'une partie, d'une balle, par exemple, dont on veut constater le degré d'humidité; on en extrait un certain nombre d'échantillons, on les pèse avant et après leur dessiccation absolue dans un appareil spécial [1], on établit ensuite par une règle de proportion le poids de la masse comme si elle était entièrement sèche, ce qui n'arrive jamais dans la pratique, l'air contenant toujours un certain degré d'humidité qui charge en moyenne la laine de 13 pour 100. Cette augmentation est ce qu'on nomme dans les affaires le *poids de tolérance*, c'est une espèce de fiction admise par les parties contractantes et basée sur l'état hygrométrique ordinaire de la laine en transformation.

En effet, si on conditionne la laine à la sortie du peignage, par exemple, entièrement sèche, elle perdra presque constamment 13 pour 100 de son poids. Ce chiffre, qui peut être considéré comme la quantité d'humidité absorbée dans les conditions normales, justifie les 15 pour 100 de *reprise* accordée dans la pratique. Cependant, il se présente souvent des périodes dans les transformations et des conditions atmosphériques suivant les saisons où les laines absorbent une quantité plus ou moins

[1] Voir la description de l'appareil dans l'*Essai sur l'industrie des matières textiles*, par Michel Alcan, chez Lacroix, 15, quai Malaquais.

grande d'humidité. A la sortie des préparations de la lisseuse, par exemple, l'augmentation peut atteindre jusqu'à 20 pour 100 et même plus. Cette proportion varie également avec les mois de l'année. L'humidité est naturellement bien moindre dans la saison chaude que dans les temps pluvieux; aussi les chiffres enregistrés à cet effet dans les conditions publiques varient-ils mensuellement et dans des proportions assez régulières pour chaque année. Nous trouvons par exemple qu'à la *condition de Paris*, pendant les mois de janvier des années 1854, 1855, 1856, 1857 et 1858, les chiffres d'humidité ont dépassé les 15 pour 100 de la reprise normale de 3,198, 3,053, 3,248, 3,402, 3,144 qui forment une moyenne de 3,209 pour 100. Pour le mois d'août des mêmes années, ces augmentations ont varié de la manière suivante : 1,861, 1,979, 2,184, 0,969, 1,379, dont la moyenne est de 1,522 pour 100. Ces chiffres sont des extrêmes générales; mais il se présente parfois des cas où les quantités varient davantage encore en plus ou en moins. Cette présence constante de l'humidité dans les brins n'est pas sans influence sur le numéro ou titre du fil, celui-ci étant le rapport entre une unité de poids et une unité de longueur; celle-ci n'augmentant pas en raison de l'augmentation du premier, il en résulte des modifications de titrage sur lesquels nous revenons en traitant de ce sujet. La marche des transformations est également influencée par l'humidité : elle leur vient en aide toutes les fois que les opérations tendent au redressement des fibres, comme cela a lieu dans les préparations du peignage et de la filature; si les ateliers dans lesquels le travail s'exerce ne sont pas à un certain degré hygrométrique, le redressement et les étirages présentent des difficultés; mais pour que l'intervention de l'atmosphère humide ait toute son efficacité, sa température n'est pas indifférente; il est donc nécessaire d'examiner les modifications apportées par la chaleur sèche et humide sur les filaments laineux.

Influence de la chaleur sèche sur les fibres animales. — Exposé à un courant d'air chaud par l'une de ses extrémités, l'on voit un brin de laine ou un poil se tourmenter, se tortiller et se contourner plus ou moins, ce qui est l'indice de la lenteur relative avec laquelle se propage le calorique dans le brin; la température ne s'uniformisant qu'après un certain temps, il en résulte des dilatations et des contractations dans les points voisins qui déterminent les mouvements dont il vient d'être question : ils sont d'autant plus sensibles que le brin est plus ténu et la température plus élevée.

L'effet de vrillement peut être passager et cesser avec l'action de la chaleur, ou persister après que le brin a été soustrait au calorique, suivant les conditions dans lesquelles il a été appliqué. Si le brin est libre, abandonné à lui-même, le vrillement cessera avec l'action qui l'a déterminé; mais s'il est fixé au préalable d'une certaine façon, si on l'enroule par exemple en spirale autour d'un axe quelconque, de manière à le chauffer à un certain degré seulement et à le laisser revenir à sa température primitive, les spires persisteront après le déroulement du brin, surtout si on les fixe en quelque sorte par un passage à la vapeur avant de les dérouler. Ces faits indiquent expérimentalement ce que tout le monde connaît sur la lenteur de la propagation du calorique dans la laine, ou sa faible conductibilité[1].

Ils peuvent devenir nuisibles dans les transformations où le redressement, l'échelonnement et le glissement des fibres sont pratiqués; l'action de la chaleur sèche doit, par conséquent y être évitée; mais elle peut, au contraire, être utilisée pour arriver à donner certains caractères nouveaux aux fibres et aux fils en matières animales et, par suite, aux étoffes qui

[1] C'est à ces effets combinés de la chaleur et de l'humidité qu'un naturaliste attribue les cheveux mous et frisés des Malais, la frisure des poils du chat d'Angora, de la chèvre de Cachemire, du chien bichon de Malte, les plumes des aigrettes, des oiseaux de paradis, etc. (Blumenbach).

en dérivent. Disons incidemment que c'est sur cette propriété du principe de l'action alternative de l'échauffement et du refroidissement des fils disposés convenablement que repose la fabrication de certains articles imitant la fourrure d'Astrakan, les aigrettes des plumes, etc., dont nous parlons plus loin. Nous devons ajouter que tous les effets de cette nature ne sont avantageusement possibles qu'à une température modérée; si la température de l'air ou du corps en contact de la matière animale dépassait 80 degrés environ, les brins en subiraient une modification, ils perdraient de leur douceur au toucher et de leur ductilité, pour une même température l'action de l'air qui se renouvelle est moins fâcheuse que celle du contact d'un corps métallique.

Influence de la chaleur humide. — L'eau chaude, ayant la propriété de ramollir plus ou moins les matières cornées en général, même les plus dures, si la température est suffisante et l'action assez prolongée, elle déterminera par conséquent le même effet sur les poils en général, l'action de l'humidité chaude facilite le redressement des brins et augmente leur ductilité, sa présence dans l'air des ateliers de filatures et son intervention directe dans une foule d'occasions sont nécessaires et même indispensables; sans cette action, en effet, le peignage, les étirages et les préparations seraient laborieuses, irrégulières, à peine possibles, surtout dans l'industrie de la laine peignée. Le feutrage serait une cause de détérioration et de destruction, si on ne la faisait intervenir, et un certain nombre d'apprêts, tant de la draperie que des tissus ras reposent également sur son influence.

Mais la température humide trop élevée, agissant sur des masses de brins, les influencera d'autant plus qu'ils seront plus fins. Aussi les couleurs et les nuances qu'on ne peut appliquer qu'à une température élevée, telles, par exemple, que les couleurs mordancées produites au bouillon, qui comprennent presque toutes les nuances, excepté le blanc et le bleu d'indigo à la cuve, sont-elles difficiles à filer, à feutrer et à travailler, demandent une force motrice plus considérable, plus de temps, détériorent plus rapidement les cardes et autres outils par lesquels on les fait passer, et les étoffes qui en sont produites ont toujours moins de douceur au toucher, moins de ténacité et de résistance à l'usage. Si on découvrait un procédé économique de teinture solide à une chaleur moindre pour les couleurs dont nous parlons, il constituerait un progrès notable dans la fabrication des lainages.

Influence des couleurs. — Il résulte des expériences des savants sur le pouvoir absorbant et émissif des corps en général que les couleurs influencent sensiblement ces propriétés. M. le docteur Stark s'est livré spécialement, sur la laine de différentes couleurs, à des observations de ce genre desquelles il résulte :

1° *Que la durée de l'absorption de la chaleur et du refroidissement varie avec les couleurs des laines ;*

2° *Que les propriétés absorbantes et émissives varient pour la laine comme pour les autres corps, suivant la même loi, c'est-à-dire que la laine qui met le moins de temps pour élever sa température, est aussi celle pour laquelle elle s'abaisse le plus rapidement.*

Ainsi, une même quantité de laine s'éleva de 10 degrés à 76°,66 centigrades dans les temps suivants :

Laine noire	4 minutes	30 secondes.
Laine vert foncé	5 —	00 —
Laine écarlate	5 —	30 —
Laine blanche	8 —	00 —

Et pour descendre de 80 degrés à 10 degrés centigrades, les mêmes laines mirent les temps suivants :

Laine noire	21 minutes.
Laine vert foncé	25 —
Laine écarlate	26 —
Laine blanche	27 —

Ces résultats devraient être pris en considération par les industriels dans la question du séchage des laines et des lainages, comme nous le disons plus loin, lorsque des couleurs différentes sont soumises à l'action de la chaleur. Il est évident que si on laissait la substance noire aussi longtemps que la blanche dans le séchoir, la première durcirait et pourrait se détériorer sensiblement. Toutefois les blancs ne peuvent supporter une température trop élevée ou trop prolongée sans jaunir; cette altération influe également sur la vivacité des nuances lorsque les tissus doivent être teints en pièce[1].

Influence de la lumière. — L'action de la lumière diffuse paraît être la même que celle de la chaleur sur les laines et les lainages; trop élevée, dépassant 60 degrés environ, elle racornit, durcit et affaiblit l'élasticité et produit les conséquences fâcheuses de la chaleur, mais c'est à l'action de la lumière vive des rayons solaires que se manifeste surtout pratiquement sur les lainages l'effet des couleurs différentes; il faut sensi-

[1] Le travail du docteur Stark, d'Edimbourg, communiqué à la Société royale de Londres en 1833, et analysé par M. G. Trevet, de Caen, dans le tome XII, 2me partie, des *Annales d'hygiène publique et de médecine légale*, d'où nous avons extrait les résultats ci-dessus, donne également des observations curieuses relativement à l'influence des couleurs et de la nature des substances sur les odeurs. Le docteur Stark, par des expériences délicates et précises, a démontré que les facultés absorbantes et émissives de la laine blanche ou teinte sont les mêmes que pour la chaleur et la lumière. C'est-à-dire que le noir absorbe plus facilement et plus rapidement les émanations odorantes; viennent ensuite le rouge, le brun, le jaune et le blanc. Il résulte de ces faits, dit l'expérimentateur, que les habits noirs adoptés, en général, par les médecins, ont le plus de faculté à absorber et à exhaler les odeurs, et sont les plus dangereux pour eux et leurs malades; il termine son mémoire en citant des exemples de l'influence fâcheuse des vêtements noirs dans beaucoup de cas et surtout dans les épidémies. Il a également démontré que la soie a une plus forte attraction pour les odeurs que la laine, et celle-ci une plus forte que le coton, c'est là une nouvelle preuve de la sagesse biblique à l'égard de ses prescriptions relativement aux vêtements en substance végétale.

blement plus de temps pour sécher au soleil des laines et des étoffes blanches que des couleurs foncées. Cette observation a donc la même importance que la précédente, car si on exposait à sécher dans les mêmes conditions solaires différentes nuances, et que l'on se guidât sur la siccité de l'une pour déterminer celle de l'autre, les nuances foncées pourraient être altérées avant que le blanc et les couleurs claires fussent secs, et si on retirait celles-ci lorsque les autres seraient arrivées à point, elles pourraient être encore humides. La durée relative du séchage dépend, toutes choses égales d'ailleurs, de l'état de la substance et bien entendu de la quantité d'humidité à évaporer [1].

Nous n'avons pas à rappeler une autre action physique de la lumière sur les couleurs, la propriété décolorante, bien connue. Elle agit surtout sur les couleurs et les nuances claires fugaces, dites *des petits teints ;* celles-ci doivent donc être toujours travaillées et surtout séchées à l'abri du soleil, qui pourrait déterminer des effets d'autant plus fâcheux, qu'ils se produiraient plus irrégulièrement ; certains accidents de la fabrication, les *barrayes*, par exemple, dont il est souvent si difficile de déterminer les causes, pourraient bien n'avoir pas d'autre origine. Le praticien a, par conséquent, intérêt à ne pas perdre ces faits de vue. On sait que la lumière artificielle éclatante, et surtout celle du gaz, se conduit parfois de la même manière et peut produire des décolorations analogues et même des accidents plus graves, si le fluide n'est pas suffisamment épuré.

Influence de l'électricité. — Les effets de l'électricité sont en

[1] Ces phénomènes d'irradiation que nous avons constatés depuis longtemps dans les opérations de la pratique, viennent à l'appui de ce que nous avons dit précédemment sur le pouvoir absorbant et émissif des couleurs. M. le docteur Coulier, professeur au Val-de-Grâce, a également démontré le fait par des expériences délicates sur de petits échantillons, dans un travail concernant les vêtements militaires, inséré dans le *Journal de physiologie de l'homme et des animaux* (janvier 1858).

quelque sorte permanents sur les laines et les étoffes de laine sèche. Le fluide peut s'accumuler et arriver à une grande tension, surtout pendant leur transformation, où des organes métalliques sont constamment en mouvement au contact des filaments laineux, si peu conducteurs ; aussi peut-on remarquer la présence du fluide dans la pratique de presque toutes les opérations où la laine est travaillée à sec, et surtout dans celles de la filature. Aux premières machines, par exemple, aux *ouvreuses*, et surtout à l'*égratroneuse*, les fibres, au lieu de sortir librement des conduits pratiqués à cet effet, y adhèrent, et ne peuvent en être expulsées qu'avec le concours de l'humidité, qui donne la conductibilité suffisante à la matière pour que le fluide électrique s'en dégage. A la sortie des cardes, où la nappe doit se détacher d'une façon uniforme, homogène et veule, sous la forme d'un éventail, le sommet de cette nappe trapézoïdale s'engage, en général, dans un orifice en entonnoir, pour se mouler sous la forme d'un ruban régulier. Or, il arrive, par un temps sec, chaud ou froid, que la nappe en éventail se boursoufle, se gonfle et se dilate irrégulièrement au point de ne plus pouvoir passer par l'entonnoir, si on ne détruit pas l'effet électrique, et, comme on ne peut mouiller la laine en cet état sans inconvénient et sans qu'une personne en soit constamment occupée, on y remédie par la détermination d'un courant d'air chaud, en plaçant une lumière d'une façon convenable sous la nappe rebelle.

Quoique toutes les tranformations à sec donnent lieu à des dégagements analogues, c'est surtout sur les pièces étendues et sèches, c'est-à-dire sur les appareils à ramer, que l'on peut constater leurs propriétés électriques d'une manière bien évidente. Lorsqu'un drap est très-sec, il fera redresser les cheveux et les poils, si on en approche la tête ; l'action se fera même sentir sur la peau, malgré les vêtements, et parfois les corpuscules légers de l'atmosphère viennent adhérer à l'étoffe, de manière à nécessiter un brossage spécial; si l'on dépose le drap dans une pièce un peu obscure, le moindre frottement peut en faire dégager des étincelles lumineuses aussi étendues que celles d'une machine électrique.

Si l'électricité produit dans le travail des obstacles analogues à ceux d'une température sèche trop élevée, la persistance des effets sur les produits n'est cependant pas démontrée; on peut supposer, au contraire, que les brins ne conservent pas d'altération quand l'action électrique a cessé. Il y a donc là une différence entre la chaleur et le fluide électrique; ce dernier ne paraît apporter jusqu'ici que des perturbations momentanées sur les manutentions de la matière, perturbations qui ne laissent pas les traces du passage du calorique accumulé ni de ses effets lorsque la température est trop élevée.

§ 8. — Propriétés spéciales des feutres et des lainages en général.

Les lainages, indépendamment d'un certain nombre de propriétés, telles que la flexibilité, l'élasticité, la faculté de draper, leur affinité pour les matières colorantes et l'état plus ou moins remarquable de leurs surfaces, qu'ils présentent, ainsi que la plupart des étoffes en général, ont des caractères qui leur sont particuliers. Les propriétés spéciales de leurs produits consistent dans leur action mécanique, isolante, hygrométrique, l'imperméabilité et la résistance extraordinaires qu'ils peuvent acquérir par le feutrage.

Ces tissus sont par là éminemment propres à stimuler les fonctions de la peau;

A conserver la chaleur et l'électricité naturelles du corps;

A absorber les produits de la transpiration dans les conditions les plus convenables;

A faciliter l'action et les fonctions des organes;

A garantir, en un mot, des actions débilitantes ou perturbatrices des agents extérieurs.

Influence mécanique des lainages. — Les étoffes de laine sont les seules qui, appliquées directement sur les corps, y produisent une action particulière, une légère excitation, connue sous le nom de *titillation*, provenant de la forme rugueuse des brins élémentaires. L'effet est d'autant plus sensible qu'il y a moins d'humidité en présence. Il produit d'une manière continue une espèce de friction recommandée dans une foule de circonstances pour maintenir les fonctions normales de la peau. Cet effet est plus ou moins prononcé; il peut varier avec les caractères du tissu, la constitution de l'individu, les climats et l'état de pureté ou de propreté du vêtement. Il est plus sensible, toutes choses égales d'ailleurs, dans les pays chauds que dans les climats froids. Dans les premiers surtout, il peut déterminer des affections cutanées; aussi ces sortes de vêtements directs étaient-ils défendus aux prêtres hébreux, qui devaient être aussi sains de corps que purs de mœurs. C'est également par le même motif que l'application des tissus de laine ne peut être faite directement dans les maladies de la peau.

Propriété hygrométrique. — Mais les lainages de corps sont surtout en usage et efficaces, à cause de leur propriété hygrométrique et des conséquences physiques de ce caractère, et de l'élasticité particulière des brins. Le tissu spécial, la flanelle dont on recouvre la peau, lui constitue une espèce d'écran poreux isolant, qui a une grande affinité pour l'eau, l'humidité et la vapeur; il absorbe par conséquent l'évaporation du corps qu'il enveloppe, à mesure qu'elles se produisent par la transpiration. Or, le passage de l'eau à l'état gazeux ou l'évaporation occasionne un certain refroidissement; son retour à l'état hygrométrique détermine, au contraire, une élévation de température. Il en résulte un équilibre qui constitue un des mérites essentiels de l'usage du tissu laineux. La permanence d'action, si nécessaire dans ce cas, tient à l'élasticité des brins de la laine, qui ont la faculté de réagir, de s'isoler, de maintenir l'intégrité des pores de l'écran, au lieu de les boucher en s'accolant, pour former une espèce de pâte, comme cela arrive pour les fibres végétales, sous l'action de l'eau. L'emploi des étoffes de laine appliquées sur le corps pour prévenir les inconvénients d'un changement brusque de température se justifie, par conséquent, sous tous les rapports, si toutefois on ne perd pas de vue la nécessité de leur conserver leurs propriétés par des lessivages convenables, pour les débarrasser des résidus malsains résultant de la transpiration, qui pourraient boucher les interstices par une espèce de feutrage et nuire, par conséquent, doublement.

L'emploi hygiénique de ces étoffes a cependant été controversé dans certains cas; les uns ont signalé des régiments français entiers, décimés autrefois par le scorbut, à côté des troupes anglaises complétement préservées, et attribuent cette différence aux chemises de flanelle des dernières, dont les premiers étaient privés; d'autres signalent la bonne santé générale des capucins et l'attribuent également à la laine de leurs vêtements [1], et cependant d'habiles praticiens signalent des inconvénients graves, et parfois même le danger de leur usage. Les deux opinions peuvent se concilier, si l'on veut bien ne pas perdre de vue leur mode spécial de fonctionnement contre la déperdition et la variation brusque de la chaleur animale. Il peut par conséquent résulter un effet fâcheux, si on maintenait leur application, dans les différents cas où, par suite d'une circonstance quelconque de climat, de tempérament, d'âge ou de maladie, il fallait au contraire laisser cette température s'affaiblir et aux agents extérieurs toute leur influence directe sur l'individu. En un mot, l'étoffe de laine au point de vue

[1] Dans les habits des religieux, l'ampleur des vêtements joue peut-être un rôle aussi important que la nature de l'étoffe.

hygiénique est un appareil dont l'usage demande à être raisonné suivant les circonstances, comme le maniement de tout instrument délicat[1].

Action calorifique. — La faible conductibilité des brins de la laine, leur transformation en étoffe sous la forme la plus convenable pour retenir le plus grand volume possible d'air, les rendent éminemment propres à la conservation de la chaleur naturelle ou artificielle. Lors donc qu'il s'agit de maintenir la température normale du corps et de le préserver contre le froid extérieur, les vêtements en laine si recherchés seront d'autant plus efficaces que leur surface sera plus duveteuse, et imitera le mieux les toisons fines, et surtout les fourrures animales de belle qualité. Les tissus à poils longs ou veloutés pouvant emprisonner une notable quantité d'air seront les plus avantageux, ils seront d'autant plus chauds qu'ils renfermeront plus de fibres fines sous un poids déterminé.

Les fourrures et les pelleteries, dont la conductibilité est en raison inverse de la finesse des poils, démontrent suffisamment le fait.

On nous permettra de dire que sous ce rapport l'industrie des laines, qui a fait tant de progrès, laisse encore bien à désirer ; la capacité calorifique de nos vêtements d'hiver est très-faible relativement à leur poids ; les habits les plus efficaces contre le froid pèsent moyennement 2 kilogrammes, et sont insuffisants dans les temps les plus rigoureux. On obtien-

[1] N'ayant aucune autorité pour nous étendre sur la question hygiénique, nous nous bornerons seulement à faire remarquer que l'usage des tissus de laine, à l'état de bas ou autres vêtements, peut, dans certains cas, déterminer les accidents contre lesquels on s'en sert, s'ils ne sont pas renouvelés et lessivés suffisamment. Le frottement, en présence de la transpiration acide et de la chaleur qui se dégage dans ce cas, fait feutrer le tissu, le concrète et lui fait perdre la propriété d'absorption et d'évaporation ; les vapeurs humides et l'eau de transpiration se condensent alors sur la peau, et il peut en résulter des refroidissements brusques.

drait des résultats plus satisfaisants avec des matières plus fines, plus divisées, d'un poids moindre; le duvet de cachemire par exemple, employé parfois dans certains tissus à poil, mais pas assez souvent, et le poil de lapin filé et tricoté dans les campagnes pour en faire des gants, est un des plus grands préservateurs contre les froids excessifs et mériterait de fixer l'attention de nos fabricants d'articles de nouveautés pour hommes.

Ces poils et leurs similaires, convenablement triés et assortis, ne sauraient présenter d'obstacles sérieux aux transformations. D'autres substances qui *à priori* paraissent plus rebelles et sont néanmoins si intéressantes au point de vue de leur constitution et de leurs propriétés éminemment conservatrices de la chaleur, pourraient peut-être trouver un emploi convenable dans les arts textiles, ne fût-ce qu'à l'état de mélange. Nous voulons parler de certaines barbes de plumes, et surtout des duvets fins des oiseaux.

Caractères et propriétés du duvet d'édredon. — La structure merveilleuse d'un duvet d'édredon, grossi 200 fois, est mise en évidence dans la figure 20, pl. III, et démontre qu'il est formé d'une tige ou axe *a*, sur les côtés latéraux de laquelle sortent d'autres productions plus petites *b;* ces barbes, portent parfois des petites dentelures nommées *barbules;* chacune de ces parties, tiges et barbes, creuses, en matière cornée tubulaire contenant une substance spongieuse ressemblant sous ce rapport aux poils, est extrêmement flexible et élastique, et ces parties sont tellement disposées l'une par rapport à l'autre, que les intervalles entre les barbes offrent des espaces relativement considérables où l'air peut se loger pour former, avec des brins de duvet en masse, des bourrelets aussi légers qu'efficaces contre la déperdition de la chaleur.

Nous nous demandons jusqu'à quel point une matière aussi remarquable par ses propriétés ne pourrait être utilisée, au moins dans une certaine mesure, à la fabrication des étoffes, et par des moyens analogues à ceux qui réussissent si bien pour les matières cornées en général. Nous devons ajouter que certains essais, auxquels nous nous sommes livré dans cette direction, des fils et des échantillons d'étoffes que nous avons fait faire avec un mélange de laine, d'édredon et de cachemire, nous ont démontré la possibilité de cet emploi, la question mérite donc une étude sérieuse et de nouveaux essais pratiques. On arriverait peut-être ainsi à la production si désirable de tissus bien moins lourds, plus chauds que ceux fabriqués actuellement comme vêtements d'hiver, et sans une dépense plus élevée. C'est également ici à propos des facultés calorifiques que nous devons rappeler la variation de la faculté absorbante d'une même étoffe en raison de sa couleur, constatée précédemment par des faits qui se présentent tous les jours dans la fabrication des lainages. M. le docteur Coulier, dans le travail que nous avons déjà signalé, et publié en 1858, a mis à son tour en évidence la différence d'absorption de la lumière solaire avec les couleurs, et les avantages du blanc contre l'action des rayons solaires, aussi a-t-il manifesté le désir de voir revêtir, ne fût-ce qu'à titre d'essai, les soldats en marche dans les pays comme l'Afrique, d'un burnous blanc par-dessus leurs habits. Nous ajouterons que les sarraux et les chapeaux des gens de la campagne travaillant souvent au soleil devraient également être blancs, de préférence au bleu, plus généralement choisi comme moins salissant pour les blouses, mais bien plus susceptible d'absorber les rayons solaires, au point d'arriver à une température qui peut parfois s'élever de 5 à 7 degrés audessus de celle à laquelle atteindrait un vêtement blanc.

§ 9. — Examen comparé des propriétés des feutres, des tissus foulés et des feutres mixtes.

Nous avons déjà vu qu' ne même laine, celle dont les caractères sont les plus propres au feutrage, peut être transformée par divers procédés : les fibres cardées sous la forme de nappes sont propres à être condensées et feutrées en cet état de manière à produire une étoffe constituée uniquement par l'enchevêtrement intime et dans toutes les directions des brins élémentaires. L'épaisseur de ce feutre sera proportionnelle à celle des couches de matières superposées, et son adhérence sera, toutes choses égales d'ailleurs, la conséquence de la faculté feutrante des filaments, de la puissance et de la durée de l'action employée pour la développer.

On obtient ainsi des feutres simples de dimensions quelconques, de cohésions et d'épaisseurs variables, répondant à des besoins et à des emplois divers. Lorsqu'on réunit un tissu aux couches de fibres pour les feutrer ensemble, il en résulte une étoffe dite *feutre mixte* et désignée parfois sous le nom impropre de *feutre avec trame*.

Si les nappes sont transformées en fils et en tissus pour être foulées en pièce après leur tissage, le produit prend le nom de *drap* ou de *lainage drapé, ou foulé*, et si, comme cela se pratique depuis quelque temps, on feutre les nappes sous la forme de cylindres plus ou moins ténus, on obtient des fils feutrés destinés au tissage pour faire soit des étoffes rases d'un caractère particulier et nouveau, soit des tissus foulés acquérant des propriétés spéciales.

Ces divers modes d'opérer donnent donc à chacun des produits qui en résultent une apparence et des propriétés distinctes. Lorsque l'action du feutrage intervient seule, et que l'étoffe n'est produite que par la cohésion des fibres, celles-ci se réunissent, en quelque sorte une à une, s'entrelacent intimement, grâce à leur propriété élastique, s'engrènent par les aspérités de leurs surfaces et restent fixées par l'action de la pression, qui les redresse et les allonge plus ou moins dans le corps du feutre. Elles s'agglutinent pour former une masse compacte. L'élasticité des brins élémentaires est, dans cette circonstance, utilisée complétement au profit de la constitution de la masse, qui est d'autant plus roide, moins flexible et élastique, que l'action qu'elle a subie a été plus énergique et l'a plus rapprochée par ses caractères du cuir, ou de certaines matières cornées concrètes de la nature des tiges de plumes, des ongles, etc. Ces produits feutrés offrent, par conséquent, une cohésion toute particulière, mais manquent plus ou moins de flexibilité. Dans les tissus, l'action du feutrage rapproche encore les fils et lie les brins entre eux, mais d'une manière moins énergique et moins intime; il s'ensuit, d'une part, la disparition des interstices résultant de l'entre-croisement des fils au tissage et, par conséquent, une surface plus fournie en filaments, qu'il suffit de mettre en liberté pour garnir le produit, et de l'autre, une flexibilité et une élasticité dépendant précisément du mode de liaison des fils entre eux, qui n'ont pas besoin d'être agglutinés d'une manière intime pour former une surface régulière. Les produits mixtes, résultant de la réunion des nappes feutrées à un tissu, participent, par leur apparence et leurs caractères, des deux genres d'étoffes. Chacun de ces articles a des emplois spéciaux; mais il est des cas et certains usages pour lesquels ils peuvent servir indistinctement; il est par conséquent convenable d'avoir une idée exacte sur leurs valeurs relatives. Nous reproduisons, par ce motif, des expériences comparatives que nous avons faites avec notre collègue, M. Tresca, en 1858, au Conservatoire impérial des arts et métiers, sur la demande de M. le ministre de la guerre, qui désirait connaître les propriétés et les qualités d'un certain nombre de types pour lesquels on soumissionnait.

Les produits sur lesquels on a opéré consistaient :

1° Dans un échantillon de drap feutre bleu ordinaire, dit *feutre mixte*, c'est-à-dire composé d'un tissu et d'un feutre ;

2° Un échantillon de drap feutre simple sans tissu interposé ;

3° Un échantillon de drap de troupe ordinaire vert clair ;

4° Un autre échantillon de drap de troupe ordinaire bleu de ciel.

Il s'agissait de déterminer les propriétés relatives des tissus et des feutres, dans leur emploi à la confection des schabraques.

On s'est, par conséquent, livré aux expériences suivantes :

§ 10. — Expériences sur la résistance à la traction.

Ces expériences ont été faites au moyen du dynamomètre Perrault, sur des échantillons de mêmes dimensions, de $0^m,40$ sur $0^m,085$, pris dans les quatre pièces de tissus, et répétées pour chacun d'eux dans les deux sens de la pièce ; et l'on a noté chaque fois la quantité d'allongement obtenue avant la rupture, ainsi que la longueur à laquelle l'échantillon revenait, en vertu de son élasticité, après la rupture. Cette dernière dimension était obtenue en rapprochant les deux fragments séparés.

Les résultats de ces expériences comparatives sont résumées dans le tableau suivant :

NATURE DE L'ÉCHANTILLON.	SENS dans lequel on opère la traction.	DIMENSIONS de l'échantillon.	POIDS de l'échantillon sec.	Longueur de la partie soumise à l'épreuve sans être tendue.	A l'instant de la rupture	Après la rupture	Tension au moment de la rupture
			gr.	m.	m.		k.
Drap feutre n° 1.	Longitudinal.	0,40 sur 0,085	21,30	0,372	0,590	0,454	71,000
— 1.	Transversal.	—	22,06	0,370	0,530	0,383	36,500
— 2.	Longitudinal.	—	26,00	0,335	0,527	0,414	87,00
— 2.	Transversal.	—	24,84	0,347	0,528	0,406	77,50
Drap ordinaire n° 3.	Longitudinal.	—	14,70	0,333	0,455	0,426	23,00
— 3.	Transversal.	—	14,63	0,353	0,530	0,392	24,00
— 4.	Longitudinal.	—	15,80	0,357	0,447	0,368	27,00
— 4.	Transversal.	—	10,20	0,363	0,516	0,378	25,50

Il résulte, à première vue, de ces chiffres, qu'à égalité de surface les draps feutres sont notamment plus résistants que les draps ordinaires, et que la résistance la plus considérable, dans les deux sens, a été fournie par le drap sans trame.

Si l'on cherche à se rendre compte non plus de la résistance à égalité de surface, mais à égalité de poids ou de surface de section transversale, en supposant qu'elle varie proportionnellement à ce poids, nous trouvons, pour 15gr,40, poids moyen des quatre échantillons de drap ordinaire, les chiffres suivants pour les différents tissus :

Tableau des résistances comparatives des différents tissus à égalité de poids.

NATURE DE L'ÉCHANTILLON.	RÉSISTANCES COMPARATIVES À POIDS ÉGAL.
Drap feutre n° 1, longitudinal...	51,30
— n° 1, transversal....	25,50
— n° 2, longitudinal...	51,50
— n° 2, transversal....	48,00
Drap ordinaire n° 3, longitudinal...	24,10
— n° 3, transversal....	25,30
— n° 4, longitudinal...	20,30
— n° 4, transversal....	24,20

Les chiffres relatifs aux draps feutres, à l'exception du deuxième, sont presque doubles de ceux relatifs aux draps ordinaires, mais il importe de remarquer que ces comparaisons sont établies sur une hypothèse qui peut s'éloigner beaucoup de la vérité; il est très-probable, en effet, que la résistance d'une même quantité de drap augmenterait plus rapidement que son épaisseur, et que l'on se rapprocherait beaucoup plus de l'égalité dans les chiffres si l'on avait expérimenté sur des tissus d'égale épaisseur. De plus, il est convenable de remarquer l'égalité à peu près complète de la résistance sur les deux sens du drap tissé, qui lui permet de s'user régulièrement et de draper dans tous les sens. Dans les feutres, au contraire, la résistance dans le sens longitudinal est plus que double de celle de la direction transversale, mais celle-ci reste à peu près la même que s'il s'agissait d'un tissu; il s'ensuit, par conséquent, que l'usure par la traction doit avoir lieu aussi rapidement sur les feutres que sur les étoffes tissées et foulées.

§ 11. — Expériences sur l'élasticité.

Pour apprécier le degré d'élasticité des différents tissus, on a, dans le tableau suivant, rapporté pour chacun d'eux sa longueur, pendant et après la rupture, à la longueur primitive de la portion soumise à l'expérience et prise pour unité.

Tableau des allongements comparatifs des différents tissus pour la même longueur primitive.

NATURE DE L'ÉCHANTILLON.	TENSION DE RUPTURE.	LA LONGUEUR PRIMITIVE ÉTANT 1	
		La longueur, au moment de la rupture, est	La longueur, après la rupture, est
	k.		
Drap feutre n° 1, longitudinal	71,00	1,61	1,22
— n° 1, transversal.	36,50	1,43	1,04
— n° 2, longitudinal	87,00	1,48	1,17
— n° 2, transversal.	77,50	1,52	1,17
Drap ordinaire n° 3, longitudinal	23,00	1,37	1,21
— n° 3, transversal.	24,00	1,52	1,11
— n° 4, longitudinal	27,00	1,25	1,03
— n° 4, transversal	25,00	1,42	1,04

Faisant pour un instant abstraction des efforts auxquels les différents échantillons ont été soumis, nous voyons que les draps feutres se sont, en général, prêtés avant leur rupture à un allongement peu différent de celui qu'ont pu supporter les draps ordinaires, mais qu'ils sont restés un peu plus distendus que ces derniers.

L'échantillon n° 1, dans le sens transversal, s'est comporté absolument comme les draps ordinaires, ce qui est dû sans doute à la présence du tissu interposé dans ce produit.

L'échantillon n° 2, sans trame, s'est comporté de la même manière dans les deux sens, tandis que les draps paraissent plus élastiques dans le sens de la longueur que dans le sens transversal. Encore bien que les draps feutrés soient, d'après ces chiffres, un peu moins élastiques dans le sens de la longueur que dans le sens transversal, et un peu moins élastiques que les draps ordinaires, on ne voit pas, *à priori*, que cette différence, très-fâcheuse pour les draps employés à la confection des vêtements, particulièrement à celle des pantalons, puisse présenter des inconvénients bien considérables dans l'emploi pour lequel les nouveaux tissus sont proposés; on n'a pas à craindre, pour cet usage, les déformations que l'expérience a signalées dans les parties du tissu soumises à des efforts perpendiculaires à la surface, aux genoux des pantalons, par exemple.

Les expériences qui précèdent tendent donc à établir que, sous le double rapport de la résistance et des déformations, les draps feutres proposés ne sont point inférieurs aux draps ordinaires, et même qu'une certaine préférence pourrait être accordée aux draps feutres sans trame pour l'usage dont il s'agit.

§ 12. — Résistance des tissus imbibés d'eau.

Les résultats qui précèdent sont tellement éloignés des opinions généralement admises, qu'il a paru utile de rechercher si la supériorité constatée en faveur des feutres secs n'appartiendrait pas aux draps ordinaires dans des expériences faites sur des tissus imprégnés d'eau. Dans le but d'éclairer cette question, de nouveaux essais de traction ont été faits sur des échantillons semblables, mais préalablement saturés d'eau, puis comprimés à la main.

Les chiffres suivants ont été déduits de ces expériences.

Tableau des expériences de traction faites sur les différents tissus imprégnés d'eau.

NATURE des ÉCHANTILLONS.		SENS dans lequel l'effort était exercé.	DIMENSIONS des échantillons	POIDS des échantillons.	LONGUEUR DE LA PARTIE soumise à la traction			EFFORT de traction
					avant d'être tendue.	au moment de la rupture	après la rupture	
				gr.				
Drap feutre	n° 1.	Longitudinal.	0,40	27,00	0,353	0,607	0,422	54
—	n° 1.	Transversal..	sur 0,085	44,00	0,353	0,607	0,422	85
—	n° 2.	Longitudinal.	0,085	Absence d'échantillons.				
—	n° 2.	Transversal..	0,085	64,50	0,355	0,507	0,362	63,80
Drap ordinaire	n° 3.	Longitudinal.	0,085	33,40	0,352	0,522	0,352	17,50
—	n° 3.	Transversal..	0,085	32,70	0,357	0,525	0,373	15,00
—	n° 4.	Longitudinal.	0,085	34,30	0,352	0,517	0,332	25,00
—	n° 4.	Transversal..	0,085	42,20	0,370	0,603	0,372	22,00
				37,50	0,357	0,605	0,384	24,06

Les draps ordinaires se sont comportés, au point de vue des efforts auxquels ils ont résisté, à peu près de la même façon qu'à sec ; les draps verts, cependant, n'ont pu supporter, dans les deux sens, qu'une traction moindre, 15 kilogrammes et 17k,50, au lieu de 28 et 24.

La différence est beaucoup moindre pour le drap bleu ; mais elle a lieu dans le même sens. Les allongements ont été, au contraire, plus considérables, et il ne paraît pas que la longueur après la rupture ait été affectée notablement par cette circonstance ; les draps seraient donc plus élastiques lorsqu'ils sont imprégnés d'eau qu'à sec.

Les feutres, sans exception, se sont aussi prêtés davantage à l'allongement et sont mieux revenus qu'à sec à leurs dimensions primitives ; de telle sorte que leur élasticité, contrairement à ce que l'on aurait pu croire *à priori*, est favorisée comme celle des draps par la présence de l'eau dans le tissu.

Un examen comparatif, semblable à celui que nous avons fait précédemment, donnera la mesure de cette analogie.

Tableau comparatif des allongements des différents tissus secs ou imprégnés d'eau pour la même longueur primitive.

DÉSIGNATION DES TISSUS.		SENS de la traction.	EFFORT maximum.	LONGUEUR maximum sous la charge.	LONGUEUR finale après l'expérience.	EFFORT maximum.	LONGUEUR maximum sous la charge.	LONGUEUR finale après l'expérience.
			TISSUS SECS.			TISSUS IMPRÉGNÉS D'EAU.		
Drap feutre	n° 1.	Longitudinal.	71,00k.	1,61	1,22	51,00k.	1,72	1,10
—	n° 1.	Transversal.	36,50	1,43	1,04	35,00	1,72	1,19
—	n° 2.	Longitudinal.	87,00	1,48	1,17	»	»	»
—	n° 2.	Transversal.	77,50	1,52	1,17	63,50	1,07	1,08
Drap ordinaire	n° 1.	Longitudinal.	23,00	1,37	1,21	17,50	1,47	1,00
—	n° 1.	Transversal.	24,00	1,52	1,11	15,00	1,46	1,05
—	n° 2.	Longitudinal.	27,00	1,25	1,03	25,00	1,46	1,00
—	n° 2.	Transversal.	25,00	1,42	1,04 [1]	23,00	1,08	1,04

[1] Ce chiffre et ceux des colonnes suivantes sont déduits de la moyenne des deux observations rapportées au tableau précédent pour le drap bleu tiré transversalement.

Présentés sous cette forme, les chiffres déduits des observations mettent en évidence cette propriété remarquable des draps mouillés, de revenir presque exactement à leurs dimensions primitives même après avoir été soumis aux efforts les plus considérables qu'ils puissent supporter, ils présentent sous ce rapport un grand avantage sur les feutres. Il est fâcheux que le manque d'échantillon n'ait pas permis d'expérimenter le feutre n° 2 dans le sens longitudinal. Ce tissu paraissait, sous certains rapports, se comporter mieux que le n° 1.

§ 13. — Expériences sur la résistance à l'usé.

Pour apprécier avec exactitude comment les différents tissus résistent à l'usé, on les a successivement soumis à l'action d'une même brosse, chargée de même poids, que l'on faisait fonctionner au moyen d'une manivelle, et l'on a déterminé, par des pesées successives, les pertes de poids dues à l'action de cette brosse après mille passages.

La brosse et le chariot qui la portait pesaient ensemble 26k,75. Les dimensions de la brosse étaient les suivantes : 0m,185 dans le sens du brossage et 0m,240 dans le sens perpendiculaire.

Le drap était dans chaque expérience tendu sur une planche horizontale au moyen d'un châssis exactement ajusté sur une ouverture rectangulaire ménagée dans la planche. Par cette disposition, la surface tout entière du drap se trouvait libre et ses quatre bords étaient pincés entre les parois de l'ouverture et celles du châssis.

La brosse, munie d'un mouvement de va-et-vient, n'agissait que dans un sens seulement et se maintenait au retour à une certaine distance de l'étoffe, de manière à ne pas la toucher.

Elle retombait, à l'extrémité de sa course, à vide avant que son bord antérieur eût atteint le bord postérieur de l'étoffe et le brossage avait lieu chaque fois, de manière que la brosse tout entière parcourût la surface de drap dans toute sa longueur ; on comprend que ces précautions étaient nécessaires pour se rapprocher autant que possible des conditions dans lesquelles les tissus sont placés lorsqu'ils sont mis en service. La brosse, d'ailleurs, a été mise dans les conditions des brosses dures ordinaires pour le drap. Après chaque opération, le drap était brossé légèrement avec une brosse ordinaire pour enlever les filaments qui y adhéraient, puis exposé à un courant d'air chaud jusqu'à ce qu'il ne perdît plus d'humidité, ce dont on s'assurait au moyen de deux pesées successives. Les résultats des expériences sont consignés dans le tableau suivant :

Tableau des pertes éprouvées au brossage par les divers tissus.

	POIDS TOTAL de l'échantillon.	POIDS de la partie brossée.	PERTE SUR UNE SURFACE DE 0,40 SUR 0,24 (960 centimètres carrés) APRÈS UN BROSSAGE DE					
			1000 coups.	2000 coups.	3000 coups.	4000 coups.	5000 coups.	6000 coups.
Drap feutre n° 1	gr. 171,00	68,43	3,00	8,80	12,50	16,00	19,50	»
— n° 2	180,10	74,45	2,60	4,72	8,67	13,95	16,60	19,10
Drap ordin. n° 3	80,75	40,42	1,55	3,25	»	»	»	»
— n° 4	112,40	46,43	3,10	6,95	9,30	»	»	»

OBSERVATIONS SUR LE TABLEAU PRÉCÉDENT.

N° 1. A partir des 4,000 premiers coups, la brosse enlevait la laine en poussière fine, mais le drap a parfaitement résisté à 6,000 coups.

N° 2. A partir des 3,000 premiers coups, la brosse enlevait la poussière fine, mais le drap n'a été percé sur les bords qu'à 6,000 coups.

N° 3. Le drap était complétement usé et le tissu mis à nu.

N° 4. Après 2,400 coups, ce drap avait perdu 3gr,75 et était entièrement usé sur les bords.

Le drap feutre n° 1 et le drap ordinaire n° 4 sont ceux qui ont perdu le plus par un brossage également prolongé. Les deux autres échantillons se sont moins dépouillés par la brosse. On ne saurait donc tirer de conclusion absolue entre le feutre et le drap quant à la facilité plus ou moins grande de l'enlèvement en laine par cette opération, mais il n'en est pas de même si l'on examine seulement le nombre de passages auxquels les différents tissus peuvent résister.

Les draps ordinaires ont été mis complétement hors de service après moins de 3,000 passages; les draps feutres en ont pu supporter le double sans être plus altérés. Ils ne coupent pas par une action rapide aussi facilement que les draps ordinaires.

On voit, d'ailleurs, que la différence des résultats est très-grande, quant à la perte de poids entre les deux draps ordinaires, ces deux tissus ont cependant été mis hors de service à peu près en même temps.

Les draps feutres comparés entre eux donnent lieu à la même observation, quoique celui qui est garni d'une trame ait donné lieu à un déchet beaucoup plus considérable. Les pertes en poids suivent, d'ailleurs, pour ces deux tissus, le même ordre que pour la résistance à la traction.

En résumé, il est établi, par les expériences qui viennent d'être décrites, que les draps feutres soumis à l'eau résistent au brossage beaucoup mieux que les draps ordinaires, quoique les déchets soient pour eux notablement plus considérables. L'excès d'épaisseur de ces tissus comparés aux autres est donc la cause principale du bon usage qu'ils peuvent faire dans ces conditions.

§ 14. — Expériences de perméabilité.

Pour apprécier avec quelque exactitude la facilité plus ou moins grande avec laquelle les différents tissus se laissent pénétrer par l'eau, on a préparé des échantillons égaux de chacun ($0^m,30$ sur $0^m,12$), et l'on a cousu horizontalement sur leur surface une suite de petites bandes de papier de tournesol espacées de $0^m,01$ et ayant cette même dimension en largeur ; les quatre échantillons ainsi préparés ont été fixés sur une tringle horizontale au-dessus de quatre vases semblables remplis jusqu'à la même hauteur par de l'eau légèrement acidulée avec de l'acide sulfurique.

Aussitôt que le liquide était soulevé par l'action de la capillarité jusqu'à l'une des bandelettes, sa couleur passait du bleu au rouge, et l'on a pu ainsi constater à quels instants le liquide était monté dans chacun d'eux aux différentes hauteurs.

Pour l'intervalle compris entre les bandes, on a pu, d'ailleurs, toucher le tissu avec un fragment de papier de tournesol préalablement humecté, ce qui permettait de déterminer avec une certaine précision la limite à laquelle le liquide était parvenu.

Les résultats des observations, exprimés d'abord par des tracés graphiques, peuvent se résumer dans le tableau suivant :

Tableau des hauteurs auxquelles s'est élevé le liquide acidulé dans les différents tissus.

DURÉE DE L'IMMERSION.	HAUTEUR DU LIQUIDE DANS LES DIFFÉRENTS TISSUS EN MILLIMÈTRES.			
	Drap feutre n° 1.	Drap feutre n° 2.	Drap ordinaire n° 1.	Drap ordinaire n° 2.
1 heure.........	5	5	20	13
2 heures........	7	7	33	20
3 —	8	8	41	26
4 —	9	9	47	30
5 —	10	10	50	33
10 —	12	12	65	45
20 —	17	17	82	61
30 —	19	19	93	71
35 —	20	20	95	75

Il résulte de ces chiffres que, dans le sens de la longueur des tissus, les feutres se sont imprégnés d'eau avec beaucoup plus de lenteur que les draps, ou, ce qui revient au même, qu'au bout du même temps l'eau du réservoir inférieur avait beaucoup moins pénétré dans les feutres que dans les draps.

Cette différence est si marquée, qu'il est sans doute permis d'en conclure d'une manière générale que les tissus feutrés présentent sous ce rapport un avantage notable sur les tissus simplement drapés, dans lesquels chaîne et trame offrent à l'eau des canaux capillaires continus.

Le feutre avec trame ne paraît pas cependant être plus perméable que l'autre dans les conditions de l'observation, puisque les deux chiffres du tableau sont identiques pour ces deux tissus. Il pourrait être plus intéressant d'observer la perméabilité dans le sens de l'épaisseur, et l'on a encore cherché à obtenir des chiffres comparatifs de la manière suivante :

On a coupé 4 échantillons de même grandeur ($0^m,05$ sur $0^m,05$), on les a posés avec précaution sur le liquide préparé comme il a été dit précédemment ; après s'être assuré qu'ils surnageaient sur le liquide sans plonger en aucun point, on a placé au centre un petit fragment de papier réactif, on a noté pour chacun l'heure à laquelle il a été mis en expérience et l'heure à laquelle le papier a commencé à rougir.

Tableau des expériences faites sur la perméabilité des différents tissus dans le sens de l'épaisseur.

	TEMPS APRÈS LEQUEL		
	LE PAPIER DE TOURNESOL A ÉTÉ ROUGI.	LE TISSU A ÉTÉ COMPLÈTEMENT IMMERGÉ.	
Drap feutre n° 1 ...	4h 42'	22h 42'	
— n° 2.......	4 42	L'échantillon n'était pas immergé après 24 heures.	
Drap ordinaire n° 3.......	0 6	0h 6'	Les angles des échantillons se sont immergés avant le centre, de telle sorte que l'immersion totale a eu lieu en même temps que la coloration.
	0 5	0 5	
	0 7	0 7	
— n° 4.......	0 18	0 18	

On voit que, sous le rapport de la perméabilité dans le sens de l'épaisseur, les différents tissus se rangent encore dans le même ordre que dans les expériences précédemment faites : les draps sont toujours plus perméables que les feutres et le drap vert beaucoup plus que le drap bleu.

C'est aussi ce même drap vert qui a le moins résisté à la traction et à l'usé.

En résumé, les différents tissus soumis aux expériences peuvent être classés, relativement à leurs propriétés, de la manière suivante :

Sous le rapport de la résistance à la traction avec ou sans imbibition d'eau.	Sous le rapport de l'élasticité à sec.	Sous le rapport de l'élasticité à l'état humide.	Sous le rapport de la résistance à l'usé.	Sous le rapport de l'imperméabilité.
1. Drap feutre n° 2. 2. Drap feutre n° 1. 3. Drap ordin. n° 4. 4. Drap ordin. n° 3.	Drap ordin. n° 4. Drap ordin. n° 1. Drap feutre n° 3. Drap feutre n° 2.	Drap ordin. n° 4. Drap ordin. n° 3. Drap feutre n° 1. Drap feutre n° 2.	Drap feutre n° 2. Drap feutre n° 1. Drap ordin. n° 4. Drap ordin. n° 3.	Drap feutre n° 2. Drap feutre n° 1. Drap ordin. n° 4. Drap ordin. n° 3.

Si ces expériences devaient servir de base à la solution de la question proposée par M. le ministre de la guerre, on en devrait donc conclure que, pour les usages dans lesquels l'élasticité du tissu n'est pas mise en jeu, l'emploi du feutre sans trame doit être recommandé, mais que la présence d'un réseau tissé qui ajoute beaucoup à l'élasticité des tissus, n'est pas sans inconvénient sous le triple rapport de la résistance, de la durée et de la perméabilité.

Nous avons, d'autre part, déterminé au dynanomètre Perrault la ténacité et l'allongement avant la rupture d'un certain nombre de types de draps employés dans les administrations publiques. Il suffit de les indiquer pour que l'industrie les reconnaisse ; tous les échantillons dont nous allons donner les résultats avaient la même surface : 0^{m},045 de largeur sur 0^{m},10 de longueur.

Tableau des résistances et des allongements dans le sens longitudinal.

		Allongement.	Résistance.
1°	Drap bleu de la garde municipale de Paris....	0,075	35 kilogr.
2°	— des employés de la Banque........	0,055	20 —
3°	— couleur écru pour capotes.........	0,080	23 —
4°	— — pour les prisonniers..	0,050	20 —
5°	— — pour les hôpitaux, 5..	0,095	18 —
6°	— pour les colléges, 12 à 14........	0,057	25 —
7°	Drap brun pour paletot....................	0,070	23 —
8°	Drap blanc pour rouleau d'imprimerie........	0,080	40 —
9°	Nouveautés ordinaires pour pantalon.........	0,030	12 —
10°	Autres du même genre....................	0,040	24 —

Remarques sur le tableau précédent. — Nous avons indiqué l'allongement que prend l'étoffe avant de se rompre comme un indice de l'élasticité réelle, celle-ci étant en effet presque toujours proportionnelle à la quantité dont l'échantillon peut s'étendre avant de se déchirer. Ainsi, par exemple, l'allongement du n° 5 a été le plus fort de tous: 0m,095; après avoir été allongé de 0m,67, puis abandonné à lui-même, il reprenait sa longueur primitive, c'est-à-dire que de 0m,17 il revenait de lui-même à 0m,10; la traction ayant cessé, l'altération des tissus ne se faisait sentir qu'après cette extension de 0m,07; c'était cependant un drap commun, à 5 francs le mètre, fait avec de la laine ordinaire du pays, mais qui n'avait pas été teint, ni fatigué par les apprêts. Nous attribuons à ces circonstances l'élasticité extraordinaire de cet échantillon. Le point où se fait la rupture peut servir en général comme d'indice de leur homogénéité. Les draps ordinaires, même les plus solides, se rompent en général près de l'une ou de l'autre extrémité, c'est-à-dire à l'un des points d'attache. Les draps plus soignés dans les transformations se désagrégent et rompent au milieu de la longueur et par conséquent à égale distance des deux points d'attache : nous ne donnons les faits qui précèdent qu'à titre de renseignements, qui ne peuvent être considérés comme des résultats absolument comparables; pour arriver mathématiquement à cette constatation, il faudrait tenir compte de tous les éléments intervenants; de la nature et des caractères des laines, de toutes les transformations pratiquées, des conditions d'exécution, et opérer sur les mêmes dimensions, poids, etc., etc. Or, des expériences de ce genre ne sont vraiment possibles que lorsqu'on peut suivre l'exécution des produits dans leurs diverses phases, afin d'être assuré de tous les éléments. L'industriel serait mieux placé que l'homme de cabinet pour pouvoir faire des essais de ce genre, et éviter les frais considérables et le temps qu'ils exigent de celui qui n'est pas outillé à cet effet.

Quoi qu'il en soit, tous les résultats des expériences qui précèdent, obtenus par M. Tresca et nous, ou par nous séparément, sont conformes aux prévisions théoriques; ils démontrent : 1° l'influence du feutrage appliqué directement sur les fibres des nappes, pour les transformer en une surface plus ou moins solide; l'action devenant tout à fait intime, les brins s'incorporent en quelque sorte les uns dans les autres, pour former un corps d'une ténacité et d'une résistance extraordinaires. Mais cet effet n'est obtenu qu'au détriment de la flexibilité et du *moelleux* si recherchés dans la plupart des tissus destinés aux vêtements. Les étoffes tissées seront par conséquent toujours particulièrement propres à ce dernier usage; les feutres pourront au contraire obtenir la préférence, pour des applications où les surfaces doivent être tendues et résister au frottement et à l'usure à l'état sec et humide. 2° La teinture et ses conditions d'application ont également une influence sur la résistance du produit; toutes choses égales d'ailleurs, une étoffe faite en *laine vierge*, c'est-à-dire qui n'a pas subi l'action des matières tinctoriales, sera plus solide que si elle avait été teinte, et les couleurs, appliquées à une basse température, ménagent plus sa résistance que celles pour lesquelles il faut faire bouillir plus ou moins la laine. 3° L'homogénéité de qualité sur les deux sens sera d'autant plus parfaite, que la matière sera plus fine, et que les rapports de quantité et les transformations entre les fibres de la chaîne et de la trame se rapprocheront davantage.

CHAPITRE VI.

TARIF DES DOUANES CONCERNANT LES INDUSTRIES LAINIÈRES.

Ces tarifs peuvent se diviser en trois catégories : 1° celle des pays avec lesquels le gouvernement français a fait récemment des traités de commerce sur les mêmes bases à l'entrée, comprenant : le royaume-uni de l'Angleterre, la Belgique, la Prusse et les Etats du Zollverein qui y ont accédé, et l'Italie ; 2° les pays avec lesquels il y a des traités, mais dont les tarifs diffèrent des précédents, tels sont : la Suisse, la Turquie et la Chine ; 3° enfin, les pays qui n'ont pas encore fait des traités et qui sont régis par des dispositions douanières variables.

Nous donnons la taxe en France concernant les laines et lainages venant de l'étranger, et celles à payer pour les mêmes articles à leur entrée dans les pays étrangers.

Tarif d'entrée en France pour les articles venant d'Angleterre, de Belgique et d'Italie.

Laines.

Laine en masse d'Australie importée, soit directement des lieux de production, soit des entrepôts du Royaume-Uni sous pavillon français ou britannique.	Exempte.		
Laine teinte en masse...........................	les 100 kil.	25f	»
Laine peignée teinte ou non........................	—	—	
Fils de laine pure blanchis ou non mesurant au kilogramme :			
De 1,000 à 30,000 mètres....................	le kilogr.	0f	25
De 31,000 à 40,000 —	—	0	35
De 41,000 à 50,000 —	—	0	45
De 51,000 à 60,000 —	—	0	55
De 61,000 à 70,000 —	—	0	65
De 71,000 à 80,000 —	—	0	75

De 81,000 à 90,000 mètres	le kilogr.	0f 83
De 91,000 à 100,000 —	—	0 93
De 101,000 et au-dessus	—	1 »

Fils de laine blanchis ou non, retors, pour tissage.. (Le droit afférent aux fils de laine simples, augm. de 50 p. 100.)

Fils de laine retors, pour tapisseries...... (Le droit du fil simple doublé.)

Fils de laine simples ou retors teints.. (Droit sur le fil non teint augmenté de 25 c. par kilogr.)

Tissus de laine pure	la valeur.	10 p. 100.
Feutres de toute sorte	—	—
Couvertures de laine pure	—	—
Tapis de toute espèce	—	15 p. 100.
Bonneterie de laine pure	—	10 p. 100.
Passementerie de laine pure	—	—
Rubanerie de laine	—	—
Dentelles de laine	—	—
Chaussons de lisière	—	—
Articles non dénommés	—	—
Lisières de drap de toute espèce, entières ou coupées..	Exemptes.	
Vêtements confectionnés :		
Neufs	la valeur.	10 p. 100.
Vieux	les 100 kil.	20f »

Les fils et tissus d'alpaga, de lama, de vigogne purs ou mélangés de laine, suivront le même régime que les fils et tissus de laine, quelle que soit la proportion du mélange.

Les fils et tissus de laine et des autres matières ci-dessus dénommées, mélangés de coton ou d'autres filaments quelconques, payeront les mêmes droits que les fils et tissus de laine pure, pourvu que la laine domine dans le mélange.

Les fils de poil de chèvre conserveront le régime qui leur est actuellement applicable.

Les tissus de poil de chèvre, autres que les châles et écharpes de cachemire des Indes, suivront le régime des tissus de laine.

MACHINES ET MÉCANIQUES.

Appareils complets.

Machines pour la filature	les 100 kil.	10f »
— à nettoyer et ouvrir la laine, le coton, le lin, le chanvre et autres matières textiles....	—	6 »
— pour le tissage	—	6 »
— à bouter les plaques et rubans de cardes....	—	6 »
Métiers à tulle	—	10 »
Cardes non garnies	—	10 »

Pièces détachées de machines.

Plaques et rubans de cardes sur cuir, caoutchouc, ou sur tissus purs ou mélangés	les 100 kil.	50f »
Dents de rots en fer ou cuivre	—	30 »
Rots, ferrures ou peignes à tisser, à dents de fer ou de cuivre	—	30 »
Plaques et rubans de cuir, de caoutchouc et de tissus spécialement destinés pour cardes	—	20 »

Droits à l'entrée en Belgique [1].

Laines.

Laine en masse		Libre.
Laine teinte en masse	les 100 kil.	10f »
Laine peignée ou teinte	—	—

Les poils de chèvre, d'alpaga, de lama, de vigogne et de chameau sont assimilés à la laine.

Fils non tors et non teints	les 100 kil.	20f »
— tors ou teints	—	30 »
Tissus de laine	la valeur.	10 p. 100.
Feutre de toute sorte	—	—
Couvertures de laine	—	—
Tapis de toute espèce	—	15 p. 100.
Bonneterie de laine	—	10 p. 100.
Passementerie de laine	—	—
Rubanerie de laine	—	—
Dentelles de laine	—	—
Chaussons de lisière	—	—
Châles et écharpes de cachemire des Indes	—	5 p. 100.
Articles non dénommés	—	10 p. 100.
Lisières de drap de toute espèce, entières ou coupées		Libres.
Vêtements confectionnés, neufs et vieux	—	10 p. 100.

Les fils et tissus de laine et de ses similaires mélangés de coton ou d'autres filaments quelconques payeront les mêmes droits que les fils et tissus de laine pure, pourvu que la laine et ses similaires dominent en poids dans le mélange.

[1] Il n'y a pas de droit à l'entrée en Angleterre.

Droits à l'entrée dans le Zollverein[1].

Machines.

Suivant que la matière qui domine est :

Article	Unité	Droit
En bois	le quint.	15ᶠ
		32 1/2
En fonte	—	15
		32 1/2
En fer forgé ou acier	—	25
		1 27 1/2
En d'autres métaux communs	—	1 10
		2 20
Parties ou pièces détachées de machines	—	0 »
		10 30
Plaques et rubans de cardes	—	6 »
		10 30
Dents de rots, ferrures ou peignes à tisser, à dents en fer ou en cuivre	—	2 20
		4 40
Cuir à cardes artificiel, importé sur autorisation spéciale et sous contrôle pour fabriques de cardes à carder	—	3
		5 15
Poil d'animaux, à l'exception de la laine et du poil de chèvre. — Poils bruts, débouillis, assortis, peignés, blanchis, teints ou frisés		Exempts.
Tissus de laine ou de poil de chèvre : laine en masse et poil de chèvre brut		Exempts.
Fils de laine ou de poil de chèvre purs ou mélangés avec de la soie : simples, non teints ou teints, et retors à deux bouts non teints	—	15
		52 1/2
Retors à deux bouts teints, et retors à trois bouts ou plus non teints ou teints	—	4
		7
Tissus en laine ou en poil de chèvre, purs ou mélangés avec d'autres filaments à l'exclusion de la soie : lisières de drap		Exempts.

[1] Le thaler vaut 3 fr. 703; le silbergroschen, 0 fr. 123; le florin, 2 fr. 116; le kreutzer, 0 fr. 235. Quand il y a deux prix l'un au-dessus de l'autre, le premier est en thalers et silbergroschens, le second en florins et kreutzers. Ce sont les deux genres de monnaie qui ont cours dans le Zollverein.

Tapis de pieds	le quint.	10f
Draps et tous autres tissus foulés ou feutrés, non imprimés et bonneterie	—	17 30
Tissus non foulés, non imprimés; passementerie et boutonnerie	—	24
A partir de 1866, 20 et 35.		42
Tissus imprimés de toute sorte	—	30

Droits à l'entrée en Italie.

Machines et mécaniques.

Machines et mécaniques non dénommées............ la valeur. 1 p. 100.

N. B. — Le gouvernement italien se réserve la faculté de dénommer dans le tarif des machines non dénommées, et de les assujettir à des droits spécifiques qui, en tous cas, ne pourront dépasser les droits établis dans le tarif français.

Pièces détachées de machines. (Même régime que les machines.)

Peignes à tisser et broches	les 100 kil.	5f 75
Cardes à carder et leurs garnitures	—	5 75

Laines.

Laines en masse et bourre de laine		Exemptes.
Laine en masse et bourre de laine teintes	les 100 kil.	3f 45
Fils de laine de toute espèce	—	46 20
Fils de laine teints	—	69 30
Tissus de laine	la valeur.	15 p. 100.

N. B. — Toutefois, l'importateur aura la faculté de payer, au lieu des droits *ad valorem* susindiqués, le droit spécifique de 1 fr. 60 c. par kilogramme pour les tissus de laine. L'importateur devra faire son option entre les droits à la valeur et les droits spécifiques au moment de la déclaration en douane.

Feutres à doublage, pour semelles et à filtrer	les 100 kil.	5f 75
Feutres pour chapeaux	—	17 30
Couvertures de bourre de laine, de lambeaux et lisières de drap	—	57 75
Couverture de toute autre qualité	le kil.	» 80
Tapis de laine	—	1 »

Bonneterie et passementerie de laine. (Même régime que les tissus.)

Rubanerie de laine en poil, même mélangée de fil de coton	le kil.	2 30
Dentelles de laine	—	2 30
Châles, mouchoirs, cravates et autres articles à la pièce; châles valant 50 francs au moins	—	3 45

Châles de valeur supérieure, même mélangés de soie ou bourre de soie, ou brodés......... la valeur. (En plus 5 p. 100.)
Vêtements et tous autres ouvrages non dénommés. (Comme l'étoffe principale.)
Vêtements vieux. (La moitié du droit.)

(Les poils et tissus de chèvre, d'alpaga, de vigogne et de chameau, purs ou mélangés de laine, suivront le même régime que les poils, fils et tissus de laine, quelle que soit la proportion du mélange. Les tissus de laine et des autres matières ci-dessus dénommées, mélangées de coton ou d'autres filaments quelconques, payeront les mêmes droits que les tissus de laine pure, pourvu que la laine domine en poids dans le mélange.)

Droits à l'entrée en Suisse.

Ces droits sont *ad valorem*, par quintal suisse de 50 kilogrammes au quintal. Les lainages compris dans une série d'autres articles payent 15 francs le quintal.

Droits à l'entrée en France, venant de la Suisse.

Laine en masse................................		Exempte.
Laine teinte en masse...........................	les 100 kil.	25f
Fils de laine blanchis ou non, selon qu'ils mesurent au kilogramme huit catégories de 0f,25 à............	le kil.	1
Tissus, feutres, couvertures, bonneterie, passementerie, rubaneries, dentelles, chaussons de laine.........	la valeur.	10 p. 100.
Tapis de toute espèce...........................	—	15 p. 100.
Châles, écharpes de cachemire des Indes............	—	5 p. 100.
Vêtements et articles confectionnés neufs...........	—	10 p. 100.
— vieux...........	les 100 kil.	20f

Tarif à l'entrée en Autriche [1].

Fils de laine et d'autres poils, cardés, écrus.........	les 100 kil.	5f
— peignés, écrus........	—	22 50
— teints et retors.......	—	65 75

[1] Ce tarif est provisoire et intérimaire pour la période de temps qui s'écoulera entre la mise en vigueur du traité de commerce avec le Zollverein et celle du tarif général actuellement en suspens.

Tissus de laine communs foulés, non imprimés et autres que façon de velours, feutres, autres que chapeaux et casquettes, non imprimés, tapis de pieds non repris.	les 100 kil.	270f
Tissus de laine demi-fins, comprenant les tissus façon de velours, les tissus épais de toutes sortes, non foulés ni imprimés, la passementerie de toutes sortes, la bonneterie, boutonnerie..........................	—	375
Tissus fins en laine, comprenant les tissus légers de toutes sortes, autres que les châles et fichus brochés.	—	450
Tissus de laine de l'espèce la plus fine, dentelles, broderies, tissus de toutes sortes, mélangés d'or, d'argent filé fin ou faux ou de verre filé.............	—	1,312 50

Droits d'entrée en Espagne.

Laine commune en suint..........................	les 100 kil.	17f 35
Laine de Saxe connue sous le nom de *primes électorales :* teinte.	—	23 60
— — — lavée...	—	» »
Laine peignée et préparée pour faire le fil...........	—	63 »
Laine filée simple ou à un seul bout, brute ou à un seul bout, brute ou avec huile, de toutes qualités et numéros, sans teinture	le kilogr.	1 90
Laine filée tordue, à deux ou plusieurs bouts, brute ou avec huile, sans teinture, toutes qualités et numéros	—	2 55
Laines teintes de toutes qualités et numéros.........	—	3 65
Passementerie, boutons, cordons, franges, galons, tresses, etc., etc., ou tout autre article de ce genre, de laine ou de lin, ou mélange de ces deux matières, quelle que soit la matière qui compose l'intérieur..	—	6 30
Passementerie, boutons, cordons, franges, galons, tresses, etc., etc., ou tout autre article de ce genre, de laine ou de lin, mélangés de soie.............	—	23 60
Passementerie, boutons, cordons, franges, galons, tresses, etc., etc., ou tout autre article de ce genre, de laine ou de lin, avec mélange de coton en quantité moindre que 50 pour 100 du poids total.......	—	4 70
Poudre de laine moulue, quelle que soit la qualité ou la couleur....................................	les 100 kil.	10 50
Tissus de laine unis ou croisés ou façonnés, écrus ou		

sans teinture ni impression, tels que alpagas, orléans, damas, etc., etc., ou autres articles semblables, quelle que soit leur dénomination en pièces, coupes ou autres formes qui ne soient pas désignées dans le tarif	le kilogr.	4f 40
Tissus de laine teints ou imprimés	—	5 45
Tissus croisés, des deux côtés, tels que mérinos simples ou doubles, écrus ou sans teinture ni impression, en pièces, coupes ou autres formes	—	4 70
Tissus croisés des deux côtés, tels que mérinos simples ou doubles, en pièces, coupes ou autres formes, teints ou imprimés	—	5 75
Tissus unis ou façonnés, ou imprimés, qui, tout en étant lisses ou croisés, comme ceux des parties antérieures, ont une face de poils longs ou courts, comme molleton, flanelles, tartans ou autres, quelle que soit leur dénomination, en pièces, morceaux ou autres formes	—	5 65
Draps pure laine dont la valeur ne dépasse pas 21 francs le kilogramme, ou ceux avec chaîne coton	—	5 50
Draps dont la valeur dépasse 21 francs le kilogramme, pour confections de dame, ou les tissus connus sous le nom de *laines douces*	—	9 85
Tissus de laine appartenant à l'article draperie, non compris dans les deux parties antérieures, tels que castors, satins ou autres articles, quelle que soit leur dénomination, en pièces, coupes ou autres formes	—	6 95
Tissus brochés ou brodés au métier, en pièces, coupes ou autres formes, non compris dans la partie suivante	—	17 10
Tissus mérinos et cachemire brochés, qu'ils soient ou non mélangés de soie, en pièces, morceaux ou autres formes	—	21 15
Peluche et velours de laine de toutes sortes	—	7 40
Tissus de tricot uni	—	2 60
Tissus en forme de pantalons, gilets, bonnets, gants, bas, chaussettes ou autres formes, quoiqu'ils aient quelque travail à la main	—	6 30
Tapis veloutés, de quelque qualité, sortes ou couleurs.	—	1 50
Tapis connus sous le nom de *moquettes*, ou autres semblables	—	1 95
Dentelles de laine	—	18 35

Les châles en tissus de tous les genres, déjà antérieurement nommés, ajouteront au droit afférent, par kilogramme de chacun d'eux, une surcharge de 10 pour 100 du même droit.

Les tissus de toutes les qualités antérieurement nommées, brodés à la main, et ceux avec mélange d'or ou d'argent, ajouteront à chaque kilogramme le droit indiqué dans ce tarif, correspondant à leur qualité, avec une surcharge de 25 pour 100 du même droit.

Les tissus composés exclusivement de laine et soie, dont la chaîne ou la trame sont entièrement de l'une de ces deux matières, payeront 1/3 du poids comme soie et 2/3 comme laine.

Si le mélange était dans une seule partie de la chaîne ou de la trame, on considérerait le tissu comme sans mélange, payant pour la partie de la matière qui domine.

Les tissus composés exclusivement de chanvre ou de lin et de laine, dont la chaîne ou la trame sont de l'une de ces deux matières, payeront 3/4 du poids comme tissus de laine et 2/5 comme lingerie. Mais si une des matières formait seulement une partie de la chaîne ou de la trame, on considérerait ce tissu comme sans mélange, payant pour la partie de la matière qui domine.

Les tissus dont la trame ou la chaîne sont exclusivement de chanvre ou de lin, de laine ou de soie, et qui contiennent en plus deux de ces matières, seront considérés, pour les droits, comme composés de la matière qui forme la chaîne ou la trame, et de celle qui, dans le mélange, supporte les droits les plus élevés.

Les tissus de chanvre, laine, lin ou soie, ou de mélange de ces matières ajoutées au coton, sans excéder le 1/3 du poids total, payeront les droits correspondants à la matière qui domine, selon l'atranul général. Or, en cas de mélange par parties égales, ils payeront pour la matière qui supporte les droits les plus élevés.

Rubans de laine avec mélange de coton. Si la laine domine, ils payeront pour la partie correspondante.

Tarif des droits à l'entrée aux Etats-Unis d'Amérique.

Laines de tout genre, ou poil d'alpaga, de chèvre et de tous autres animaux analogues — non mis en œuvre — ne valant pas plus de 65 centimes par livre au port d'exportation, 16 centimes par livre ; — les mêmes valant de 65 à 1 fr. 30, 32 centimes par livre ; — les mêmes valant de 1 fr. 30 à 1 fr. 95, 55 centimes par livre ; — les mêmes valant plus de 1 fr. 95, 65 centimes par livre (plus 10 pour 100 *ad valorem* pour les deux dernières catégories). (Les laines mélangées seront toujours frappées du droit le plus élevé.) (Les laines nettoyées et épurées payeront triple droit.)

— Vieilles laines, Shoddy, 16 centimes par livre. — Draps et châles de laine et tous tissus composés de laine en tout ou en partie, non spécifiés ailleurs, 1 fr. 30 c. par livre et 40 pour 100 ; — les mêmes valant plus de 10 fr. 50 ou pesant moins de 10 onces la yard carrée, 5 pour 100 en sus des droits précédents. — Bandes sans fin pour papeteries ; blanchets et doubliers pour machines à imprimer, 1 fr. 47 c. par livre et 35 pour 100.— Flanelles estimées à moins de 1 fr. 56 la yard, 1 fr. 30 c. par livre et 30 pour 100 ; — les mêmes estimées à 1 fr. 56 c., ainsi que toutes flanelles teintes, imprimées à carreaux, ou mélangées de coton, 1 fr. 30 c. par livre et 35 pour 100 ; — les mêmes mélangées de soie, 50 pour 100.— Balmorals et autres tissus de même espèce, 1 fr. 30 c. par livre et 35 pour 100. — Chapeaux de laine, 1 fr. 30 c. par livre et 35 pour 100. — Laines filées et fils de laine, valant de 2 fr. 60 à 5 fr. 25 c. la livre, 1 fr. 07 par livre et 25 pour 100 ; — les mêmes valant plus de 5 fr. 25 la livre, 1 fr. 30 c. par livre et 30 pour 100. — Laines filées et fils de laine pour tapis, valant moins de 1 fr. 60 c. la livre et ne dépassant pas le n° 14 comme finesse, 85 centimes par livre et 25 pour 100. — Vêtements tout faits et objets de vêtements en tout genre, composés ou fabriqués de laine en tout ou en partie, 1 fr. 30 c. par livre et 40 pour 100. — Couvertures en tout genre, où la laine entre pour tout ou en partie, d'une valeur n'excédant pas 1 fr. 50 c. par livre, 0 fr. 65 c. par livre et 20 pour 100 ; — les mêmes valant de 1 fr. 50 à 2 fr. 12 c. par livre, 1 fr. 30 c. par livre et 25 pour 100 ; — les mêmes valant plus de 2 fr. 12 c. par livre, 1 fr. 30 c. par livre et 30 pour 100. — Etoffes pour femmes et enfants, mousselines, cachemires, baréges de laine, et tous autres tissus non spécifiés ailleurs, composés de laine en tout ou en partie, gris ou écrus, n'excédant pas 1 fr. 57 par yard carrée, 0 fr. 22 c. par yard et 25 pour 100 ; — les mêmes excédant 1 fr. 57, 0 fr. 50 c. par yard et 3 pour 100 ;— les mêmes imprimées, teintes ou colorées, 5 pour 100 en sus pour chaque catégorie. — Chemises et bonneterie de laine non spécifiées ailleurs, 1 fr. 07 c. par livre et 30 pour 100. — Etamines et toutes autres étoffes composées en tout ou en partie de laine, teintes, colorées ou imprimées, non spécifiées ailleurs, 50 pour 100. — Morceaux de tissus de laine, draps lastings, etc., destinés à la confection des bottines, souliers, boutons, 10 pour 100.

Tapis de Wilton, de Saxe, d'Aubusson, d'Axminster, velours, velours de Tournay et velours tapisserie ; tapis de Bruxelles fabriqués au métier à la Jacquart ; tapis à médaillons ou d'une seule pièce, estimés à 6 fr. 55 ou au-dessous la yard carrée, 3 fr. 80 par yard carrée ; — les mêmes estimés à plus de 6 fr. 55 la yard carrée, 4 fr. 15 par yard carrée. (Dans tous les cas le droit devra s'élever au moins à 50 pour 100 de la valeur.) — Tapis et tapisseries de Bruxelles imprimés dans la chaîne ou autrement, 1 fr. 60 par yard carrée ; — tapis et tapisserie de Venise teints en laine triple ou à chaîne de laine, 2 fr. 10 par yard carrée ; — les mêmes en laine double,

1 fr. 87 par yard carrée; — tapis en chanvre ordinaire ou chanvre d'Hindoustan, 0 fr. 38 par yard carrée; — tapis de droguet de serge, de feutre, imprimés, teints ou autres, 1 fr. 32 par yard carrée; — tapis de toute autre espèce, faits en tout ou en partie de laine, de chanvre, de coton ou de toute autre matière non spécifiée ailleurs, 40 pour 100. (Les tapis d'entrée ou de cheminée, portières, couvertures de meubles, carreaux, descentes de lits et toutes autres portions de tapis ou de tapisserie, payeront les droits correspondants aux tapis proprement dits, suivant la matière dont ils sont composés.)

Extrait des tarifs à l'entrée dans les localités suivantes.

Bolivie. — Etoffe de laine, 18 pour 100. Bonneterie, 28 pour 100. Fils et tissus divers, 28 pour 100.

Chili. — Etoffe de laine, 30 pour 100.

Costa Rica. — Fil de laine, 0f,94 le kilogramme.

Danemark. — Tissus de laine, 142f,50 les 100 kilogrammes. Laine préparée, 42f,75.

Egypte.— Droit général d'importation, 5 pour 100 avec bonification d'un cinquième.

Equateur. — Bas de laine, 4 francs la douzaine.

Etats Romains. — Droguet de laine, 53f,60 les 34 kilogrammes. Flanelle, le mètre, 0f,26.

Hambourg.— Tous objets ne valant pas 37f,50, exempts; le reste, 1/2 pour 100.

Iles Ioniennes. — Laine à broder, 253 francs les 100 kilogrammes; laine à tricoter, 34f,13. Draps, 75f,60 à 220f,50. Châles, 487 francs.

Mexique. — Par les ports sous la domination française. Laine en masse, 27f,17 les 100 kilogrammes. Fil de laine, 3f,80 le kilogramme. Tissus de laine fine, 3f,60. Par les autres ports, il faut ajouter 18 pour 100.

Paraguay. — Tissus de laine, 25 pour 100. Vêtements, 40 pour 100.

Pays-Bas. — Fils de laine, 3 pour 100. Vêtements, tapis et tapisseries, 5 pour 100.

Pérou.— Fils et tissus quelconques, 20 pour 100. Confections, 30 pour 100.

Portugal. — Draps casimir, etc., le kilogramme, 9f,37. Laine teinte, 3f,12. Tissu de mérinos, 15f,02.

Ile Maurice. — Tissus de laine, 10 pour 100.

Philippines. — Tissus, 14 pour 100.

Porto Rico. — Tissus, 20 pour 100.

Possessions hollandaises des Indes. — Tissus en général, 25 pour 100.

Russie. — Draps, 13f,68 le kilogramme. Flanelle, 6f,83. Lainages imprimés, 7f,82.

Suède. — Tissus de laine, 1f,33 à 5 francs le kilogramme.

DEUXIÈME PARTIE.

DEUXIÈME PARTIE

ÉTUDE COMPARÉE DES MACHINES ET DES MOYENS TECHNIQUES DE LA FILATURE.

CHAPITRE I.

CONSIDÉRATIONS PRÉLIMINAIRES SUR LA FILATURE EN GÉNÉRAL.

Les différents règnes de la nature offrent des substances susceptibles d'être transformées en fils et en étoffes. Quelques-unes de ces substances seulement sont utilisées à l'état de fil ou de cordonnet pour la couture, pour des objets d'ornementation dans la passementerie et autres applications analogues. Les traitements des diverses matières varient tantôt en raison de leur composition intime et de leurs caractères chimiques, tantôt avec leur état physique, enfin suivant le degré de désagrégation et de pureté qu'elles présentent avant toute espèce de transformation manufacturière. Le nombre des opérations diverses et leurs répétitions dans la filature sont en général en raison de la différence entre la constitution primitive du corps et l'état auquel l'industrie doit l'amener; ainsi, par exemple, elles sont plus ou moins nombreuses pour les filaments courts, irréguliers, de la plupart des fibres végétales et animales, et pour les matières concrètes, telles que le caoutchouc, les métaux, etc., que pour les fils faits, plus convenablement disposés, comme le sont les diverses espèces de soies filées par les insectes sous la forme de cocons. L'industrie n'a qu'à développer le produit de ces derniers pour en tirer le fil le plus parfait et le plus précieux à l'art du tissage.

Les transformations de toutes les autres substances pour les amener à un état similaire, si elles étaient pures, se borneraient exclusivement à des superpositions de fibres par des glissements ou à des échelonnements successifs et à leur fixation définitive par la torsion. Les longueurs quelconques et indéfinies obtenues avec des éléments de quelques centimètres, sont surtout la conséquence de ces traitements fondamentaux, des étirages et de la torsion. Mais comme les substances de la pureté, même la plus parfaite, laissent généralement à désirer sous ce rapport, les premiers travaux ont surtout en vue des résultats d'épuration. Les premières transformations varient nécessairement avec la nature du corps et l'état dans lequel il arrive à l'industrie. Il résulte de là que, dans l'ensemble des opérations qui concourent à la transformation des fibres plus ou moins courtes en fils de longueurs illimitées, certaines d'entre elles sont à peu près communes à toutes. Les étirages et la torsion ne varient pas, ils restent identiques en principe et indépendants de la nature des matières. Celles-ci peuvent les subir facilement ou leur opposer une résistance, elles sont modifiées en conséquence et appliquées d'une façon plus ou moins énergique. De là les variations de traitement de la matière brute, en raison de son origine et de sa nature, et des modifications dans les opérations identiques suivant les caractères. Les différences entre les premières opérations que l'on fait subir aux filaments du coton, du lin et de la laine, par exemple, s'expliquent en conséquence par celles de leur origine, de leur nature et de leur degré d'épuration. Les modifications dans les quantités d'étirage et de torsion sont, au contraire, nécessitées par des différences entre leurs caractères physiques, c'est-à-dire par les ténuités, les longueurs, la flexibilité et la netteté variables de leurs fibres élémentaires. Les finesses extrêmes auxquelles elles peuvent être amenées par la filature automatique indiquent assez exactement le degré relatif des qualités de chacune d'elles et leurs propriétés filables. Les transformations varient parfois aussi en vue du but à atteindre, de là, par exemple, le mode spécial de préparation des fils de la laine courte vrillée, destinée à des produits en général profondément transformés par l'action du feutrage.

A côté des causes principales des modifications apportées dans des traitements dont le but reste constant et dont les résultats sont toujours des cylindres ténus, de longueurs qui varient dans des limites considérables pour un même poids de matières, l'on peut constater des changements accessoires dans l'outillage, le règlement des organes de chaque machine, et la manière de grouper les opérations les unes par rapport aux autres pour transformer une même matière. Nous faisons surtout allusion ici aux changements qui peuvent se faire remarquer, bien entendu, dans des assortiments déterminés à la même époque pour arriver aux mêmes résultats, et considérés par leurs auteurs comme étant également l'expression du progrès le plus avancé. Ces différences dans l'outillage peuvent être la conséquence de la manière d'en user et de la rapidité imprimée aux organes; le nombre des mêmes machines variera, en effet, en raison inverse de cette vitesse; celle-ci elle-même doit être comprise pour chacune d'elles dans une certaine limite, afin de ménager toutes les qualités du produit. Les modifications de ce genre sont parfois aussi la conséquence d'appréciations plus ou moins rationnelles de la part de l'industriel. Parmi les divers appareils ou machines destinés à chacune des préparations fondamentales, il en est évidemment de plus propres les uns que les autres au but visé, et lorsque, avec des moyens dissemblables en apparence, l'on arrive à des résultats identiques, c'est parce que les soins apportés au travail, l'habileté de la combinaison des opérations entre elles, peuvent compenser parfois le plus ou moins d'infériorité du système adopté. Il n'en reste pas moins vrai, néanmoins, que, dans le choix de l'outillage, de la méthode à adopter dans le groupement et la répétition des opérations, il ne faut jamais perdre de vue l'ensemble des éléments principaux et les causes accessoires qui influencent les résultats; c'est-à-dire la nature, l'état et les caractères de la matière première, le genre de produit auquel elle est destinée, les limites d'action pour chaque opération, en raison de la substance traitée, etc. Malgré les progrès réalisés dans les spécialités même les plus avancées, on est loin d'être fixé d'une façon absolue sur la meilleure manière de procéder pour tous les cas déterminés. Un exemple actuel très-connu et très-important prouve ce fait. Nous voulons parler de l'emploi des cotons de l'Inde, dont la difficulté du traitement, si grande à l'origine, diminue chaque jour. Si les principes généraux d'après lesquels l'industriel doit se diriger avaient été plus répandus, les tâtonnements et les essais pratiques dans cette voie eussent pu être abrégés.

Le meilleur moyen, à notre avis, de progresser dans une branche spéciale, c'est la possession des connaissances qui concourent au même but dans les spécialités similaires. On arrive alors plus aisément à en raisonner, à les appliquer d'après les règles fondamentales, et à se rendre compte de la cause des exceptions qui peuvent se présenter à l'usage de ces règles et des anomalies que l'on peut rencontrer dans chaque cas particulier. L'industriel accompli doit donc, selon nous, lorsqu'il s'agit de l'art de la filature, par exemple, posséder au même degré la théorie des transformations de toutes espèces de substances textiles, et le praticien habile dans l'une d'elles doit surtout étudier les similaires. Ne pouvant, dans un seul ouvrage, embrasser simultanément et en détail les filatures de toutes espèces, nous avons pensé qu'il y aurait néanmoins utilité, en raison des considé-

Tableau synoptique des transformations réalisées dans la filature des diverse

MATIÈRES PREMIÈRES.	ÉTAT BRUT DE LA SUBSTANCE.	MOYENS D'OPÉRATION.	DÉCHETS UTILISÉS OU A UTILISER.	LONGUEUR DES FIBRES ÉLÉMENTAIRES SOUMISES AUX TRANSFORMATIONS.	PRÉPARATIONS DU PREMIER DEGRÉ — PREMIÈRE PÉRIODE.	PRÉPARATIONS DU PREMIER DEGRÉ — DEUXIÈME PÉRIODE.	PRÉPARATIONS DU DEUXIÈME DEGRÉ — PREMIÈRE PÉRIODE.	PRÉPARATIONS DU DEUXIÈME DEGRÉ — DEUXIÈME PÉRIODE.	FILAGE.	MODES DES TRANSFORMATIONS ET LIMITES DES FINESSES.
1. Coton.	Adhérent à la gousse, mélangé de graines et d'impuretés accidentelles.	Égrenage et battage.	La graine comme la plupart des corps oléagineux.	De 0,010 à 0,045	Enlevage des gousses, ouvrage, battage et démêlage.	Cardage ou peignage, suivant les longueurs.	Étirages progressifs sans torsion ni friction.	Étirage et faible torsion transitoire ou friction.	Étirage et torsion finale.	Entièrement automatique, facilement jusqu'à 600 kilomètres au kilogramme (2).
2. Lin, chanvre et jute.	Tiges ligneuses, contenant les fibres agglutinées.	Rouissage ou opérations équivalentes pour obtenir la filasse (3).	Graine de lin et chènevis utilisée, macilage à utiliser.	De 0,20 à 1,00	Teillage, broyage et assouplissage.	Peignage et cardage (4)	Idem, entre des aiguilles.	Idem, entre des aiguilles.	Idem, avec l'intervention de l'eau pour les numéros fins.	Partiellement automatique jusqu'à la longueur de 200 kilomètres, le travail à la main arrive jusqu'à 1800 kilomètres (5).
3. Laines longues, alpaca et autres poils de même dimension.	De 18 à 40 p. 100 de suint ou de corps étrangers.	Désuintage, dégraissage et lavage.	Corps gras et autres, propres au gaz d'éclairage, aux engrais, etc.	De 0,06 à 0,30	Faible graissage et préparation avant peignage.	Peignage.	Idem.	Idem.	Idem à sec	Entièrement automatique jusqu'à 240 kilomètres par kilogramme et exceptionnellement au delà.
4. Cachemire long et poil de chèvre.	Mélangé de poussière, de boutons de galle et de jarre, etc.	Éjarrage et battage.	0	De 0,06 à 0,10	0	Idem.	Idem.	Idem.	Idem.	Idem, jusqu'à 400 kilomètres au kilogramme.
5. Frison, cocons percés, bassinets et autres déchets de soie non tordus.	24 à 26 p. 100 de gomme.	Ébullition dans l'eau de savon.	Substance gommo-savonneuse propre à divers usages et surtout au gaz d'éclairage.	Idem.	0	Idem.	Idem.	Idem.	Idem	Automatique jusqu'à 200 kilomètres au kilogramme.
6. Déchets de fils de soie et de bourre.	Idem.	Idem, après un coupage préalable.	Idem.	Idem.	0	Idem.	Idem	Idem.	Idem.	Idem
7. Laines alpacas et poils à filaments courts, cardées-peignées.	De 20 à 60 p. 100 de suint et de corps étrangers.	Désuintage, dégraissage et lavage.	Corps gras utilisés conformément à la colonne n° 3.	De 0,03 à 0,[illegible]	Ouvrage, égraissage et louvetage.	Cardage.	Idem.	Idem.	Idem ou frottage.	Idem, jusqu'à 30 kilomètres et exceptionnellement à une finesse plus élevée.
Cardées.	Idem.	Idem.	Idem.	Idem.	Idem.	Idem.	0	0	Idem.	Idem.
8. Cocons de soie obtenus par l'industrie agricole du magnanier ou éleveur des vers.	26 pour 100 de gomme.	Triage, ébullition et purge des fils élémentaires.	A utiliser comme au n° 5.	De 500 à 1000 mètres.	Dévidage des cocons à l'eau chaude.	0	0	0	0	Jusqu'à 2400 kilomètres au kilogram. (6). Le concours de la main pour une partie du travail est encore indispensable.
9. Caoutchouc et substances analogues.	Masse plus ou moins pure et colorée.	Dissolution ou désagrégation.	Déchets de même nature à utiliser en les régénérant.		Coupage, triturage et moulage.	0	0	0	Dévidage et étirage.	Les finesses de ces fils dépendent de celle des produits avec lesquels on les combine.
10. Paille.	Tubes verts du seigle et autres végétaux.	0	0	De 0,25 à 0,30	Division parfaite du tube suivant ses génératrices.	0	0	0	0	En longueur de 0,22 à 0,30 mosés bout à bout.
11. Métaux et verre.	Masses concrètes.	Dilatation et pression ou fusion.	0		Étirage et tréfilage.					

(1) Ces apprêts ne sont appliqués aux fils que pour certains cas, suivant leurs destinations.

(2) L'on a vu figurer aux Expositions des fils de coton d'une finesse double, mais ce sont des faits exceptionnels.

(3) Le rouissage du jute est en général pratiqué dans l'Inde et autres lieux de sa récolte.

(4) L'indication du cardage se rapporte aux fibres courtes, résultant du peignage ; le cardage du jute est facilité par un arrosage préalable d'huile de poisson et d'eau.

(5) Finesse ne concernant que le lin. Le chanvre et le [illegible] grosses toiles, sont filés en général à des numéros peu élevés [illegible]

(6) Cette finesse considérable d'une grège 3/4 représente 3 à 4 brins de cocons, qui eux-mêmes sont formés par d[illegible] l'insecte. Celui ci produit par conséquent un fil de cocon d'[illegible] ou kilogramme; cette longueur est double si l'on considère l[illegible] matière peut donc fournir une longueur de 4 000 lieues.

noptique des transformations réalisées dans la filature des diverses substances.

MOYENS D'ÉPURATION.	DÉCHETS UTILISÉS OU A UTILISER.	LONGUEUR DES FIBRES ÉLÉMENTAIRES SOUMISES AUX TRANSFORMATIONS.	PRÉPARATIONS DU PREMIER DEGRÉ		PRÉPARATIONS DU DEUXIÈME DEGRÉ		FILAGE.	MODES DES TRANSFORMATIONS ET LIMITES DES FINESSES.	APPRÊTS DES FILS (1).	SUBSTANCES ACCESSOIRES POUVANT ÊTRE TRAITÉES PAR DES MOYENS ANALOGUES.
			PREMIÈRE PÉRIODE.	DEUXIÈME PÉRIODE.	PREMIÈRE PÉRIODE.	DEUXIÈME PÉRIODE.				
…nage et battage.	La graine comme la plupart des corps oléagineux.	De 0,010 à 0,045	Enlevage des gousses, ouvrage, battage et démêlage.	Cardage ou peignage, suivant les longueurs.	Étirages progressifs sans torsion ni friction.	Étirage et faible torsion transitoire ou friction.	Étirage et torsion finale.	Entièrement automatique, facilement jusqu'à 600 kilomètres au kilogramme (2).	Application de la vapeur, doublage, retordage, lustrage et gazage	Duvets végétaux, diverses espèces de ouate, de l'asclépias, du bombax, des apocynées, des eusbots, etc.
…uissage ou opérations équivalentes pour obtenir la filasse (3.	Graine de lin et chènevis utilisée, mucilage à utiliser.	De 0,20 à 1,00	Teillage, broyage et assouplissage.	Peignage et cardage (4)	Idem, entre des aiguilles.	Idem, entre des aiguilles.	Idem, avec l'intervention de l'eau pour les numéros fins.	Partiellement automatique jusqu'à la longueur de 200 kilomètres, le travail à la main arrive jusqu'à 1800 kilomètres (5).	Idem, excepté les opérations du grillage.	China-grass, agave, bambou, yucca, ananas, bromelia, phormium, palmier nain, feuilles de pin, de bananier, écorces de coco, du mûrier, sparte, etc.
…uintage, dégraissage et lavage.	Corps gras et autres, propres au gaz d'éclairage, aux engrais, etc.	De 0,08 à 0,30	Faible graissage et préparation avant peignage.	Peignage.	Idem.	Idem.	Idem à sec	Entièrement automatique jusqu'à 240 kilomètres par kilogramme et exceptionnellement au delà.	Idem et gazage.	Poils de chameau, d'angora, de lapin de chevreau, de vache, etc.
…rage et battage.	0	De 0,06 à 0,10	0	Idem.	Idem.	Idem.	Idem.	Idem, jusqu'à 400 kilomètres au kilogramme.	Doublage et retordage avec de la soie, pour chaîne.	0
…bullition dans l'eau de savon.	Substance gommo-savonneuse propre à divers usages et surtout au gaz d'éclairage.	Idem.	0	Idem.	Idem.	Idem.	Idem	Automatique jusqu'à 200 kilomètres au kilogramme.	Idem.	Déchets de chiffons, fils tordus, de tirelles, de chiffons de soie, etc.
…em, après un coupage préalable.	Idem.	Idem.	0	Idem.	Idem	Idem.	Idem.	Idem	Idem et chevillage à la vapeur.	Idem.
…uintage, dégraissage et lavage.	Corps gras utilisés conformément à la colonne no 3.	De 0,03 à 0,06	Ouvrage, égratronnage et louvetage.	Cardage.	Idem.	Idem.	Idem ou feutrage.	Idem, jusqu'à 50 kilomètres et exceptionnellement à une finesse plus élevée.	Idem sans gazage.	Poils courts de chameau, dits gingerlis, de chevreau, de veau, de lapin, de plume marine, amiante et déchets divers après effilochage des chiffons, etc.
Idem.	Idem.	Idem.	Idem.	Idem.	0	0	Idem.	Idem.	Idem.	Idem
…age, décoction et purge des fils élémentaires.	A utiliser comme au no 5.	De 500 à 1000 mètres.	Dévidage des cocons à l'eau chaude.	0	0	0	0	Jusqu'à 2000 kilomètres au kilogram. (6). Le concours de la main pour une partie du travail est encore indispensable	Id, chevillage sans gazage.	Cocons de l'ailante, du ricin, du tussah, du chêne, etc.
…solution ou désagrégation.	Déchets de même nature à utiliser en les régénérant.		Coupage, trituragé et moulage.	0	0	0	Dévidage et étirage.	Les finesses de ces fils dépendent de celle des produits avec lesquels on les combine.	Guipage, dans lequel le fil de caoutchouc forme l'axe de fils qui le recouvrent.	
0	0	De 0,25 à 0,30	Division parfaite du tube suivant ses génératrices.	0	0	0	0	En longueur de 0,23 à 0,30 noués bout à bout.	Tressage.	Le bois, le papier, le crin, les plumes, les écorces.
…latation et pression en fusion.	0		Étirage et tréfilage.						Retordage ou guipage avec d'autres fils	

…ls que pour certains cas, suivant leurs destinations.

… des fils de coton d'une finesse double, mais ce sont des faits

… pratiqué dans l'Inde et autres lieux de sa récolte.

… aux fibres courtes, résultant du peignage ; le cardage du jute est … de poisson et d'eau.

(5) Finesse ne concernant que le lin. Le chanvre et le jute, appliqués jusqu'ici à la production des grosses toiles, sont filés en général à des numéros peu élevés

(6) Cette finesse considérable d'une grège 3/4 représente cependant un fil composé par la réunion de 3 à 4 brins de cocons, qui eux-mêmes sont formés par deux bayes ou fils élémentaires agglutinés par l'insecte. Celui ci produit par conséquent un fil de cocon d'une finesse égale à 2 000 × 4 ou 8 000 kilomètres ou kilogramme; cette longueur est double si l'on considère le fil primitif décomposé, 1 kilogramme de cette matière peut donc fournir une longueur de 4 000 lieues.

rations qui précèdent, de réunir dans un tableau synoptique les opérations comprenant les transformations des diverses substances dans l'ordre de leur application pratique. De la comparaison du genre et du nombre d'opérations pour arriver à un même but avec des matières plus ou moins semblables ressortira un enseignement spontané des causes modificatives basées sur les caractères qui les ont nécessitées. L'on pourra aussi se rendre compte de l'efficacité des moyens et de leurs degrés plus ou moins favorables aux transformations par les limites de finesses auxquelles leurs fils ont pu atteindre jusqu'ici. Nous avons réuni dans ce tableau, comme nous le faisons dans notre enseignement public, des colonnes relatives aux déchets utilisés ou qui pourraient l'être, ainsi que des indications concernant le travail à la main ou automatique. Enfin, nous y avons réservé une place aux matières qui ne sont encore employées que sur une échelle plus ou moins restreinte ou à l'état d'essais.

REMARQUES SUR LE TABLEAU.

En faisant abstraction des industries comprises dans les trois dernières colonnes, concernant, d'une part, le caoutchouc, la gutta-percha, etc., dont l'emploi pour une foule d'applications prend chaque jour plus de développement ; d'autre part, de la paille, qui n'est guère qu'une branche accessoire de l'art de la fabrication des chapeaux, dont les principaux centres industriels sont en Italie, en Suisse et aux environs de Panama, et enfin des métaux précieux, dont les fils sont spécialement utilisés par la passementerie et la broderie, il reste neuf grandes filatures textiles proprement dites. En suivant exactement les divisions industrielles telles qu'elles sont pratiquées, nous eussions pu en compter davantage encore. Au lieu d'une seule industrie pour la laine peignée, par exemple, il en existe en effet doux : celle des fils mérinos obtenus par nos laines, dont la Bourgogne produit le type par excellence et dont Reims est le centre manufacturier le plus important, et celle qui transforme les belles laines brillantes de l'Angleterre dites *laines longues*, principalement pratiquée à Roubaix et dans le Nord. Quoique ces deux genres de filatures diffèrent au point que les produits de l'une ne pourraient s'obtenir aux machines de l'autre, nous avons cependant cru devoir les réunir dans le tableau, attendu que la modification de l'outillage n'est nécessitée que par celles des longueurs des filaments. Le but de chacune des opérations et les fonctions des machines qui les réalisent restent identiques. Des observations analogues sont applicables à certaines autres industries, telles que celles du cachemire et du poil de chèvre, des laines et de l'alpaga, etc. Les remarques à faire concerneraient plus principalement les modifications ou les additions à certaines transformations; ainsi, par exemple, l'emploi de l'alpaga et du cachemire doit être précédé d'un triage tout particulier, basé sur les différentes longueurs et couleurs des brins de la masse. Le poil de chèvre, roide et élastique, acquiert par la torsion un vrillement analogue à celui du crin, et deviendrait d'un empaquetage et d'une transformation ultérieure très-difficile, si on ne faisait subir à ses fils un apprêt consistant dans une ébullition appliquée aux écheveaux tendus sur les dévidoirs et dont les matières molles comme le cachemire n'ont nul besoin. Mais celui-ci, à cause du jarre et surtout des boutons qui y adhèrent, doit être soumis à une machine spéciale dont l'action est sans objet sur les premiers. Ces modifications partielles dans le traitement ne nous ont pas paru assez importantes pour motiver une division spéciale à chacune de ces matières.

Si donc nous nous bornons à comparer les industries textiles proprement dites du tableau, c'est-à-dire les huit premières, nous remarquerons que les différences des traitements ont plutôt lieu en raison de la constitution de la matière et de la longueur des fibres que de leur composition intime.

Nous pourrions condenser davantage encore la classification et grouper toutes les filatures en trois catégories principales, savoir : 1° celle qui travaille les filaments dont la longueur ne dépasse pas 0m,06 ; 2° celle dont les longueurs peuvent varier de 0m,06 à 0m,30, et subdiviser celle-ci à son tour en deux grandes spécialités ; 3° enfin, celle qui s'exerce sur les fils tout formés et notamment sur celle des cocons de soie, dont les procédés n'ont de rapport avec ceux des industries précédentes que dans l'application des apprêts des doublages et des retordages.

En éliminant la spécialité des soies, celles qui restent ne se différencient plus, en principe du moins, que par les premières préparations de la matière brute pour l'amener à l'état de filaments épurés. Quoi qu'il en soit, les transformations qui suivent immédiatement les précédentes pourraient en quelque sorte se diviser en deux grandes catégories, basées sur les modes spéciaux d'opérer, sur le *peignage* et le *cardage;* leur application étant la conséquence des caractères et surtout de la longueur des filaments élémentaires, les modifications ultérieures des opérations dépendent elles-mêmes de ces caractères.

Les différences entre les moyens s'effacent de plus en plus à mesure que les transformations avancent, les étirages et le filage proprement dits étant à peu près identiques pour toutes les matières. On pourrait donc, pour le moment, se borner à la distinction de deux genres essentiels de filature, celle des substances cardées et celle des substances peignées. Nous disons *pour le moment*, car ce qui est exact aujourd'hui dans cette classification pourrait ne plus l'être demain, attendu que des brins trop courts pour être peignés avantageusement actuellement, pourront devenir susceptibles d'un peignage, avec des moyens plus perfectionnés; l'exemple du travail de certains cotons par le peigne offre la preuve la plus récente et la plus importante de la possibilité de la réalisation des modifications de ce genre, pour toutes les substances filamenteuses, si ce n'est pour celles destinées à recevoir ultérieurement l'action du feutrage.

La marche du progrès paraît donc devoir suivre désormais une voie différente de celle qui a amené les résultats acquis. En effet, à l'origine de l'application des transformations automatiques, les perfectionnements furent la conséquence de l'application de plus en plus complète de la division du travail, de l'augmentation du nombre des opérations et de la création de moyens particuliers à chaque spécialité. L'on a échoué dans la filature des laines mérinos, et dans celle du lin par exemple, toutes les fois qu'on a voulu servilement imiter la manière de procéder pour le coton. Ce n'est qu'au moment où l'on a ajouté aux machines à coton un élément nouveau, les gills ou les hérissons pour l'étirage, que les difficultés se sont aplanies et les résultats améliorés par la laine et le lin. Aujourd'hui que la multiplicité des opérations paraît à sa limite, et les organes de chaque appareil parfaitement appropriés, le moment est venu de rendre certaines transformations plus efficaces et d'en réduire le nombre. L'industrie cotonnière, à laquelle on a tant emprunté naguère, va peut-être se simplifier en empruntant, à son tour, des moyens précieux, et entre autres le travail du peignage. Si celui-ci pouvait se propager à presque toutes les sortes de fils, aux moyens comme aux fins, il en résulterait non-seulement un perfectionnement dans les résultats, mais la possibilité de réduire les passages, ce qui serait probablement plus qu'une compensation à l'augmentation de la dépense occasionnée dans l'état actuel des choses pour le peignage.

L'examen et la comparaison des changements apportés aux machines et aux opérations pour obtenir le même résultat avec les diverses substances, offrent en tout cas les éléments les plus propres à éclairer la marche rationnelle à suivre, non-seulement dans les cas les plus ordinaires, mais encore si une circonstance particulière venait à se présenter ou s'il s'agissait d'étudier le meilleur mode de transformation à adopter pour une substance nouvelle. On chercherait alors celle avec laquelle elle a le plus de rapport dans le tableau, pour déterminer avec le plus de précision possible leurs similitudes et leurs différences, afin d'arriver à fixer par approximation le mode de traitement le plus convenable et le plus propre à épargner de longs tâtonnements pratiques.

Toutes les opérations de la *filature*, quels que soient d'ailleurs leur nombre, la nature ou l'espèce de filaments sur lesquels elles sont appliquées, peuvent, pour la facilité des études comparatives, être divisées en quatre catégories principales, qui comprennent :

1° Les préparations du premier degré, première et deuxième période;

2° Les préparations du deuxième degré, première et deuxième période;

3° Le filage;

4° Les apprêts des fils.

Les *premières préparations*, qui ont l'épuration de la matière pour but, sont caractérisées par leur tendance à agir autant que possible sur les filaments plus ou moins isolés. Les organes qui ouvrent et divisent la masse ont ce résultat en vue. La carde ou la peigneuse, en continuant le même effet, commencent cependant à agir sur les fibres réunies, c'est pour ce motif que nous avons divisé ces transformations en deux périodes. Les battages ou démêlages appartiennent à la première, et le cardage ou le peignage rentrent dans la seconde.

Les *préparations du second degré* sont, au contraire, caractérisées par des actions de condensations successives des filaments et la formation progressive d'une mèche ou fil rudimentaire. Les opérations d'étirage et de laminage sans torsion forment la première période, et les mêmes transformations avec torsion ou une addition de friction constituent la seconde période de cette division.

Le *filage* se résume dans l'étirage combiné à la torsion finale.

Enfin, les transformations que le produit subit après le filage, dans le but de les disposer sous une forme nouvelle, soit de modifier et de rendre son apparence plus flatteuse, justifient, ce nous semble, la dénomination d'*apprêts des fils*.

Une longue application de cette classification dans l'enseignement nous a démontré son utilité pour arriver à apprécier et à comparer les degrés de complications relatives des opérations qui constituent les diverses spécialités de filature.

CHAPITRE II.

ENSEMBLE DES TRANSFORMATIONS DE LA LAINE COURTE ET VRILLÉE EN FILS CARDÉS.

1° *Triage manufacturier ;*
2° *Désuintage, dégraissage, lavage et séchage ;*
3° *Battage ;*
4° *Échardonnage ou égratteronnage ;*
5° *Second triage ;*
6° *Louvetage ;*
7° *Graissage ou ensimage ;*
8° *Cardage ;*
9° *Filage ;*
10° *Retordage et apprêts des fils ;*
11° *Titrage et dévidage.*

Pour produire des fils feutrés, l'action du feutrage est substituée à celle du métier à filer.

Les fils connus sous le nom de *cardés, peignés* ou de *produits mixtes*, reçoivent les préparations des étirages ou préparations du second degré après le cardage et avant le filage. Ces produits sont plus homogènes et présentent moins de pointes et de duvets à leurs surfaces que les fils cardés, et sont plus moelleux et moins lisses que les fils peignés. Ils sont spécialement destinés aux tissus souples et chauds, tels que des châles, des gilets et autres articles pour femmes. La complication de l'assortiment des machines nécessaires à ce genre de fils et, par conséquent, l'élévation de prix qui en résulte d'une part, et de l'autre la perfection apportée aux produits cardés simples, ont arrêté et ont même fait diminuer le nombre des établissements du cardé peigné. Les fils feutrés, dont la production commence à se développer, peuvent avantageusement remplacer par leurs caractères les cardés peignés, et leur feront, à leur tour, une concurrence sérieuse.

Nous entrons plus loin dans quelques détails sur les conséquences de l'emploi de ces fils nouveaux, après avoir décrit l'appareil substitué à cet effet aux métiers à filer ordinaires.

§ 1. — Triage manufacturier des laines.

Toutes les laines, quelles que soient leur provenance et leur destination, et malgré le triage antérieur auquel elles ont pu être soumises dans le pays producteur, doivent être soigneusement triées avant leur mise en œuvre. L'inspection d'une toison ouverte et développée sur la claie d'osier du trieur suffit pour en démontrer la nécessité à l'œil le moins exercé : les extrémités, pattes et queue, c'est-à-dire les *bords* de la toison, sont particulièrement communs et ne pourraient y rester sans compromettre le travail ultérieur, de là un premier lot inévitable formé par les *débordages*. Puis se présentent des mèches quelquefois assez fines, comparativement aux précédentes, mais dont la nuance jaune ne permet que la teinture en noir; elles constituent un second lot, confondu quelquefois avec le premier, lorsque ces *jaunes* sont trop communs. Certaines mèches (sous le ventre et sur les flancs de l'animal) sembleraient ne pas devoir être séparées des meilleures parties, en raison de leur finesse, et sont cependant mises à part pour former un troisième lot, le lot des *pailleux*, dont le nom indique suffisamment le caractère. Ces mèches répandraient dans l'ensemble des toisons une quantité de pailles très-divisées ou *menuises* (mot dérivé sans doute de *menu*) et rendraient les opérations postérieures d'épuration très-onéreuses. Un quatrième tas est formé de ce qui a reçu le nom de *crottins;* ce sont des filaments tellement liés avec l'ordure du mouton, qu'ils doivent être soumis à un écrasement énergique et à un désuintage spécial avant de recevoir une destination. Une fois débarrassé de ces différentes parties, si faciles à reconnaître, que l'extraction en est souvent confiée à un aide, le trieur passe au triage proprement dit : là cesse toute classification absolue, car le nombre des choix ne dépend pas seulement de la nature et de la qualité des laines, mais aussi des habitudes de la maison où s'opère le triage et des tissus que doivent constituer ces laines.

Toutefois les choix dont le nombre exagéré cause une dépense inutile, dont le nombre trop restreint est un préjudice sérieux en permettant l'emploi pour les fils ordinaires de parties beaucoup trop fines, peuvent être ramenés à trois principaux : un premier choix formé des parties *extra*, un deuxième ou choix moyen, et un troisième, composé des mèches les plus communes; un quatrième et un cinquième choix, qui ne doivent jamais être volumineux si la laine est de bonne nature, sont les lots de *lisières* et de parties *jarreuses*. Des filaments trop gros pour donner d'autres fils sont employés aux lisières;

le *jarre* est cette espèce particulière de poil droit et brillant, comparable à du crin court, étudié déjà ch. v, Ire part.; il nuirait au tissu en le hérissant de ses pointes dures et luisantes. Ces jarres sont toujours alliés à des filaments creux, cotonneux, sans élasticité. Outre ces choix, outre les lots de débordages, de jaunes, de crottins, de pailleux, le trieur est quelquefois obligé de mettre de côté des parties de toisons dont la laine feutrée forme comme une masse spongieuse. Ce feutre naturel, dû à une cause accidentelle (le plus souvent échauffement d'une laine humide), a perdu de ses qualités et ne peut être laissé avec des fibres douées de toute leur élasticité[1].

Enfin, certaines laines dont l'usage n'a acquis toute son importance que depuis l'invention de machines spéciales, à cause des nombreux chardons à l'état de graines ou de fruits qu'elles renferment, nécessiteraient souvent un double triage. La même balle fournit quelquefois, à côté de toisons chargées seulement de suint et de poussière, des toisons criblées de chardons qui, mêlées aux premières, font pour le chardon ce que feraient pour les pailles les pailleux laissés dans les autres choix. De là une subdivision du travail, coûteuse sans doute, mais moins préjudiciable que l'*échardonnage* de laines dépourvues de graines. Cette observation nous semble d'autant plus nécessaire que quelques industriels sont entrés dans la voie de l'échardonnage ou *égratteronnage* d'une façon peut-être trop absolue. Ils ne se contentent pas de faire passer aux machines échardonneuses les laines pour lesquelles ces outils ont été construits: ils traitent sur les mêmes machines des laines souillées seulement de pailles et de poussières. Cette méthode offre un double écueil: le plus grand est l'énervement de la laine et la production d'un déchet supplémentaire constitué souvent par les parties les plus fines de la matière première; l'autre est la division

[1] Il va de soi que les toisons brunes ou noires désignées sous le nom de *bèges*, sont toujours mises à part pour être teintes en noir.

de la paille par les organes échardonneurs. Cette tendance de l'industrie à la généralisation de l'échardonnage s'explique, d'ailleurs, par l'absence de bonnes batteries ou batteuses, et surtout par la mauvaise installation des batteries actuelles, qui, dépourvues de ventilation, de dégagements suffisants, tournent la laine sans l'épurer.

Le triage est, le plus souvent, confié à un homme. Les femmes acquièrent tout autant d'habileté dans cette opération, mais leurs forces ne leur permettent pas de mouvoir les balles; souvent aussi la poussière les gêne; enfin, la fatigue causée par le maniement continuel des toisons pendant une journée tout entière les empêche de faire dans le même temps autant de besogne que les hommes. Ce sont sans doute là les motifs qui font du premier triage un travail réservé presque partout aux hommes. Le trieur se fait quelquefois aider par une femme qui dénoue les toisons, les ouvre et épluche les sacs; il est payé à la journée ou à la tâche. Cette dernière méthode nous semble préférable. Ici, comme dans toutes les opérations où elle est applicable, l'ouvrier à ses pièces est toujours plus intelligent, et le développement de son activité sert le patron aussi bien que lui-même; la surveillance est la même dans les deux cas.

Ce qui a été dit précédemment explique comment les prix du triage varient suivant l'exigence de l'industriel dans la subdivion du travail; toutefois on peut donner comme bases usuelles pour Elbeuf les prix suivants :

Désignation des laines.	Prix du triage au 100 kilogrammes.	
Buenos-Ayres, Monte-Video...........	1f,75	
Australie..........................	2,00 à 3,00	Suivant le
Allemagne..........................	3,00 à 6,00	Nombre du choix.
Suints de France..................	1,50	

Le prix du triage est compensé en partie par la vente des sacs, cordes, ficelles, cercles qui servent à l'emballage des laines. On ne peut donner, pour ces divers objets, plus que pour les triages, des prix absolus, car ils sont soumis à des variations assez grandes. Le tableau suivant est surtout destiné à rappeler que l'industrie ne doit négliger aucun détail capable de diminuer les frais de manutention, si considérables dans les transformation des textiles :

Désignation des objets de vente.	Prix aux 100 kilogrammes.
Bonnes toiles (Russie, Allemagne)....................	28f,00 à 30f,00
Toiles ordinaires (Allemagne, Australie, Espagne).....	18,00 à 20,00
Toiles communes (Buenos-Ayres).....................	10,00 à 14,00
Cordes, ficelles, suivant leur qualité................	10,00 à 25,00
Cercles en feuillard................................	10,00 à 15,00

CHAPITRE III.

DÉSUINTAGE, DÉGRAISSAGE, LAVAGE ET SÉCHAGE DE LA LAINE.

§ 1. — Dégraissage et lavage. — Considérations générales.

Ces opérations préparatoires et accessoires, en quelque sorte, ont cependant une grande importance sur les résultats ultérieurs de la fabrication : une laine médiocrement épurée ne peut donner des produits parfaits. Les moyens employés sont chimiques et mécaniques. Ils peuvent être indiqués en quelques mots : 1° séparer et faire dissoudre les substances étrangères à la laine, qui recouvrent tous ses brins, dans un liquide alcalin ni trop chaud, ni caustique, ni trop concentré, et dont l'action ne soit par trop prolongée; 2° la séparation chimique ayant eu lieu, enlever par un lavage mécanique quelconque, dans l'eau froide ou dans l'eau tiède, les matières qui masquaient la pureté de la laine; 3° utiliser autant que possible les résidus riches en corps gras et alcalins de l'opération. Ces résultats doivent être obtenus aussi économiquement que possible, en ménageant complétement les caractères et les propriété des brins, et de manière à fournir la masse dans l'état le plus convenable aux transformations ultérieures. L'action chimique doit, par conséquent, être suffisante pour attaquer les corps étrangers sans avoir d'effet sur le tube de la laine, et la force mécanique, tout en agissant intimement sur tous les points des fibres pour entraîner la substance qui y adhère et séparer les filaments les uns des autres, doit éviter le feutrage et l'agglomération qu'elle pourrait produire si elle n'était convenablement appliquée. Bien des accidents de la fabrication, et notamment les *barrages*, qui font le tourment des industriels, n'ont d'autre origine qu'un lavage mal fait.

Examinons, par conséquent, successivement les deux actions essentielles, chimique et mécanique, qui interviennent dans l'épuration de différentes laines, quel que soit l'état plus ou moins pur dans lequel elles arrivent au manufacturier.

Opération chimique. — Malgré la complication de la composition des corps étrangers combinés à la laine et dont il faut la débarrasser pour l'avoir pratiquement pure, la science et l'industrie sont d'accord pour admettre que les dissolutions alcalines, convenablement employées, remplissent le but[1]. Il est

[1] Il est peut-être utile de rappeler ici, que les voyageurs mentionnent souvent soit la racine, soit l'écorce de certaines plantes, comme très-efficace au dégraissage de la laine; l'abbé Molina, dans son *Essai sur l'histoire naturelle du Chili*, Paris, 1749, dit : « Les habitants du Chili pulvérisent l'écorce du quittai (quillaja saponaria, monoecia-polyandria), cette écorce, mêlée d'eau, écume comme le savon et sert à dégraisser la laine, le commerce qu'on fait de cette eau est assez considérable. » M. Mentzel dit qu'une décoction de saponaire blanche, ajoutée à une dissolution alcaline, paraît un bon mélange pour désuinter et blanchir la laine. M. Amédée

également incontestable que les dissolutions trop concentrées et surtout caustiques, et la température trop élevée du bain doivent être évitées. Quoique les opérations pratiques du dégraissage soient simples et les conditions pour l'obtenir parfait, bien connues, elles restent cependant parmi les plus délicates de la fabrication; elles nécessitent des soins spéciaux et une grande expérience. Les éléments en présence varient, en effet, avec la nature, l'origine, la finesse, l'état, l'âge de la matière et le temps de son emmagasinage, et aussi avec les changements que l'opération fait subir, d'une part, à la substance à traiter, et, de l'autre, au liquide employé. La proportion du corps gras, le degré de l'alcalinité et la température du bain se modifient en sens inverse; à mesure que l'opération s'effectue, l'impureté de la première diminue, et la concentration du second augmente par l'addition des substances plus ou moins dégraissantes abandonnées par la laine. De là la nécessité d'organiser une marche méthodique qui permette d'équilibrer en quelque sorte ces deux effets contraires.

La manière d'opérer n'est pas tout à fait la même pour la laine lisse et la laine vrillée; la première peut subir certaines actions qui nuiraient aux caractères de la seconde. A la sortie du bain chargé de dissoudre les corps étrangers et après un passage dans des liquides de plus en plus propres, la laine lisse subit sans inconvénient une pression énergique entre deux cylindres pour en exprimer la plus grande partie de

Joubert rapporta d'Astracan, en 1819, une racine cylindrique qu'on lui avait vantée comme très-propre au lavage des laines; il suffisait de faire macérer cette racine pendant douze heures dans l'eau pour former un liquide mousseux comme de l'eau de savon. Nous avons nous-même essayé certains corps au dégraissage et entre autres les essences, et notamment l'essence de térébenthine et la benzine, qui dégraissent également bien; cette dernière donne une douceur remarquable aux fibres, mais elles ont besoin d'être lavées à l'alcool rectifié pour enlever complétement le sulfure de carbone.

l'eau; une telle action sur la laine vrillée déformerait les brins, nuirait à la disposition particulière de ses spires; on ne peut donc la soumettre à aucune pression; elle est, au contraire, traitée alors par un lavage tendant à désagréger la masse et à séparer les brins. Cependant les mêmes machines à laver sont employées indistinctement pour les deux genres de laines, avec cette différence que, pour la laine peignée, leur action est suivie de la pression susdite; tandis que, pour la laine cardée, le lavage a lieu immédiatement après la sortie de la laine de la chaudière à dégraisser.

Dégraissage de la laine lisse. — La laine à dégraisser, surtout lorsqu'elle est encore chargée de tout son suint, est, en général, soumise à un trempage préalable dans une eau plus ou moins tiède, dans de vastes baquets; elle abandonne alors la proportion de corps étranger soluble dans ce cas. La durée de ce trempage est variable suivant les ateliers : les uns se bornent à quelques heures, d'autres laissent tremper pendant une nuit. La laine, ainsi débarrassée d'une notable proportion de la substance étrangère, est portée à l'appareil à dégraisser proprement dit, composé d'une grande caisse divisée, en général, en deux compartiments. A l'une des extrémités de ce bac se trouve l'espèce de calandre, ou cylindres presseurs, entre lesquels doit passer la laine pour être débarrassée en partie du liquide dégraisseur par une pression tellement énergique, qu'elle atteint parfois 8,000 à 9,000 kilogrammes. Les compartiments sont remplis environ aux deux tiers de leur hauteur d'une eau de savon chaude, maintenue au degré voulu pendant la durée de l'opération par une réserve de dissolution savonneuse placée à la portée de l'ouvrier qui dirige le dégraissage; la laine est passée du trempage au premier compartiment du bac, et de celui-ci au second, quelquefois à un troisième, et de là aux cylindres. La quantité de bon savon employée varie naturellement avec le nombre des brins et, par conséquent, la proportion du corps gras. Il est évident qu'il en faudra plus pour la laine fine longue, chargée jusqu'à 40 pour 100 de corps étrangers, que pour la laine commune, où cette proportion est réduite à 20 pour 100, par exemple. Aussi les quantités de savon, difficiles à déterminer avec précision *à priori*, varient-elles entre 10 et 20 pour 100 du poids de la laine. Il faut rappeler ici les considérations sur l'influence de la température sur les brins de la laine. Les meilleurs praticiens recommandent de ne pas dépasser 50 à 55 degrés. Il est bien entendu que le degré de concentration du liquide savonneux doit aller en diminuant à mesure que la laine se dépouille de sa substance étrangère. Il sera, par conséquent, plus concentré dans le premier compartiment, par lequel la laine est introduite, que dans les suivants. En un mot, la marche doit être disposée méthodiquement comme nous l'avons déjà dit, de façon que la laine, au commencement de l'opération, reçoive l'action la plus énergique, et celle d'une eau savonneuse aussi pure que possible à sa sortie près des rouleaux presseurs. Les résidus les plus chargés, qui ont eux-mêmes une faculté dégraissante, s'accumulent, par conséquent, dans les vases du trempage et dans les premiers compartiments. Malheureusement cet avantage de pouvoir dégraisser à leur tour est compensé souvent par l'inconvénient de la saleté du bain. Aussi a-t-on cherché à le filtrer, pour s'en servir plus efficacement. Pour bien ouvrir la laine dans les bains et mettre les brins en contact du liquide dégraisseur, les laveurs l'agitent avec des bâtons et des fourches. Les machines employées depuis quelque temps ont pour but de remplacer l'action des bâtons manœuvrés à la main. Comme les laveuses automatiques sont les mêmes pour la laine peignée et cardée, que leur disposition seulement est modifiée suivant leur application à l'une ou à l'autre de ces laines, nous les décrirons en même temps, après avoir parlé du mode de dégraissage des laines cardées.

Dégraissage de la laine cardée. — Autrefois on ne faisait pas subir de trempage préalable à la laine avant de la dégraisser. Depuis quelque temps, certains dégraisseurs y ont recours, afin d'utiliser les résidus qui se déposent de cette façon. Trempée ou non, la laine est ensuite plongée dans une chaudière de 1,000 à 1,200 litres, contenant le bain dégraisseur, chauffé de 50 à 60 degrés. Ce bain peut varier avec la nature de la laine et la difficulté du dégraissage. Les laines très-fines de certaines provenances, telles que les laines d'Allemagne et les laines d'Australie, sont les plus difficiles à dégraisser. Le dégraissage des laines de l'Amérique du Sud, et surtout de Buenos-Ayres, sont, au contraire, si faciles à débarrasser, que leur exposition à l'eau tiède suffit; leur suint fait l'office du savon. Pour les laines un peu plus difficiles, pour les laines de France par exemple, on emploie une dissolution de cristaux de soude, et on ajoute parfois un lait de calcaire argileux. Sauf les proportions, c'est encore aux alcalis qu'on a recours pour les cas qui réclament le plus de soins.

Voici les détails de l'opération dans ce dernier cas :

Dans 60 à 70 litres d'eau on fait dissoudre de 4 à 5 kilogrammes de sous-carbonate de soude; on y ajoute parfois, dans certaines localités, une proportion d'urine; on y plonge 15 à 20 kilogrammes de laine à la fois; on l'agite avec un crochet ou un bâton, afin de mettre toutes les parties en contact du liquide. L'opération dure, au maximun, quinze minutes environ pour les laines les plus difficiles à dégraisser, quatre à cinq minutes pour les autres. Si l'opération est continue, les résidus viennent s'ajouter au liquide pour en former un savon utilisé au dégraissage et compenser ainsi la consommation du liquide alcalin primitif. Ces résidus de la laine ne peuvent, d'ailleurs, servir qu'avec un travail suivi; si l'opération s'arrête, la fermentation se déclare, et la dissolution ne peut plus être utilisée. On a ordinairement un réservoir séparé avec un liquide alcalin destiné à recharger le bain dont on se sert pour maintenir l'homogénéité de sa composition.

Dégraissage méthodique dans le vide. — Afin de pouvoir effectuer le dégraissage dans des conditions constamment identiques et de pouvoir recueillir facilement les résidus qui en proviennent, nous avons imaginé, il y a une dizaine d'années, une disposition qui a parfaitement réussi dans les essais pratiques que nous en avons faits. L'appareil dont nous nous sommes servi est représenté figure 1, planche V. Il consiste : 1° dans une cloche renversée P, P, semblable à une cloche de gazomètre, et disposée, comme celle-ci, dans une cuve I, F, G, H. Cette cuve contient le liquide dégraisseur mentionné ci-dessus, dans lequel la cloche P peut descendre par une suspension x et monter toujours comme un gazomètre. Sous la cloche P se trouve placé un panier p muni d'un double fond percé de petits trous i et d'un couvercle mobile D, manœuvré par une vis V. Ce panier p, p reçoit la laine à dégraisser.

Supposons la cuve I, F, G, H alimentée du liquide dégraisseur, et chauffée au degré voulu, 50 à 60 degrés en moyenne par un jet de vapeur, et la laine contenue dans le panier et maintenue par le double fond D ; le tout sera alors disposé pour commencer l'opération.

Fonctionnement de l'appareil. — Les choses étant en état, on ouvre les robinets R et O, le premier pour donner une issue à l'air, et le second pour introduire la vapeur pour chasser cet air. Après quelques secondes, lorsque l'air de l'appareil est expulsé, on ferme les deux robinets, il en résulte un vide sous la cloche, l'ascension et la pénétration intime et spontanée du liquide dégraisseur de la cuve dans la masse des fibres à dégraisser, et après cinq à six minutes, l'opération est complète. Si maintenant on place au-dessus de l'appareil un vase contenant le liquide dégraisseur dosé, et dans la cuve un pèse-sel et un thermomètre, on sera maître de maintenir une composition constante au liquide qui monte spontanément dans la laine, chaque fois qu'on opère le vide sous la cloche par la manœuvre que nous venons d'indiquer des deux robinets R et O. Quant au troisième N, il est destiné à faire écouler les résidus, lorsque la concentration est trop grande pour le remplacer par l'arrivée du liquide nouveau du vase placé supérieurement. Ce principe étant donné et ses résultats certains, il sera très-facile de le modifier dans sa disposition et les dimensions des vases, pour les mettre en rapport avec les exigences des différents cas qui pourraient se présenter.

A la sortie de la laine de la chaudière, au lieu d'être passée entre des cylindres presseurs, lorsqu'il s'agit de la laine vrillée, elle est immédiatement placée dans des caisses en bois percées de trous ou fermées par des toiles métalliques. Ces caisses, plus généralement nommées paniers, sont disposées, autant que possible sur des cours d'eau lorsque la localité le permet, et sont alimentées artificiellement d'eau dans le cas contraire. La laine placée dans ces paniers doit être désagrégée, et les brins séparés autant que possible pour les débarrasser complétement de la matière étrangère. Pendant longtemps le lavage a été exclusivement pratiqué par des ouvriers. Dans le Midi, on agissait avec les pieds nus, et dans le Nord, par l'action de bâtons auxquels on imprimait un mouvement de va-et-vient. Le travail automatique est venu presque partout se substituer à la manipulation lente, chère, presque toujours irrégulière et parfois d'une influence fâcheuse sur la santé des ouvriers laveurs.

Machines à laver. — Nous allons faire à dessein, à peu près un double emploi, en donnant la description des procédés et des machines à laver, inventées en France il ya une vingtaine d'années déjà, dont l'usage n'a pu se propager, et celle des appareils achetés à grands frais à l'étranger, et surtout à l'Angleterre depuis quelque temps.

Mais avant de faire la comparaison entre les machines proposées autrefois et celles usitées, nous devons dire un mot de différents systèmes de lavoirs automatiques que nous avons vu fonctionner pratiquement dans quatre localités différentes : à Reims, à Pont-Authou, dans l'Eure, et à Leeds, il y a vingt-cinq ans environ.

Laveuse automatique à râteaux. — A Reims, chez M. Missa, laveur de laines, un manége auquel étaient attelés quatre chevaux donnait le mouvement à 12 râteaux, animés, chacun dans un panier, à laver, par un mouvement de va-et-vient obtenu par une commande des plus simples. Chacun de ces râteaux, auquel la laine était fournie et enlevée à la main, lavait 600 kilogrammes par jour.

Lavage par le courant direct de l'eau.—A Pont-Authou, dans l'établissement de M. Lefèvre-Duruflé, si nous ne nous trompons, on avait utilisé le courant de la rivière. Une espèce de baignoire placée dans l'eau, avec une prise d'eau en amont et un déversoir en aval, contenait la laine à traiter. Grâce au courant et la à pente, l'eau se se renouvelait constamment, et sa vitesse agitait et lavait les flocons.

Lavage par une chute artificielle. — Enfin, vers la même époque, nous avons vu apppliquer le même principe par une chute artificielle : la laine, placée dans une caisse, recevait l'action d'un jet d'eau venant d'une hauteur d'environ 4 mètres, l'impulsion du liquide faisait tourbillonner la masse et l'épurait plus ou moins. Ces moyens, qui nous paraissent complétement abandonnés, pourraient, dans certains cas, être repris avec des modifications qui devraient surtout avoir pour but, s'il s'agissait des deux derniers, de faire mieux désagréger la masse. Depuis lors (1840), on a successivement proposé les machines et dispositions suivantes.

Machine à laver les laines, de M. Armingaud, de Saint-Pons (Hérault). — C'est une des dispositions les plus simples : elle consiste (fig. 2, pl. V), en un cylindre en forme de vis, dont la cannelure est brisée à sa base, au moyen de traverses triangulaires adhérentes à l'arbre portant les filets et placées de distance en distance longitudinalement à cette vis.

A sa hauteur, la cannelure était également brisée au moyen de proéminences triangulaires ou coniques, disposées aussi de distance en distance sur les deux parois. Ces traverses et ces saillies, dont le nombre varie selon que l'on veut obtenir un lavage plus ou moins parfait, sont autant de battoirs à force centrifuge, qui devaient secouer la laine.

Le cylindre était enveloppé d'un couvercle en fil de fer ou d'une toile métallique, et tout le système se plaçait dans l'eau. La laine était introduite par une des extrémités de l'appareil et entraînée par la rotation du cylindre dans la direction de la spirale S, vers le côté opposé d'où elle s'échappait.

Laveuse à râteaux, à mouvements alternatifs, entièrement automatique. — MM. Mellet frères et Foulquier, de Lodève, se sont fait breveter en 1840 pour des dispositions complétement automatiques; la laine est introduite et extraite de l'appareil à laver par des organes spéciaux, comme dans les machines les plus perfectionnées d'aujourd'hui.

Le système consiste à bien secouer et diviser la laine dans le liquide, à la conduire dans une eau plus propre au fur et à mesure que l'opération se fait, de manière que lorsqu'elle est terminée, la laine se trouve dans une eau tout à fait claire, propre à être égouttée et pressée entre deux cylindres lamineurs, afin d'en rendre le séchage plus prompt.

La disposition se divise en six biefs parallèles de $0^m,20$ à $0^m,40$ de largeur sur $0^m,45$ de hauteur, selon l'abondance de la source, au milieu desquels se trouvent une toile sans fin et des cylindres alimentaires destinés à introduire la laine dans la machine.

Les deux premiers biefs de droite et de gauche de cette toile conduisent l'eau dans un bassin carré de 1 mètre environ, dans lequel se trouve un râteau qui reçoit son mouvement de va-et-vient d'un arbre de couche portant un excentrique placé sur le côté de la machine au moyen d'une bielle, qui imprime un premier mouvement à la laine au moment où les cylindres alimentaires l'y introduisent. Après cette opération, la substance est entraînée par le courant contre un cylindre à pointes rentrantes, à travers lesquelles l'eau passe sans laisser échapper les filaments.

Ce cylindre, par son mouvement rotatif, monte la laine hors de l'eau, au moment où une rangée de ses pointes est arrivée au niveau de son axe du côté d'aval, celles-ci sont tout à fait rentrées dans le cylindre et laissent tomber la laine dans un second bassin pareil au premier, séparé par une simple cloison de planches et alimenté d'eau claire par les deux biefs subséquents.

Dans ce second bassin se meut également un second râteau, mis en mouvement par le même arbre de couche, qui fait éprouver un second travail à la laine.

En avant du bassin se trouve une toile métallique sans fin, à larges mailles, contre laquelle le courant entraîne la laine, la monte pour la redescendre ensuite dans un troisième bassin alimenté d'eau claire par les deux derniers biefs dont nous avons parlé, où elle reçoit un troisième et dernier lavage au moyen d'un troisième râteau mis en mouvement par le même arbre de couche.

Enfin, en aval du bassin est placée une seconde toile métallique sans fin, qui monte la laine hors de l'eau pour la livrer à deux cylindres lamineurs, qui l'égouttent et la laissent tomber dans une corbeille placée au-dessous.

Pour débarrasser les bassins de l'eau sale, la partie du fond qui se trouve, pour le premier, sous le cylindre à pointes rentrantes et, pour les deux autres, sous les toiles métalliques, présente une large ouverture par où elle s'échappe, en passant sous les bassins suivants, de telle sorte qu'il s'établit un courant continuel entre les biefs et l'intérieur des bassins, en passant le premier à travers le cylindre à pointes rentrantes, et les deux autres à travers les toiles métalliques.

Le cylindre à pointes rentrantes est creux et formé de deux croisillons en fonte recouverts d'une plaque en cuivre, percée à sa circonférence de quatre rangées de trous en nombre égal à celui des pointes, par où elles entrent et sortent; elles sont rivées sur des plaques en fer placées à l'intérieur du cylindre, parallèlement à son axe, dont les bouts sont engagés dans des coulisses pratiquées dans les bras des croisillons, pour permettre aux plaques de s'approcher et de s'éloigner de la circonférence.

Pour produire cet effet, un ressort est fixé sur l'axe du cylindre, vis-à-vis chaque plaque, pour les tenir appliquées contre la circonférence intérieure du cylindre.

Les deux bouts de chaque plaque dépassent la longueur du cylindre, à travers les coulisses des croisillons, et viennent s'engager dans une rainure circulaire, excentrique au cylindre, fixée au bâti et disposée de manière que lorsque l'une des plaques est arrivée au niveau de l'axe, du côté d'aval, les pointes sont tout à fait entrées dans le cylindre, et la laine tombée dans le bassin suivant; aussitôt ce point dépassé, la rainure circulaire venant à cesser, le ressort, par son élasticité, renvoie la plaque contre la circonférence du cylindre, et, par conséquent, les pointes au dehors du cylindre, qui viennent de nouveau se charger de laine.

Les toiles sans fin sont trop connues pour avoir besoin d'une description; elles reçoivent leur mouvement, ainsi que le cylindre ci-dessus et généralement tous ceux qui composent la machine de l'arbre de couche précité, au moyen de pignons et de roues d'angle par l'intermédiaire de petits arbres verticaux.

Sur le même arbre de couche se trouvent les deux poulies

motrices, qui reçoivent leur mouvement du moteur principal au moyen d'une courroie sans fin, pour le transmettre à toute la machine. Voici, d'ailleurs, la description succincte de cette machine, dont nous retrouverons les principales dispositions dans la laveuse anglaise de MM. Pétrie et Taylor, d'Angleterre, fréquemment employée aujourd'hui en France.

La figure 3 est une coupe verticale, et la figure 4, planche V, est un plan de la machine à laver, dont les principaux organes viennent d'être décrits :

a, *a*. Poulies fixe et folle.
b. Arbre de couche.
c, *c*, *c*. Râteaux.
d. Cylindre à pointes rentrantes.
e, *e*. Toiles métalliques sans fin.
f, *f*. Petits arbres verticaux.
g, *g*. Cylindres alimentaires.
h. Toile sans fin.
i. Bassin.
j. Biefs.
k, *k*. Cylindres extracteurs de l'eau.
l. Cloisons de séparation des bassins.

§ 2. — Laveuse à moulinet, à mouvement circulaire continu.

Les principes sur lesquels repose cette invention, brevetée en 1841 au nom de MM. Blaquière frères et Ralp, de Montpellier, consistent :

1° A placer dans l'eau une auge (ou bassin) demi-elliptique, garnie tout autour en toile métallique ;

2° A placer deux ou plusieurs cylindres rotatifs armés de pointes à leur périphérie, posés verticalement ou horizontalement, suivant la position appropriée aux localités, et tournant en sens inverse du cours de l'eau ;

3° A ajouter un cylindre agitateur garni de trois ou plusieurs pales (ou ailes) renvoyant la laine sur la table sans fin.

La laine, placée à la partie inférieure de l'auge, est enlevée à mesure *qu'elle se présente*, par le premier cylindre, qui, au moyen des pointes dont il est hérissé, la transmet au second, en amont du courant de l'eau.

Par cette disposition, la laine, enlevée d'un courant inférieur pour être transmise à un courant supérieur, doit être épurée lorsqu'elle arrive à l'extrémité du bassin.

La rotation accélérée des cylindres imprime un mouvement circulaire à la substance, qui est entraînée sous le cylindre agitateur, placé parallèlement aux autres; ce dernier, garni de plusieurs pales ou ailes, transmet à son tour la matière sur la toile sans fin, qui, plongeant dans l'eau jusqu'au fond de l'auge, reçoit dans sa course la laine que lui renvoie l'agitateur.

Au bout de la toile se trouve un volant armé de plusieurs ailes garnies à chaque extrémité d'une brosse qui détache la laine de la toile sans fin et la dépose sur un plan destiné à cet effet.

La forme des accessoires qui concourent à l'action de l'appareil, ainsi que leurs fonctions, sont assez clairement indiquées sur les dessins suivants sans qu'il soit besoin d'en faire l'analyse.

La figure 5 donne un plan de la machine.

La figure 6 est une coupe des deux moulinets à laver.

a. Auge ou bassin demi-elliptique, garnie en toile métallique.

b. Cylindres armés de pointes pour l'opération du lavage.

c. Cylindre agitateur pour renvoyer la matière sur les toiles fines.

d. Engrenages pour transmettre le mouvement aux cylindres.

e. Poulie avec accessoires pour entraîner la machine.

f. Toile sans fin pour sortir la laine.

g. Couvercle des cylindres.

h. Chaîne à la Vaucanson pour faire marcher la toile sans fin.

i. Engrenages à dents de loup pour la chaîne à la Vaucanson.

j. Volant armé de brosses pour détacher la laine de la toile sans fin.

k. Parabole ou développement au-dessous des cylindres.

§ 3. — Laveuse automatique imitant exactement les mouvements de va et vient des bâtons, et laveuses à palettes droites, à mouvement circulaire continu.

M. L. Pion, d'Elbeuf, si bien placé pour étudier toutes les exigences du problème, a pris différents brevets à ce sujet de 1842 à 1845. Il avait commencé par exécuter une machine à bâtons mus automatiquement pour imiter servilement l'action de la main. Il a ensuite simplifié son système et a définitivement proposé l'appareil représenté en coupe longitudinale figure 7, planche V. Il se compose d'un bâti quadrangulaire *a* supportant un couvercle disposé de manière à s'ouvrir en deux parties, suivant la largeur de la machine. Ce bâti est garni à l'intérieur d'une toile métallique dans le but de laisser passer l'eau. Il renferme trois sortes d'organes :

1° Une espèce de moulinet de rotation à ailes *c*, pour immerger la laine dans l'eau, à son introduction dans la caisse ;

2° Un cylindre à baguettes *b* destinées, dans leur mouvement circulaire rapide, à agiter et à ouvrir les fibres dans l'eau ;

3° Des cylindres *d*, *d*, à dents ou à aiguilles, analogues à un tambour de cardes à grosses pointes espacées; ces dents avaient pour fonction de diviser encore les flocons qui lui étaient projetés par les baguettes du cylindre précédent, et à les fournir à celles des suivants, puis aux baguettes *b*, d'où ils sont projetés sur des tiges métalliques d'une chaîne sans fin *k*, qui l'extraient de l'appareil. Les cloisons *h*, *h*, placées au plafond de la caisse à laver, ont pour but d'empêcher les mèches de trop s'éparpiller et de les faire retomber au bas de l'appareil.

Les mouvements de rotation différentiels, plus rapides pour les cylindres à baguettes que pour les autres organes, étaient obtenus par la poulie motrice P, imprimant l'action à l'arbre *l*, qui commandait à son tour des pignons placés sur l'axe des cylindres par des vis sans fin ou des pignons coniques *n*, *n* et *o*.

§ 4. — Machines à laver, les plus récentes et les plus en usage.

Laveuse à râteaux complétement automatique. — MM. Pétrie et Taylor ont fait breveter en Angleterre et en France, en 1853, une machine complétement automatique, comme celle de MM. Millet et Foulquier. La machine anglaise a été bientôt adoptée avec un grand succès. Elle est représentée dans la planche VI.

Figure 1. Section verticale, prise longitudinalement, de l'appareil perfectionné, représentant les parties principales.

Figure 2. Plan du même, représentant les agencements à l'aide desquels les parties travaillantes sont mises en action.

a, *a*, *a*. Baquet ou vase en bois, fer, ou autre substance convenable, et partiellement rempli d'eau.

a', *a'*, *a'*. Double fond perforé, à travers lequel tombent la crasse et toutes les autres impuretés plus lourdes que l'eau, qui peuvent se trouver mêlées à la laine et dont celle-ci se trouve débarrassée par le lavage; après quoi le résidu peut être retiré à volonté.

La laine à laver est placée par l'ouvrier sur le tablier sans fin *b*, *b*, formé de bandes de métal articulées.

Par le mouvement progressif de ce tablier, la laine est portée en avant et déposée à un bout de baquet, où elle est immédiatement submergée par l'action des bras dont sont armés les plongeurs rotatifs *c*, *c*.

Ces derniers portent la laine sous le cadre horizontal oscillant *d*, qui, en montant et en descendant, l'agite et la lave dans l'eau.

Un bras oscillant *e*, placé verticalement et armé de dents à son extrémité inférieure, comme on peut le voir dans le plan, facilite le lavage et l'agitation des filaments, par le mouvement particulier dont il est animé, il attire la laine de dessous le cadre *d*, et l'abandonne ensuite pour qu'un cadre oscillant *e'*, semblable au premier, s'en empare et l'attire encore en avant.

Les bras *e* et *e'* sont mus en avant par des manivelles *f*, *f'*, et jouent dans des douilles *g*, *g'*, formant porte-mousqueton, fixés aux montants verticaux *h*, *h'*.

Lorsque les manivelles *f*, *f'* tournent, la partie fourchue des bras *e*, *e'* est sollicitée à plonger dans l'eau du baquet *a* et à décrire une courbe à peu près semblable à celle représentée par des points (fig. 1).

Les parties dont il vient d'être parlé empruntent leur mouvement à l'arbre de commande *i*, sur lequel est calée la roue ou la poulie *j*, menée par une courroie partant d'un moteur quelconque.

k. Pignon calé sur l'arbre de commande *i*, et qui, par l'intermédiaire des roues dentées *l* et *m*, fait mouvoir le plongeur rotatif *c* et le tablier sans fin *b*.

Un pignon d'angle *h*, fixé sur l'arbre de commande *i*, engrène dans une roue d'angle sur l'extrémité d'un arbre longitudinal *o*, *o*, qui, au moyen des roues à engrenages d'angle *p*, *p*, mène les arbres à manivelles *f*, *f'*, et, par conséquent, les arbres oscillants *e*, *e'*.

Le cadre oscillant *d* est mis en œuvre par un excentrique *q* calé sur l'arbre longitudinal *o*.

Une tige indiquée par des lignes ponctuées (fig. 1) part de l'excentrique *q* et se prolonge en contre-bas, pour aller se relier, par un boulon ou autre disposition convenable, à un bras ou levier fixé sur une extrémité de l'arbre du cadre oscillant *d*.

La laine ayant été lavée et transportée par les différents organes, jusqu'à l'extrémité de l'auge, d'où elle est retirée par les dents du tambour élévateur creusé d'une série de fentes ou d'ouvertures par lesquelles sortent, lorsqu'il est nécessaire, les dents *s*, *s*.

Ces dents sont reliées à des barres armées, à leurs extrémités, de galets ou rouleaux de frottement *t*, *t*, qui cheminent le long d'une rainure excentrique ou sorte de came *u*, calée sur un arbre intérieur, et disposée à un bout ou aux deux bouts du cylindre *r*.

Par ce moyen, les dents du tambour *r*, *r* sortent et rentrent à un certain moment de la rotation de ce dernier.

Quand ce tambour est animé d'un mouvement de rotation lent, les dents élèvent la laine hors de l'eau du baquet, et la font passer sous un rouleau *v*, qui l'attire sur le tablier sans fin *w*. Celui-ci, dans son mouvement progressif, la porte à une paire de rouleaux presseurs X, X, après que toute l'eau a été exprimée des filaments, ils sont déposés dans un récipient convenable placé en contre-bas.

Toutes ces parties doivent être animées d'un mouvement lent, emprunté à la poulie *y* par les roues dentées *z*, *z* ou par tout autre agencement mécanique.

La figure 3 représente une autre forme d'élévateur que l'on peut employer au lieu du tambour *r*, *r*, représenté figures 1 et 2.

L'élévateur représenté figure 3 est formé de trois bras, 1, 1, 1, montés sur un arbre 2, et portant chacun à leur extrémité un levier basculant 3, dont un bout porte une série de dents 4, qui élèvent la laine hors de l'eau, à mesure que l'arbre 2 tourne.

A l'autre extrémité de ce levier est un galet en contact avec une came fixe 5, à mesure que les bras tournent, il fait basculer les leviers, pour déposer la laine sur le tablier sans fin 6.

A la partie postérieure des leviers 3 est une plaque de tôle qui est amenée à râcler contre la partie courbe du baquet, lorsque les bras 1 tournent, et à ramasser ainsi toute la laine qui s'accumule à cette extémité.

Lorsque les leviers 3 sont sollicités à basculer par la came 5, ils retombent sur deux cylindres 8, montés de chaque côté du baquet, à mesure que les bras 1, 1, 1, 1 accomplissent leur course circulaire.

Au lieu du plongeur rotatif *c*, on peut employer un plongeur à action réciproque, qui consistera simplement en un bras armé par le bas d'une plaque, et relié à un bout d'un levier oscillant situé supérieurement, et qui peut être mis en action de diverses manières par l'arbre de commande.

§ 5. — Laveuses à palettes courbes et à mouvement circulaire continu.

Cet appareil mécanique, pour lequel, M. Peltzer s'est fait breveter en 1855, a pour but de faire circuler la laine dans l'eau d'une cuve elliptique sous l'action des palettes d'un ou deux axes, mises en mouvement par le moteur. Les palettes ont une certaine courbure, de façon à pouvoir frapper l'eau dans une direction horizontale et en sortir verticalement. Tout le système est d'ailleurs disposé de façon à le faire plonger plus ou moins dans l'eau, afin de pouvoir régler l'introduction du liquide en raison du niveau, lorsqu'on place l'appareil dans un courant. Ce résultat est obtenu par une transmission mécanique utilisée en général en pareil cas, et sur laquelle nous n'avons pas à insister.

La figure 3, planche VII, donne une élévation en partie coupée, et la figure 4, un plan de cette laveuse. La cuve elliptique reçoit à sa partie inférieure un double fond percé E, pour laisser passer les matières étrangères. La laine est introduite à la main ; elle est agitée, désagrégée et ouverte à la surface par les palettes courbes P, P, mues par l'arbre A, auquel la poulie P' imprime la rotation. Le deuxième système de palettes du compartiment O reçoit également son mouvement par l'arbre A au moyen des roues d'engrenages R, R', dont les points d'appui sont solidement fixés sur un petit bâti disposé à cet effet. La laine lavée est enlevée par des bâtons ou à la fourche. La petite vanne a pour but de faire écouler l'eau sale pour la remplacer par de l'eau pure.

Production.—La quantité de laine lavée par une machine de ce genre dépend évidemment, comme pour tous les autres systèmes, de l'état plus ou moins chargé des filaments, du poids de la laine que la surface de la cuve permet d'introduire à la fois pour être convenablement traitée, du nombre de coups de palettes qui lui sont imprimés, et surtout du renouvellement de l'eau. Ce sont là des éléments dont quelques-uns doivent être déterminés pratiquement. Lorsque la poulie P reçoit la vitesse de 40 tours qu'on lui imprime en moyenne à la minute, la machine peut laver 40 kilogrammes de laine à l'heure dans une cuve dont le grand axe a $2^{m},55$, et si cette longueur de l'appareil est augmentée jusqu'à $3^{m},60$, par exemple, la production peut être doublée et s'élever à 80 kilogrammes.

§ 6. — Laveuse à palettes articulées, à mouvement circulaire continu avec renouvellement artificiel d'eau.

M. Chaudet a fait breveter en 1858 une machine automatique à laver, pouvant faire aussi bien et beaucoup plus que le travail à la main. Sa machine se distingue surtout par deux points : par sa disposition et le mouvement mécanique des baguettes ou bâtons qu'il emploie, et par un moyen spécial pour renouveler l'eau de façon à la maintenir constamment pure en contact de la laine dans l'appareil.

La figure 1, planche VII, représente une élévation, et la figure 2 de la même planche, une projection horizontale.

Elle consiste dans une cuve dite *panier ellipsoïde* A, B, C, D garnie d'une toile métallique plongée dans un cours d'eau.

B, B' sont deux cylindres laveurs armés de bras disposés identiquement sur la partie supérieure du panier, comme les cylindres des machines déjà décrites. Nous n'avons donc pas à revenir sur ce point.

b, *b*, *b*, *b* sont des bâtons emmanchés sur des barres transversales en fer *q*, *q* et maintenues par les plateaux P, P.

m, *m*, *m* sont des manivelles commandées par les rayons *p*, *p*, *p* d'un excentrique *e*.

Cette transmission du mouvement a pour but de faire entrer les bâtons presque verticalement dans l'eau, de leur permettre de sortir de même et de ne prendre leur mouvement de translation que lorsqu'ils agissent sur la laine immergée, et de s'en dégager dans une position telle que les fibres ne puissent s'y attacher ni être projetées hors de l'appareil.

Afin de renouveler l'eau dans le panier, il y a au fond de celui-ci et dans le prolongement de la partie centrale un tube en tôle *t*, qui reçoit une hélice *h*, indiquée par des points

figure 1. Cette hélice en mouvement chasse l'eau impure du centre à la circonférence, pour la faire échapper à travers l'enveloppe à toile métallique du panier, et être remplacée à mesure par l'eau propre du courant.

Transmission de mouvements. — Les cylindres à bâtons et l'hélice sont mus automatiquement par des dispositions très-simples, indiquées dans les figures 1 et 2.

Commande de la table sans fin K, amenant la laine. Une poulie O reçoit la courroie motrice, transmet le mouvement à des engrenages I et K, sur l'arbre desquels est placée une poulie à gorge, elle reçoit la chaîne sans fin H, qui imprime l'action aux rouleaux de l'organe alimentaire K.

O′ est la poulie de commande des tambours B, B′ et reçoit son impulsion directement d'un moteur quelconque.

Enfin, *o*, *o* indiquent des pignons recevant leur action par les commandes R, des cylindres B, B′ pour la transmettre à l'hélice *h* par un arbre vertical ponctué figure 1, qui fait environ trois tours à la minute. Cette hélice, ayant $0^m,40$ de diamètre suffit largement au renouvellement du liquide. La laine lavée est enlevée à la main par deux ouvriers.

Réglage et production de la machine. — Chaque cylindre est muni de 8 porte-bâtons de 12 bâtons, ce qui fait, pour les deux, 192 bâtons. Le nombre de rotations des cylindres étant, 80 à la minute, celui des coups de bâton est de $80 \times 12 = 15{,}360$. Cette action est subie par environ 20 kilogrammes de laine soumis à la fois au lavage. La durée du lavage de ces 20 kilogrammes varie; il faut sensiblement plus de temps pour bien épurer la laine blanche que teinte. La durée du lavage des 20 kilogrammes est de cinq à huit minutes; mais il faut ajouter le temps nécessaire à l'enlevage et autres causes d'arrêt imprévues. En tenant compte de ces circonstances, on peut néanmoins compter sur une production minima de 800 kilogrammes de laine blanche, et

1,100 kilogrammes au maximum de couleur. La dépense de force motrice est évaluée à deux chevaux, et le service a besoin de deux hommes.

Une seule machine peut faire au moins le travail de douze laveurs aux bâtons.

Laveuse par insufflation d'air. — M. Plantron fils, d'Incarville, s'est fait breveter, en 1860, pour une laveuse dans laquelle il a eu l'idée de substituer l'air soufflé à l'action du choc des bâtons. Le système a été principalement imaginé pour les usines qui ne sont pas sur les cours d'eau et où il faut économiser le liquide. La laine est desagrégée et remuée dans de longs bacs au moyen d'air introduit par une machine soufflante à travers un double fond placé dans le bac. La disposition assez simple de ce système est décrite planche VIII.

Figure 1. Coupe verticale de l'appareil passant par les lignes *e*, *f*, *g*.

Figure 2. Elévation latérale.

Figure 3. Une vue de bout.

Figure 4. Une coupe horizontale.

Figure 5. Un plan vu par-dessus.

Figure 6. Coupe transversale du bac passant par la ligne *ab* de la figure 4.

A. Tuyau d'arrivée de l'eau, qui entre dans le bac par les orifices E.

B. Tuyau d'arrivée d'air ; il passe dans l'eau par des petits trous d'un double fond (fig. 6). Ces orifices, distants de $0^m,06$ à $0^m,07$, ont chacun un diamètre de $0^m,002$ à $0^m,003$; ils sont disposés sur trois rangées et laissent monter l'air sur la moitié de la cuve (fig. 5 du plan).

C. Canal du trop plein pour amener l'eau sale au dehors. Cet appareil est, bien entendu, muni de robinets d'introduction et de vidange convenablement placés.

F est une espèce de grille pour empêcher la laine de s'échapper.

L'air est chassé par une machine soufflante quelconque, dont les figures donnent la disposition générale.

Production. — Une machine semblable peut laver, par jour et par cuve, en moyenne 250 kilogrammes de laine.

Une machine soufflante d'un demi-cheval peut alimenter de 8 à 10 cuves, qui pourraient, par conséquent, laver 2,500 kilogrammes de laine avec une consommation de 150 litres d'eau à la minute et par cuve.

Observations générales sur les machines à laver la laine. — Nous sommes loin d'avoir donné les descriptions de toutes les machines de ce genre inventées et proposées depuis une dizaine d'années[1]. Nous nous sommes surtout attaché : 1° à faire connaître des systèmes antérieurs qui, selon nous, remplissaient les conditions réalisées depuis. En voyant fonctionner, entre autres, pour la première fois en Angleterre, la machine de MM. Pétrie et Taylor, nous avons été frappé de son analogie avec celle de MM. Mellet, dont nous n'avons lu que la description ; 2° nous avons choisi, dans les machines en usage, les plus simples, les moins susceptibles de se déranger, et des types principaux auxquels toutes les autres combinaisons imaginées puissent se rapporter. Il résulte des descriptions des divers appareils qui précèdent que quelques-uns sont entièrement automatiques ; pour ceux-ci, on se borne à déposer la laine sur l'appareil alimentaire (la toile sans fin) : la machine la rend elle-même après le lavage et l'essorage ; il n'en faut pas moins, dans ce cas, un homme, non-seulement pour fournir la laine, mais encore pour surveiller le lavage, dont la durée peut varier avec la nature de la matière.

[1] On trouvera une notice intéressante de M. Paul Havrez sur ce sujet, et surtout sur les machines à laver récemment proposées, dans le *Bulletin de la Société industrielle de Verviers* (mai 1864).

Un certain nombre de machines ne sont que partiellement automatiques, l'enlevage de la laine est fait à la main, et parfois elle est livrée de même à l'appareil. Mais dans toutes on s'est efforcé de faire mouvoir l'agitateur mécanique d'une façon analogue à l'action des bâtons manœuvrés à la main. Que les palettes soient courbes ou droites, on a cherché à les faire entrer et sortir du liquide dans une direction verticale, afin d'utiliser tout le mouvement de translation au profit de la désagrégation des fibres, et de détacher celles-ci naturellement des palettes ou des bâtons à leur sortie de l'eau. La machine Plantrou, où l'air produit l'agitation, échappe à cette règle générale, applicable à l'action des leviers en mouvement.

Les rendements que nous avons donnés pour quelques-unes de ces machines ne peuvent être considérés que comme des indications moyennes, tant les conditions du travail sont variables. Elles changent naturellement avec les caractères de la matière traitée et le degré de pureté recherché. Celle-ci dépend à son tour de la rapidité du renouvellement et de la limpidité de l'eau.

Ce dernier point est très-important à observer. Pour pouvoir dans chaque cas se rendre compte de l'avantage d'une laveuse comparée au travail aux bâtons manœuvrés à la main, il est utile de connaître les conditions dans lesquelles le travail des ouvriers agissant directement a lieu d'une manière parfaite. Or, voici les données que nous avons pu recueillir lorsque nous avons étudié cette question.

Éléments du lavage à la main. — Un ouvrier laveur donne en moyenne 40 coups de bâton à la minute. Il opère sur 1 kilogramme à la fois, et met environ 5 à 6 minutes pour laver cette quantité. Pour que le résultat soit parfait, il est bon que l'eau se renouvelle convenablement dans les paniers à laver. Ceux-ci, placés ordinairement dans un courant à petite vitesse, laissaient passer, dans les cas que nous avons pu observer, environ 15 litres à la minute.

1 kilogramme de laine, pour être bien lavé, reçoit, par conséquent, un nombre de coups de bâton de $40\times6=240$, et un volume d'eau renouvelé, $15\times6=90$ litres. C'est là un minimum pour les machines à laver. D'après les données qui nous ont été fournies et précédemment citées, la laveuse à air consommant moins d'eau, si le travail est aussi bien fait, il y aurait là un avantage.

Avec ces éléments et le prix de revient de la journée pour chaque localité, d'une part, le nombre de coups de palettes, la force motrice dépensée et la quantité d'eau nécessaire à une machine quelconque, de l'autre, il sera facile de se rendre compte des avantages du lavage automatique dans chaque cas spécial.

Séchage de la laine lavée et teinte. — Pour la laine cardée, l'essorage à l'hydro-extracteur, à force centrifuge, remplace celle de la pression, dont les laines lisses ne souffrent pas l'action. Comme les machines à extraire l'eau sont bien connues, nous ne décrivons pas pour le moment la disposition la plus ordinaire, parce que nous donnons plus loin une combinaison spéciale imaginée par M. Tulpin pour opérer le séchage des lainages en pièces.

Nous supposons donc la laine complétement essorée à la sortie de l'appareil à force centrifuge. Pour compléter le séchage, on a recours à divers moyens, suivant la saison et l'organisation des usines. L'air libre, le soleil, la vapeur, l'air chaud plus ou moins renouvelé sont les divers modes usités. Quelquefois on étale la laine sur une toile étendue par terre ou dans un grenier; plus souvent on la suspend à un treillage vertical fait avec des *gaulettes*, afin de faciliter la circulation de l'air. Nous ne reviendrons pas sur les influences de ces divers agents, dont il a été question précédemment, ni sur les précautions à prendre et la nécessité d'une température modérée, régulière, bien constatée par les praticiens. Nous nous bornerons à entrer dans quelques détails sur l'emploi des moyens récents et accélérés pour arriver à un séchage convenable et de façon que les opérations ultérieures ne soient pas arrêtées faute de laine sèche. Le teinturier rendant en général au fabricant sa laine à l'état humide, le séchage incombe à ce dernier. L'état de l'atmosphère ne permettant de profiter de l'air libre que pendant certaines saisons, chaque établissement a, par conséquent, au moins un séchoir fermé, lorsqu'il n'est pas chauffé. Depuis quelques années on a apporté de grandes améliorations dans cette partie. Autrefois, il n'y a pas encore longtemps, on paraissait ignorer les conditions à remplir. Depuis lors, on a compris l'importance d'une bonne ventilation et de la distribution rationnelle des orifices d'alimentation de l'air pur et des canaux d'échappement de l'air saturé. On les dispose, enfin, de façon à pouvoir manœuvrer leur ouverture et leur fermeture à volonté pour se rendre compte, dans chaque cas, des conditions les plus favorables à observer pour que l'air se renouvelle autant que possible, et s'échappe entièrement saturé. Les séchoirs les plus nombreux sont chauffés par des tuyaux à vapeur placés à une petite distance au-dessus du sol. L'air arrivant s'échauffe en circulant, produit l'évaporation de l'humidité des filaments ; ainsi saturé plus ou moins, il trouve à la partie inférieure de la pièce des issues, où il s'introduit pour se dégager dans l'atmosphère par l'extrémité opposée de ces espèces de cheminées.

La quantité d'humidité contenue dans la laine étant donnée dans chaque cas, ainsi que le poids à sécher, il sera facile de déterminer la surface de chauffe et le volume d'air à introduire d'après les ouvrages spéciaux ; mais comme les séchoirs de ce genre exigent de grands locaux, laissent encore, quoi qu'on fasse, échapper une partie de l'air non saturé, et ne produisent pas assez, on a eu recours à des moyens plus directs qui se propagent de plus en plus. Ces moyens sont de deux espèces : 1° la pénétration de la masse de laine à sécher par un courant d'air chaud forcé; 2° la circulation lente des filaments à sécher dans des courants d'air chauffé au-dessus de tuyaux à vapeur et aussi près que possible de ceux-ci. Le premier système a commencé à être pratiqué en Angleterre. M. Limet, fabricant à Elbeuf, et MM. Stehelin, de Thann, le propagèrent en France. Le second a été imaginé par M. Pasquier, de Reims. Nous allons les décrire successivement.

Séchoir à laine à courant d'air forcé. — La disposition générale en est simple : la laine humide est placée en une couche épaisse sur les deux côtés en pente d'une espèce de toit formé par des toiles métalliques; ce toit est soutenu par des parois fermées. Tout le système forme, par conséquent, une longue chambre vide hermétiquement close, si ce n'est par les mailles de la toile métallique sur lesquelles repose la laine, et par une ouverture à laquelle vient s'aboucher l'orifice d'un puissant ventilateur. Le séchoir, de $5^m,50$ de longueur sur une largeur de $2^m,75$, est placé dans une pièce destinée à cet effet. Il va sans dire que la partie supérieure de cette chambre de ventilation communique avec un tuyau destiné à évacuer l'air saturé. Ce tuyau a au moins $0^m,20$ de diamètre; on peut, d'ailleurs, augmenter sa section au besoin et la rétrécir, suivant la nécessité, par la manœuvre d'une trappe. La disposition générale de l'appareil est la suivante :

Planche IX. La figure 1 est une élévation; figure 2, un plan du système; figure 3, la coupe verticale d'une ferme; figure 4, une vue de bout du séchoir, à l'entrée.

EM1 et EM2 sont deux bâtis placés aux deux bouts, et, par conséquent, de $5^m,50$ l'un de l'autre. Entre ceux-ci, à des distances de $1^m,83$, se trouvent les bâtis intermédiaires *em1*, *em2*, qui divisent ainsi l'espace total de la chambre en trois compartiments. Les quatre traverses, de *1d* à *4d*, sont recouvertes par des planches sur les côtés de 1 à VI, dont les joints sont fermés par des règles en bois et cimentés pour empêcher toute pénétration d'air. Les treillis, ou toiles métalliques, marqués de 1 à 9, sont fixés sur les entretoises, ou traverses, numérotés de I à XV.

Le ventilateur V, solidement fondé sur un massif en pierre, a son ouverture centrale correspondante à l'ouverture pratiquée dans la cage E, M1. Il est complétement contenu dans une chambre de ventilation également hermétiquement fermée, et d'une dimension suffisante pour que l'air en soit facilement extrait par le ventilateur et chassé dans le tuyau d'écoulement.

Le séchage est d'autant plus énergique que l'air est plus sec et plus chaud, et qu'il en passera une plus grande quantité dans l'unité de temps. Mais nous avons déjà vu qu'il serait fâcheux d'élever la température au delà d'un certain degré. Les praticiens le savent en général; aussi, lors même qu'ils pourraient profiter du soleil, ils ne le font pas, et sèchent de préférence leur laine à l'ombre, lorsque le temps le permet.

Réglage et production. — Le ventilateur employé a un diamètre de 1^m,20. Sa vitesse, indiquée d'après la commande, a 1,000 tours; à cause des frottements et de quelques ralentissements, il ne fait en général, à la minute, que 800 à 900 tours, dont la force motrice est évaluée, d'après les expériences de M. Demeule, ingénieur civil à Elbeuf, à 3 1/2 chevaux. En calculant le développement de la surface sur laquelle la laine est étendue, on arrive à 50 mètres carrés. On peut, sur cette surface, disposer une couche assez épaisse, environ 3 kilogrammes par mètre carré, ou 150 kilogrammes sur toute la surface.

Quant à la température intérieure de l'air chaud de la chambre à sécher, elle ne doit pas dépasser 40 à 45 degrés, et de fait, elle ne dépasse guère 30 à 35 degrés. Dans ces conditions, il faut environ de 1 heure à 1 heure 1/4 pour sécher les 150 kilogrammes de laine étendue. Il est bien évident que la durée varie : 1° avec le degré d'humidité encore contenu dans la laine après l'essorage et avant le séchage ; 2° avec le degré de siccité de la laine (pour le peignage, il est moindre que pour le cardage) ; 3° avec la température de l'air intérieur du séchoir ; 4° avec la vitesse du ventilateur ; 5° avec la section de la cheminée d'évacuation, qu'il faut exagérer, en se réservant de régler le passage au moyen d'un registre. Si elle était insuffisante et au-dessous de la dimension indiquée précédemment, l'air saturé ne s'échapperait pas complétement et se condenserait de nouveau sur la laine. Avec les données qui précèdent et de la laine cardée convenablement séchée, on produit en moyenne 1,000 à 1,100 kilogrammes de laine sèche par jour.

Calcul de la dépense. — La dépense occasionnée par ce mode de séchage se compose : 1° de celle de la main-d'œuvre, environ une demi-journée d'ouvrier pour le service de l'appareil ; 2° 3 chevaux 1/2 de force ; 3° de la vapeur ou de l'air chaud, dont le volume se calcule par la vitesse du ventilateur et par la différence de température de l'air extérieur et intérieur, qui est en moyenne de 10 à 35, ou 25 degrés, et enfin l'intérêt et l'amortissement de la dépense de l'appareil. Ce sont là des données à déterminer dans chaque cas particulier, mais qui, en moyenne, donnent les résultats suivants :

Une demi-journée de travail	1f,50	15f,50
Trois chevaux 1/2	7	
Charbon pour chauffer l'air, 200 kilogrammes en moyenne.	5	
Intérêts et amortissement de l'appareil, à 15 pour 100 sur 4,000 francs, donne par jour	2	
ou 1f,55 les 100 kilogrammes de laine.		

Appareil mobile à sécher la laine.—M. A. Pasquier s'est fait breveter en 1861, pour un séchoir où il a réuni le chauffage et la ventilation à la circulation de la substance à sécher, dans un appareil clos d'un volume aussi circonscrit que possible. Le système se compose d'une caisse rectangulaire fermée, dans laquelle se trouvent : 1° des tuyaux placés à la partie inférieure et chauffés à la vapeur; 2° au-dessus de ces tuyaux, des ventilateurs pour faire circuler l'air chaud; 3° autour des tuyaux et des ventilateurs chemine une toile sans fin; 4° au-dessus de la partie supérieure, des ventilateurs destinés à refouler l'air saturé dans l'intérieur d'une cheminée d'appel convenablement disposée à cet effet; 5° en avant et à l'extérieur de la partie fermée, un appareil alimentaire pour introduire la laine à sécher.

Le principe de ce séchoir étant appliqué au séchage des filaments et avec quelques modifications à celui des pièces à ramer, nous l'avons représenté dans la planche LI, comprise dans les apprêts.

La figure 1 donne une coupe verticale du système, sans les transmissions des mouvements, fort simples et faciles à comprendre sans dessins.

a. Tablier sans fin pour recevoir la couche supérieure de filaments à sécher.

b. Tablier sans fin pour recevoir la couche inférieure de filaments à sécher.

c. Tuyaux à vapeur.

d. Ventilateur d'appel.

d'. Ventilateur chargé de refouler l'air dans la cheminée.

E. Cheminée d'appel.

Réglage et production. — Les ventilateurs sont animés d'une vitesse de 500 tours à la minute. La toile sans fin développe 1 mètre à la minute. La force motrice nécessaire à la transmission des ventilateurs et des sécheuses de la plus grande dimension est de 1 cheval à 1 cheval 1/2. La température, à l'intérieur du séchoir, est en moyenne de 50 degrés.

La quantité de laine passée et séchée en une course de

10 minutes pour 10 mètres de surface, est de 850 grammes de laine humide, représentant 595 grammes séchés, ou $35^k,700$ à l'heure.

La production est, par conséquent, de $428^k,400$ par jour, et la quantité d'eau contenue et évaporée, environ 205 kilogrammes.

Dépense du séchage.

Un ouvrier, la demi-journée	$1^f,50$
Un cheval 1/2	3
Combustible, 70 kilogrammes à $0^f,025$	1,75
Intérêt et amortissement de 15 pour 100 sur une dépense de 1,000 francs pour un jour	2
	$7^f,75$

Et $\frac{775}{420} = 0^f,160$ le kilogramme, ou $1^f,60$ les 100 kilogrammes.

Il est nécessaire de faire remarquer que les données qui précèdent sont les résumés de moyennes pratiques qui n'ont rien d'absolu, et qui dépendent évidemment du réglage plus ou moins bien entendu de la ventilation. Le même appareil donnera des résultats plus ou moins avantageux au point de vue des quantités séchées et de la consommation du combustible, suivant que l'air, à l'entrée, sera plus sec ou plus chaud, qu'il sera suffisamment renouvelé et saturé d'humidité avant de s'échapper. L'appareil proprement dit, c'est-à-dire la disposition matérielle pour recevoir les fibres à sécher, est donc accessoire par rapport au réglage général du séchoir. L'air, avant son introduction dans l'entrée, doit être convenablement et économiquement chauffé. Le premier système, le chauffage préalable, est préférable. Tout le compartiment doit être hermétiquement fermé; on ne doit y ménager que des ouvertures convenablement calculées pour que leurs sections, multipliées par la vitesse d'arrivée, donnent bien le volume nécessaire au séchage. Ces orifices d'alimentation de l'air peuvent varier avec la disposition des lieux et l'aménagement d'une usine. Dans les fabriques de lainages, les séchoirs à laine sont toujours disposés près du séchoir des pièces. La température de celui-ci est généralement plus élevée que celle du premier, et l'air s'en échappe très-sensiblement chaud; on le dirige alors par une ouverture dans l'orifice du ventilateur du séchoir à laine, pour utiliser la chaleur perdue.

Quant à la quantité d'air chaud à une température déterminée, nécessaire pour sécher un poids donné de laine dans un temps fixé, on peut y arriver par le calcul, connaissant la quantité d'humidité contenue en moyenne dans la laine à sécher, et précédemment indiquée. Mais les données directes sont bien plus certaines encore. Il résulte des divers documents que nous avons pu nous procurer que, dans un séchoir complétement clos, du genre de ceux que nous venons de décrire, avec de l'air calculé à zéro, il faut, pour sécher 1,000 kilogrammes de laine par jour, un volume de 200 à 210 mètres cubes par minute. Cet air, élevé à la température de 35 à 40 degrés, et même à 33 degrés, d'une manière uniforme, donnera les résultats les plus satisfaisants.

Le prix du séchage de la laine à façon dans les séchoirs est bien supérieur à ceux que nous avons trouvés précédemment. Les cours des séchoirs publics, pour essorer et sécher 100 kilogrammes de laine varient, pendant la saison d'été, de 6 francs à 6 fr. 75, et, en hiver, de 8 francs à 8 fr. 75. Si nous défalquons le prix de l'essorage, dont nous n'avons pas tenu compte précédemment, et qui peut être évalué, au maximum, à 0 fr. 33 les 100 kilogrammes, le séchage seulement reviendra, en été, de 5 fr. 67 à 6 fr. 92, et en hiver, 7 fr. 67 à 8 fr. 42. Ces prix sont encore bien supérieurs, en apparence, aux dépenses calculées directement. Mais il est juste de faire remarquer qu'un séchoir ne servant qu'une partie de l'année, les frais généraux sont, de fait, plus élevés, par unité de poids, que ceux dont nous avons tenu compte. Si à cette considération on ajoute que des établissements publics sont au centre des villes manufacturières, qu'ils représentent un loyer assez élevé que nous n'avons pas chiffré, et qu'il faut, de plus, que l'exploitant de ces séchoirs fasse un certain bénéfice, on comprendra que l'écart entre les prix du séchage chez soi et au dehors n'est pas aussi considérable qu'on pourrait le supposer tout d'abord.

§ 7. — Second triage. — Manufacturier.

La laine battue et échardonnée, ou battue seulement quand l'égratteronnage n'est pas jugé nécessaire, est soumise à un triage qui n'a que le nom de commun avec le premier triage mentionné précédemment. Cette opération est plutôt un repassage ou épluchage à la main, destiné à enlever les brins ou *loquets* de couleur qui, soit à la teinture, soit au séchage, se seraient trouvés mêlés au reste des filaments, et à détacher les graines échappées aux organes mécaniques. Ce triage tend à disparaître, à cause de son prix de revient élevé (environ 10 centimes le kilogramme); il n'a pu, toutefois, être encore supprimé complétement, si ce n'est dans la draperie commune, où le bon marché limite forcément les frais généraux. Dans la draperie fine, où l'apprêt de l'étoffe doit être l'objet de soins tout spéciaux, le second triage est encore économique, parce qu'il facilite les opérations ultérieures destinées à enlever les ordures restées dans le fil.

CHAPITRE IV.

BATTAGE.

La laine séchée doit être ouverte et nettoyée. C'est le but du battage; cette opération est souvent suivie et complétée par l'échardonnage. La machine employée, dite *batterie*, varie de construction; mais la partie essentielle est toujours un tambour tantôt cylindrique, tantôt conique, armé de dents droites plus ou moins espacées et tournant plus ou moins vite dans une enveloppe fixe garnie aussi de dents opposées à celles du tambour. Les figures 1 et 2, planche X, indiquent la disposition de la batterie conique. La première donne une vue horizontale de l'organe principal, la deuxième une élévation vue du côté du plus grand diamètre. Cette machine, comparable en tous points à l'ancien *perroquet* du coton, est l'objet d'une certaine vogue en ce moment, bien qu'elle soit loin de remplir toutes les conditions nécessaires à un battage parfait. Les avantages et les inconvénients de cet outil ressortiront d'ailleurs de la description : L'arbre en fer H porte trois cercles en fonte I, I', I'' de diamètres différents, sur lesquels sont boulonnées de fortes traverses en bois F, F', F''... au nombre de cinq. Ces traverses sont garnies de dents coniques dont les centres, déterminés à égale distance et alternativement sur deux lignes, correspondent à la partie moyenne des vides existant entre les dents des traverses de rencontre E, E', au nombre de deux. Ces traverses sont fixées au bâti en fonte A, A', solidement assemblé, qui porte également le tambour batteur. Enfin, la toile métallique G, G' enveloppe à la partie inférieure le tambour, recouvert, à la partie supérieure, de panneaux en bois, qui empêchent la poussière de se dégager dans l'appartement. Le bas et les côtés de la batterie sont aussi isolés de l'atelier par des panneaux qui s'adaptent au bâti A, A'. La laine introduite ou plutôt jetée au sommet du cône par la boîte C, à la partie supérieure de la batterie, est entraînée dans le sens du mouvement avec une vitesse de 600 tours à la minute, c'est-à-dire qu'elle est soumise dans le même temps à l'action de 1,200 rencontres de dents qui l'ouvrent, la secouent et font tomber sous la claie une certaine quantité d'ordures et de poussière. Les filaments chassés par la force centrifuge passent du plus petit diamètre du cône au plus grand, et arrivent ainsi au conduit D (fig. 2), à travers lequel ils sont projetés au dehors, en vertu de la même force. La batterie conique, ainsi établie par la maison Mercier dans d'excellentes conditions de marche, peut travailler jusqu'à 1,000 kilogrammes de laine par jour. Mais l'étude de cette machine révèle, à côté de quelques avantages, certains inconvénients assez sérieux. Nous voyons, en effet, que le principal attrait de la batterie conique est de donner un travail continu qui, tout d'abord, paraît devoir la faire préférer à l'antique batterie cylindrique, d'où la laine ne sort qu'au bout d'un certain temps, déterminé à la volonté de l'ouvrier chargé d'ouvrir à la main la porte placée à la partie antérieure de la machine, ou réglé par un compteur mécanique, sous la surveillance du contre-maître de triage. Mais cette continuité même de la batterie conique soumet toutes les laines, quelle que soit leur nature, quel que soit leur état d'impureté, au même battage, qui exige, par suite, pour certains filaments, deux ou trois passages successifs. Un autre écueil, inhérent à la disposition actuelle de la plupart des batteries, est le manque de ventilation. Nous avons vu que le tambour tout entier est enveloppé de panneaux en bois. La poussière produite par la rotation rapide du cône ne trouve aucune issue et se mélange intimement à la laine;

de sorte qu'une succession de passages dans la batterie fait sans doute tomber les ordures lourdes sous la claie, mais ne débarrasse pas la laine de la poussière, proportionnellement au travail et au temps employés. Il serait évidemment avantageux de réserver derrière chaque batterie, conique ou non, un espace de même largeur et de même hauteur que cette batterie, en communication avec celle-ci par une toile métallique et avec l'air extérieur par une cheminée élevée. La batterie deviendrait un véritable ventilateur qui, tout en ouvrant les filaments et faisant tomber les ordures à travers la claie inférieure, dégagerait bien plus complétement la poussière. Nous insistons autant sur le battage, parce qu'il est d'une importance évidente de donner à la filature une laine aussi épurée que possible, afin d'obtenir un produit final parfait et de réduire les déchets, de plus en plus onéreux, à mesure que les transformations se multiplient.

Transmission. — L'inspection de la figure suffit pour démontrer le mode d'action de cette machine. B, B' sont les deux poulies fixe et folle de la batteuse recevant la courroie de la poulie de l'arbre de couche, et transmettant leur mouvement à l'arbre H et, par suite, au cône armé de dents. On a vu précédemment que la transmission est établie de façon à donner au cône une vitesse moyenne de 600 tours à la minute.

§ 4. — Echardonnage ou égratteronnage.

L'échardonnage mécanique des laines, qui sépare les graines roulées dans les brins ou les petits chardons qui y adhèrent, permet de substituer un outil conduit facilement par un homme à un atelier de trente femmes : cette circonstance explique comment les premières égratteronneuses, appelées aussi *trieuses* à l'époque de leur apparition, ont été l'objet d'une résistance énergique de la part des ouvrières. Elles ne comprenaient pas que toute machine nouvelle capable de rendre des services au patron apporte à l'ouvrier qu'elle remplace une nouvelle sphère d'activité par le développement immédiat qu'elle donne à l'industrie. Cette question de la substitution des machines aux bras, jugée depuis longtemps, offre aujourd'hui une preuve de plus à l'appui de notre assertion, par ce qui se passe dans l'un des principaux centres de fabrication, à Elbeuf, où précisément, à cause de l'application des machines à des travaux restés jusqu'ici exclusivement manuels, la population ouvrière de Rouen, si éprouvée depuis quelques années, a pu envoyer un nombre assez considérable de travailleurs, sans que cette émigration devînt une cause de réduction dans les salaires.

L'échardonnage a donc pour but de remplacer par des organes mécaniques la main de l'ouvrière, qui devait chercher des yeux et des doigts les graines roulées dans la laine, prendre cette laine mèche à mèche, — on pourrait presque dire brin à brin, — pincer entre les doigts le chardon trouvé, pour tirer de l'autre main les fibres accrochées aux dentelures du chardon. L'ordure ainsi dénudée était jetée dans un petit panier d'osier, ou *boutillon* attaché à un *bout* de la claie, et la laine épurée mise à part.

Les figures 1, 2 et 3, planche XI, donnent, une coupe verticale et les élévations aux deux bouts de l'échardonnage Houget et Teston, de Verviers. Les figures indiquées présentent les dernières modifications qui ont été apportés par les constructeurs, qui ont fait de leur machine un excellent outil.

La laine, étalée en couche régulière et plus ou moins épaisse, suivant la quantité de chardons qu'elle renferme, est amenée aux cylindres alimentaires *c*, *d* (fig. 1) par une toile sans fin guidée sur les rouleaux *a*, *b*. L'alimentaire supérieur est maintenu dans sa position par un levier *l* (fig. 3) capable d'exercer une pression réglée à volonté à l'aide de la romaine *s*, pression qui ne doit jamais être assez considérable pour produire l'écrasement des chardons. La laine est reçue à sa sortie des alimentaires par un cylindre K, garni alternativement de dents L′ (fig. 4), en forme de lames de couteau, et de battes *r* rectangulaires, en fonte comme les dents. Ce cylindre a pour objet de désagréger les brins avec ses dents et de les secouer avec ses battes ; la poussière, la paille et les graines peu adhérentes tombent sous la machine, à travers la grille ou claie I, formée de barreaux ou couteaux mobiles *f*, et susceptibles d'un écartement variable à l'aide du petit volant *g* et du levier coudé K. Le cylindre E, dans son mouvement de rotation, indiqué par une flèche sur le dessin, jette sa laine entre la brosse H et le cylindre G, garni de dents de carde. G présente le dos de ses dents aux lames dentées du cylindre peigneur L, et lui laisse prendre la laine qu'il porte. Le hérisson G n'est pas un simple intermédiaire entre le batteur K et le peigne L, mais un organe destiné à ouvrir la laine et à la fournir en nappe mince. La brosse aide à l'alimentation de G et tire les fibres prises par le peigne, de façon à les présenter flottantes à la rencontre des deux cylindres à côtes ou échardonneurs M, N, qui tournent en sens contraire du peigne, détachent les chardons par une succession de coups. Les chardons, enlevés par M, sont lancés dans la boîte F, en communication avec l'intérieur de la machine par un grillage. Ce grillage, formé de barrettes plates et verticales, permet aux ordures de pénétrer dans la boîte F, sans les laisser retomber dans la machine. L'ouvrier chargé de la conduite de l'échardonneuse ouvre de temps à autre cette boîte, recouverte d'un chapeau à charnières, pour enlever les ordures, dont l'accumulation empêcherait l'admission de nouvelles. Ce qui échappe au premier échardonneur ne peut échapper au deuxième, si les cylindres sont bien réglés. Si le deuxième échardonneur ne peut détacher le chardon trop adhérent aux fibres, il jette le tout, laine et chardon, sur le dessus de la machine. Cette laine, reprise par l'ouvrier, est mise de côté pour subir plus tard un deuxième passage. Enfin, les mèches échardonnées continuent leur marche, avec le peigne, qui en est débarrassé par une brosse dure O. Celle-ci jette la laine sur un plan incliné P, d'où elle tombe derrière l'échardonneuse.

Le ventilateur R, placé à la partie inférieure de la machine, débarrasse l'atelier de la poussière en la lançant dehors par une haute chiminée, qui n'est pas figurée sur le dessin.

Les rapports établis entre les développements des divers organes de l'échardonnage complètent le principe du travail; car l'on trouve, en effectuant les calculs, que le développement du peigne égale 150 mètres, pendant que les alimentaires fournissent une couche de 1 mètre de longueur sur $0^m,05$ d'épaisseur, soumise à l'action successive de 107 coups de batte ou de dents du batteur. Ainsi une couche de laine de 1 mètre de longueur et de 5 centimètres d'épaisseur maxima serait diminuée dans le sens de cette épaisseur dans le rapport de 1/150, si le peigne était couvert d'une nappe régulière sur toute sa surface; en admettant seulement un amincissement de 1/50, en raison de la partie non dentée du peigne qui ne saisit pas les filaments sur le hérisson, nous voyons que la nappe alimentaire, devenue cinquante fois plus longue qu'à la sortie des cylindres cannelés, est réduite à $0^m,001$ d'épaisseur. Or, cette nappe reçoit un coup de côte d'échardonneur par longueur de $0^m,004$. Cette division de la laine explique comment on peut, avec des cylindres ronds et bien ajustés, obtenir une épuration complète; mais elle indique l'écueil de l'échardonnage, impossible sans l'énervement des fibres; elle montre aussi le danger de travailler avec des organes incomplétement cylindriques, qui obligent à serrer de trop près les échardonneurs et à déchirer la laine sans arriver à échardonner sur toute la largeur de la machine. Le règlement bien entendu des cylindres, au moyen de vis d'appel n, n, n' (fig. 2 et 3) est le point le plus important du travail et doit être modifié suivant la nature de la laine, la grosseur et la quantité des chardons; il peut être, dans quelques cas, préférable de passer deux fois la même laine avec moins de serrage ; la matière est moins énervée et la machine plus ménagée.

L'examen que nous venons de faire nous montre, dans le travail de l'échardonnage, des déchets de nature diverse classés et mis à part par la machine elle-même. Nous avons vu que les poussières et les ordures peu adhérentes tombent sous la claie du batteur, que les graterons, détachés par l'échardonneur inférieur, sont lancés dans la boîte située à l'avant de la machine, tandis que ceux détachés par l'échardonneur supérieur tombent sur la plaque de tôle T, et qu'enfin, la laine non échardonnée est jetée sur le dessus de la machine. Ces déchets sont plus ou moins riches en laines et doivent être échardonnés de nouveau dans l'ordre suivant : d'abord la laine jetée sur l'égrateronneuse, puis une, deux ou trois fois les chardons enveloppés de laine qui ont été ramassés dans la boîte F et sur la plaque T, puis les poussières tombées sous la claie, préalablement battues et criblées, puis enfin les parties de laine courte extraites de ces derniers déchets et mises à part pour subir une inspection spéciale.

Les barreaux de la claie sont ouverts de plus en plus à chaque nouveau passage, afin de laisser tomber les ordures sous la machine, au lieu de les forcer à traverser les divers organes, qu'elles fatiguent.

Il est difficile de déterminer la production exacte de l'échardonneuse, puisque cette production dépend à la fois de l'état des laines, du degré d'épuration de ces laines et des déchets. Toutefois on peut admettre, pour une machine de $0^{m},80$ d'arasement, un chiffre net de 200 kilogrammes par journée de douze heures pour une laine chargée de 8 à 10 pour 100 de graterons.

Nous avons pris pour type l'échardonneuse Houget et Teston,

parce qu'elle nous paraît réunir à une étude sagement raisonnée des conditions nécessaires à un bon échardonnage, une construction simple et solide, où les divers organes se trouvent assemblés sans confusion. La commande de ces organes est facile à comprendre, à l'inspection des figures 2 et 3.

L'arbre de travail de la machine, placé à la partie supérieure, porte quatre poulies : la poulie fixe 1 et la poulie folle (la poulie fixe seule est visible sur la figure 2), puis les poulies 2 et 3 (fig. 3). La poulie 2, clavetée à demeure, commande par une même courroie directe le batteur E, l'échardonneur N et la brosse O. L'arbre de l'échardonneur N porte à l'autre extrémité une poulie 4 visible dans la figure 2, qui commande, par une petite courroie, l'échardonneur inférieur M. La poulie 5 de ce dernier, même figure 2, est creusée d'une gorge sur laquelle s'enroule une corde en cuir destinée à transmettre le mouvement, par la roue 6, aux alimentaires et à la toile sans fin. L'arbre de la brossse O porte à l'extrémité, visible également dans la figure 2, une poulie 7, qui commande directement le ventilateur R. Du côté opposé (fig. 3), la poulie 3, clavetée, comme 2, sur l'arbre de travail, commande, par une courroie croisée, le peigne L et, par l'intermédiaire de celui-ci le hérisson G et la brosse H, à l'aide des roues dentées 8 et 9. La figure 4 donne un développement détaillé en coupe des dents *a*, *e* du cylindre échardonneur E. Le fond *c*, *d* de ces dents est évidé pour faciliter le dégagement, et les sommets *a*, *e* sont obtus pour éviter les déchirures des brins.

CHAPITRE V.

GRAISSAGE OU ENSIMAGE.

Lorsque les brins de la laine ont été convenablement débarrassés, au moyen des opérations précédentes, des plus grosses impuretés qu'elle contenait, il devient indispensable de les lubrifier intimement pour faciliter la continuation du travail. Cette lubrifaction passagère, très-simple en apparence, exige néanmoins la réalisation de conditions délicates. Si le graissage est irrégulier, les opérations ultérieures du cardage et de la filature seront plus difficiles et les produits peu parfaits. Les fibres trop lubrifiées, surtout lorsqu'on emploie des émulsions ou de mauvaises huiles, se détachent difficilement des garnitures et les bourrent rapidement; insuffisamment graissés, les filaments boutonnent et se brisent. La laine étant la seule substance qui ait absolument besoin d'être graissée pour être filée, et n'ayant jamais pu l'être convenablement sans cette précaution, il est nécessaire de faire ressortir au préalable la cause de cette préparation spéciale[1].

Les principes généraux précédemment exposés nous ont appris, d'une part, que les matières filamenteuses, en général très-limitées dans leurs longueurs et relativement irrégulières de forme, ne pourraient se transformer en fils réguliers que par une série infinie de glissements successifs, opérés dans des

[1] Il est également d'usage de lubréfier le jute au moyen d'huile de poisson étendue d'eau, mais ce graissage, qui n'est pas tout à fait nécessaire, a un but autre que le graissage de la laine.

conditions de régularité mathématiques ; l'étude des caractères de la laine nous a démontré, de l'autre, que la constitution de son brin est naturellement rebelle à cette action de glissement. Le filament, envisagé isolément, peut se comparer à un corps plus ou moins rugueux, qui ne peut se mouvoir convenablement et sans trop de frottement que si on aide l'action par un liquide onctueux. Le transport continu d'une masse de filaments à surfaces rugueuses exige une proportion de graissage, toutes choses égales d'ailleurs, en raison du nombre de filaments de la masse, de l'âge de la laine, de l'état plus ou moins normal au moment de sa récolte, en un mot de sa flexibilité et de son élasticité. Les vieilles laines, celles de la boucherie ou d'animaux malades, privées d'une notable quantité du liquide qui remplit les laines d'agneaux et les filaments sains en général, se prêtent moins bien aux transformations et nécessitent, par conséquent, une plus grande quantité de liquide lubrifiant. Cette nécessité de faire varier les proportions du graissage se fait également sentir avec la nature et la composition plus ou moins efficace de la substance grasse employée. Les divers cas qui peuvent, d'ailleurs, se présenter et le développement des quelques principes ci-dessus vont trouver leur place dans l'examen suivant des divers graissages et du mode d'opérer.

On employait exclusivement autrefois l'huile d'olive pour la draperie de bonne qualité intermédiaire et pour la draperie fine ; les huiles de graines suffisaient pour les lainages communs ; les émulsions essayées pour remplacer le graissage à l'huile pure, et composées d'huile et d'eau de savon ou d'huile et de toute autre dissolution alcaline dans de faibles proportions, ont toujours causé une augmentation notable de déchet ou *évent*, par suite de l'évaporation de la partie aqueuse.

La quantité de ces matières introduite dans la laine varie avec la finesse des filaments, la qualité du corps gras ; elle augmente pour les laines fines contenant plus de fibres sous le même poids, et diminue avec la limpidité, l'onctuosité et la pureté de l'huile et la grosseur des brins à lubrifier.

La quantité d'huile d'olive de Gallipoli, de Séville ou de Malaga qu'on employait le plus communément est de 1/5 du poids de la laine à filer; elle s'élève à 1/6 lorsqu'on fait usage des huiles de graines, toujours dangereuses, à cause de leurs propriétés siccatives.

La graisse introduite dans la laine, dès les premières préparations, ne servant qu'à faciliter le glissement des fibres lors du cardage et du filage, et quelquefois à augmenter la cohésion des fils au tissage, doit nécessairement disparaître avant l'application des apprêts ou de la teinture, si la laine n'est teinte déjà; car, sans un dégraissage parfait, ces dernières opérations ne pourraient réussir. On dépense donc une quantité énorme d'huile, uniquement pour faciliter quelques transformations de la matière filamenteuse. Cette nécessité d'enlever toute la matière grasse mélangée n'est pas sans présenter quelques difficultés pratiques, puisqu'il s'agit de séparer de la laine un corps onctueux, dont elle s'est emparée avec avidité, et qui, par ses caractères naturels, n'est soluble dans aucune des dissolutions chimiques avec lesquelles on pourrait mettre la laine en contact sans danger. Aussi n'a-t-on pu arriver au dégraissage que par un effet d'absorption combiné à une action mécanique.

Pour le dégraissage des fils, on emploie des dissolutions de savon et le tordage; pour celui des tissus, une terre argileuse délayée combinée à une pression énergique. Nous décrirons plus loin, à leur place, les détails de ces opérations.

L'un et l'autre de ces procédés nécessitent un temps long, une dépense considérable et présentent d'ailleurs des difficultés réelles; aussi ont-ils été longtemps l'écueil le plus sérieux de la fabrication des lainages. Les inconvénients du mode de graissage que nous venons d'indiquer ne consistent pas seulement dans la dépense et les chances de mauvaise fabrication, mais aussi dans les dangers qu'il peut présenter.

La présence d'une huile végétale dans la laine entassée, souvent à l'état humide et, par conséquent, dans les les conditions les plus favorables à l'échauffement et à la fermentation, peut occasionner une combustion spontanée ; les exemples d'incendies ne sont que trop communs dans les villes manufacturières et notamment à Elbeuf. Il suffit quelquefois d'un tassement très-peu prolongé pour causer ces accidents. Nous avons été témoin d'une combustion de ce genre, qui s'est déclarée en plein air, sur la route, dans des paquets de fil qu'on transportait d'une filature de la vallée à la fabrique d'Elbeuf.

Ce n'est cependant pas ordinairement par la matière grasse contenue dans les fils que ces accidents sont provoqués ; la plupart sont le résultat de l'échauffement des *déchets*, des *bouts* et des *débourrages*, parce qu'ils contiennent de la matière grasse en excès, sont constamment en tas, souvent humides, et présentent de grandes difficultés au dégraissage. Aussi ces déchets sont-ils presque sans valeur pour le fabricant et vendus à vil prix, à cause du peu de facilité d'en tirer parti dans la fabrique même. Ils ont, en outre, donné lieu à de nombreux abus de confiance dans les fabriques de lainages, pour lesquelles ils sont ce que le *piquage-d'once* est pour l'industrie de la soierie. La nécessité de l'emploi d'un corps gras pour le travail de la laine est donc un embarras grave. La Société d'encouragement, promotrice de tant d'heureuses découvertes, s'est souvent préoccupée de cette question. Le célèbre Ternaux, consulté sur ce point, fit ressortir les inconvénients et l'imperfection que présenterait le travail sans l'intervention de la matière onctueuse. Convaincu nous-même de la nécessité de cette intervention dans l'état actuel de l'industrie et de tous les inconvénients présentés par les procédés en usage, nous avons cherché à y remédier dès 1839. De concert avec M. Péligot, nous avons conseillé la substitution de l'acide oléique filtré, clarifié et épuré aux huiles végétales et aux émulsions.

Cette huile, produite en quantité considérable dans la fabrication des bougies stéariques, n'était qu'un résidu de peu de valeur; son emploi pour le graissage des laines présentait donc le double avantage d'offrir à l'industrie nouvelle des bougies un débouché aussi avantageux qu'indispensable, et de remédier facilement et économiquement aux inconvénients signalés dans les autres modes de graissage. En effet, l'onctuosité du corps le rend tout à fait propre à faciliter le glissement des fibres de la laine. Son degré d'acidité, lorsqu'il a été spécialement épuré, n'est pas suffisant pour avoir la moindre action nuisible sur elle et devient d'un très-grand secours au dégraissage, qui se fait presque instantanément avec une grande perfection et une régularité mathématique, grâce à la facile saponification de l'acide oléique. L'acidité, qui s'oppose à l'absorption de l'oxygène de l'air, offre, de plus, l'avantage immense de rendre les échauffements et combustions spontanés impossibles.

Le dégraissage des débourrages et déchets de toute nature s'exécute avec la même facilité et la même économie que celui des fils et des tissus.

L'économie des dégraissages ne consiste pas seulement dans la promptitude de l'exécution et le peu de valeur des alcalis qu'on y fait intervenir, dans l'emploi des résidus de ces dégraissages, comme dissolution de savon, mais surtout dans la suppression presque absolue de ce déchet ou *bourre* produite à la longue par le frottement des rouleaux de la dégraisseuse sur l'étoffe, et composée des filaments les plus fins arrachés au tissu. D'ailleurs, le prix de l'oléine est bien inférieur à celui des autres huiles fournies en grande partie par les pays étrangers.

Comment, en présence d'avantages aussi sérieux, constatés par vingt-cinq années de pratique, l'ensimage à l'oléine n'a-t-il pas remplacé partout l'ancien mode de graissage? Le préjugé, sans doute, a longtemps été un obstacle; mais il a dû céder à l'évidence, et l'on doit chercher ailleurs la cause de l'abandon de l'oléine par un certain nombre de fabriques, tandis que d'autres maisons n'ont cessé d'en faire usage avec succès. L'industrie, par ses exigences de bon marché, a encouragé la vente d'oléines insuffisamment épurées ou préparées dans des conditions défavorables au graissage des laines. Ces huiles n'ont pas eu seulement pour effet de compromettre l'apprêt et même la solidité de l'étoffe, en imprégnant les filaments de produits impossibles à saponifier, qui devenaient des obstacles insurmontables au dégraissage, mais encore de faire de l'oléine un épouvantail pour les ouvriers fileurs et tisseurs, dont les mains avaient à souffrir de ces mêmes produits. Ce fait est tellement vrai, qu'une maison qui a compris les causes de l'insuccès de l'oléine, s'est fait une clientèle considérable, en purifiant la matière comme nous le faisions nous-même autrefois.

§ 1. — Comparaison des différents modes de graissage employés.

Les différents liquides en usage sont : l'huile d'olive, de colza, d'arachide et l'acide oléique, dit à tort *oléine*. Ces huiles sont employées tantôt pures, tantôt mélangées par le filateur, ou clandestinement par le vendeur, et tantôt à l'état d'émulsion au moyen d'une eau alcaline ou savonneuse. On a parfois aussi proposé d'autres liquides onctueux, tels qu'une décoction de guimauve, de graine de lin et même du lait. Ces derniers, employés purs ou à l'état d'émulsion, sont restés comme des essais et paraissent être généralement abandonnés. Les diverses huiles sont seules en usage. Si, au lieu de les employer sans mélange, on en fait souvent des émulsions, c'est uniquement par économie. Le corps gras limpide complétement onctueux étant toujours préférable, on donnerait avec raison la préférence à l'huile d'olive si, malgré l'élévation de son prix, elle n'était souvent falsifiée surtout si on pouvait l'enlever facilement et économiquement au dégraissage. Mais c'est alors qu'on rencontre, nous ne dirons pas les difficultés, mais les inconvénients, les lenteurs et le surcroît de dépenses précédemment signalés. Les autres huiles végétales ont, de plus, le grave défaut d'être plus ou moins inflammables par l'action de l'air et du séjour dans la laine. Il en résulte parfois une espèce de dépôt ou de mastic qui fait adhérer les préparations et les fils, les échauffe, les énerve, fait virer les couleurs par suite de ce que les praticiens désignent sous le nom d'*enguichage*. Bien des accidents, plus ou moins évidents à une certaine période des transformations, n'ont d'autre origine que l'usage des mauvaises huiles. D'ailleurs, le bon marché relatif de certaines d'entre elles est compensé par l'augmentation des proportions à employer. Il faudra graisser au moins au quart avec celle-ci là où 1/5 d'acide oléique pur ou huile d'olive suffirait. L'acide oléique, convenablement épuré et préparé par le producteur [1], offre, en effet, le double avantage d'être aussi limpide, aussi onctueux et aussi lubrifiant que la plus belle huile d'olive, et de n'être pas plus cher que les huiles végétales du meilleur marché. A cette qualité directe viennent s'ajouter l'innocuité dont nous avons parlé, qui donne une garantie contre les chances d'incendie, de l'enguichage, de la fermentation, et, enfin, l'économie de temps et de déchets au dégraissage. Les chiffres suivants, relatifs à la durée du travail pour deux

[1] Lorsque l'acide oléique n'est pas convenablement épuré, et contient encore des traces d'acide sulfurique, il produit non-seulement de fâcheux résultats sur la laine, mais il attaque la peau, fait venir des boutons aux mains des ouvriers ; cet inconvénient de la matière impure a été exploité, comme nous l'avons dit précédemment, contre le procédé qui ne le présente nullement avec l'oléine convenablement préparée.

draps identiques, ne présentant d'autre différence que l'huile dont on s'est servi pour lubrifier la laine à la filature, feront mieux ressortir les avantages ; lorsque l'une des laines est graissée avec 1/5 de son poids en huile d'olive, et l'autre avec 1/5 de son poids d'oléine (acide oléique épuré, clarifié et filtré), on obtient les résultats suivants :

Durée du graissage d'une pièce de deux draps graissés à l'huile d'olive. — L'opération est effectuée en général de la manière suivante :

On donne :

1° Une première terre pendant.........	4 heures.
2° Un lavage à grande eau.............	1
3° Une deuxième terre pendant.........	6
4° Un lavage à pleine eau pendant......	4
Total...........	15 heures.

Le dégraissage d'un même drap contenant l'acide oléique se fera en moyenne *en deux heures*, savoir : 1 h. 30' avec la dissolution de soude ; et lavage à pleine eau, 30 minutes.

Il y aurait donc une économie de temps de 13 heures, ce qui est énorme, surtout si on considère les conséquences suivantes en faveur du graissage à l'oléine :

1° Une économie résultant de la quantité d'eau nécessaire au lavage et de la suppression de la terre ;

2° Une économie considérable de temps et de force motrice ;

3° Une économie dans les déchets ou bourres de la laine ;

4° Une amélioration dans la qualité, l'action prolongée de la terre amollissant le tissu;

5° Possibilité d'utiliser les résidus savonneux résultant du dégraissage ;

6° Facilité considérable pour dégraisser et régénérer les déchets.

En présence de ces résultats, qui se présentent avec les avantages correspondants pour le dégraissage des fils cardés, et même des préparations du peigné, graissé à l'oléine, nous n'avons réellement pas à nous arrêter sur les divers autres liquides graisseurs, aucun ne pouvant donner autant d'avantage et de sécurité.

Aussi la plupart des grands manufacturiers, tant en France qu'à l'étranger, qui ont leur filature, emploient-ils presque exclusivement l'acide oléique soit pur, soit en émulsion, et connaissent-ils assez l'importance de son épuration pour ne pas reculer devant une dépense de 1 à 2 pour 100 des 100 kilogrammes pour l'obtenir parfaitement limpide et débarrassé de l'acide sulfurique par des filtrages, des lavages et un repos convenable. Plusieurs des industriels qui ont pu apprécier pratiquement, depuis longues années, le progrès réalisé par cette application bien entendue, nous ont affirmé que les avantages étaient tels, que si l'acide oléique, au lieu d'être 40 pour 100 meilleur marché que l'huile d'olive, coûtait plus cher que cette huile, ils donneraient encore la préférence à l'huile animale. Mais il n'en est plus de même lorsque le manufacturier se fait fournir l'huile par le filateur à façon, ainsi que cela arrive dans tant de cas. Les cours de la filature à façon sont en général tels, que le prix payé au filateur par le fabricant pour le travail proprement dit, loin de laisser un profit au premier, ne couvre pas toujours ses frais, il ne reste que les bénéfices faits sur les huiles à graisser. Dans chaque localité, ce prix des huiles, quel que soit leur cours, est toujours payé au même taux par le fabricant au filateur. En Champagne, par exemple, l'huile est payée au filateur 2 fr. 50 c. le kilogramme, à raison de 15 pour 100 du poids de la laine filée. Celui-ci a, par conséquent, intérêt à employer le moins d'huile possible et les plus communes, attendu qu'il n'est nullement intéressé dans les résultats ultérieurs, pourvu que ces huiles, pures ou mélangées, communes ou fines, permettent d'amener les rendements au numéro voulu, qu'ils se dégraissent ensuite plus ou moins bien à l'état de fil ou d'étoffe, le filateur n'en est plus responsable. Il y a donc là une organisation, ou plutôt des conventions et des usages de place qui nuisent au progrès. Mieux vaudrait cent fois relever les cours de la filature de façon à rémunérer convenablement le travail, que d'être en quelque sorte le complice d'errements aussi irréguliers et véritablement surannés. La plupart des filateurs eux-mêmes ne demanderaient pas mieux que de modifier cet état de choses ; mais, malheureusement, l'entente générale n'est pas facile, et ceux même qui déplorent une manière d'agir peu avouable, quoique tacitement tolérée par tous, sont obligés de la poursuivre contre leur gré.

Graissage à la main et appareils automatiques à graisser la laine. — Le graissage à la main consiste à disposer dans une place réservée *ad hoc*, près du loup, des couches de laines successives d'une épaisseur d'environ 1 décimètre chacune ; on répand l'huile aussi uniformément que possible sur chacune de ces couches au moyen d'un arrosoir ; puis, lorsque toute une partie est ainsi arrosée, on la mélange au moyen d'une fourche, pour répartir le liquide graisseur aussi uniformément que possible. Malgré tous les soins apportés à cette manière de procéder, elle ne donne certainement pas des résultats aussi homogènes qu'on pourrait le désirer. On avait imaginé depuis longtemps déjà des appareils destinés à mieux remplir cet objet, mais ils ont été sans emploi sérieux jusqu'à ces derniers temps. Depuis quelques années, on a compris la nécessité de s'occuper de nouveau des appareils de ce genre. On a imaginé plusieurs dispositions assez simples et plus ou moins efficaces. Nous allons examiner les principales.

La figure 5, planche XI, représente un appareil destiné à régulariser l'ensimage, par MM. Houget et Teston. La laine, étalée sur un cadre en bois *f*, est arrosée par la brosse circulaire B, placée à la partie inférieure et sur toute la largeur d'un réservoir R, que porte un chariot r, r monté sur chemin de fer. Ce chariot, animé d'un mouvement convenablement réglé, projette l'huile, par l'intermédiaire de la brosse, sur la nappe de laine. A l'intérieur du réservoir, une autre brosse circulaire est destinée à agiter le liquide graisseur lorsqu'on fait usage d'une émulsion dont les parties inégalement denses pourraient se séparer. La laine ensimée est brassée avec les fourches en bois.

La figure 6, planche XIV, donne la disposition d'un appareil ayant une grande analogie avec le précédent, si ce n'est qu'il paraît un peu plus complet; c'est toujours le même principe. La laine, étalée sur une toile sans fin T, reçoit l'huile, divisée en pluie fine par l'action de rotation d'une brosse B à mouvement circulaire. Le liquide graisseur contenu dans le barillet D, où il est agité par un petit moulinet M, arrive sur un plan incliné i par l'ouverture du robinet r, qui l'amène goutte à goutte sur la brosse circulaire. Nous devons faire remarquer que l'agitation de l'huile dans le barillet D n'est convenable que lorsque le liquide n'est pas susceptible de former de dépôt, comme cela peut arriver pour beaucoup d'huiles par un changement brusque de température. Pour être certain de faire arriver la matière parfaitement limpide, il faudrait la prendre à une certaine hauteur au-dessus du fond. La nappe, convenablement lubrifiée, est amenée à l'appareil alimentaire a, b du tambour T, organe principal de la machine à louveter, dont les descriptions vont suivre celle du graissage.

§ 2. — Ensimage automatique de MM. Ernoult et Paiatte de Roubaix.

La figure 7, planche XIV, représente une élévation du mécanisme graisseur combiné au loup. Ici le liquide, au lieu d'être répandu sur les couches de laine, arrive aux filaments entraînés par les dents de la machine d'une façon continue et réglée. A cet effet, l'huile contenue dans un réservoir supérieur alimente d'une manière constante, au moyen du tuyau S du barillet P, une espèce de rigole ou auge R placée à l'intérieur, sur toute la largeur de la machine, au-dessus des dents. Le fond de ce caniveau R est percé de petits trous pour laisser arriver le liquide sur les fibres. Voici, d'ailleurs, la commande de l'appareil. Les cylindres alimentaires D, D' sont mis en mouvement d'une façon ordinaire par la transmission de la roue F', commandée elle-même par un pignon qui ne se voit pas dans la figure. Un petit pignon *g* engrène avec cette roue F' et commande une petite paire de roues cônes *h*, placée à l'extrémité de l'arbre incliné G, dont l'extrémité opposée porte une vis sans fin *m*, engrenant avec une roue *n*, de 60 dents, montée à l'extrémité droite d'un arbre horizontal.

Ce même arbre reçoit à son extrémité de gauche un pignon de 35 dents qui engrène avec une roue droite *q*, de 110 dents, montée sur l'axe du robinet distributeur L. La roue *q* engrène avec une roue semblable, montée sur l'axe du robinet alimentaire M.

Il résulte de cette transmission un mouvement lent communiqué aux robinets L et M par l'arbre transversal E, qui commande en même temps les cylindres alimentaires du loup. Les deux robinets L et M tournant en sens opposé, l'un est ouvert lorsque l'autre est fermé.

Le mécanisme est réglé de façon à ce que, à chaque 1,000 tours du tambour à dents, les robinets font une demi-révolution, et l'huile versée pendant ce temps est de 300 grammes (contenance du réservoir intermédiaire P). Le petit tube *t* établit la communication atmosphérique avec la surface du liquide P, pour que l'écoulement ait lieu. La rigole R est mise en communication avec le robinet L par le tuyau *u*. L'huile s'écoule par la languette prolongée *x* de l'auge R, pour arriver régulièrement sur les extrémités ou pointes des dents du tambour, qui, en tournant, remplit les fonctions de brosse.

La sonnette T est disposée pour avertir l'ouvrier : toutes les deux minutes, son timbre annonce qu'il y a deux mises de laine ; cette sonnette est agitée par une tige *z* adaptée à une roue *r* du robinet supérieur.

Au besoin on peut arrêter le mécanisme distributeur d'huile, en laissant marcher le loup ; il suffit, à cet effet, de dégrener le pignon conique *h* du pignon *g* au moyen du levier de débrayage *l*.

CHAPITRE VI.

LOUVETAGE.

La laine triée est mise en filature par quantités variables qui portent le nom de *teints*. Le teint est tantôt homogène, c'est-à-dire formé d'une seule nature de laine, tantôt composé de laines de diverses provenances, d'une teinture uniforme ou de nuances différentes. Le filateur doit donc se préoccuper tout d'abord de l'état de la laine qui lui est remise et chercher à la rendre homogène par un mélange aussi intime que possible des éléments distincts qui constituent le teint, lorsque celui-ci n'est pas formé de laines de même provenance ou de même couleur. Dans ces deux derniers cas, avant de livrer les filaments aux machines, on superpose chaque espèce de laine par couches d'environ 1 décimètre d'épaisseur, on brasse le tout à l'aide de fourches en bois et on passe au *loup*.

Le loup, ainsi nommé à cause de la forme de ses dents, n'a pas seulement pour but, comme dans le cas particulier que nous étudions, de mélanger les fibres en les subdivisant, mais d'achever le travail de la batterie, d'ouvrir et d'assouplir la laine. Il existe différents systèmes de loup : le plus généralement employé en Normandie, pour les brins courts, est le loup Mercier, dont la figure 3, planche X, représente l'élévation vue de côté. Le tambour B, garni de douves en fer traversées chacune d'une double rangée de dents de 55 millimètres de hauteur, repose, par l'extrémité M de son axe, dans des coussinets en fonte T, boulonnés sur le bâti A, A, également en fonte. L'arbre M porte une poulie fixe G, qui reçoit son mouvement de l'accélérateur F, mis en mouvement lui-même par les poulies motrices E, E', calées sur l'arbre L. Cette transmission est calculée de façon à imprimer au tambour B une vitesse de 800 tours à la minute. La calotte en bois H à la partie supérieure, la grille cintrée I à la partie inférieure, forment autour du tambour B une enveloppe circulaire, interrompue seulement à l'avant de la machine par les cylindres de livraison *c*, *c'*, et à l'arrière par le canal de sortie R.

Alimentation. — La laine étalée sur la toile sans fin *o* est saisie par les cylindres *c*, *c'*, dont l'un *c* est cannelé et l'autre uni; le chapeau du coussinet de *c* reçoit, en outre, une pression considérable transmise par une romaine et le poids K. D est un auget en bois qui, grâce à sa forme semi-circulaire, enveloppe la partie inférieure de *c'* et empêche la laine de s'enrouler autour de ce cylindre. Les filaments, retenus par les alimentaires, sont arrachés avec violence par les dents du loup, qui les divisent, les secouent, les entraînent dans le sens de leur mouvement et les lancent dans le canal R, d'où ils s'échappent en flocons. Le système d'alimentation remplace donc dans ce loup les traverses de rencontre de la batterie. Et, en effet, les vitesses des organes principaux, c'est-à-dire des alimentaires et du tambour, sont telles, que celui-ci parcourt 1,710 mètres par minute, tandis que les premiers développent seulement 1^{m},30. La différence entre les développements est assez considérable pour que le louvetage s'effectue comme si les alimentaires formaient une pince dépourvue de vitesse.

La *production* théorique de ce loup peut être estimée à 800 kilogrammes de laine par jour pour un arasement de 70 à 80 centimètres; mais la production pratique ne s'élève pas à la moitié de ce chiffre, parce que le louvetage ne peut, comme on le verra plus loin, s'effectuer d'une façon continue.

La figure 1, planche XII, représente la coupe verticale, et la figure 2, le plan du tambour d'un loup qui diffère surtout du précédent en ce que les dents, moins nombreuses, permettent d'alléger la machine, tout en lui donnant une vitesse de 1,200 tours à la minute.

Un coup d'œil sur les deux figures suffit pour se rendre compte de l'action de la machine. Le tambour L (fig. 1 et 2), garni de ses dents *d*, *d*, disposées obliquement aux génératrices, est alimenté par les cylindres alimentaires ou entrées *a*, *b*, souvent formées par deux couples de cylindres garnis de pointes pour mieux assurer la livraison. La laine est fournie à ces cylindres par la toile sans fin T; elle est divisée par les dents *d*, *d*, projetée, par l'action de la force centrifuge, dans le conduit ouvert I. La machine est solidement placée sur le bâti E, B, fixé au sol.

Machines à ouvrir, et loups pour les laines dites GRANDES MATIÈRES. — Les machines qui viennent d'être décrites sont généralement employées en France pour les laines ordinaires, les agneaux, les blouses, etc. Mais pour les laines très-nerveuses étrangères, les Sydney, les Buenos-Ayres, désignées plus ou moins proprement en Champagne sous le nom de *grandes matières*, on se sert, surtout en Angleterre, de machines à préparer un peu plus complètes. Les figures 3 et 4 de la planche XII présentent une excellente machine de ce genre. Elle se distingue par l'adjonction au tambour mobile à dents du loup ordinaire H, de trois hérissons *h*, *h'*, *h''*, armés également de dents de rencontre. La laine, introduite par la trémie T en est chassée du côté opposé, après avoir parcouru le plus grand espace possible entre les dents et avoir laissé échapper les ordures et les corps durs par la grille, placée à la partie inférieure de la machine, qui est fermée à la partie supérieure, et une porte du côté latéral.

La figure 3 est une coupe verticale.

La figure 4, une vue de face.

La figure 5 est une vue extérieure de la machine, indiquant sa transmission générale d'un côté, dont la coupe verticale en travers (fig. 4) complète la commande.

P, P', poulies fixe et folle, recevant la courroie du moteur, faisant tourner le tambour H par l'arbre *a*. L'extrémité de celui-ci porte la poulie *p*, commandant les poulies *p'* calées sur l'extrémité des axes des hérissons *h*.

t, un petit poids attaché à l'extrémité d'une petite corde *r*, passant sur les poulies guides *o*, *o'* pour manœuvrer la porte O de la machine et enlever la laine.

Les figures 1, 2 et 3, planche XIII, représentent encore une machine préparatoire qui, par la forme et la disposition des organes, ressemble à une carde en gros et, par les dimensions des dents, aux loups en général.

Le tambour à dents *d*, *d*; sa grille inférieure G et son enveloppe supérieure sont à peu près identiques aux mêmes éléments des machines dont il vient d'être question, si ce n'est que la grille G est continuée ici sur une partie plus élevée. La partie supérieure du tambour T, au lieu de correspondre à de simples hérissons diviseurs, est en rapport avec trois ou quatre paires de travailleurs D à dents ou fortes aiguilles *b*, *b*. Chacun de ces travailleurs D est débourré par un petit hérisson nettoyeur E, qui restitue successivement la masse de la laine fractionnée au tambour du loup. La machine est alimentée par une toile sans fin A, disposée comme le sont d'ordinaire ces organes dans les appareils semblables. La commande générale (fig. 2 et 3) complète la démonstration de l'analogie entre cette machine et une carde ordinaire.

Une simple nomenclature suffit pour en faire comprendre la transmission générale.

Commande. — Les poulies fixe et folle P et P' (fig. 3) reçoivent la courroie, font tourner l'arbre *a* et le tambour à dents T. Sur l'extrémité opposée de l'arbre *a* sont placées parallèlement deux poulies *p* et *p'*. L'axe de *p'* reçoit un pignon 1 sur son axe, engrène avec un autre 2, qui transmet son action à la roue 3, portant elle-même un pignon 4 engrenant avec celui 5, placé sur l'axe du rouleau commandant la toile sans fin. Ce même pignon transmet également le mouvement aux cylindres alimentaires par le pignon 7, etc. Quant aux travailleurs D et aux débourreurs E, l'action est transmise aux premiers p[illegible] ne courroie R passant sur la poulie *r*, *o* et les poulies *s*, *s*, [illegible] es travailleurs, et aux seconds par la courroie allant d'une petite poulie I sur une autre placée sur l'axe des débourreurs.

§ 4. — Cardage. — Principes généraux.

Former un cylindre continu, régulier, homogène et purgé de tout corps étranger ou une espèce de mèche en moyenne d'une grosseur double de celle du fil à produire, avec les brins isolés de la laine fournie par les machines précédentes : tel est le but du cardage. On y arrive par l'action successive et progressive d'aiguilles régulières agissant sur une masse divisée, puis reconstituée sous la forme d'une couche, surface ou nappe dont tous les filaments adhèrent entre eux par une simple superposition et un léger tassement, au moyen de glissements et d'une pression convenablement calculés. Cette nappe, condensée, puis moulée à son tour, à son passage dans un orifice disposé à cet effet, se transforme enfin en un cylindre de laine. La disposition des filaments élémentaires dans la nappe et, par suite, dans la mèche cylindrique, n'est pas indifférente; elle doit, autant que possible, être favorable à la transformation ultérieure du feutrage. Les fibres doivent donc se présenter dans la masse, de façon à ce que les directions des aspérités de la surface se rencontrent en sens opposé. Cette condition est particulière au cardage de la laine destinée aux lainages foulés et drapés[1]. Mais ces croisements des brins ne doivent pas être réalisés au détriment de l'homogénéité de la nappe. Celle-ci, d'une égale épaisseur et transparente sur toute sa surface, doit être en quelque sorte formée par une suite d'enchevêtrements opposés des brins dans des positions relatives identiques. Les machines destinées à ce travail doivent être disposées en vue de ce double résultat. Dans l'opération à la main des cardières, décrite ailleurs[2], le but est atteint par le changement de directions successives imprimé aux aiguilles de l'outil à surface plane. Dans la machine à carder à surface cylindrique, c'est par les mouvements circulaires continus d'aiguilles disposées en sens opposé que le but est réalisé.

De là, des constructions et des dispositions spéciales aux organes des machines à carder la laine. Et si, en vue de certaines conditions économiques, la combinaison des cardes à laine est appliquée à d'autres substances, elle ne peut leur présenter les avantages qu'elle offre aux filaments laineux destinés à être feutrés. Le cardage en général, qu'on cherche à remplacer avec raison par le peignage dans les préparations destinées aux substances pour articles lisses, et auxquels on a

[1] Voir pour les considérations générales relatives aux fils lisses, notre *Traité de la filature du coton*, chez Noblet et Baudry.

[2] Filature du coton.

déjà heureusement substitué cette opération dans certains cas, est, au contraire, la préparation la plus rationelle pour les brins courts de la laine vrillée.

Les descriptions qui vont suivre sur le mode d'opérer et les machines en usage viendront à l'appui des considérations ci-dessus.

§ 2. — Cardage. — Observations préliminaires.

On procède en général par teint, comme dans l'opération précédente, c'est-à-dire sur une partie de laine de même couleur. Cependant lorsqu'un teint est trop considérable pour être filé en peu de jours, le filateur ne doit en faire louveter qu'une partie, s'il ne veut, dès le début du travail, se trouver en présence de difficultés presque insurmontables : la laine graissée avec des huiles de graines devient poisseuse à cause de la propriété siccative de ces huiles ; les filaments se roulent, se pelotonnent alors dans les machines, au lieu de glisser les uns sur les autres 'ensimage à l'huile d'olive même n'est pas exempt d'embarras, lorsqu'un lot de laine reste trop longtemps entassé : les teints en couleur foncée sont particulièrement exposés aux effets analogues aux précédents, en vertu du pouvoir absorbant de la teinture et surtout de la teinture en noir ; pour les laines blanches ou les mélanges où le blanc domine, l'échauffement se produit parfois encore, même après le dégraissage, dans la laine humide et en tas.

Les loquets de laine fournis à la carde par le loup sont plus ou moins noués, plus ou moins divisés, les uns longs, les autres courts, tantôt gros, tantôt fins. La carde doit les prendre fibre à fibre, les délier, les développer, tout en les purgeant des ordures qui, en dépit du battage et du louvetage, s'y rencontrent encore ; puis, les faire glisser les unes sur les autres pour les paralléliser et en former des rubans où les filaments sont juxtaposés. Cette préparation commencée sur la carde *en gros* dite *brisoir* ou carde *briseuse*, est continuée sur une seconde ou *repasseuse;* puis achevée sur une troisième dite *finisseuse*, *continue* ou carde *en fin*. L'ensemble de ces trois machines constitue l'*assortiment* des cardes en Normandie. A Reims où l'on file généralement plus fin, elles sont au nombre de quatre. Le brisoir, la repasseuse et la finisseuse diffèrent bien moins entre elles par la construction que par le règlement de leurs organes, ceux-ci étant invariables, ainsi qu'on va en juger.

Disposition générale de la machine à carder.—Les figures 1 et 2, planche XV, donnent en élévation et en plan la première carde de l'assortiment, celle par laquelle le travail est commencé. Les figures 3 et 4, sont les deux dernières par lesquelles le cardage s'achève, elles ne diffèrent de la précédente que par des détails inappréciables en apparence, et qui résident surtout dans la finesse des garnitures et le mode d'alimentation des machines.

Toutes trois ont pour principaux organes un gros tambour I garni de plaques ou de rubans de cardes, c'est-à-dire d'aiguilles plus ou moins fines en fils d'acier, et un certain nombre de couples de cylindres D, E. Le cardage de la matière, fournie à ces organes par une *entrée* ou *alimentation* composée de cylindres B, B, B, a lieu par suite du transport, du partage et de la restitution successifs des filaments entre le gros tambour I et les petits rouleaux D, E, garnis également de pointes, dont le mouvement et le sens réciproques des dents sont tels, que le cylindre D enlève une certaine quantité de fibres au tambour I auxquelles elle est restituée par l'intermédiaire E; c'est en raison de ces fonctions réciproques que les cylindres D sont désignés sous le nom de *travailleurs* et les cylindres E de *débourreurs* ou de *nettoyeurs*. Les organes placés à la suite des travailleurs et des nettoyeurs ont pour but d'enlever la matière cardée sous la forme la plus convenable, de même que ceux qui la précèdent sont chargés de l'alimentation dans les conditions les plus favorables.

Revenons donc d'abord à l'alimentation. Cette partie est composée de deux ou de trois cylindres décrits en détail plus loin; ils reçoivent la laine par une toile sans fin A, dans la première carde (fig. 1) et dans les suivantes; ce sont des rouleaux O, O, fournis par la carde précédente et placés sur les bâtis (fig. 2, 3 et 4), qui livrent un certain nombre de nappes réunies à l'alimentation B, B, B. Celle-ci, au lieu de fournir la matière directement au gros tambour I, la transmet par un cylindre intermédiaire C, désigné sous le nom de *roule-ta-bosse*, à cause de sa vitesse, et parfois sous celui d'*échardonneur*, à cause de sa fonction. Il a en effet pour but de débarrasser au préalable les filaments des corps étrangers ou un reste de chardons, afin de ménager les garnitures des organes suivants et de leur faciliter la réalisation d'un bon travail.

Mécanisme délivreur. — A la suite des travailleurs et des débourreurs se trouvent : un cylindre K à mouvement rapide, dit *volant*, le ou les peigneurs G et I, I', le ou les peignes PP'. Le volant a pour but de détacher la couche cardée et de l'amener sur l'extrémité de ses aiguilles droites ; les peigneurs l'enlèvent au volant pour s'en garnir, et les peignes à mouvement de va-et-vient rapide, détachent la nappe, la cueillent soit pour la faire passer dans un entonnoir, soit pour la frictionner entre des rouleaux H, H' à la sortie de la première et de la deuxième carde (fig. 1 et 3), soit en la frottant sur un tablier ou rota par un cylindre L, M, M (fig. 4) dit *continue*. Le mode d'alimentation et de sortie sont donc modifiées en général, comme nous venons de le voir, suivant la période du travail. Tous les cylindres que nous venons d'énumérer sont recouverts de rubans de cuir ou d'étoffe, traversés d'aiguilles en fil de fer recourbées en forme de crochets aux deux tiers de la hauteur; ces crochets, dont le nombre varie de 3,714 à 4,642 par décimètre carré, suivant le numéro du fil de fer employé, sont de plus en plus fins du brisoir à la continue, et se présentent en sens contraire sur le tambour I et sur les travailleurs D, D, de façon à effectuer un travail entièrement comparable à celui des cardes à main employées par les matelassiers.

Alimentation. — La laine est chargée sur la première carde par pesées variables suivant sa nature, le numéro du fil, le degré de perfection recherché dans le produit. A-t-on affaire à une laine serrée et nouée comme la laine d'Allemagne la plus fine, qui doit fournir jusqu'à 36,000 mètres et plus au kilogramme, ou bien à un mélange de laines diverses, toujours difficiles à *fondre* parfaitement, on opérera par pesées de 900, de 800 ou même de 700 grammes seulement. S'agit-il, au contraire, d'une laine ouverte comme la plupart des suints de France, filés souvent à 10,000 à 11,000 mètres et quelquefois à 7,000 mètres au kilogramme, on prendra sans inconvénient des pesées de 1,500 à 2,000 grammes. Dans tous les cas, la laine doit être étalée en couche régulière sur la toile sans fin A du brisoir (fig. 1, pl. XV), pour l'amener aux alimentaires. Dans certaines filatures, l'appareil d'alimentation est formé de réglettes blanches en bois, avec une réglette noire placée de mètre en mètre, pour servir de guide à la chargeuse.

Alimentation automatique régulière par la chargeuse mécanique Bolette. — Cette première opération faite à la main par des femmes, des hommes ou des enfants, suivant les localités, laissait beaucoup à désirer, à cause de l'irrégularité inhérente au travail manuel et du nombre de bras insuffisamment occupés qu'elle nécessitait. Elle a été heureusement transformée depuis quelque temps, grâce à la chargeuse mécanique Bolette (pl. XVI, fig. 1 et 2). Derrière la carde briseuse se trouve une boîte, dont la forme est indiquée par le bâti en fonte AA (fig. 1). La laine pesée, comme à l'ordinaire, dans une petite romaine fixée près de la carde ou sur son bâti, est jetée dans cette boîte dont le fond est une toile sans fin B (fig. 1 et 2). Dans son mouvement de translation autour des rouleaux O, O', cet organe B apporte la laine à la toile verticale C, qui la saisit au moyen de crochets c, c', c''. Le volant E, garni alternativement de deux rangées de crochets de même forme que les précédents, de deux rangées de cuirs à encoches, et animé d'une vitesse de quatre cents tours par minute, s'empare des filaments et les jette sur la toile d'alimentation D de la carde. Le cylindre F, garni de huit rangées de pointes, a pour but d'empêcher le passage de parties de laine trop volumineuses, qu'il rejette sur la toile B. Il divise en même temps ces parties, afin de les rendre plus propres à l'alimentation subséquente. Des plaques en tôle G et H ramènent sur la toile B les loquets passés entre la toile D et les alimentaires. La plaque I empêche la laine de tomber en avant de la boîte. Enfin, la plaque J peut être plus ou moins écartée de la toile D, pour régler l'épaisseur de la couche de laine que l'on veut introduire dans la carde. L'inspection des figures suffit pour faire comprendre l'ensemble des mouvements de la chargeuse.

Cet appareil alimentaire est commandé par une corde à boyau, qui, venant de la carde, passe sur la poulie 1 et transmet le mouvement à la vis sans fin 2 engrenant avec la roue 3. Sur l'axe de celle-ci se trouve le pignon cône 4, qui commande à son tour la toile verticale C, par l'intermédiaire d'une roue 5.

La planche XVI est conforme à la construction Mercier, cessionnaire du brevet Bolette en France. Il suffit de résumer le travail de cette carde pour démontrer qu'il n'y a rien de changé.

Les alimentaires fournis de laine par cet appareil, présentent les filaments au *tambour roule-ta-bosse*, qui n'est qu'un intermédiaire entre l'appareil d'alimentation et la carde; il préserve, comme nous l'avons déjà dit, le tambour, des accidents qui résultent souvent de la négligence du personnel, lorsqu'un corps dur oublié dans la laine est entraîné avec elle par les alimentaires. Le roule-ta-bosse, qui tourne dans le même sens et avec la même vitesse que le gros tambour, est souvent accouplé à un cylindre échardonneur, doué d'un mouvement en sens contraire et destiné à détacher et à faire tomber les ordures sous la carde. Le gros tambour, en passant devant le roule-ta-bosse, le débarrasse de toute la laine prise aux alimentaires et vient ouvrir celle-ci; les travailleurs s'en emparent; les déchargeurs les dépouillent et restituent les filaments au tambour. La denture des nettoyeurs, disposée dans le même sens que la denture des travailleurs, prend ceux-ci à dos, et, comme le développement des premiers est beaucoup plus considérable que celui des seconds, le nettoyage s'accomplit exactement. Le tambour ne ga.de pas longtemps la laine restituée par les déchargeurs, car bientôt il rencontre le volant, ainsi nommé à cause de sa grande vitesse, et dont les aiguilles, presque perpendiculaires à l'axe, pénètrent dans la denture du tambour pour en tirer les fibres et les amener à la pointe des dents. Les filaments dégagés sont entraînés dans cet état vers le peigneur, qui les saisit, et en est dépouillé à son tour par le peigne à va-et-vient, suivant le genre et la période du travail.

Le produit de la première carde briseuse était toujours recueilli autrefois sur un tambour en bois, parallèle au gros tambour et placé à la suite du peigne ; les filaments, sous forme de nappes continues, se superposaient sur ce cylindre, dit *peau de mouton*, pour former un manchon circulaire, qui était coupé à la main par l'ouvrier à chaque nouvelle pesée. Cette nappe, roulée par le cardier, était portée de là à une romaine adaptee à la seconde carde et réglée sur la romaine du brisoir. La nappe vérifiée était ensuite étalée sur la toile sans fin de la repasseuse. Depuis quelques années, la nappe a été remplacée, dès le brisoir, dans certains ateliers, par un cordon produit dans un appareil de sortie, identique à celui de la repasseuse, fig. 3, pl. XV.

Formation d'un ruban continu. — La laine, au lieu de s'étaler sur toute la largeur du tambour *peau de mouton*, est assemblée dans un entonnoir, d'où elle passe dans une double paire de galets H, H, légèrement étireurs, pour s'enrouler ensuite, avec un mouvement très-accentué de va-et-vient, sur une bobine R. Ces bobines sont disposées quelquefois verticalement, mais plus souvent horizontalement, sur une sorte d'étagère ou cabas A, même planche XV, fig. 2, 3 et 4. Placées horizontalement, elles reposent sur des rouleaux O, O, O, commandés par la carde, de façon à ce que les cordons soient livrés aux alimentaires sans traction. Placées verticalement, les bobines, mobiles sur leur axe, offrent souvent une résistance capable de faire casser le ruban. Dans les deux cas, le système des cordons, adopté pour mieux fondre le cardage en multipliant les doublages, est embarrassant et coûteux, et ne donne pas une certitude suffisante d'homogénéité derrière la repasseuse; on préfère le doublage en nappes, surtout à la continue, comme nous l'indiquons plus loin; car la troisième machine de l'assortiment ne doit pas seulement carder, elle a, de plus, pour fonction de subdiviser le produit en un certain nombre de *boudins*, qui présentent l'aspect, sinon la cohésion, de gros fils, dont la façon plus ou moins régulière influe nécessairement sur le fil définitif.

Les peigneurs de la finisseuse, au nombre de deux, ne sont plus recouverts d'un ruban continu, comme dans les machines précédentes; ils portent des bagues en cuir, garnies d'aiguilles comme les rubans, dont les largeurs additionnées représentent exactement l'arasement du gros tambour. Les bagues du peigneur supérieur correspondent aux vides ménagés entre les bagues du peigneur inférieur et réciproquement. La garniture de chaque bague prend ainsi sur le tambour une nappe de laine égale à sa largeur et la transmet, par l'intermédiaire des peignes, à un appareil rota-frotteur, composé de trois rouleaux L, M, M, fig. 4, et pl. XV, d'où le boudin s'enroule sur de larges bobines en bois, passe dans de petits entonnoirs tournants ou bobineaux, qui ont pour fonction, comme les cylindres rota-frotteurs, de donner la forme et la cohésion au boudin.

Si l'on emploie des nappes derrière la continue, au lieu de cordons, les rattaches doivent être l'objet de soins tout particuliers, car autrement elles sont cause d'une suite de gros fils et de fils fins; or, il est impossible d'arriver à une rattache mathématiquement égale en épaisseur et en largeur au reste de la nappe ; de plus, les boudins produits sur les bords de la carde doivent être sacrifiés, ou, du moins, ces boudins, désignés sous le nom de *fils de bord*, doivent être repassés au brisoir avec la laine non encore cardée, à cause de leur irrégularité. D'autre part, la nappe, une fois rattachée, n'exige pas une surveillance continuelle, comme les cordons, dont l'un ou l'autre peut casser sans motif apparent. La nappe occasionne aussi moins de déchets, en ce que l'on peut passer sur la continue jusqu'au dernier loquet du teint en œuvre, tandis que l'achèvement par cordons laisse presque toujours une quantité assez considérable de bouts *veules*, c'est-à-dire de bouts de cordons non filés et demeurés dans cet état après l'épuisement du teint.

On a cherché à obtenir l'homogénéité dans les doublages, en évitant les deux inconvénients précités par un mécanisme ingénieux, appliqué aux filatures depuis quelques années, et qui est connu sous le nom de *mécanisme* ou de *système Apperley*, du nom de son inventeur.

Système Apperley. — L'appareil peut être appliqué à des cardes quelconques existantes, anciennes ou nouvelles. Il est représenté, dans la planche XVII, en X, sur le plan (fig. 2) d'une carde ordinaire, dont la figure 1 donne l'élévation et la vue de côté des commandes. Nous commençons à décrire le mécanisme X de l'appareil Apperley, représenté sur une plus grande échelle, dans les cinq figures 1, 2, 3, 4 et 5 de la planche XIV. La planche XVII étant seulement donnée pour la transmission générale, nous y reviendrons après.

La figure 1, est une vue horizontale montrant les rubans formés par la première carde, et conduite par une toile sans fin à la seconde. La figure 2 est une élévation vue de bout ou de face de l'appareil. La figure 3 est une section transversale de la figure 2. Figure 4, détail d'un ressort qui agit sur le guide des rubans, pour les maintenir dans leur position convenable. La figure 5, est une projection horizontale de la marche du ruban de l'une à l'autre des cardes de l'assortiment; I indique la première carde sur laquelle on étale la laine en A, soit à la main, soit par l'appareil automatique. Le ruban formé passe par l'entonnoir *e*, pour se rendre en E sur l'appareil de la repasseuse, et de celle-ci, de la sortie D en *e'* E' de la troisième; cette marche est d'ailleurs également indiquée en A, fig. 1, pl. XIV.

L'appareil Apperley, établi entre la repasseuse et la continue pour prendre le cordon de la seconde carde et l'étaler en travers, derrière la finisseuse, le cordon forme de lui-même une nappe continue, par conséquent sans rattaches, et n'exige plus l'incommode cabas aux nombreuses bobines. L'alimentation Apperley peut être également établie entre le brisoir et la repasseuse, et l'assortiment ainsi constitué forme un ensemble de machines intimement liées l'une à l'autre.

Le cordon fourni par le brisoir ou par la repasseuse est reçu sur une toile sans fin établie derrière la carde suivante et audessous d'une toile triangulaire X, fig. 1, pl. XIV, constituée par un ensemble de courroies parallèles *a*, *a*, *a*, *a* passant sur les galets, *b*, *b*, *b*, *c*, *c*, montés sur un bâti convenable *d*.

A la partie supérieure de ce bâti *d*, est disposée une tringle *e*, susceptible de recevoir un léger mouvement de translation. Cette tringle *e* est adaptée à un guide *f*, qui peut prendre un mouvement de va-et-vient d'une extrémité à l'autre de la tringle, et par conséquent sur toute la largeur occupée par la carde. La coupe de la figure 3 indique cette disposition spéciale. Elle démontre le guide *f*, formé d'une équerre en fer à sa partie supérieure, et percé d'un œil *h*, à sa partie inférieure, pour laisser passer le ruban. Deux galets *g* donnent le mouvement à ce guide sur le bâti *d*.

Le guide *f* est muni d'une fente pour recevoir une cheville fixe *i*, à laquelle est imprimé un mouvement par la courroie sans fin *k*, mise en action par les poulies *l*, *l*, montées sur des axes qui ont leurs points d'appui au bâti *d*, *d*. Sur la partie antérieure de ce bâti se trouve une paire de leviers à ressorts *m*, *m'*, au-dessus desquels viennent passer les courroies *a*, *a*, et par conséquent le ruban, suivant la disposition indiquée fig. 1. La marche régulière du ruban est assurée de la manière suivante : à l'extrémité du bâti *d*, près des cylindres, est une espèce de doigt *n*, qui maintient le levier mis en dedans au moment voulu, comme l'indique la situation ponctuée de la fig. 1.

L'action de ce doigt est commandée par la tige verticale *o*, entourée d'un ressort à boudin, auquel correspond le doigt *n*; le ressort est libre ou tendu, suivant que les arrêts *p* ou *q*, de la tringle *e*, agissent ou n'agissent pas sur le montant *o*. Pour assurer que le ressort à boudin de ce montant n'agisse qu'au moment voulu, lorsque le mouvement de la tringle le commande, la disposition à ressort, fig. 4, est établie au bâti *d*, et agit contre le doigt *n*, lorsque la translation de la tringle commande le mouvement.

Commande de l'appareil. — La courroie *k* est commandée

par les poulies *r*, dont l'un des axes reçoit l'action de la poulie *s*, qui commande l'arbre *f'*, sur lequel est calé le pignon cone *d*, engrenant avec le pignon *e*, placé sur l'axe de la poulie *r*.

Commande de l'ensemble de la carde. — Nous revenons maintenant à l'ensemble des commandes de la carde continue à rota-frotteur, en élévation et en plan, fig. 1 et 2, pl. XVII. Le tambour B porte sur son axe, d'un côté les poulies de commande P P', la roue dentée 1 commande l'alimentation, la poulie 2, transmet le mouvement de va-et-vient aux cylindres rota-frotteurs par le cuir A, les pignons d'angles 5 et 6, le volant 7 et les leviers 8 et 9 ; enfin la grande poulie H, commande également par courroie les nettoyeurs *g*, *j'*..., et le volant *h* ; sur l'autre bout de l'arbre du gros tambour se trouvent une étoile ou loupe 3, et un pignon 4. La loupe donne le mouvement aux travailleurs *f*, *f'*..., par le moyen d'une chaîne Vaucanson V ; le pignon 4 engrenant avec une suite de pignons et de roues droites règle la sortie, c'est-à-dire, (voir plan, fig. 2,) les peigneurs, les peignes, le mouvement circulaire des rota-frotteurs et des ensouples M M'. On voit l'avantage de cette disposition qui permet, par le simple changement des pignons 1 et 4, de modifier avec facilité soit la vitesse d'alimentation, soit la vitesse de sortie et par suite le numéro de préparation. Le volant ne tourne pas toujours avec la même accélération ; il est des laines légères, faciles à dégager avec lesquelles il faut ralentir la vitesse du volant, sous peine de faire un déchet ou *évent* considérable, tandis que d'autres filaments nécessitent un plus grand nombre de tours ; le diamètre de la poulie 10 est augmenté ou diminué à l'aide de cuirs, et la courroie R se prête à toutes les variations de diamètre de cette poulie grâce au pouliau 11, fixé à la partie inférieure du bâti de la carde dans une coulisse *z*. La chaîne à la Vaucanson sur les travailleurs a remplacé l'ancienne commande par engrenages, qui avait le double inconvénient d'être bruyante et de rendre l'ajustement des cylindres difficiles.

Les travailleurs doivent être approchés ou éloignés du tambour, suivant le degré de cardage, suivant leur diamètre modifié souvent par le tour; une courroie suffit à toutes les exigences de l'ajustement; toutefois elle présente par moments l'inconvénient de transmettre aux travailleurs un mouvement un peu saccadé, lorsqu'elle est trop tendue ou commence à s'user. Ces soubresauts passagers et faciles à éviter, ne sauraient faire regretter l'ancien état de choses. Le mouvement de va-et-vient de l'appareil rota-frotteur, commandé comme il a été dit, à l'aide des bras de levier 8 et 9 excentrés sur le volant 7, s'obtient sans effort et sans choc; cet appareil convient surtout au travail des matières courtes et notamment aux déchets, assemblés intimement par la friction, mais il est peu propre, par cela même, aux grands étirages et nécessite de filer en gros et en fin des laines qui, travaillées sur la continue munie seulement de bobineaux et de cylindres étireurs, peuvent être filées en une seule opération.

Règlement de la carde. — Il résulte des considérations précédentes qu'il est impossible de donner, d'une façon absolue, les rapports établis entre les développements des divers organes des cardes, puisque ces rapports subissent des modifications nombreuses suivant les laines mises en œuvre, et les numéros de fils à produire. L'arbre de travail ou axe du gros tambour tourne avec une vitesse variable entre 90 et 110 tours par minute, suivant le diamètre de ce tambour porté à $1^{m},20$ dans les grandes cardes Mercier. Son développement moyen pour 100 tours et $1^{m},10$ de diamètre est donc 345 mètres, pendant que chacun des cinq travailleurs de $0^{m},20$ de diamètre fait, en moyenne, 6 tours 1/2 représentant un développement de $4^{m},08$. Le chemin parcouru par les déchargeurs est près de vingt fois le développement des travailleurs ; la marche du volant l'emporte sur celle du gros tambour d'un cinquième à un sixième, suivant les laines. Cet organe doit être réglé de façon à dépouiller complétement le gros tambour, et à opérer son action avec une précision mathématique, car l'irrégularité si fâcheuse de la nappe cardée, est souvent la cause de l'irrégularité du mouvement du volant ; celui-ci doit donc être commandé avec la plus grande précision. Enfin l'étirage, calculé entre les alimentaires et la bobine de sortie est en moyenne de 66 pour le brisoir, de 88 pour la repasseuse, et de 1,200 à la continue. Cet étirage considérable à la carde en fin s'obtient grâce à la paire de cylindres étireurs qui, placés entre le peigne et l'ensouple de sortie ou d'appel, produisent un allongement égal à douze fois la longueur fournie par le peigne. Pour que le travail se fasse et afin d'éviter les coupures, le peigne doit aller très-vite, et donner environ 500 oscillations à la minute.

Cette proportion considérable d'étirage dans les machines préparatoires de la laine cardée, est indispensable, attendu que les filaments passent directement des transformations de la carde à celle du métier à filer, les opérations de l'étirage intermédiaire n'existant pas.

Carde à double sortie avec application du système à ruban. — M. Martin, constructeur à Pepinster-les-Verviers, a cherché à compléter le système Apperley par un appareil délivreur, que nous donnons planche XVIII. La figure 1 est une élévation de la carde ordinaire, où les organes seulement sont figurés sans transmissions de mouvement. La figure 2 donne la disposition additionnelle imaginée par le constructeur ; c'est une vue de face de l'appareil ajouté à la carde. On voit dans celle-ci la toile sans fin A qui amène la laine aux alimentaires B, et la livre directement au gros tambour C, au-dessus duquel sont placés les travailleurs D, et les débourreurs E. Deux volants F,F dépouillent le gros tambour pour livrer les parties cardées aux peigneurs cylindriques G, G, d'où la nappe est détachée par les peignes P,P'. La figure est à une échelle suffisante pour que la direction réciproque des dents ou aiguilles des garnitures soit bien comprise, de même que les flèches mettent le sens du mouvement des organes en évidence. Les rubans détachés par les peignes P,P' viennent se rendre, l'un, le supérieur, entre les cylindres H,H de la partie supérieure du bâti de la figure 2, et se rendre sur le cuir sans fin K, où il est ramené entre les rouleaux I,I, pour venir se doubler avec le ruban du peigne inférieur et ressortir entre les cylindres inférieurs H',H', pour de là aller former un rouleau, où les rubans sont enroulés aussi uniformément que possible avec une égale tension ; un certain nombre de rouleaux semblables sont ensuite soumis au travail de la repasseuse, ou carde suivante.

Le principe de cette disposition a pour but de former un ruban d'une qualité plus uniforme, avec les deux sorties qui prennent les filaments à des temps différents.

Le réglage précis des organes et le graissage des tourillons étant une chose importante, le même industriel emploie les dispositions des figures 3 et 4. Ce sont des coussinets G à douiller, surmontés d'un réservoir d'huile, fermé E, le liquide est amené par l'orifice Y. Le système de serrage, par les écrous *e*, *e*, des vis, permet de maintenir les travailleurs dans une position uniforme sur toute la largeur, lors même qu'il y aurait quelque dénivellement dans la machine.

Remarque. — Si on compare l'état de la laine avant son entrée à la première carde briseuse, à celui auquel elle est arrivée à sa sortie de la finisseuse, la différence sera aisément constatée par les personnes les moins compétentes. La masse irrégulière, boutonneuse et mélangée à des corps étrangers au commencement du cardage, a été transformée en mèches homogènes régulières, plus ou moins transparentes, composées de filaments dénoués, et d'une pureté remarquables. Ce changement favorable a été obtenu grâce à l'application du principe exposé (§§ 1 et 2), et conformément aux données pratiques qui viennent d'être énoncées. Les rapports moyens de mouvements et de vitesses de la carde qui précèdent, démontrent en effet que les petites masses étalées sur la toile sans fin, sont distribuées en nappes ou couches minces à la partie supérieure du tambour, sur environ 1/3 de son développement. Chacune de ces couches se trouve fractionnée, divisée sur son épaisseur, ou en quelque sorte dédoublée par les travailleurs qu'elle rencontre. Si, comme dans la carde précédente, il y a cinq travailleurs, le gros tambour leur cède à chacun 1/5 de la masse qu'il reçoit lui-même pendant une révolution, ce serait 1/4 seulement s'il n'y en avait que quatre, etc. C'est par cet échange entre le gros tambour et la série des organes travailleurs, que la première action du cardage, le démêlage et le rangement des brins s'opèrent. Ils ne sont restitués au grand cylindre qu'après des désagrégations et des redressements réitérés. Le volant lui enlève la matière cardée, de la manière la plus régulière et la plus complète. Arrivée à cette période, elle est susceptible de recevoir progressivement la grande quantité d'étirage énoncée ci-dessus, de manière à former en quelque sorte un fil ébauché, suffisamment préparé pour passer au métier à filer toutes les fois que la finesse à atteindre ne dépasse pas une certaine limite.

§ 3. — Défauts que peuvent présenter les fibres cardées, leurs causes et moyens de les atténuer.

Le défaut le plus grave, le plus facile à constater, le plus difficile à éviter dans certains cas, est celui des boutons. La nappe, au lieu d'être complétement transparente et homogène sur toute sa surface, présente alors un plus ou moins grand nombre de petits boutons variables de volume, surtout entre le peigneur et l'entonnoir : ces boutons sont généralement très-nombreux dans certaines laines de l'Inde ; ils sont tantôt le résultat des caractères des fibres, tantôt ils proviennent d'un mauvais réglage, et surtout de garnitures en mauvais état et mal débourrées ; si, en effet, les fibres sont fines et courtes, elles se brisent parfois dans le trajet, se pelotonnent et se roulent d'autant plus que l'action est plus persistante. Ces petites boules, ainsi chariées pendant une partie du transport des filaments, se logent presque toujours définitivement dans le boudin et dans le fil. L'inconvénient peut encore se présenter si les surfaces des garnitures sont plus ou moins bourrées ; au lieu de développer et de faire glisser les fibres, les aiguilles les retiennent et les roulent alors ; si certaines parties présentent des lacunes ou des aiguilles en mauvais état, la laine peut se mouler dans ces cavités et être transportée *par petits paquets.*

Le cardage imparfait est parfois aussi le résultat d'une alimentation inégale du grand tambour, provenant d'un défaut de parallélisme entre son axe et celui des alimentaires, ou d'une pression inégale sur ces derniers, ou enfin d'un trop grand étirage, c'est-à-dire d'une trop grande vitesse relative des organes de révolution. Vérifier les cardes, les aiguiser au besoin, s'assurer que le réglage de toutes les parties est convenable, que les vitesses relatives des organes sont bien conformes aux principes précédemment développés, ralentir au besoin la marche des organes principaux, tels sont les moyens employés en général pour remédier à ce vice, le plus à redouter dans le cardage.

Il est bon d'examiner à quelle période du travail le défaut surgit, car il peut aussi avoir quelquefois pour cause une action trop prolongée ; l'on a vu des boutons ne se manifester qu'à la fin du cardage en gros, et même dans le travail de la carde continue. Les *coupures*, ou étranglements partiels, sont d'autant plus rares que l'alimentation de la carde a lieu avec plus de sûreté, de régularité, et de continuité. Un ralentissement ou un arrêt dans les rouleaux alimentaires les déterminent presque toujours, et produisent le déchet sensible qui en est la conséquence.

La commande des cylindres alimentaires par des engrenages et des courroies, de proportions convenables, sur les poulies motrices, est le meilleur moyen de prévenir ce genre d'accident.

Les *grosseurs*, ou points insuffisamment étirés, peuvent provenir d'une inégalité dans l'épaisseur de la nappe, résultant des rouleaux alimentaires de la carde ou des *barbes* qui s'attachent aux cylindres cannelés, parce que leur distance du grand cylindre ne serait pas assez rapprochée, ou encore parce que l'état d'entretien de cet organe laisserait à désirer, ou enfin parce que les organes de rotation seraient mal équilibrés, présenteraient du *faux rond*, comme on dit dans les ateliers.

Ces observations succinctes démontrent l'importance de se bien pénétrer de tous les points concernant l'établissement et la marche de la carde, dont il a été question précédemment, et de n'en négliger aucun si l'on veut atteindre un travail convenable.

§ 4. — Divers matériaux employés à la construction des cardes.

La construction de la carde comprend le bâti et les organes auxquels il sert de point d'appui. Le premier est généralement aujourd'hui en fonte de fer. Il présente alors les avantages de la solidité, de la facilité de l'ajustage, de la durée, sans être notablement plus cher que le bois employé autrefois à cette destination. Il n'en est pas de même des cylindres : ils sont encore tantôt en bois, en tôle, en fonte, ou en métal recouvert de stuc, et depuis quelque temps en une composition formée par un mélange où la sciure de bois domine; ils pourraient être en bois durci; l'on a également cherché à les faire en papier-pâte comprimé et établi à la façon des rouleaux des machines à apprêter, etc. Chacun de ces modes, bien soigné, peut donner de bons résultats. Il suffit que les corps de révolution soient parfaitement cylindriques, bien équilibrés, de manière à présenter un maximum de solidité sous un minimum de poids et à demeurer absolument insensibles à l'influence des variations atmosphériques et surtout des changements de température des ateliers, et à permettre enfin d'appliquer facilement et de changer à volonté les garnitures.

Pour une même matière, il y a plusieurs genres de construction en présence : si c'est du bois, il est en général assemblé sur des croisillons en fer ou en fonte. Pour présenter les garanties voulues, le cylindre, au lieu d'être formé par des douves dont les fibres du bois restent parallèles, doit l'être par de petites pièces de bois debout, dont le sens des veines se croise pour constituer une espèce de marqueterie ou de mosaïque, quant au genre d'assemblage. L'on avait également proposé de former les tambours par la réunion de plusieurs poulies légères montées sur un axe, en contact l'une avec l'autre, et assemblées entre elles par des entretoises en petit fer rond, ayant un écrou à chaque extrémité pour effectuer le serrage de l'ensemble de ces poulies. Une disposition fort simple permet, dans ce cas, de clouer les plaques ou les rubans de la garniture.

L'exécution des tambours en sciure de bois, imaginée par M. Dubus aîné, étant plus récente, quoiqu'elle ait déjà rendu des services, nous résumons succinctement la manière d'opérer.

Le procédé de M. Dubus consiste dans la formation de cylindres au moyen de l'application successive et superposée d'une couche d'huile de lin, de ficelle, et de sciure de bois imprégnée de colle; ces premières couches forment un composé au-dessus duquel on applique une toile tendue, qui reçoit à son tour une dernière couche plus ou moins épaisse de sciure de bois imprégnée de colle forte. La surface cylindrique ainsi obtenue, une fois sèche, peut être tournée comme à l'ordinaire.

Les cardes en sciure de bois nous paraissent d'un usage excellent. Le *bois durci*, si remarquable par la finesse du grain, le poli, la dureté et la légèreté, dont on fait des médailles et une foule d'objets mobiliers et d'ornementation, nous paraît également destiné à faire d'excellents cylindres de cardes. Les tambours formés de cette façon seraient légers, durables, permettraient le clouage des garnitures avec facilité, et ne seraient nullement influencés par les changements de température.

On reprochait autrefois aux cylindres métalliques d'être compliqués dans leurs divers modes d'assemblage, d'être d'un grand poids, et, par conséquent, lourds à faire mouvoir, et d'un prix élevé. Ces objections ont bien perdu de leur valeur avec les progrès apportés dans la fonderie, le travail du fer et l'abaissement des prix, qui permettent de livrer aujourd'hui les machines pour filatures au-dessous de 100 francs les 100 kilogrammes. Il s'ensuit que l'emploi des métaux domine en tous cas, lors même que la partie cylindrique est formée de l'une ou l'autre des substances susmentionnées. Chaque localité paraît d'ailleurs avoir sa préférence à ce sujet. Le revêtement en stuc est généralement répandu en Alsace; le bois et la sciure sont plus communément employés en Normandie; c'est à Reims et dans les environs que l'on a mis le plus de persévérance à la confection des tambours en fer. La construction du nord a plus d'analogie avec celle des Anglais, la fonte y est préférée. La fixation des garnitures a lieu dans ce dernier cas au moyen de clous chassés dans des chevilles en bois placées, dans des rangées de trous réservées dans la fonte. Six à huit de ces rangées, suivant les génératrices, suffisent. Les rubans ont en moyenne une largeur de 2 centimètres. Une étoffe armure satin, faite avec un fil dont l'*âme* est en caoutchouc, présente une élasticité et une régularité dans l'épaisseur et, par conséquent, des avantages que le cuir, exclusivement employé autrefois, ne pouvait offrir.

Vides des garnitures du grand tambour. — Depuis quelque temps, dans les cardes à coton on laisse de place en place dans les garnitures du grand cylindre des lacunes, ou places sans aiguilles : elles ont pour but de former autant de petits réservoirs destinés à recevoir les grosseurs, les nœuds, les boutons, qui sans cela pourraient détériorer la garniture. A cet effet, ces petits vides rectangulaires sont disposés de manière que leur ensemble offre des rangées de spirales équidistantes autour de la circonférence. L'idée de cette pratique est ingénieuse : est-elle vraiment efficace ? l'on ne paraît pas bien fixé à cet égard.

§ 5. — Nécessité et influence des doublages dans le cardage de la laine.

Le caractère essentiel d'un bon résultat en filature est la régularité. Dans la filature en général, on y arrive surtout par une série de doublages et d'étirages, spécialement pratiqués après le cardage ou le peignage. Ces préparations du second degré, n'étant pas possibles sur la laine cardée dont elles amoindriraient la propriété feutrante, on ne peut arriver à l'homogénéité du produit, qu'au cardage. Il faut donc, dans cette opération, chercher à réaliser les effets produits dans les préparations pratiquées dans la filature des autres matières, entre l'opération du cardage et du filage. On peut y arriver plus ou moins par une série de doublages. En faisant passer les nappes d'une carde à l'autre, un certain nombre de surfaces sortant de la première sont superposées et réunies pour alimenter la seconde, celle-ci donne son résultat sous forme de nappes enroulées et superposées ; on en réunit encore un certain nombre, jusqu'à 40 par fois, soit sur un bâti, comme nous l'avons déjà dit, ou mieux encore sur une machine spéciale à réunir pour former un seul rouleau, destiné à alimenter le cardage suivant. Le nombre des doublages entre chaque opération peut varier de 20 à 50, de la première à la seconde, de 50 à 100, de la seconde à la troisième, suivant la finesse du fil à obtenir.

Quel que soit d'ailleurs le système d'alimentation employé, il ne faut pas perdre de vue que l'âme de la filature est un bon cardage, que celui-ci n'est possible que par une série méthodique de doublages gradués et bien compris. Il ne faudrait pas cependant supposer que la perfection du travail est en raison du nombre de passages à la carde. Il y a au contraire une limite au-delà de laquelle, cette transformation peut altérer l'élasticité des fibres si particulièrement à ménager. Nous avions émis cette opinion depuis longtemps, dans notre *Essai sur l'industrie des matières textiles*. M. Jean de Laterrière est venu confirmer cette appréciation par des expériences pratiques consignées dans son *Manuel de la literie*.

Nous donnons le tableau de ces expériences avec les considérations qu'elles ont suggérées à leur auteur.

Essais sur le pouvoir élastique des laines à literie.

PROVENANCES.	1 k. Laines battues.			1 kilo. Battues et cardées UNE FOIS.			1 kilo. Battues et cardées CINQ FOIS.		
	COMPRIMÉES 24 heures sous 30 kil.	DÉVELOPPÉES durant 24 heures.	DIFFÉRENCES des volumes formant pouvoir élastique.	COMPRIMÉES 24 heures sous 30 kil.	DÉVELOPPÉES durant 24 heures.	DIFFÉRENCES des volumes formant pouvoir élastique.	COMPRIMÉES 24 heures sous 30 kil.	DÉVELOPPÉES durant 24 heures.	DIFFÉRENCES des volumes formant pouvoir élastique.
PAYS.									
Picardie	1920	2880	960	2080	3200	1120	2400	3480	1080
Ossau	1840	2800	960	2080	3160	1080	2200	3300	1100
Médoc	1900	2860	960	2400	3520	1120	2360	3390	1030
Balard (Landes)	1620	2560	940	1860	2920	1060	2120	3020	900
Bayonnaises	1600	2320	720	1680	2640	960	1700	2500	800
AFRIQUE.									
Constantine	2000	2880	880	2400	3520	1120	2400	3440	1040
Tunis	2080	3040	960	2400	3520	1120	2480	3560	1080
Tlemcen	1680	2400	720	1920	2960	1040	2080	3060	980
LEVANT.									
Galatz	1080	2040	960	1920	3040	1120	1840	2800	960
Perse	1600	2400	800	1800	2880	1080	1920	2720	800
Alep	1485	2110	625	1080	2040	960	1760	2550	790
Tarsous	1660	2460	800	1840	2800	960	2380	3100	720
Odessa	1440	2240	800	1680	2480	800	1680	2400	720

« On ne saurait nier qu'il y a loin de là à une épreuve de laboratoire, où tout est calculé, prévu avec une rigoureuse exactitude. Ce n'est même pas une solution industrielle, car malgré les soins persévérants et minutieux nécessaires à l'arrangement de chaque kilogramme de laine dans la boîte, pour avoir des couches de matières partout d'une égale épaisseur, afin que la compression, ou bien l'action de développement s'exerce également et avec une même force sur tous les points simultanément, certaines irrégularités ont dû se produire dans la disposition de ces couches de laines ; et nos épreuves demeurent sans doute encore imparfaites. Nous devons donc nous borner à considérer leurs résultats comme des témoignages, pourtant assez curieux, de la justesse de nos observations sur le mode de traitement que nous recommandons.

« Les chiffres ont leur langage, et l'examen de ceux qui précèdent n'est pas moins intéressant dans les détails que dans les résultats différentiels.

« On peut remarquer que les laines d'un même pays, de la France, par exemple, ne font pas, à poids égal, un volume égal. Ainsi un kilogramme de laine de Picardie fait un cube de 1920 centistères, tandis que les autres n'atteignent pas ce chiffre ; et pourtant les laines de Picardie ayant le brin plus fin que celles des autres provenances, il semblerait au contraire qu'elles devraient donner le plus petit volume au tassement. On peut donc conclure de ce résultat inverse, que tout en étant plus fines, elles sont en même temps plus fortes, puisqu'elles soutiennent leur charge avec plus de vigueur et moins d'affaissement ; ceci serait donc le corrolaire de ce que nous avons dit au sujet de la supériorité d'élasticité dans les laines ondulées par rapport aux laines droites.

« Dans les laines d'Afrique, le cube est supérieur au cube des laines de Picardie, que nous allons prendre comme point de comparaison. Cela prouve encore qu'également vigoureuses comme laines crépues et ondulées, elles sont néanmoins plus fortes, parce qu'elles ont leurs filaments plus *forts*, c'est-à-dire d'un diamètre plus gros que les filaments des laines précédentes. Cela est encore vrai ; nous l'avons précédemment expliqué.

« Enfin, dans les laines du Levant, le cube est moindre ; or, comme nous l'avons vu, les brins étant gros, plutôt que fins, l'abaissement du cube dénote encore plus la faiblesse de leur constitution.

« Abordons maintenant un autre genre de preuves : on voit, par le tableau ci-dessus, que les cubes produits par les laines cardées une fois sont tous supérieurs à ceux produits par la même matière battue seulement ; comme il n'y a pas plus de matières dans l'un que dans l'autre cas, on est forcément amené à considérer la laine cardée une fois comme étant plus vigoureuse qu'auparavant. Cela vient justifier les théories de M. Alcan, et donner raison à notre méthode de préparation, où nous regardons le battage comme opération de nettoyage, d'ouverture et de prédisposition des matières à une deuxième opération.

« Cette seconde opération consiste dans le cardage nécessaire pour mettre les brins entièrement en liberté, afin que par cette liberté leur force élastique puisse s'exercer avec tout le développement dont elle est susceptible.

« A propos de cette élasticité, on peut voir encore, par les produits différentiels de nos épreuves, combien le ressort des laines vives est supérieur à celui des laines mortes : il suffit de comparer pour cela les cubes formés par les laines des provenances levantines, avec ceux des laines de pays, ou de l'Afrique.

« Enfin, comme dernière, mais non moins intéressante observation, ce qui se passe dans les épreuves relatives au cinquième cardage des laines est grandement à remarquer.

« Le cube de la matière comprimée est plus fort qu'au premier cardage, et, par contre, le cube au développement y est aussi moins fort ; la différence entre les deux résultats de cette dernière épreuve dénote donc une grande perte de pouvoir élastique. Ces deux phénomènes trouvent facilement leur raison d'être dans la nature même du travail auquel la laine a été soumise. Il est évident que si une laine a été une première fois bien ouverte, complétement disposée selon sa nature, on ne peut impunément la donner aux cardes pour la faire ouvrir plus qu'elle n'est susceptible de l'être. Qu'arrive-t-il alors ? La brutalité des dents des cardes, opérant sur une matière délicate obligée de céder, la laine est forcément déchirée de plus en plus, et déchiquetée au fur et à mesure de chaque nouveau cardage. Or, qui dit déchirement, dit également perte de force, absence d'élasticité. En outre, les brins se réduisent en morceaux, et au bout d'un certain temps, la plus belle laine devient de la bourre de laine, formant du volume et voilà tout. »

§ 6. — Variation de la production des cardes.

Production. — La production de l'assortiment en rapport, en général, avec l'arasement des machines, n'est pas cependant toujours exactement proportionnelle à cet arasement; car les cardes de dimensions intermédiaires produisent relativement plus que les grandes, le rendement étant soumis dans la plupart des établissements à des oscillations qui dépendent de la saison, des numéros de fils le plus généralement en œuvre, de la nature des matières employées, de la quantité de teints mélangés, toujours plus difficiles à traiter.

Le relevé suivant, établi sur les chiffres d'un établissement dont les numéros varient entre le 9 métrique et le 18, selon les époques, en offre un exemple qui peut être considéré comme une moyenne pour les filatures de Normandie.

Production moyenne par assortiment de $1^m,10$ arasement, et par douze heures ; suivant les numéros.

Janvier........	45,500^k	Mai.........	64,000^k
Février........	46,500	Juin.........	51,000
Mars..........	51,000	Juillet.......	58,500
Avril..........	48,000	Août........	56,500
Septembre........	40,000^k		

ou en moyenne 51,000^k par assortiment et par jour.

Les productions moyennes ne peuvent d'ailleurs être atteintes qu'autant que les cardes seront parfaitement réglées, et entretenues avec soin, que les dents ou aiguilles conservent leur forme et énergie d'action, que les garnitures qu'elles constituent soient maintenues dans un état convenable d'entretien et de propreté. L'opération pratiquée dans ce dernier but se nomme *débourrage;* le garnissage préalable du fond des aiguilles par une couche ou un lit élastique pour faciliter le travail se nomme l'*embourrage*, et il est indispensable d'en parler.

Embourrage. — Il y a plusieurs recettes pour former la substance dont on se sert. Elle se compose en général de la bourre de tontisse, mélangée d'huile d'olive et d'huile de lin dans les proportions suivantes : 1 kilogramme de bourre et 1 kilogramme de liquide gras formé de 9/10 huile d'olive et 1/10 huile de lin. Cette substance est tassée à la main à coups de brosse dans le fond de la dent jusqu'au sommet du crochet, pour produire un lit élastique qui la soutient, pendant le travail, sans lui rien ôter de sa flexibilité. L'embourrage demande toutefois beaucoup de soin pour ne pas se gommer. L'on avait songé à le remplacer par un moyen mécanique ou, du moins, par un tissu de même épaisseur que le lit de bourre. Ce procédé, nouveau encore, ne semble pas répondre complétement aux exigences du travail, en ce qu'il laisse la dent trop isolée et ne peut être, comme l'embourrage à la main, raffermi à plusieurs reprises après le montage du ruban.

Aiguisage. — Chaque débourrage doit être suivi d'un aiguisage à l'émeri, afin de rendre à la denture le mordant que lui a fait perdre le travail. Cette opération se fait sur place pour le gros tambour et les peigneurs, et sur le tour à aiguiser pour les travailleurs, les nettoyeurs et les peignes. Les pointes d'aiguilles s'émoussent en effet comme les tranchants en général. Mais il est bien plus difficile d'entretenir des milliers de pointes, de façon à leur restituer à chacune leur faculté primitive que d'aiguiser tout autre outil. Comment, en effet, pratiquer cette opération sans émousser au moins un certain nombre de pointes ou sans faire de bavures? Les boutons, dont la présence est si fâcheuse dans la nappe cardée, sont souvent la conséquence de l'accrochage de filaments, pelotonnés aux pointes des aiguilles imparfaitement aiguisées. Pour diminuer le nombre des bavures, il est bon d'aiguiser souvent et peu à la fois. Nous donnons planche XIX, figure 1, la disposition la plus généralement usitée pour l'aiguisage tant des cardes à chapeaux pour le coton que des cardes à cylindres pour la laine. L'organe principal de la machine est un grand cylindre dont la circonférence est recouverte d'émeri. Ce tambour a un double mouvement, l'un circulaire continu autour de son axe, et l'autre de translation de va-et-vient dans le sens de cet arbre horizontal. Les cylindres à repasser, montés tangentiellement à la circonférence du tambour à émeri, ont une vitesse sensiblement moindre que celle de ce dernier.

Transmissions de mouvements de la machine à aiguiser. — Le tambour reçoit sa commande par une poulie placée sur une extrémité de son arbre; elle est transmise de là à un pignon calé sur l'autre extrémité du même axe. Ce pignon engrène avec la roue *b*, sur l'axe de laquelle se trouve monté, en tête de cheval, le pignon *c*, dont la rotation est transmise à la roue *g'*, portant une manivelle *f* et une bielle *g*, qui transmettent un mouvement de va-et-vient au balancier L autour de son articulation O, lorsqu'il s'agit d'aiguiser des chapeaux des cardes à coton. Pour l'aiguisage des cardes à laine, l'action se borne : 1° au mouvement de rotation continu du tambour à émeri donné directement d'après l'indication précédente; 2° au mouvement de translation du même tambour imprimé de la manière suivante : le pignon *e* (fig. 1) engrène avec la roue *d* (fig. 2). Celle-ci porte sur l'une de ses faces la rainure hélicoïdale *e* qui reçoit un disque *e'* placé sur le tambour à émeri T. Cette disposition nécessite 1° des collets d'arbres plus longs que les coussinets, et dont le prolongement doit être calculé sur celui même de la course déterminée par le pas de l'hélice; 2° un pignon moteur *a* (fig. 1) d'une largeur également mesurée sur le pas de l'hélice, afin d'assurer l'engrènement continu pendant la course.

Voici d'ailleurs les rapports des transmissions de mouvement : le pignon *a* porte 26 dents ; les roues *d* et *d'*, 90 ; *b*, 110; et *i*, 30.

Il existe plusieurs modèles de machines à aiguiser, ne différant entre elles que par la forme et la force de leurs divers éléments. Les points importants résident dans le bon état du tambour émerisé, dans son mouvement régulier et le réglage des distances entre les tangentes de sa circonférence et celles des garnitures à repasser. Le contre-maître de la carderie doit lui-même surveiller ce travail de l'aiguisage, tant il est important.

Depuis quelque temps, on a l'idée rationnelle et efficace de remplacer le tambour T à émeri par une molette d'un bien plus petit diamètre et d'un arasement de 1/5 seulement de celui de ce grand cylindre. Cette molette reçoit un double mouvement de rotation continu autour de son axe, et de translation alternative dans le sens du même axe. L'aiguisage a lieu par ce double mouvement tangentiel aux génératrices des cylindres à aiguiser, tournant eux-mêmes par un mouvement circulaire continué autour de leurs axes respectifs.

L'action successive de la molette à émeri donne une régularité de résultats, que ne peut produire au même degré la tangente cinq fois plus longue du tambour ordinaire. Pour donner à la molette son double mouvement, le moyeu a un appendice engagé dans une rainure ou filet d'une vis de l'arbre qui lui sert d'axe. Deux rainures semblables, à directions opposées, déterminent la translation alternative, de droite à gauche et *vice versa*, pendant sa rotation continue, obtenue par une courroie placée sur une poulie collée sur l'arbre de la même molette à émeri. Des garnitures de cardes bien aiguisées et bien entretenues peuvent durer moyennement trois ans.

§ 7. — Débourrage.

L'huile du graissage forme avec la poussière, les ordures et une portion des filaments de la laine soumis au cardage, une sorte de crasse ou *bourre* qui peu à peu s'accumule dans la denture et la rend impropre au travail. Le filateur ne doit jamais attendre que cette espèce de mastic filamenteux soit assez épais pour donner à la dent un aspect mat particulier et facilement reconnaissable, sous peine de se placer volontairement dans des conditions défavorables. Le débourrage, c'est-à-dire l'enlevage de la bourre, s'effectue à intervalles à peu près réguliers, généralement de deux en deux jours, à l'aide de cardes à main que l'on pose légèrement sur la denture en la prenant à dos pour la nettoyer, sans émousser les pointes et sans renverser les crochets. La fréquence de cette opération fatiguerait considérablement la denture et causerait un déchet énorme, si l'on n'avait eu soin d'embourrer le ruban de carde de tontisse lors de son montage.

De l'utilisation des débourrages et autres déchets. — Les déchets de la filature et de la laine grasse se présentent dans des conditions particulières, à cause de la matière lubréfiante qui en fait en quelque sorte une espèce de mastic composé de laine, d'huile, de poussière et autres corps étrangers. La proportion de chacune de ces substances varie dans la masse. On peut compter qu'il y entre une quantité de laine d'environ 4 pour 100 du poids mis en filature, et que celle-ci forme en moyenne 1/5 des déchets, c'est-à-dire que de 100 kilogrammes de débourrage on peut extraire 20 kilogrammes environ de laine, qui a perdu à peu près la moitié de sa valeur. Les 80 pour 100 restant sont ordinairement utilisés comme engrais ou comme combustible. Mais ces déchets ne sont pas les seuls : les autres transformations, le tissage, le foulage et les apprêts en font de diverses valeurs et quantités, qui ne sont pas compris dans les précédentes.

On a de tout temps cherché à tirer le parti le plus avantageux de ces résidus. Chaptal, qui s'est beaucoup occupé de l'industrie des lainages, en a fait faire du savon chez un fabricant de draps de Lodève, M. Michel Fabréguettes. Le procédé consistait, d'après les indications de Chaptal à l'Académie des sciences, à laver les déchets pour en retirer la laine, et à faire dissoudre celle-ci dans de la soude caustique bouillante[1]. Mais le savon qui en résultait laissait à désirer sous le rapport de la pureté et de l'émanation ; l'odeur animale désagréable qui s'en dégageait pouvait disparaître, il est vrai, à l'action de l'eau et de l'air, d'après les expériences de l'auteur ; mais il restait l'inconvénient d'un savon qui, au lieu de purifier le tissu au dégraissage et au foulage, pouvait le salir. On utilise parfois les résidus en les distillant pour en faire du gaz pour l'éclairage.

Quoi qu'il en soit, ce mode d'utilisation des déchets ne paraît pas avoir eu de suite sérieuse ; la difficulté provenait surtout des moyens d'épurer la laine provenant de cette source ; on le comprendra, en présence de la composition de ces résidus. M. Houzeau, professeur de chimie à Rouen, a trouvé que les 30 pour 100 de matières étrangères à la laine ont la composition suivante :

Sur 100 parties en poids :

Eau	9k,15
Matières grasses	32 ,60
Substances organiques azotées et non azotées	43 ,05
A reporter	84k,80

[1] Tome I, p. 93, des *Mémoires de l'Institut national des sciences et arts pour l'an IV*.

Report........	84^k,80
Phosphate de magnésie........................	traces.
Sulfate de chaux...........................	0 ,80
Carbonate de chaux.........................	1 ,46
Chlorures alcalins..........................	0 ,08
Oxyde de fer.............................	2 ,20
Silice, sable et perte........................	10 ,66
	100^k,00

Azote pour 100, 3, 12.

L'habile chimiste ajoute des observations trop intéressantes pour ne pas être reproduites :

« Deux résultats principaux sont mis en évidence par cette composition : la grande richesse du produit en matière grasse et sa teneur en azote. On doit espérer, en effet, que le premier point fixera un jour l'attention des chimistes et des industriels, et que ces poussières de débourrages et les débourrages eux-mêmes, qui sont non moins riches en corps gras, pourront servir à l'extraction de l'huile qu'ils recèlent, et dont la quantité est égale et même supérieure à celle que contiennent certaines graines oléagineuses, qui sont l'objet d'une exploitation considérable. Ces matières grasses pourront être converties en savons ou servir de nouveau, après une épuration convenable, à l'ensimage des laines.

« Dans l'état actuel des choses, ces déchets de débourrages, par suite de leur nature azotée, pourraient être utilisés avec avantage par l'agriculture, soit directement dans leur forme normale ou mélangés au fumier, au phosphate de chaux, au guano Balker ; soit indirectement, en servant de matière première dans la fabrication des engrais industriels. La production de ces poussières fertilisantes n'est pas d'ailleurs seulement restreinte à la fabrication elbeuvienne : Lisieux, Louviers, Sedan en fournissent également des quantités importantes. Seulement, à Elbeuf, l'industrie drapière produit annuellement environ 750,000 kilogrammes de débourrages, d'où l'on retire d'une part 20 pour 100 de laine autrefois perdue, et employée aujourd'hui à la fabrication des draps communs, et d'autre part 40 pour 100 de poussière de laine, représentant conséquemment un total d'engrais annuel de 300,000 kilogrammes. En admettant, d'après mon analyse, que la teneur de cet engrais en azote soit en moyenne de 3 pour 100, on voit que l'agriculture trouverait dans ces déchets une nouvelle ressource de 9,000 kilogrammes d'azote, qui, de nos jours, est en grande partie dissipée sous forme de fumée et de suie.

« Ces 9,000 kilogrammes d'azote représentent d'ailleurs, d'après M. Boussingault, 1,500,000 kilogrammes de fumier de ferme normal, qui peuvent produire plus de 280 hectolitres de blé.

« D'après le prix courant du kilogramme d'azote, qui est de 1 fr. 70 c., ces poussières de débourrages, une fois rendues sur le marché comme engrais, doivent être estimées à une valeur de 15,300 francs, ce qui les remet à 5 centimes le kilogrammes. Mais on conçoit que, si, au lieu de les livrer telles qu'elles sont, on les débarrassait économiquement de la matière grasse qu'elles contiennent, leur richesse agricole ne serait pas amoindrie, et, de plus, l'industrie pourrait bénéficier d'un rendement annuel de près de 100,000 kilogrammes d'huile. »

Ces observations, les recherches de Chaptal et l'expérience journalière démontrent que la grande difficulté, et nous démontrerons tout à l'heure que le danger des combustions spontanées résultant de ces déchets, proviennent de la nature de la matière grasse employée au graissage. Lorsque les bouts et les bourres de la laine sont imprégnés d'huiles végétales, on ne peut les en extraire que par une action mécanique longue et coûteuse, en les mélangeant et en les agitant avec une terre argileuse, pour leur enlever, par une espèce d'absorption, la substance grasse végétale étant insoluble dans les alcalis. L'opération ne peut alors se pratiquer avec avantage qu'en grand. De là la nécessité de la laisser s'accumuler, dans des conditions où elle n'est pas toujours soustraite à l'action de l'humidité; ces résidus sont donc souvent entassés et mouillés de manière à provoquer la fermentation et l'échauffement, à une température assez élevée pour déterminer une combustion spontanée, cause de la plupart des incendies si fréquents des établissements où ces matières séjournent; de plus, la difficulté d'en tirer parti directement nécessite leur vente au dehors, et de là l'origine d'une autre plaie pour l'industrie : la vente des laines soustraites frauduleusement comme si elles avaient la même origine que les déchets. Ce préjudice pour le fabricant et cette cause de démoralisation ne sont malheureusement pas une hypothèse; ils avaient atteint des proportions telles, qu'il a fallu songer à un remède trouvé en partie seulement dans la formation de sociétés spéciales, qui ont chacune leur siége dans les principaux centres manufacturiers, et auxquelles les fabricants prennent l'engagement de vendre leurs déchets à un prix déterminé, à condition qu'une part des bénéfices nets résultant de l'exploitation soit versée à la caisse des établissements de bienfaisance. La garantie réside alors dans le contrôle par les acheteurs de l'origine des matières vendues. Le principe de ces institutions se comprend sans plus de détails. Cependant, cette organisation n'est qu'un palliatif contre les abus et les fraudes, et elle est loin d'ailleurs de donner satisfaction à l'intérêt légitime du fabricant, qui ne retire pas de ses déchets leur valeur intrinsèque. Or, les inconvénients qui viennent d'être énumérés disparaîtraient par l'emploi de l'acide oléique, dont nous avons déjà fait ressortir les avantages techniques à l'ensimage des laines. Ce corps n'absorbant pas l'oxygène de l'air, n'est pas siccatif et ne fermente pas, même lorsque les déchets sont entassés humides pendant des années, ainsi que cela résulte de nos expériences pratiques les plus concluantes. D'ailleurs, il suffirait de ramasser tous les soirs les débourrages et résidus de la journée, de les immerger le soir même dans une dissolution de carbonate de soude, pour qu'un simple lavage à l'eau suffise ensuite pour obtenir, d'une part, les filaments de laine parfaitement intacts, et, de l'autre, un composé savonneux plus ou moins utilisable, soit à l'état brut, soit après l'avoir épuré par des lavages.

De cette manière les déchets laineux sont directement régénérés presque sans frais, et peuvent être utilisés de nouveau en réalisant leur valeur réelle.

L'origine de la combustion spontanée et des sinistres disparaissant, le taux de l'assurance des établissements qui sont exposés à ces désastres peut être équitablement réduit, le mode actuel de la vente des déchets n'a plus de raison d'être, et ne vient plus abriter la fraude et le vol. Nous savons que bien des industriels familiarisés avec l'emploi de l'acide oléique épuré pour le graissage, ont été frappés de ce côté de la question, et qu'ils font leur profit de ces avantages. Mais beaucoup n'en sont pas là, nous sommes par conséquent d'autant plus autorisé à revenir sur ce sujet, que quoique nous soyons l'auteur du procédé de graissage à l'acide oléique et des conséquences de son emploi, son usage n'en est pas moins libre, le procédé étant dans le domaine public.

Dégraissage des débourrages par le sulfure de carbone. — On a essayé de régénérer la laine contenue dans les débourrages, en les traitant par le sulfure de carbone. L'un des premiers appareils pratiques qui ait fonctionné dans ce but avait été imaginé par M. Chaudet, et a fonctionné pendant plusieurs années à Elbeuf; il était appliqué au traitement des déchets quelle qu'en fût d'ailleurs l'origine.

Des digesteurs complétement clos recevaient les résidus gras à traiter, dans lesquels arrivait un courant de sulfure de carbone chauffé à 49 degrés, qui, après avoir entraîné la matière grasse, retournait à un réservoir spécial. L'appareil construit de façon à ne laisser échapper aucune partie gazeuse ni fuite de vapeur si subtile et si malsaine de sulfure de carbone, recueillait l'huile entraînée à l'état de mélange et permettait de faire servir de nouveau le sulfure par la distillation. Il en résultait la laine débarrassée du corps gras, d'une part, et de l'huile plus ou moins pure, de l'autre. Les proportions de ces produits étaient à peu près les suivantes sur 100 parties de débourrages achetées dans les meilleures conditions :

Laine	30
Matière grasse	40
Poussier gras propre à faire de l'engrais	30

L'établissement spécial qui s'occupait sur une grande échelle, de cette exploitation, et qui était monté pour opérer sur une quantité de 500 à 1000 tonneaux de déchets bruts, a été deux fois détruit par le feu, à la suite d'accidents résultant de l'inflammation du corps volatil, si susceptible sous ce rapport. La laine provenant de ces traitements laissait également à désirer, disait-on, par sa nuance et surtout sa souplesse. Aussi la première usine dont nous venons de parler a-t-elle disparu, les uns disent par suite des causes que nous venons d'indiquer, qui ne laissaient pas toute sa valeur à la laine ; d'autres donnent à la cessation de cette industrie des motifs qui n'ont rien de technique; nous n'avons par conséquent point à en parler. Quoi qu'il en soit, le problème était assez important pour ne pas être abandonné pratiquement. Il fut repris par M. Moison, de Mouy (Oise). Il imagina un appareil plus complet et plus parfait, pour traiter aussi bien les laines marquées par la poix sur les toisons, si altérées par cette pratique, que c'est à peine si les parties portant ces marques se vendent de 15 à 20 centimes le kilogramme. Ces laines, ainsi que les débourrages, se trouvent complétement régénérées sans altération, dit-on, par le procédé Moison, et séparées de la matière grasse, chacun de ces deux produits se trouve séparé. Voici la manière de procéder.

Avant d'opérer, les déchets sont triés par couleurs et placés par lots de 150 kilogrammes environ, dans une cuve cylindrique en fonte entourée d'une enveloppe en tôle et munie d'un double fond, le premier plein, laissant passer un tuyau pour le sulfure de carbone, et le second percé de trous. La laine placée sur cette espèce de crible ou tamis, est pressée par un couvercle à tige filtrée passant dans une boîte à étoupe. La fermeture de ce couvercle est faite avec le plus grand soin, au moyen d'une rondelle en plomb moulée sur le rebord à l'aide du serrage, de telle façon que la communication de l'air extérieur soit impossible. Un jet de sulfure de carbone, puisé par une pompe dans une bâche hermétiquement fermée qui le contient, est amené par le tuyau de bas en haut dans le double fond dont il vient d'être question, et traverse la laine; le liquide dégraisseur chargé de la matière grasse entraînée par son passage dans la laine, vient se rendre dans un alambic, chauffé à la vapeur par un serpentin, qui sépare le sulfure de la matière grasse par l'évaporation; les vapeurs sont condensées d'une part par le refroidissement du vase où elles se rendent, pendant que les corps gras restent au fond de l'alambic. Le sulfure ainsi liquéfié sert de nouveau à la lixiviation de la laine. Afin de purger complétement les filaments de toute trace de vapeur de sulfure de carbone et pour éviter son durcissement, les causes d'incendie résultant du dégagement de ces vapeurs si inflammables et si nuisibles aux ouvriers, on finit l'opération par l'injection d'un courant d'air chaud dans la masse, pour entraîner et vaporiser les traces du gaz qu'elle pourrait encore contenir. C'est là surtout le perfectionnement le plus rationnel de l'appareil de M. Moison. Cette épuration de la laine par un courant d'air chaud forcé substitué aux lavages à l'eau, remédie, dit-on, au durcissement des fibres et à la teinte jaunâtre que prenaient les laines blanches résultant du premier mode d'exploitation.

Les divers appareils imaginés sur le même principe et basés sur l'emploi du sulfure de carbone sont surtout remarquables et intéressants par des dispositions de détail permettant d'éviter les fuites et, par conséquent, les inconvénients économiques, hygiéniques et le danger d'incendie qui en résultent. Cette partie du problème nous paraît résolue autant que possible. Mais jusqu'à quel point est-on parvenu à éviter l'influence, l'action même passagère du sulfure pouvant agir plus ou moins par l'un des corps qui le compose (le soufre) sur la laine? Le temps et l'expérience l'indiqueront.

CHAPITRE VII.

FILAGE.

Les mèches, telles qu'elles sont produites soit par la carde, soit par un filage en gros, étant données, continuer leur étirage en leur imprimant une torsion simultanée, de façon à les amener à la longueur et à la solidité voulues, tel est le but fondamental du filage. Enrouler ou renvider les fils, à mesure qu'ils se produisent, chacun sur un cylindre ou sur un cône de révolution, constitue une fonction accessoire et cependant importante, du travail, et par conséquent du métier à filer.

Lorsque le fil ne dépasse pas une certaine finesse, des n°s 25 à 28 métriques, par exemple, il peut être transformé directement et en une fois à la sortie de la dernière carde. Dans ce cas, le boudin fourni par cette dernière a au moins la moitié et fort souvent les deux tiers de la longueur du fil fini, c'est-à-dire que l'étirage au métier à filer variera de un tiers à la moitié de sa longueur. Lorsque les numéros sont assez élevés pour nécessiter une préparation au métier à filer, dit filage en gros, quoique ce ne soit pas un filage, puisqu'on tord le moins possible, et que cette première torsion doit disparaître, les étirages sont répartis entre le cardage, le filage en gros et le filage en fin, si, par exemple, il s'agit de produire du fil n° 28. Le boudin à la sortie de la carde sera du numéro 4. On l'étirera sur le métier en gros de 3,5. Son titre à la sortie sera, par conséquent, $3,5 \times 4 = 14$, et un étirage de deux suffira pour arriver à la finesse voulue, puisque $2 \times 14 = 28$.

Mais, que le filage soit direct ou progressif, en gros ou en fin, les métiers ne varient pas dans leurs principes ; nous ne faisons, par conséquent, que des distinctions de systèmes dans la description suivante de ces machines.

§ 1. — Métiers à filer.

Deux systèmes de métiers se partagent, dans des proportions inégales, la production des fils en général, et des fils de la laine en particulier. Ces métiers sont connus sous les noms de *métier continu* et de *Mule-Jenny*. Ce dernier est le plus généralement en usage, quoique l'emploi du premier soit plus ancien. Le continu est caractérisé par la simultanéité des trois fonctions fondamentales : de l'*étirage*, de la *torsion* et de l'*envidage*. Dans le mule-Jenny, l'envidage n'a lieu que lorsqu'une certaine longueur de fils ou aiguillées est produite, quel que soit d'ailleurs leur nombre. Il résulte de cette différence essentielle dans le fonctionnement des organes, des changements de forme et de dispositions qui nécessitent une plus grande dépense de force motrice pour le continu que pour le mule-Jenny. Nous parlons surtout ici du demi *self-acting*, car la dépense de force s'égalise en quelque sorte lorsque le mule est entièrement automatisé. Étant entré dans les considérations de principes des deux systèmes dans le traité de la filature du coton, nous n'aborderons ici que ce qui concerne les deux métiers à laine.

§ 2. — Mule-Jenny.

Le boudin de la carde est, comme nous l'avons annoncé précédemment, filé en une fois sur le mule-Jenny ou filé successivement en gros et en fin sur deux mule-Jenny de construction identique, lorsque le numéro à produire nécessite un étirage trop grand pour être obtenu en une seule opération. Dans ce dernier cas, on agit sur le métier en gros, comme si le produit devait être un fil définitif, c'est-à-dire qu'on lui imprime une torsion aussi faible que possible, puis on le porte sur le métier, où il doit être filé en fin ou *surfilé*. La préparation du métier en gros, qui porte encore le nom de boudin, reçoit sur ce second métier une nouvelle torsion, mais en sens contraire de la première et beaucoup plus forte, de sorte que l'étirage s'effectue à l'instant où la détorsion momentanée, résultant des *tors* en sens contraire, permet le glissement des filaments les uns sur les autres; la torsion qui rassemble les fibres immédiatement après, les empêche de céder et leur donne la résistance définitive. Quoique par sa forme il n'y ait pas de différence sensible entre le mule-Jenny pour la laine et pour le coton, il reçoit néanmoins une modification essentielle dans les organes chargés de l'étirage. Dans le métier à coton, c'est par une vitesse différentielle d'un certain nombre de paires de cylindres que se fait principalement l'étirage. Pour la laine, il n'existe qu'une paire de cylindres, remplissant les fonctions d'une pince chargée de fournir le ruban au chariot dont l'accélération de vitesse produit l'allongement du fil. Cette première période du travail, pendant laquelle le ruban arrive et est simultanément étiré par l'éloignement du chariot et tordu par le mouvement de ses broches, comprend le temps de la livraison qui, de fait, est consacré à la confection du fil. Le mouvement suivant de retour du chariot vers le bâti du cylindre ou *têtière* est employé à envider les fils autour des broches pour former les canettes. La description suivante donne en détail l'accomplissement de ces diverses fonctions.

Les figures 1 et 2, planche XX et figure 1, planche XXI, donnent les détails du mule-Jenny avec les perfectionnements apportés par la maison Mercier, de Louviers, qui a cherché à en atténuer les défauts, tout en lui conservant ses propriétés particulières d'élasticité et de mouvement modéré et doux qui lui ont valu son nom, et qui en rendent le remplacement si difficile. La figure 1, planche XX, est un plan horizontal vu pardessus d'une partie du métier avec les commandes principales. La figure 2 est une élévation du même métier; et la figure 1, planche XXI, donne le chariot de la machine sur une plus grande échelle. Le métier se compose essentiellement 1° de deux bâtis fixes en fonte Y, Y′, qui portent, le premier la tête de commande et les cylindres de livraison, le second, l'arbre qui règle la vitesse des broches; 2° d'un chariot portebroches U, mobile sur des rails en fer.

Livraison. — La poulie B, placée sur le même arbre que les poulies de travail A, A′ (pl. XX, fig. 1 et 2), commande les poulies I, I′ par une courroie. La poulie I est fixe et transmet le mouvement par son arbre aux pignons J, K, L aux cylindres de livraison; la poulie I′ est folle. La courroie est conduite sur la poulie fixe ou sur la poulie folle par la fourchette R calée sur l'axe à pivot du levier S. Ce levier soutient à sa partie inférieure un galet contre lequel vient s'appuyer le plan incliné T fixé au chariot, lorsque celui-ci est ramené par le fileur sous les cylindres de livraison. Le levier S obéissant à cette pression, entraîne le guide-bande R sur I. Les deux leviers Q, Q′ tombent aussitôt pour enclancher l'équerre SS et maintiennent ainsi la fourchette R vis-à-vis la poulie fixe. Le mouvement des cylindres de livraison et de la roue S du compteur P, en relation avec ces cylindres par les pignons M, N, O, s'ensuit. P vient, en tournant, soulever, au moyen d'un bouton P′ rivé sur l'une de ses faces, la première clanche Q′. L'équerre S sollicitée par le ressort S′, recule et s'appuie contre l'arrêt de la seconde clanche Q, entraînant le guide R qui dégrène la courroie de moitié; bientôt après, le bouton P″ fixé sur l'autre face du compteur, soulève la clanche Q; S′ entraîne la bande sur la poulie folle, et la livraison cesse. Afin de rendre l'arrêt plus instantané, S′ agit dans son mouvement de débrayage sur le frein O″ monté sur l'axe du cylindre de livraison inférieur. Les pignons M, N sont établis de façon à ce que chaque dent de N représente un centimètre de *jetée;* c'est-à-dire qu'avec un pignon N de cinquante dents, les cylindres livrent un mètre; avec un pignon N′ de soixante, la jetée est de 1^{m},20, et ainsi de suite.

Etirage. — Le boudin est entraîné à la sortie des cannelés et allongé par le chariot U (pl. XX, fig. 1 et 2) — et en détail (pl. XXI, fig. 1) — qui règle lui-même et ralentit progressivement sa vitesse. Ce chariot porte, à cet effet, à l'extrémité du cylindre H un pignon A″ qui, par l'intermédiaire de la roue B″ et de la poulie C″, commande une autre poulie D″ clavetée sur le même arbre que le pignon E″. E″ engrène avec F″, lorsque le métier est mis en marche, et transmet le mouvement à l'escargot G″. Celui-ci reçoit dans ses gorges en spirale deux cordes enroulées en sens contraire qui se réunissent dans la même gorge. Lorsque le chariot est au début de sa course, les deux cordes sont dans le plus grand diamètre de la spirale, et passent successivement sur un diamètre de plus en plus petit. L'étirage se fait donc plus lentement à mesure qu'il devient plus difficile : le fil en est d'autant plus régulier, et le mouvement du chariot se trouve réglé automatiquement, au lieu d'être soumis à l'influence irrégulière de la main du fileur : c'est une fatigue en moins pour l'ouvrier et une chance de bonne façon en plus pour le travail, le chariot marchant toujours avec la même progression, quelles que soient les variations du moteur. Ce ralentissement du chariot peut, d'ailleurs, être modifié suivant les exigences des laines, en changeant le pignon E''.

Torsion. — La torsion doit compléter la confection du fil en assemblant les filaments étirés ; elle est réglée par une commande spéciale : les poulies *c*, *c'*, *c''* (pl. XX, fig. 1), au nombre de trois, dont deux *c*, *c''* fixes et l'autre folle, placées comme la poulie B sur l'arbre de travail, commandent au moyen de courroies les poulies F, F' de diamètre différent. Sur l'arbre de FF' se trouve une troisième poulie E' qui transmet aux broches, par l'intermédiaire du cylindre en fer-blanc H, un mouvement variable suivant la période du travail. Pendant l'étirage, la courroie de F' est sur la poulie fixe *c''* et la courroie de F sur la poulie folle *c'*, afin de donner moins de vitesse aux broches ; mais dès que le chariot est arrivé au bout de sa course et demeure stationnaire pour laisser au fil le temps de prendre toute sa torsion, la courroie de F glisse sur la poulie fixe *c* et la courroie de F' vient à son tour sur *c'*. Il en résulte une accélération des broches, destinée à abréger le temps de la torsion supplémentaire, alors que la mèche, amenée à un degré de finesse suffisante, n'a plus d'effort de tension à supporter.

Ainsi, au moment où le chariot est amené sous les cylindres de livraison, le balancier y fait engrener la courroie de commande sur la poulie fixe de H avec la vitesse transmise par F, et amène en contact la roue d'un compteur V et la vis sans fin *z*, commandée par le cylindre H. Le chariot arrivé au terme de sa course, la vitesse des broches augmente, comme nous l'avons vu, par le changement de commande, puisque F' se trouve remplacé par F; mais le compteur V, continuant à tourner, rencontre avec son bouton *x* la bascule X, qui détermine le déclanchement du compteur et le débrayage de la courroie de commande. Celle-ci passe sur la poulie folle de H, et les broches s'arrêtent. Les divisions du compteur V sont calculées de façon à ce que chaque trou ou point représente vingt-cinq tours de broche. Connaissant la longueur de l'aiguillée, il est facile de déterminer sur le compteur le nombre de points nécessaire à une torsion quelconque.

Envidage. — Lorsque les broches s'arrêtent, le fil est achevé; le fileur abaisse ou *dépointe*, au moyen de la baguette c''', les fils que soutient alors la contre-baguette *b*, et, poussant du genou le chariot, pour le ramener sous le cylindre de livraison, il envide le fil sur les broches qu'il commande à la main à l'aide de la manivelle *d* et des pignons *e*, *f*. Cet envidage s'effectue en sens contraire de la torsion, afin de ne pas la modifier. Le chariot ramené à son point de départ, le galet *s* engrène l'appareil de livraison, le galet *y* la commande des broches, et une seconde aiguillée se développe.

Le métier de la planche XX est disposé pour filer en gros et en fin. Dans le premier cas, le boudin de la carde est porté sur des rouleaux ou des ensouples horizontales recevant un mouvement tel, que leur développement soit égal à celui de la livraison du métier, pour qu'il n'y ait pas de traction sensible sur les fils en gros qui se rendent aux broches qui les doivent transformer en *canettes* ou *épeules*. Celles-ci enlevées sont immédiatement *embrochées* sur les axes ou aiguilles verticales *rs*, *r's'*, pour subir le filage en fin. Elles reçoivent alors une certaine inclinaison, pour faciliter le déroulement des gros fils appelés par l'organe fournisseur de la têtière.

§ 3. — Considérations sur l'envidage et la forme de la canette.

Le mode d'enroulement du fil a une grande importance. Il consiste à placer directement sur la broche, en lui faisant pousser sa forme, soit un tube conique en papier, soit un tube un peu modifié dans sa figure géométrique sur un premier moule en bois, en fer-blanc, etc., dit *buzette*, pour servir de support au tube en papier sur lequel le fil vient s'enrouler. Dans les deux cas, lorsque ce tube est suffisamment recouvert de fil, il est enlevé, et, s'il a été bien fait, la canette de fil ou épeule qui en résulte doit pouvoir être placée directement dans la navette de tisserand et se dérouler avec une égale tension dans ses allées et venues, pendant le tissage, sans rupture, sans changement de forme, sans éboulement et, par conséquent, sans occasionner de déchet sensible. Si, au contraire, la canette n'est pas assez parfaite, si ses couches ne forment pas un volume parfaitement développable, si elles ne sont pas assez serrées et n'adhèrent pas assez, il devient indispensable de procéder à un dévidage pour obtenir plus sûrement des canettes remplissant les conditions qui viennent d'être indiquées. Or, cette transformation nécessite une dépense de main-d'œuvre, cause des retards et occasionne toujours un déchet; aussi est-on parvenu, dans la plupart des industries textiles, à éviter ce dévidage intermédiaire, toutes les fois que les fils doivent servir à former la trame.

Chose étrange, ce n'est que pour la laine cardée que cette opération du dévidage a lieu parfois encore, et cependant le caractère duveteux des fils de cette nature, est un élément qui facilite l'adhérence des couches et contribue à la solidité de la canette. Il suffit donc de la produire dans de bonnes conditions, pour supprimer le dévidage et ses fâcheuses conséquences. C'est à l'envidage sur les broches du métier à filer que cette fonction incombe. Le fil doit être enroulé en couches successivement superposées, d'une façon telle, qu'elles se soutiennent mutuellement, et que le déroulage s'en fasse régulièrement de la première à la dernière assise. La forme la plus convenable à cet effet consiste dans des spires uniformément juxtaposées et susceptibles de se développer sans résistance; mais pour empêcher le glissement latéral des spires superposées et donner de l'adhérence aux couches successives, il faut que ces spires soient serrées; cette condition se réalise surtout pour des cônes à angle ouvert. Dans un cône à angle trop aigu, les spires s'espacent davantage, parce que le fil glisse sur la génératrice du cône; d'un autre côté, ce cône doit avoir une certaine hauteur ou longueur de génératrice; car s'il était trop court, c'est-à-dire si le cône n'était pas allongé par rapport à son angle d'ouverture, les diamètres des cercles successifs du cône décroîtraient trop rapidement, et, par suite, en approchant du sommet, le glissement du fil dans le sens des génératrices se produirait trop sensiblement. Il y a donc, comme on le voit, des rapports précis à observer entre la hauteur et la grosseur des canettes, pour arriver à les constituer dans les conditions voulues. Il est évident que, théoriquement, ces rapports doivent varier avec la nature des matières et la finesse des fils; ils sont, en général, déterminés dans chaque cas par des essais pratiques. Pour les fils fins et lisses, tels que les fils peignés, où les canettes sont peu volumineuses, où la différence entre la base et le sommet de la canette change peu et pour lesquels les fils pourraient s'ébouler, on a imaginé de coiffer la broche trop effilée du métier d'une *buzette* ou cône en bois ou en toute autre substance, et de placer sur cette dernière le tube conique en papier, sur lequel le fil doit s'enrouler pour être enlevé. On donne alors à la buzette la forme conique la plus convenable pour que le rapport entre les diamètres de la base et du sommet soit suffisant pour s'opposer à l'éboulement pendant son dévidage brusque au tissage, et surtout au tissage automatique.

Dans le renvidage à la main, c'est à l'ouvrier à bien pratiquer le dépointage, pour commencer la formation de chaque couche et maintenir les fils régulièrement tendus sur les broches en mouvement. Dans le travail en gros, où la course du chariot est à peu près double de celle du métier en fin, et où l'aiguillée est plus longue pour diminuer le pas des hélices et obtenir une canette convenable, l'envidage a lieu de haut en bas et de bas en haut ; chaque longueur du chariot fait par conséquent une double course. Dans le filage en fin, au contraire, l'envidage se fait seulement de la base au sommet du cône ; avant de le commencer, tous les fils sont abaissés jusqu'au bas ou plus grand cercle du cône.

Quoique l'envidage ne soit qu'une opération accessoire et complémentaire du filage, il acquiert une importance tant par les conséquences qui en résultent, que par la délicatesse des conditions précises à remplir. Effectué à la main, il exige des fileurs habiles, et mécaniquement il faut une grande précision dans les organes qui en sont chargés.

Régularisation de la marche du chariot. — Le mouvement progressif du chariot par les poulies en spirales ou escargots, a été un grand progrès, duquel la filature de la laine cardée est redevable à M. Mercier père, si nous ne nous trompons. M. Mercier fils a constamment perfectionné cette partie de la commande ; et cependant on lui reproche encore des variations plus ou moins sensibles en raison de celles des longueurs des cordes, qui peuvent résulter du changement d'état de l'atmosphère. Nous avons indiqué, dans le traité de la filature du coton, certaines dispositions proposées pour éviter cet inconvénient dans les métiers employés dans cette industrie. Nous allons donner un mécanisme spécialement destiné aux filatures de laine.

Régulateur Ernault, Bayard et fils. — La planche XXII donne les dispositions relatives au mécanisme spécial dont il vient d'être question. La figure 1 est une vue horizontale ; la figure 2, une élévation transversale, et la figure 3 une élévation longitudinale du mécanisme, composé de leviers métalliques articulés. Sur le prolongement de l'arbre de la manivelle M' du métier, est calée une poulie C (fig. 1), qui commande une poulie plus petite C', fixée sur l'arbre D. Le même arbre porte un pignon I, qui engrène avec la roue I'. L'arbre de I', maintenu à l'une de ses extrémités par une contre-pointe J (fig. 2) chargée d'un poids *p* suffisant pour empêcher le recul de cet arbre, porte à l'extrémité opposée un plateau métallique A. Ce disque presse contre la poulie en cuir B. Celle-ci reçoit donc son mouvement de rotation par l'intermédiaire de A. Sa vitesse est variable avec le point de contact entre A et B ; car B, grâce à une rainure ménagée sur l'arbre vertical O, peut être approché ou éloigné du centre du plateau, comme il sera dit plus loin.

En embrayant le métier, l'arbre O transmet le mouvement qui lui est imprimé, à l'arbre horizontal L (fig. 1 et 3), à l'aide des roues d'angle V, V', et commande à son tour l'arbre Y, par l'intermédiaire des pignons d'angle R', R'', et les roues droites H, H', l'arbre Y', sur lequel est calé le petit tambour S. Sur ce tambour se réunissent les extrémités de la corde qui commande le chariot. Celui-ci porte une poulie à gorge G, indiquée dans la figure 3, sur laquelle repose un levier M Q, fixé au bâti par son extrémité X', et articulé en P, de façon à former un angle X' P Q variable à volonté. Le chariot, en s'éloignant du métier, soulève, au moyen de G, le levier M Q et, par suite, la poulie B ; car celle-ci porte sur sa douille une rainure assez profonde où s'engage l'extrémité libre du levier K, relié, comme on le voit sur la figure 3, au levier M Q. Il s'ensuit une marche progressivement ralentie, marche variable d'ailleurs, puisque l'on peut relever ou abaisser le levier Q, variable aussi par le changement des pignons H, H'.

Lorsque le chariot arrive au bout de sa course, la roue R', montée à manchon d'embrayage, est dégrenée, et l'envidage s'effectue à la main, comme à l'ordinaire.

§ 4. — Métier mule-jenny self-acting.

Pour les laines comme pour le coton, on a cherché à rendre tous les mouvements du mule-jenny indépendants de la main de l'ouvrier, de façon à ce que le fileur n'ait qu'à surveiller le travail exécuté par le moteur, et à rattacher les fils cassés. Bien que l'opération du filage soit identique, en principe, pour toutes espèces de matières, les conditions pratiques en sont modifiées par le degré de résistance et d'homogénéité de la substance à transformer. Aussi la laine cardée, privée d'étirages préliminaires et transmise directement des cardes aux métiers à filer, où le chariot seul produit l'étirage, exige-t-elle un self-acting modifié, qui puisse réaliser les diverses conditions de la main, décrites en exposant le métier ordinaire. MM. Stehelin de Thann et Richard Hartmann de Chemnitz construisent un self-acting, système Parr Curtis, approprié à la laine cardée[1], par M. Richard Hartmann.

Le métier de ces constructeurs se distingue par les points suivants :

1° Les vitesses imprimées aux broches varient en raison des besoins du travail, pendant une évolution ou course du chariot ;

[1] Nous nous sommes attaché ici à étudier les points spéciaux au filage de la laine cardée, le métier Parr Curtis ayant été l'objet d'une description détaillée dans notre *Traité de la filature du coton*.

2° La marche du chariot est réglée par une transmission indépendante de la commande des broches;

3° Le chariot reçoit un mouvement spécial de retour qui permet l'application de la torsion supplémentaire.

Les mécanismes qui réalisent ces perfectionnements, présentant des complications inhérentes à la simultanéité et à la succession des mouvements, nous les analysons en quelques mots avant de passer à leur description détaillée. La vitesse variable des broches comprend trois périodes : au départ du chariot et pendant toute la durée de la livraison, le nombre des révolutions, n'ayant pour effet que de soutenir le boudin, est assez lent ; puis aussitôt après la livraison et au commencement de l'étirage, le mouvement des broches est accéléré pendant un temps plus ou moins long, à volonté et en raison de la matière en œuvre ; enfin, lorsque le chariot est arrivé à l'extrémité de sa course, la vitesse des broches reçoit une nouvelle accélération pour imprimer la torsion dite supplémentaire. C'est pendant la durée de cette torsion que le chariot doit revenir vers le métier, d'une longueur variable avec le genre de fils produits, pour prévenir leur rupture. Le dépointage a lieu ensuite et le chariot rentre, comme à l'ordinaire. Aux modifications que nous venons de signaler s'ajoutent les éléments du mule-jenny à la main, décrit précédemment : ils se relient naturellement au self-acting dont nous allons examiner les détails spéciaux seulement. La figure 1, planche XXIII, est un plan, vu par-dessus, du métier. La figure 2 donne une vue du bout de la têtière. Les figures 3, 4 et 5 sont des détails. A est la têtière ou bâti de la tête de commande ; B, l'arbre principal, muni d'une roue d'angle à chaque extrémité; celle de devant commande les cylindres alimentaires *n ;* l'autre *s* comprend l'arbre D et peut être remplacée par une roue plus grande ou plus petite, afin de modifier la torsion.

D porte trois poulies de diamètre différent, qui transmettent successivement le mouvement aux broches par l'intermédiaire des trois couples de poulies *r*, X, O, placées sur l'arbre F parallèle à D. L'axe F porte, en outre, la poulie à gorge L' qui commande, au moyen d'une double corde, le cylindre du chariot et, par suite, les broches. Enfin sur F se trouve le pignon d'angle *a* qui, par l'intermédiaire de *b*, met en mouvement la vis sans fin *c* engrenant avec le compteur *d*; *c* commande également la roue droite H dont le moyeu porte deux cames.

L'une, *e*, sert à débrayer la deuxième vitesse et par suite à embrayer la troisième; l'autre, *f*, est destinée à décrocher un levier vertical K par l'intermédiaire du levier I, et à produire le dépointage des fils et la rentrée du chariot.

Lorsque le chariot rentre, la partie *g* butte, par l'intermédiaire d'une tige G, sur le levier coudé L assemblé par le levier M à l'arbre N, et pousse le guide-courroie *h* sur la poulie fixe O, de manière à produire la première vitesse pendant la livraison. Sur l'arbre N se trouve une came P, retenue par le levier Q, et destinée à maintenir le guide-bande dans sa position. En même temps le guide-courroie K est poussé par l'arbre *i'* sur la poulie *l*, et les deux roues à manchon denté, dont l'une *m* commande l'alimentation et l'autre l'escargot, se trouvent embrayées.

A l'instant où le chariot a parcouru le chemin nécessaire à la *jetée* du boudin, les cylindres de livraison s'arrêtent par l'effet d'un déclanchement analogue à celui décrit dans le mule-jenny à la main, et la vitesse des broches est modifiée de la manière suivante : A côté de l'arbre N qui a servi à donner la première vitesse par l'intermédiaire du guide-courroie K, se trouve un second arbre R. Sur cet arbre est fixé un bras S, présentant une face biaise sous laquelle vient se placer la poulie *n'* suspendue au levier oscillant *o'*, accroché lui-même au chariot. *n'* entraînée par le chariot dans le sens du mouvement, soulève S et déplace un levier T jusqu'à ce que le nez qui y est réservé, vienne se placer dans le bras fixé sur le pied U de la têtière ; le guide-bande, marié au levier T, suit nécessairement la même impulsion, et fait passer sa courroie sur la poulie de la deuxième vitesse.

Simultanément le levier V fixé sur l'arbre R, en sens contraire de S, appuie sur le levier Q qui maintenait embrayée la poulie fixe de la première vitesse. Dès lors, le guide *h* entraîné par le contre-poids P, qui n'est plus équilibré, revient dans sa position primitive, et entraîne à son tour sa courroie sur la poulie folle.

Cependant l'étirage s'achève, et le chariot arrive au terme de sa course ; la came *e'* soulève alors le levier T et le dégage du pied U. T revient en arrière, grâce au contre-poids P, et ramène le guide W sur la poulie folle de la seconde vitesse. Mais T porte un deuxième taquet qui, au moment où ce levier s'engageait sur le pied U, a pénétré dans le levier coudé *y*. Ce dernier, monté sur l'axe du guide-courroie de la troisième vitesse, suit le mouvement de recul de P, et amène son guide-bande en face de la poulie fixe *r*. La torsion supplémentaire se produit ainsi à la vitesse maxima des broches, jusqu'à ce que la seconde came *f* portée sur le moyeu de H frappe sur le levier J qui, par une transmission, réagit sur le guide-courroie K et le ramène vis-à-vis de la poulie *u*.

Le dépointage s'ensuit, mais c'est encore la poulie *u* qui le produit ; lorsqu'il est terminé, la courroie de la troisième vitesse revient comme il suit sur la poulie folle : le pied U porte un tourillon sur lequel oscille un bras A', dont l'un des bouts se trouve sous la partie B', l'autre sous le levier T. Aussitôt le dépointage achevé, la partie B' tombe et décroche le levier *y*, en relevant le levier T. *y*, sollicité par son contre-poids, revient vers U, et ramène sa courroie sur la poulie folle.

Nous avons dit, en commençant, que le chariot est animé d'un mouvement de retour, pendant la torsion supplémentaire. En effet, dès qu'il arrive au bout de sa course, l'arbre *i* (visible dans l'élévation) tourne et débraye, au moyen de la fourche 2 et de la tringle 3, le manchon à dents de loup *k* qui commande l'escargot. Le levier coudé 8 pousse simultanément le taquet 13, et par l'intermédiaire du verrou 11 engrène le manchon denté 7 avec 6. Ce dernier reste engrené jusqu'à ce que la torsion supplémentaire soit terminée, et que le chariot soit rentré de 14 millimètres à 140 millimètres, suivant le diamètre du signon 18 de rechange, l'arbre 5 transmettant le mouvement à l'escargot *z*.

Le dépointage obtenu, comme il a été indiqué plus haut, par l'effet de B', la rentrée du chariot s'effectue à l'aide de la même pièce, car B' en retombant agit sur la tringle 19 et la fourche 20 qui embraye le manchon denté *x* de l'escargot de rappel, qui dès lors, agit seul, car l'escargot *z* cesse au même instant de recevoir la commande de l'arbre 5. En effet, au-dessus de l'arbre 19, se trouve une pièce en fonte 21 reliée à la fourche 2; cette pièce porte un bouton 22 qui passe dans le levier 23 ; celui-ci tourne dans le support 24.

Mais de l'autre côté de ce support se trouve un levier 26, relié au premier de façon à monter quand l'autre descend. Lors donc que 23 descend avec la tringle 19, 26 dégage la barre 11 du levier coudé 8 ; le ressort 25 réagit sur la même barre, et le manchon denté 7 se trouve dégrené.

Il faut que la corde qui tire le barillet pendant la sortie du chariot pour enrouler la chaîne du secteur soit munie d'un contre-poids 28, tandis qu'aux métiers ordinaires il suffit de croiser cette corde autour du tambour.

La figure 3 donne en détail les assemblages des tringles des débrayages 11, et les parties afférentes ci-dessus mentionnées. Les figures 4 et 5 montrent sur une échelle suffisante la disposition spéciale de la baguette et de la contre-baguette. A en est le support, B et C des poulies de friction, D l'arbre de la contre-baguette supportée par les poulies de friction, E est l'axe de la baguette F, et B une contre-baguette.

Nous avons vu que pendant une course du chariot ou la confection des aiguillées, la vitesse allait en croissant, qu'elle changeait trois fois. Les transmissions de mouvements sont calculées pour que la plus petite vitesse, au commencement de la livraison, corresponde à 1,300 tours par broche; elle s'élève ensuite à 3,350, pour terminer le fil avec 5,000 révolutions à la minute. Nous avons déjà dit ailleurs que la vitesse réelle, par suite des frottements des cordes, est toujours d'au moins 1/10 au-dessous de celle calculée. Le point de départ de la transmission de ces vitesses est la poulie motrice du métier d'un diamètre de 0m,352, faisant de 260 à 290 tours à la minute. Il est évident que la vitesse n'est pas invariable et constante pour les différentes sortes de laines et de fils. Elle sera plus grande pour une matière facile à transformer, que pour de la laine rebelle à la filature, par suite de sa nature ou de sa préparation plus ou moins bien soignée.

En moyenne, la durée d'une évolution complète du chariot, y compris les temps d'arrêt accidentels, est de dix-huit secondes pour filer directement du n° 30 au kilogramme; ce sont donc 3 1/2 aiguillées par minute. Il est clair que si on filait plus fin ou plus gros, la durée varierait en raison de l'augmentation ou de la diminution de torsion imprimée au fil. Si on dépassait sensiblement le titre ci-dessus, il serait également convenable de procéder à un filage en gros après le cardage, comme nous l'avons déjà dit. Dans le filage préparatoire, on peut supprimer la petite vitesse et commencer le travail par le nombre de tours intermédiaires, afin d'augmenter la production. On donne d'ordinaire une distance variable de 0m,045 à 0m,055 entre les broches, suivant les grosseurs des fils et des canettes auxquels ces métiers sont destinés, et le nombre des broches varie entre 4 et 500 par machine.

On a, par conséquent, tous les éléments pour se rendre compte du rendement d'un métier. Si la course du chariot est de $1^m,50$, il sera, d'après les données précédentes, $1^m,50 \times 400 = 600$ mètres, ou $1^m,50 \times 500 = 750$ mètres toutes les 18 secondes, ou 2,100 mètres dans le premier cas et 2,625 dans le second. Nous reviendrons, d'ailleurs, sur les productions en général, après avoir décrit le système de métier dit *continu*.

§ 5. — Métier continu.

L'examen du métier mule-jenny démontre les avantages qui, jusqu'à ce jour, l'ont fait préférer à tout autre pour le filage des trames, et les inconvénients qui obligent à lui chercher un remplaçant plus économique. Si, en effet, le mule-jenny donne aux fils le moelleux et l'élasticité en ne leur imprimant qu'une torsion très-faible, la constitution même du métier cause une perte de temps et de place considérable. Le continu, où le filage et l'envidage s'obtiennent simultanément à l'aide d'un mécanisme des plus simples, remplacera peut-être un jour le mule-jenny dans toutes ses applications, et il ne faudra pas, ainsi que nous l'avons dit ailleurs[1], pour en faire disparaître les imperfections, une aussi grande dépense d'intelligence et de travail qu'il en a fallu pour arriver à la combinaison pratique des mouvements si complexes et si délicats du mule-jenny self-acting.

Le continu construit par la maison Mercier, avec les perfectionnements apportés à l'étirage du boudin par M. Vimont, est suffisamment employé pour mériter une description spéciale. Il nous faut observer, toutefois, que ce métier, comme tous les continus antérieurs, est surtout propre à la production des fils

[1] Voir notre *Traité de la filature du coton.*

de chaîne et fait spécialement des bobines cylindriques. Il est tellement simple, qu'une seule figure suffit pour le faire comprendre. La figure 2, pl. XXI, donne l'élévation du métier, qui se compose d'un bâti double, en fonte, à la partie supérieure duquel se trouvent groupées, sur un arbre horizontal *a*, les poulies parallèles AA, B, C. AA sont les poulies de commande, l'une fixe et l'autre folle ; B transmet le mouvement, par l'intermédiaire de la poulie D, au cylindre en fer-blanc E, qui commande les broches R au moyen de cordes, comme dans le mule-jenny. C est reliée aux cylindres G par la courroie qui enveloppe en partie les poulies de tension F. Les bobineaux ou tubes J reçoivent dans leur gorge une corde croisée sur les tambours G.

Le boudin de la carde enroulé, comme nous l'avons vu, sur des bobines M, est amené, par le mouvement de l'ensouple L, aux cylindres de livraison N, surmontés de rouleaux de pression *o*. Le boudin passe de là sur une règle métallique horizontale I, qui peut être élevée ou abaissée, suivant les exigences du travail, au moyen des vis *x*; puis il arrive aux bobineaux J, qui lui donnent un certain degré de cohésion ; et enfin, entre les cylindres d'étirage P et *q*, d'où il se rend sur la broche Y. Mais entre les règles I et les cylindres de livraison N, se trouvent les volants K, garnis de trois ailes, qui constituent, avec les règles I, l'innovation réalisée par M. Vimont. Ces volants, animés d'un mouvement de rotation rapide, soulèvent trois fois par révolution le boudin qui repose sur les barres I. A la faveur de ce soulèvement périodique, la torsion, ou plutôt la fausse torsion produite par les bobineaux J, après s'être arrêtée aux points de contact I, glisse jusqu'à la rencontre des ailes du volant, puis jusqu'aux cylindres de livraison eux-mêmes. L'étirage se trouve ainsi facilité par la succession alternative des contacts du boudin avec les barres et des passages du volant, alternative qui, tout en laissant aux fibres le temps de glisser les unes sur les autres, entre les cylindres ON et les barres I, pendant le contact, leur permet d'acquérir une résistance suffisante par leur assemblage, une fois qu'elles ont fourni la longueur exigée.

Les transmissions de mouvement dont nous avons indiqué, chemin faisant, les principales, sont analogues à celles de la plupart des continus. Les bobines R tournent librement autour de la broche sur un cadre ou porte-système U, animé d'un mouvement vertical de va-et-vient ou de monte-et-baisse, déterminé par les leviers VV et les galets XX. Ces galets effectuent une révolution circulaire alternative, au moyen d'un mouvement d'excentrique à cœur, que la figure ne montre pas, mais dont on se rend facilement compte. Le porte-système est garni d'anneaux circulaires T T, autour desquels peuvent glisser les petites bagues S S. Le fil passé dans ces bagues, avant d'être fixé à la bobine, les entraîne dans le sens du mouvement de la broche. Il en résulte une friction et, par suite, une différence de vitesse entre la bobine et la broche qui permet l'envidage.

On voit, par ce qui précède, que le fil ne flotte pas sur le continu comme sur le mule-jenny et n'est plus abandonné à lui-même sur une longueur considérable représentée par l'étendue de l'aiguillée. Les fibres étirées sont immédiatement assemblées par l'organe de torsion : de là une plus grande régularité dans la confection du fil qui se rapproche davantage du cylindre parfait ; de là aussi une plus grande rigidité dans le produit. Le continu est donc, comme il a été dit plus haut, particulièrement apte à la production de la *chaîne*, qui, avant tout, doit être régulière et solide, tandis que le mule-jenny donne une *trame veule*, élastique, un peu irrégulière, il est vrai, mais dont le défaut même est quelquefois une qualité en facilitant l'enchevêtrement des fibres au feutrage.

Surboudineuse. — La surboudineuse Vimont (fig. 4, pl. XXV) serait plus naturellement placée entre la carde et le métier à filer, car cette machine a pour but, ainsi que son nom l'indique, d'affiner le boudin pour éviter, dans certains cas, le filage en gros. Toutefois, comme le principe de la surboudineuse devait être décrit au sujet du métier Vimont, nous en avons réservé la mention. Les lettres servant à désigner les détails du continu qui vient d'être décrit, ont été conservées pour les mêmes parties de la surboudineuse, établie sur le même système : la seule différence entre les deux machines consiste dans la manière de réaliser la cohésion. Dans la surboudineuse, elle est obtenue par un frottement exercé au rota R, *r*, *r*. Le boudin passe entre le cylindre R et le tablier commandé par les rouleaux *r*, *r*, puis le boudin ainsi consolidé forme une grosse bobine horizontale U. Il devient donc inutile de faire une description plus détaillée qui serait la répétition de la précédente. La surboudineuse n'est d'ailleurs pas destinée à constituer une machine spéciale ; mais son principe pourrait être avantageusement appliqué à la carde ou au métier à filer, sans une grande augmentation de frais dans la construction de ces machines, puisque l'appareil surboudineur se compose essentiellement d'une barre rigide et d'un volant, comme dans le métier décrit précédemment.

De l'application de la torsion. — La torsion a pour but de fixer les brins entre eux, de s'opposer à leur tendance à glisser et à se désagréger, lorsqu'une action quelconque vient agir sur le fil. Au point de vue de la résistance, cette torsion qui consolide le produit doit être d'autant plus forte que le fil doit fatiguer davantage dans les transformations et surtout au tissage. La torsion des fils de la chaîne doit donc être supérieure à celle appliquée aux fils de la trame. Elle ne doit cependant jamais dépasser une certaine limite. Nous avons vu en effet (chap. V, § 4) que le nombre maximum des tours de torsion imprimé aux fils, toutes choses égales d'ailleurs, varie avec la longueur des brins et la finesse des fils ; plus les fibres sont courtes et les titres élevés, plus il faudra tordre. On distingue en général trois catégories de fils pour lesquels la torsion varie dans les mêmes numéros : ce sont les fils pour *chaînes à grande torsion*, les *demi-chaînes à torsion ordinaire* et la *trame*. Le tableau suivant indique quelques données pratiques dont les résultats sont satisfaisants.

Tableau des torsions imprimées aux fils les plus courants en Normandie.

TITRAGE de Normandie.	NUMÉROS métriques.	CHAINE.		DEMI-CHAINE.		TRAME.	
		Nombre de points du compteur	Nombre de tours au décimètre.	Nombre de points du compteur	Nombre de tours au décimètre.	Nombre de points du compteur	Nombre de tours au décimètre.
4/4	7,2	8	25,6	6	19,2	4	12,8
6/4	10,8	14	44,8	10	32,0	7	22,4
8/4	14,4	20	64,0	15	48,0	10	32,0
10/4	18,0	25	80,0	19	60,8	13	41,6
12/4	21,6	32	100,0	24	76,8	16	51,2
14/4	25,2	37	118,4	28	89,6	19	60,8
16/4	28,8	44	140,8	33	105,6	22	70,4

Remarque. — Les fils qui sont dégraissés avant le tissage se détordent légèrement pendant cette opération. Ils perdent alors environ de 1/8 à 1/9 de leur torsion ; il est donc nécessaire de forcer un peu le tors de ces sortes de fils. Ce sont en général ceux pour chaîne ou demi-chaîne ; la trame se tisse plus ordinairement en gras dans les articles légers de Reims. Quant aux articles pour la draperie, le tout se tisse en gras, le produit n'est dégraissé qu'après le tissage.

Pour les substances lisses, comme le coton, par exemple, où les variations des caractères de la matière et les conditions de la production sont moins variables que pour les laines vrillées, on a établi une formule générale des torsions[1].

Cette formule serait insuffisante pour la laine. L'écart de la torsion d'un numéro à l'autre paraît être en général de 6 tours par décimètre de longueur d'après le tableau précédent. Si

[1] Voir *Traité de la filature de coton*.

donc on voulait la torsion d'un numéro qui ne se trouve pas dans le tableau, on n'aurait qu'à prendre le numéro le plus rapproché du tableau et ajouter ou retrancher 6 à la torsion correspondante, suivant que celle cherchée est au-dessus ou dessous de celle indiquée. D'après cette règle, si on voulait trouver la torsion du numéro 32, par exemple, qui est de quatre numéros plus élevé que le 28,8, dernier du tableau, pour lequel la torsion est 140,8, celle du numéro 32 serait $140,8 + 3 \times 6$ ou $140 \times 18 = 158,8$. Ce n'est là qu'une méthode empirique qui peut être modifiée en raison de la nature de la laine, ainsi que nous l'avons fait remarquer précédemment.

§ 6. — Productions des métiers à filer.

La production d'un genre de métier quelconque est toujours en raison de la vitesse des broches et de leur nombre. Il suffit, par conséquent, d'avoir le résultat de l'un de ces organes pour avoir celui du métier en le multipliant par le nombre des broches. Pour une même vitesse de broches, la longueur produite dans l'unité de temps varie avec la torsion, et celle-ci augmentant avec la finesse, il est évident que le rendement d'une broche est en raison inverse du numéro du fil à produire. Supposons par exemple qu'il s'agisse de filer du titre 18 et 28 métrique, tordus le premier à 80 et le second à 140 tours, et que la broche fasse 3,000 tours à la minute. Si, comme cela a lieu, les cylindres étireurs fournissent les longueurs convenables, les 3,000 tours seront répartis sur une longueur de $\frac{3,000}{80} = 3^m,75$ pour le numéro 18, et sur $\frac{3,000}{140} = 2^m,14$ pour le numéro 28. Donc, en une minute de temps, la même broche, si elle file du numéro 18, fera $1^m,61$ de plus que si elle filait du numéro 28. Cet exemple a surtout pour but de donner l'idée de la variation des productions avec celles des finesses et combien il est rationnel de les apprécier en raison de ces deux éléments, longueur et finesse. Dans les métiers continus, la production théorique calculée sur la vitesse réelle et effective des broches est bien proportionnelle à leur rotation, et la production pratique est donnée par la défalcation des temps d'arrêts accidentels. Dans ce cas, connaissant le numéro du fil à produire et par conséquent la torsion, une simple multiplication suffit pour obtenir la longueur du fil par broche dans un temps donné, puisqu'on a celle d'une minute. Nous venons de trouver qu'avec une vitesse de 3,000 tours, la broche rend à la minute $3^m,75$ en numéro 18 et $2^m,14$ en numéro 28. Il suffira par conséquent de multiplier ces longueurs par 720' pour avoir celle de douze heures. Elle sera 2,700 pour le numéro 18 et 1,540 pour le numéro 28. Il suffira de retrancher en général 1/5 à 1/6, de ces longueurs pour les temps d'arrêts, afin d'obtenir le résultat pratique en mètres, qu'on transformera en poids par une règle de proportion. En effet, pour le numéro 18, $18,000^m$ pesant 1,000 grammes, on aura 2,700 : 18,000 : : x : 1,000 ;

d'où $$x = \frac{2,700 \times 1,000}{18,000} = 150 \text{ grammes},$$

et pour le numéro 28 $$x = \frac{1,540 \times 1,000}{28,000} = 55 \text{ grammes}.$$

La production théorique par broches est donc de 150 grammes pour le numéro 18, et de 55 pour le numéro 28.

Production des métiers mule-jenny. — Dans ce système, les broches ayant un temps d'arrêt pendant l'envidage effectué par la rentrée du chariot, il faut, pour déterminer la production par broche, défalquer le temps nécessaire au retour des broches ou, en d'autres termes, tenir compte de la durée totale de la course (entrée et sortie) du chariot.

Formule générale de la production d'une broche du système mule-jenny.

Soient T la torsion par mètre de longueur.

V, le nombre de révolutions de la broche par minute.

L, la longueur de l'aiguillée, c'est-à-dire de fil fait par course.

N, le numéro du fil.

Le temps du filage est égal à :

$t = \frac{TL}{V}$, t, est l'évaluation en minutes.

t' étant le temps nécessaire au renvidage, y compris celui du dépointage,

Le temps pour produire une aiguillée évaluée en minutes sera :

$$t_2 = t + t' = \frac{TL + Vt'}{V},$$

et la production en grammes p' sera :

$$p' = \frac{L}{N} \times \frac{1}{t_2} = \frac{LV}{N(TL + Vt')},$$

Désignant par t_3 le temps nécessaire à faire une canette d'un poids p en grammes, on aura $t_3 = \frac{p}{p'} + t''$.

t'' étant le temps nécessaire à la levée et à remettre le métier en train,

Remplaçant p' par sa valeur, on a :

$$t_3 = \frac{pN(TL+Vt)t''}{LV}.$$

ou $$t_3 = \frac{pN(TL + Vt') + LVt''}{LV}.$$

Et la production en douze heures, en grammes, par broche, sera :

$$P = p \times \frac{12 \times 60}{t_3} \text{ ou } P^{gr} = p \times 720 \times \frac{LV}{pN(TL + Vt') + LVt''}.$$

P est la production théorique à multiplier par un coefficient pratique K de 0,82 en moyenne, pour obtenir le rendement effectif par broche.

Pour appliquer la formule, il suffit de mettre des chiffres à la place des lettres et de connaître la durée moyenne de la course de rentrée du chariot ; elle est environ (pour le dépointage et le retour) de 27″ dans les métiers ordinaires ; ajoutons le temps perdu pour les rattaches, en moyenne 15″.

La course totale de rentrée pendant la production d'une aiguillée de 1m,85 de longueur est donc de 42″.

Le temps, évalué en minutes, donne pour t' une valeur égale à : $t' = \frac{42}{60} = 0,7$.

Si on applique la formule à un fil du numéro 28, par exemple, on aura :

N=28.

T=140, d'après le tableau des torsions.

V=3,000 tours.

Lt=1,85.

p=80 grammes.

t'=0′,7.

t''=20′.

La production théorique, par jour, sera par conséquent :

$$P = 60 \times 720 \frac{1,85 \times 3.000}{80 \times 28\,(140 \times 1,85 + 3,0000 \times ,7)\,1,85 \times 3,000 \times 20} = 59^{g},32.$$

Pour les métiers self-acting, où la durée de la course n'est que de 18″, si on ajoute 15″ pour les rattaches, on aura pour la durée totale de la course 33″, et, par conséquent, une production qui est comme 33 à 42 ou environ 21,42 pour 100. De plus comme la vitesse des broches est plus grande dans le self-acting, qu'elle se partage inégalement en trois vitesses progressives de 1,300, 3,350 et 5,000 tours ou une moyenne d'environ 3,216 tours, l'augmentation de production de ce chef sera donc correspondante à 216 tours sur 3,000 ou environ 7 pour 100.

Donc le métier complétement automatique convenablement établi devrait produire 21,42 + 7 = 28,42 pour 100 de plus que le métier ordinaire, toutes choses égales d'ailleurs.

On n'a plus qu'à multiplier la production par le nombre de broches par métier, pour avoir le rendement de chaque métier. Comme ils sont désignés par des numéros d'ordre, et par leur personnel respectif dans les filatures, on arrive ainsi à les contrôler les uns par les autres au moyen de la feuille de paye.

Nombres de broches par métiers. — Le nombre des broches varie, comme nous l'avons déjà vu. On a encore, pour les systèmes demi self-acting, où le renvidage a lieu à la main, des métiers de 150, 160 et 200 broches.

Chacun de ces nombres a sa raison d'être, lorsque la laine à filer est un peu tendre, comme celle employée en général pour la nouveauté; on emploie le plus petit nombre de broches par métier, parce que la matière exige plus de surveillance, et que l'ouvrier est ainsi plus maître de son travail. Pour des laines plus nerveuses, on préfère les métiers avec un plus grand nombre de broches.

Quant aux self-acting, nous avons vu que le nombre de leurs broches s'élève de 400 à 500.

Prix de façon des fils cardés. — Les cours nominaux payés par le fabricant, lorsqu'il fait filer à façon, sont assez réguliers; mais ici, comme dans les conditions de vente en général, l'escompte de 20 pour 100 varie avec l'offre et la demande. Les prix sont toujours en raison de la finesse; mais la manière de les entendre varie avec les localités. Les désignations ne sont pas les mêmes en Champagne, dans les Ardennes et en Normandie.

Prix de façon en Normandie. — A Louviers, à Elbeuf, dans les vallées environnantes et dans le Calvados, on paye le prix de la transformation, en divisant le travail du cardage et du filage. Le premier est rémunéré au poids, et le second à la longueur. Ainsi, par exemple, 100 kilogrammes de laine étant livrés par le fabricant au filateur, on tiendra compte à ce dernier de 100 kilogrammes de laine cardée, dont la transformation reste à peu près constante pour les produits non surfilés; mais les 100 kilogrammes de fil seront payés en raison de la longueur. Cependant le prix du cardage, toujours au poids, augmente pour les numéros surfilés, c'est-à-dire à partir des titres où il est nécessaire de filer en gros, entre le cardage et la filature. Voici d'ailleurs les cours moyens les plus ordinaires :

Fils non surfilés.

Cardage au kilogramme....................	0f,30
Filage, la livre de compte des 3600 mètres....	0 ,15
Filage les 1000 mètres....................	0 ,0416

Ainsi, d'après ces conventions, pour avoir le prix d'un kilogramme de fils à la longueur de 25,000 mètres, par exemple, ou 6,1 quarts en livres de compte, on payerait pour le filage 6,1×0,15=0f,915+0f,30 pour le cardage, ensemble=1f,21. Pour les titres surfilés, les prix sont les suivants :

Fils surfilés, même escompté, 20 pour 100.

TITRAGE DE NORMANDIE en numéros métriques.	PRIX DU CARDAGE au kilogramme.	PRIX DU FILAGE à la livre de compte.	PRIX DU FILAGE aux °/oo mètres.
	fr.	fr.	fr.
9/4 à 12/2 = 16,2 à 21,6	0,38	0,19	0,0527
13/4 = 23,4	0,40	0,20	0,0555
14/4 = 25,2	0,42	0,21	0,0583
15/4 = 27,0	0,44	0,22	0,0611
16/4 = 28,8	0,46	0,23	0,0638
17/4 = 30,6	0,48	0,24	0,0666
18/4 = 32,4	0,50	0,25	0,0694
19/4 = 34,2	0,52	0,26	0,0722
20/4 = 36,0	0,54	0,27	0,0750
22/4 = 39,6	0,56	0,28	0,0777

Retords (sans escompte).

	la liv.	les 0/00 mètres.
En deux fils..........................	0f,20	0f,0555
En trois fils et en une fois............	0 ,30	0 ,0833
— deux —	0 ,40	0 ,1111
quatre — une —	0 ,40	0 ,1111
— deux —	0 ,50	0 ,1388

Filature laine et bouts tors mélangés.

Cardage.........	0f,35	le kilogramme.
Filage...........	0 ,0175	la liv. sterling.
—	0 ,0486	les 0/00 mètres.

Filature laine et effilochages mélangés.

Cardage..........	0f,40	le kilogramme.
Filage............	0 ,20	la liv. de compte.
—	0 ,0555	les 0/00 mètres.

Filature laine et cachemire mélangés.

Cardage..........	0f,50	le kilogramme.
Filage.......... .	0 ,25	la liv. de compte.
—	0 ,0694	les 0/00 mètres.

La main d'œuvre pour les préparations jusqu'au filage est payée à la journée; le filage seulement est rétribué en raison des quantités et des finesses. Le tableau suivant donne les tarifs actuels, payés par le filateur à ses ouvriers fileurs, en Normandie :

Prix payés aux ouvriers fileurs, les 0/0 liv. de compte.

	LES 100,000 MÈTRES.	LES 360,000 MÈTRES.
	fr.	fr.
Chaine non surfilée	1,18	4,25
Demi-chaine non surfilée	0,90	3,25
Trame	0,83	3,00
Boudin (c'est-à-dire fil en gros à surfiler)	0,83	3,00
Surfil du n° 14,4 au n° 21,6	1,66	6,00
Surfil du n° 21,6 au n° 36	1,80	6,50
Surfil du n° 36 et au-dessus	1,94	7,00
LAINES MÉLANGÉES DE BOUTS TORS.		
Chaine	1,66	6,00
Demi-chaine	1,38	5,00
Trame	1,38	5,00
LAINES MÉLANGÉES DE CACHEMIRE.		
Chaine, demi-chaine et trame	1,94	7,00
Retors en 2 fils	2,50	9,00
Retors en 3 fils	3,75	13,50
Retors en 4 fils	5,00	18,00

Prix du dévidage qui se fait toujours à la main, les 0/00 mètres. 0f,00347
— bobinage à la main, — 0 ,01111
— — à la mécanique (à façon) — 0 ,00833

Une ouvrière ne peut bobiner à la main plus de 40 livres dans sa journée, c'est-à-dire 140,000 mètres, qui lui valent un salaire de 1 fr. 60 c.

La bobineuse mécanique, qui fait de 80 à 90 tours par 1', et qui porte 20 bobines sur chaque bord, occupe deux femmes payées à raison de 2 fr. par jour, et livre dans le même temps 1,080,000 mètres de fil mieux bobiné, c'est-à-dire sept fois autant que la bobineuse à la main. En outre, elle économise le prix du dévidage et le déchet qui s'y fait, puisqu'elle le supprime.

Prix de façon à Reims. — Les conventions sont établies pour la transformation du cardage et du filage à raison des 1,000 mètres. Le cours varie en ce moment de 0f,04 à 0f,05; ainsi, pour carder et filer 25,000 mètres de fils, on payera 1 franc à 1 fr. 25 c., non compris le prix de l'huile à graisser, payé à raison d'une quantité moyenne de 15 kilogrammes pour 100 kilogrammes de laine, à 2 fr. 50 c. le kilogramme, ou une dépense de 37 fr. 50 c. ou 0f,375 par kilogramme. La dépense totale pour la transformation de ces 25,000 mètres de fil varie donc entre 1,375 et 1,67, sur laquelle le fabricant pourrait faire une économie considérable en employant l'acide oléique, le mieux préparé ne coûtant que 0f,93 à 0f,94 le kilogramme, et fournissant la proportion notable de savon nécessaire au dégraissage des fils par la saponification de l'acide oléique, au moyen d'une faible quantité de soude employée conformément aux indications du chapitre V.

La main-d'œuvre est parfois payée à la journée pour les préparations ; le filage seulement est rétribué à la longueur, d'après le tarif suivant de Reims :

TARIF POUR LES FILEURS EN GROS.			TARIF POUR LES FILEURS EN FIN.					OBSERVATIONS.
				BLANC.		COULEUR.		
No du fil en gros.	Métier de 120 broches.	Métier de 160 broches.	Taux du fil.	T.	B.	T.	B.	
	cent.	cent.						
10 au 15	5 1/2 par kilog.	5 par kilog.	10 au 14	0,85	1,15	1,00	1,30	Pour le ballot de 100,000 mètres. Aux prix ci-dessus les fils sont embrochés.
16 — 18	6	5 1/2	15 — 19	0,95	1,25	1,10	1,40	
19 — 21	6 1/2	6	20 — 24	1,05	1,35	1,20	1,50	
22 — 24	7 1/2	7	25 — 29	1,15	1,45	1,30	1,60	
25 — 27	8 1/2	8	30 — 34	1,30	1,60	1,45	1,75	
28 — 30	10	9 1/2	35 — 39	1,40	1,70	1,55	1,85	
31 — 33	11	10 1/2	40 — 44	1,50	1,80	1,65	1,95	
34 — 36	12 1/2	12	45 — 49	1,60	1,90	1,75	2,05	
37 — 39	13 1/2	13	50 — 54	1,70	2,00	1,85	2,15	
40 — 42	15	14 1/2						

Les couleurs sont payées 1/2 centime de plus au kilogramme.

CHAPITRE VIII.

EXÉCUTION DES SUPPORTS DES CANETTES.

Les fils sur les métiers formant des canettes ne s'enroulent pas directement, on le sait, sur les broches. Celles-ci sont, en général, coiffées d'un petit cône en papier ou carton mince, parfois placées sur un moule en bois, et reçoivent alors le nom de *buzette*. C'est sur ce moule que le fil vient former un cône. Ces petits tubes coniques sont, en général, obtenus par une certain nombre de feuilles de papier, superposées et adhérentes entre elles par un collage. Le nombre considérable de ces cônes, leur placement et l'enlevage des broches constituent une dépense qui ne laisse pas que d'avoir son importance. Certains établissements exécutent eux-mêmes ces tubes. Plusieurs systèmes de machines ont été proposés ; nous nous bornons à l'indication de l'une de celles qui nous ont paru les plus simples et les plus efficaces.

§ 1. — Machine à faire les tubes des canettes, pl. XXIV.

L'on découpe dans des feuilles de papier un morceau d'une forme particulière H (fig. 11 et 12, pl. XXIV), présentant d'un bout une pointe aiguë, et de l'autre une forme obtuse, chacune d'une longueur correspondante aux dimensions du tube à exécuter.

L'organe principal de la machine est un axe ou mandrin de dimensions correspondantes à la broche sur laquelle le tube doit être monté, un mouvement de rotation est imprimé à cet axe au moyen de poulies et d'engrenages disposés d'une manière convenable.

Sur ce moule ou mandrin, la pièce dont il est parlé plus haut, découpée suivant la surface voulue, est enroulée, pressée et collée au moyen d'une lanière sans fin passant entre des rouleaux, dont l'un est en contact avec un tambour tournant dans une boîte ou bac contenant la colle ou une substance analogue.

Quand la matière est complétement enroulée sur le mandrin et le tube formé, il est instantanément expulsé, et un nouveau tube commence.

La figure 1 est une élévation longitudinale de l'appareil.

La figure 2 est une élévation transversale du même appareil.

La figure 3 est une coupe verticale en travers des principales pièces.

La figure 4 est un plan dans lequel la lanière sans fin et le rouleau sont supposés enlevés.

Les figures 5, 6 et 7 donnent les formes des tubes par rapport à celle de la canette cylindrique, et les figures 8, 9 et 10, celles de la forme de la canette avec tubes coniques; cette dernière épouse mieux la forme du cône.

Dans les figures 1, 2, 3 et 4, le bâti de la machine est représenté en *a*, l'arbre moteur en *b*; il reçoit la vis sans fin *c* et la roue *d*. Celle-ci donne le mouvement à l'arbre *f*, à la roue dentée *g* et à celle du tambour qui tourne dans le bac à colle *i*.

La roue *g* engrène dans la roue *k* sur l'axe de laquelle est fixé le tambour ou rouleau *l*. La roue d'angle *d'* engrène avec une autre roue d'angle *m*, dont l'axe passe dans le support *n* et porte à l'autre bout la roue à angle droit *o* engrenée dans une roue semblable *p* sur l'arbre *q*, dont l'extrémité forme l'embase du moulin ou mandrin du tube.

Sur une tringle *s* est fixé un bras *t* portant un tourillon (prisonnier) *u*, sur lequel travaille le rouleau *v*, autour duquel, ainsi que du rouleau *l*, est enroulée la lanière sans fin *u'* pressant à sa partie inférieure contre le rouleau *k*, de manière que sa surface soit couverte par la colle.

La lanière sans fin, munie d'une garde *x* est maintenue à la tension propre au travail, par la tringle et le galet *y*, recevant l'action d'un ressort fixé en *z'*.

Au-dessous du mandrin est un guide *d'* qui peut être déplacé selon la dimension et la longueur du tube, de sorte que, lorsque la machine est en travail et le bout de la pièce placé entre le rouleau supérieur et le mandrin, ladite pièce est enroulée en spirale autour de ce dernier par suite de sa révolution simultanée avec la pression de la lanière sans fin : cette dernière, étant baignée d'une substance adhésive, colle ensemble chaque spire ; l'enroulage, la pression et le collage ont lieu d'un seul coup et forment un tube d'une force et d'une netteté voulues.

Lorsque le tube est fait, le rouleau fixeur (tendeur) *y* est relâché, et le rouleau supérieur rejeté en arrière, emportant avec lui la bande sans fin, ainsi que le montrent les lignes pointillées, opération qui est accomplie au moyen d'une pédale agissant sur le levier *b'* fixé à l'une des extrémités de l'axe.

Sur l'arbre moteur est placée une came, qui vient rencontrer la partie inférieure du levier *f'*, quand ce dernier est poussé en avant, il donne le mouvement et pousse la coulisse *h'* et aussi une plaque *l'* qui passe au-dessus du mandrin à tubes du côté de la base. Ce mouvement de la plaque chasse du mandrin le tube terminé ; après quoi le pied laisse revenir la pédale ; les rouleaux, la lanière sans fin et les leviers reprennent leur position primitive. Une tablette porte-main est disposée en *m'* pour faciliter le service et l'engagement des bandes de matériaux de préparation.

Nous ne savons si cette ingénieuse petite machine est en usage en France ; mais elle l'est depuis longtemps en Angleterre et commence à être introduite en Belgique.

Garnissage des broches. — Pour retirer toute l'économie de cette fabrication des tubes, on a imaginé un moyen de les placer sur les broches avec une promptitude inimaginable. A cet effet, l'enfant chargé de ce soin est muni d'une espèce de règle de 2 centimètres d'épaisseur environ, plus ou moins longue ; elle l'est ordinairement assez pour être percée de cent trous égaux pratiqués dans l'épaisseur et placés les uns à côté des autres. Ces trous ont des dimensions telles, que les tubes puissent y entrer et en sortir très-facilement ; ils tomberaient s'ils n'y étaient maintenus. Ils le sont par une espèce de bandelette plate, assemblée, fixe à une certaine distance de l'un des fonds de cette règle trouée, et de l'autre par un couvercle à charnière, que l'on ouvre et ferme très-facilement au moyen d'un ressort. Lorsque l'enfant a placé 100 tubes, par exemple, dans sa règle, il la ferme, vient la porter au-dessus d'autant de broches du métier à garnir, ouvre le couvercle, et les 100 tubes sont placés sur leurs broches respectives avec la rapidité de l'éclair ; un métier de 1,000 broches peut ainsi recevoir les tubes dans un clin d'œil.

Quant au placement des tubes dans les règles, c'est la besogne de l'enfant chargé de garnir les bobines pleines et de retirer les vides des métiers à filer : il utilise le temps à sa disposition dans l'intervalle.

La petite machine que nous venons de décrire nous a paru la plus simple de toutes celles dont on s'est proposé le même résultat. Nous regrettons de ne pas connaître le nom de son auteur.

Fils feutrés. — M. Vouillon, breveté en 1840, pour les machines à faire les feutres, a imaginé, il y a quelques années, un procédé pour substituer le feutrage à la torsion des fils. Il soumet les boudins plus ou moins fins, à la sortie de la carde continue ou de la surboudineuse, à l'action feutrante d'une machine de son invention. Il obtient ainsi un fil d'une solidité et d'une régularité remarquables. Nous décrirons sa machine au chapitre du feutrage. Pour le moment, nous nous bornons à appeler l'attention des producteurs de lainages en général sur les fils feutrés qui, par leurs caractères spéciaux, constituent une nouveauté; ce sont des cylindres flexibles lisses et veules sans torsion, par conséquent très-propres à recevoir la teinture intimement et uniformément et à produire à volonté des étoffes feutrées ou des tissus ras et moelleux, d'une apparence spéciale, qui n'ont ni le grain résultant des fils lisses tordus, ni la surface pelucheuse des fils cardés ordinaires. Ils ont cependant une certaine analogie avec les fils dits cardés peignés, c'est-à-dire avec les fils dont la laine passée aux cardes est ensuite préparée avant d'être filée, identiquement comme la laine peignée; c'est-à-dire qu'elle passe par un certain nombre d'étirages.

L'indication des moyens démontre qu'il y a une combinaison entre les deux spécialités du cardé et du peigné, qui nécessite un matériel compliqué et des transformations coûteuses pour arriver à un genre d'une application assez restreinte. L'appareil à feutrer, décrit plus loin, peut donner des fils qui, entre autres caractères, présentent les qualités des cardés peignés, avec un appareil plus simple que le métier compliqué employé pour la laine cardée. Il y a donc là un progrès réel, dont le temps déterminera l'importance.

CHAPITRE IX.

DU RETORDAGE ET DES APPRÊTS DES FILS DE LAINE.

Depuis que les étoffes façonnées ont pris une si grande extension, les fils doublés, triplés, etc., retordus ensemble, composés de fils simples, soit de même couleur ou de nuances différentes, ont pris une large place dans l'industrie des lainages, où ils sont appelés chaque jour à des effets nouveaux. Déjà on a varié les effets en changeant les directions et l'intensité du retordage : tantôt on assemble les fils en les tordant à peine pour en obtenir un résultat *floche ;* tantôt on les tord fortement pour obtenir une espèce de cordonnet à grains. Les apparences changent encore, suivant que le sens du mouvement des broches à retordre est le même que celui des broches du métier qui ont donné le fil simple, ou que les directions des mouvements dans ces deux opérations sont opposées. On peut aussi retordre ensemble des fils de finesses différentes, différemment nuancés. Malgré ces éléments déjà nombreux au moyen desquels on obtient aujourd'hui les effets variés, nous pensons que l'on peut en ajouter d'autres encore, peu ou point appliqués jusqu'ici ; outre ceux indiqués plus loin, on peut appeler l'attention sur la réunion des fils lisses très-tors à des fils floches pelucheux de même teinte ou différemment nuancés, ou modifiés par des alternances dans la torsion pour produire des espèces de mouches plus ou moins régulièrement disposées.

Les machines à retordre doivent, par conséquent, être d'une composition telle, qu'elles puissent produire à volonté une torsion d'une régularité mathématique, ou des effets de torsion variables, continus ou interrompus, déterminés *à priori*, aussi facilement et aussi économiquement que possible. Les métiers généralement employés sont les métiers mule-jenny, ou continu, qui fonctionnent alors sans produire d'étirages. Ces métiers étant décrits, nous nous bornerons à l'exposé de quelques autres qui peuvent intéresser la fabrication des lainages. Disons d'abord que les *retors* produits sur les deux systèmes de métiers mule-jenny et continu, avec le même nombre de tours par unité de longueur, ne sont nullement semblables : cette différence s'explique par les considérations présentées précédemment, lors de la comparaison du continu avec le mule-jenny. Les différents systèmes de retordeuses à mouvement continu donnent un retors très-ferme et très-régulier, mais un peu *sec*, tandis que le retors du mule-jenny, comme le fil simple de ce métier, est plus souple et moins fermé. Au lieu de ressembler à une ficelle bien torse, il laisse voir un *grain* un peu gonflé, qui le rend plus saillant dans l'étoffe. Le retordage sur les continus est donc surtout favorable aux fils très-fins et aux produits composés de matières différentes, laine et soie, par exemple.

Le métier mule-jenny disposé pour filer en fin est propre à la confection des retors ; il suffit de régler la livraison, de façon à fournir une longueur de fils simples égale à la longueur de l'aiguillée, et de supprimer tout étirage. Les *fusées* sont placées derrière le métier, comme il a été dit à propos du surfilage. Puis les fils provenant de ces bobines, au nombre de deux ou plus, suivant le retors à produire, sont réunis dans le même guide et sous le même cylindre de pression qui les livre à la broche.

Dans les retordeuses continues, dont on voit un modèle planche XXV, la figure 1 est une vue de face du métier; la figure 2 une coupe verticale, et la figure 3, la continuation de la vue de face, afin de montrer les commandes des deux extrémités. Les fils sont placés d'une façon analogue à la disposition adaptée dans le mule-jenny, c'est-à-dire à la partie supérieure E de la machine, et, avec une inclinaison suffisante de l'axe des bobines pour faciliter leur dévidage, ils passent entre les cylindres alimentaires D'E', et de là, directement sur les bobines II' par l'intermédiaire des ailettes FF'. L'alimentation réglée par les pignons de rechange 3 et 5 (fig. 3), 11 et 16 (fig. 1), permet de varier les torsions suivant les exigences pratiques. L'envidage sur les bobines II' se régularise empiriquement à l'aide des plombs *jj'* (fig. 2). Le mouvement de monte-et-baisse du porte-système est réglé par les tiges rigides *bb'*, les chaînes *mm'* et les galets *nn'* clavetés sur les arbres horizontaux RR'. L'inspection des figures indique clairement la commande des broches mises en relation avec l'arbre de travail S (fig. 3) par les roues dentées 1 et 2 et les pignons coniques 20, 21 et 22. L'impulsion du moteur arrive par l'intermédiaire d'une courroie sur les poulies fixe et folle A, A'.

Machines à retordre de M. François Durand. — Ce mécanisme à retordre peut être employé à retordre des laines, et à faire des cordes en coton en usage dans les filatures pour transmettre le mouvement à de petits engins.

Fig. 1. Elévation partielle de l'appareil, pl. XXVI.

Fig. 2. Plan de l'appareil débarrassé du montant du bâti qui l'entoure.

Fig. 3. Détails.

L'échelle d'exécution est variable.

U, bâti de l'appareil sur lequel s'élève un montant formant la moitié d'une arcade.

a, arbre central terminé à sa partie inférieure par un pivot qui tourne dans une crapaudine ménagée dans la table du bâti. Cet arbre est maintenu librement dans un collier que lui présente un bras Y attenant au bâti.

a', plateau circulaire tournant comme l'arbre *a* auquel il est fixé, et sur lequel sont placés les étriers *b* et leurs bobines.

b, étriers à base circulaire, munis de bobines *c* et disposés sur le plateau *a'* de manière à pouvoir prendre chacun un mouvement de rotation vertical, tout en tournant avec le plateau. Leur nombre varie suivant les genres et spécialités des fils et suivant la nature du travail à opérer. Dans l'exemple pris ici, il y en a trois.

Les bobines *c*, chargées de fil (il y en a plusieurs sur chacune) et placées horizontalement dans les étriers, sont enfilées sur des broches qui leur permettent de tourner facilement pour opérer le dévidage, et qui sont maintenues entre les montants des étriers *b* par une disposition telle, qu'on peut ôter et remettre à volonté les bobines pour les charger de matière.

Les brins que dévide chaque bobine sont maintenus dans une position de tension convenable par une pièce en fer *d*, qui les rejette en dehors de l'étrier, leur fait décrire un angle aigu, et les oblige à rentrer pour sortir définitivement par une ouverture *e* située au sommet. Cette disposition a pour but d'empêcher que les brins n'opèrent leur torsion sur la bobine même, torsion qui, par conséquent, ne peut avoir lieu qu'en dehors de l'étrier par suite du mouvement de rotation qui lui est imprimé.

Pour empêcher que les brins sollicités ne se déroulent trop rapidement, chaque bobine est munie d'un petit frein modérant sa vitessse de rotation ; ce frein se compose d'un ressort, qui presse sur une palette *g*, laquelle transmet cette pression à l'une des joues de la bobine.

Au sortir des étriers, les fils n'en formant déjà plus qu'un pour chaque bobine, se dirigent vers le haut de l'arbre central *a*, qui les maintient tout en ne leur permettant de se réunir, pour être tordus ensemble, qu'à la sortie du cône *i*, dont il est surmonté.

h est l'embase de l'arbre *a*; c'est sur cette embase qu'est vissé le cône *i*.

Entre ces deux pièces est placée une sorte de rondelle *j*, dite régulateur de tension ; elle porte à sa circonférence des encoches pour recevoir chaque fil (fig. 3) et son diamètre est assez grand pour lui laisser du jeu ; elle peut se déplacer horizontalement dans un sens ou dans l'autre. Grâce à cette disposition, lorsqu'un fil se trouve plus tendu que son voisin, il repousse de lui-même la rondelle, et par suite, son angle se redressant, l'équilibre se rétablit dans les tensions respectives des fils.

k est une poulie suspendue au montant du bâti, sur laquelle passent les fils réunis par la torsion de l'arbre *a*.

De là le produit formé, corde ou cordonnet *l*, vient se croiser sur une bobine de renvoi *m* qui le fait passer sur la bobine où on le recueille.

Cela posé, le mouvement est communiqué aux différents organes de l'appareil, de la manière suivante :

n est une double poulie qui, au moyen d'une corde, transmet le mouvement du moteur à l'arbre *a* sur lequel elle est fixée.

o, roue dentée fixe, dans l'intérieur de laquelle tourne l'arbre *a*, et engrenant avec les roues *p* placées sur le plateau mobile *a'* ; celles-ci, à leur tour, commandent des pignons fixés aux étriers *b*, sous le plateau qui leur sert de base.

C'est donc le mouvement de l'arbre *a* et par conséquent le plateau *a'* qui, en tournant, met en prise avec la roue *o* les roues *p* qui, de leur côté, agissent sur les étriers *b* par le moyen de leurs pignons respectifs.

C'est également l'arbre *a* qui fait mouvoir la bobine de renvoi *m*, au moyen de la vis sans fin *q* placée sous la poulie *n*.

A cet effet, la vis sans fin *q* engrène avec un pignon *r*, dont l'axe horizontal tourne dans des collets vissés sur le bâti et porte une poulie à plusieurs gorges *s*. D'un autre côté, sur l'axe de la bobine *m*, disposé sur le bâti parallèlement à celui du pignon *r*, se trouve une poulie *t* analogue à la poulie *s* ; la rotation est produite à l'aide d'une corde *w* réunissant ces deux poulies dans un rapport de diamètres qui varient suivant le débit qu'on veut obtenir.

En résumé, l'appareil opère deux torsions : l'une a lieu sur les brins de chaque bobine par suite de la rotation des étriers *b*, et l'autre sur les fils produits et réunis en cordonnet par le mouvement de l'arbre *a* qui se fait en sens inverse de celui des étriers.

§ 4. — Exécution du cordonnet câblé.

Le cordonnet, composé de plus de trois bouts, est en général exécuté en deux opérations, ou câblé comme le sont les organsins de la soie, formés par la réunion de deux fils retordus ensemble dans un sens opposé à la torsion primitive de chacun d'eux.

Ces deux sortes de torsions ont lieu sur des moulins ou métiers analogues, au point de vue du principe, à celui de la planche XXVI. Ces machines n'offrant pas toutes les garanties voulues sous le rapport de la régularité du résultat, le mécanicien, dont nous venons de décrire le rouet à faire le cordonnet, a également modifié celles-ci ; afin d'arriver plus sûrement au but, et d'éviter les conséquences de la rupture de l'un des fils, il a imaginé un mode de débrayage simple pour arrêter la machine instantanément dans ce cas. La description suivante des appareils en question va développer les divers points dignes d'être appréciés.

La figure 4, pl. XXVI, est une vue de face ; la figure 5 une vue de côté, et la figure 6 un plan-coupe suivant la ligne horizontale 1-2 d'un élément de la machine, qui se compose d'autant d'éléments semblables qu'on le désire.

Un tambour, ou cylindre A, commande les deux côtés du métier, au moyen de courroies convenables B qui passent dans les poulies c, c', folle et fixe, montées sur un arbre vertical D, qui porte une roue dentée E, servant à la commande de la broche à retordre et des bobines à tordre et même à filer.

Le pignon de l'arbre g de la broche à retordre H est un peu plus grand que les pignons J, J des arbres j, j, qui portent les bobines L; de cette manière, la broche à retordre fait un moins grand nombre de tours que les bobines fournisseuses, et les mouvements des trois arbres verticaux g, j, j, sont toujours dans le même rapport, quelle que soit la vitesse initiale du tambour A et de la roue E.

Les bobines L, L, qui portent les fils à travailler, sont emmanchées sur l'embase inférieure l, de manière à tourner avec l'axe j, le fil est forcément et constamment écarté de la bobine par le disque m que l'on dispose à la partie supérieure et sur lequel il prend son point d'appui pour se retordre sur lui-même en même temps qu'il se dévide, attiré par le mouvement d'enroulement de la broche à retordre.

Chacun de ces fils des bobines L, L va faire un ou plusieurs tours sur la tringle P en verre ou matière convenable, cette tringle constitue un second point d'appui, et c'est dans la longueur comprise entre cette tringle et le disque m que le fil se retord sur lui-même avec une vitesse considérable et dans d'excellentes conditions de travail.

Les deux fils x, après avoir tourné autour de la tringle P, viennent passer dans un orifice q d'une tringle R pour se rendre ensuite sur la broche à retordre.

Les deux fils se tordent ensemble entre les deux points q de la tringle s de la broche à retordre, puis le produit terminé s'enroule à mesure sur la bobine horizontale t.

Les figures 7, 8, 9 et 10 donnent les détails d'un système mécanique qui permet de préparer les fils doublés en opérant automatiquement l'arrêt immédiat de l'organe si un des fils se brise, par quelque cause que ce soit.

La figure 7 est une vue en élévation qui montre l'ensemble d'un appareil. La figure 10 indique la partie supérieure du disque du plateau de torsion.

L'axe vertical porte deux plateaux X et Y et deux poulies folles et fixes *v* et *v'*, dont l'une, celle inférieure par exemple, lui transmet un mouvement rapide de rotation qu'il reçoit par les courroies d'un tambour situé dans l'axe longitudinal de la machine mû lui-même par une transmission quelconque.

Cet axe tourne dans une crapaudine *a*, encastrée dans la traverse *b* du bâti et dans un godet à huile *c*, encastré également dans une traverse du bâti.

Le plateau Y porte, par exemple, six bobines, semblables à celles indiquées figure 6, et dont les fils passent par sept trous du disque supérieur X, vu à part en plan (fig. 8); ces fils sont guidés à leur sortie de ces trous par une pièce fixe *e*, et par une pièce mobile *f*, puis ils passent entre les rouleaux *g*, *h*, et se rendent sur la roue A pour s'enrouler, réunis par un petit trou de la tige *j*, sur un guindre qui est relié à la tringle *k* munie d'un œil conducteur K, et le fil, retordu légèrement, va s'enrouler sur un dévidoir M, possédant un mouvement de rotation dû à son frottement sur le tambour A.

Les rouleaux *g h* (fig. 9) sont montés à l'aide d'un support *c*, sur une traverse B, dont la coulisse permet de les éloigner ou rapprocher de la tangente à la roue A.

Le tambour A est monté sur un arbre D, qui reçoit le mouvement de rotation convenable pour appeler le fil tordu sur le guindre M ; l'arbre D porte autant de roues semblables qu'il y a d'appareils de torsion sur un des côtés du métier.

La roue A est calée sur l'arbre D par une pièce F constamment appuyée sur lui par la vis *r*, et porte sur l'une de ses faces latérales une série de taquets placés à une distance convenable entre le centre et la circonférence extérieure (fig. 10); sur une traverse *q* est disposé un levier *t* oscillant, et dont le bras *s* porte une saillie *o* qui, lorsque la machine est en fonction, repose sur une autre saillie *i* de la tige *m*; la juxtaposition de la saillie *o* sur celle *i* est maintenue par le ressort *y*, jusqu'à ce qu'un effort supérieur l'emporte sur l'effet du ressort. La tringle *m*, à sa partie inférieure, porte une queue *u* constamment appuyée sur la courroie de transmission et à sa partie supérieure elle est reliée à un balancier *p*, muni d'un contre-poids *a* d'un côté et de l'autre d'une saillie *b*, faisant l'office de taquet; supposons que le fil *j* vienne à se casser, la pièce *f*, qui était retenue par ce fil, prendra, par l'action de la force centrifuge, la position ponctuée, buttera contre l'extrémité du levier *q* et l'entraînera sur une longueur suffisante pour obtenir le déchaussement de la saillie *o* et de celle *i*; alors le contre-poids du balancier *p*, n'étant plus retenu dans sa position normale, descendra par sa pesanteur, en faisant remonter le taquet *b*, qui viendra s'introduire entre les saillies et arrêter tout mouvement; car la queue *u*, entraînée par la tringle *m*, transportera la courroie sur la poulie folle.

Il résulte de là que l'axe vertical cesse de tourner et que l'arbre D continue à entraîner toutes les roues tambours A, dont le taquet n'est point rencontré; mais laissant fixes celles dont le taquet rencontre la saillie *b* comme obstacle. Il est donc facile de comprendre qu'il suffit de mettre en jeu la tige *q* et de lui faire décrire un petit arc de cercle pour que l'appareil de torsion se trouve arrêté jusqu'au moment où l'ouvrier voudra renouer le fil qui s'est rompu, attendu que l'arrêt est dû à la rupture même.

§ 2. Fils moulinés, chinés et jaspés.

Rien de plus facile et de plus simple que d'obtenir, au moyen des appareils décrits, des fils avec des spires de deux ou de plusieurs couleurs, il suffit, à cet effet, de retordre ensemble un nombre égal de fils teints conformément aux nuances désirées. Mais si l'exécution de ces fils façonnés n'offre aucune difficulté, leur production n'en est pas moins onéreuse, attendu que pour arriver alors à une finesse déterminée, il faut employer deux fils d'un numéro double. Si, par exemple, on veut produire un fil retordu quelconque, blanc ou de couleur, mesurant 50,000 mètres au kilogramme, il faudra nécessairement qu'il soit formé de deux fils d'un numéro 100 chacun. Son prix de revient se composera par conséquent de celui des deux fils du numéro 100 et de la dépense nécessitée pour leur réunion et leur retordage. Cette dépense est nécessairement proportionnelle à la finesse du fil retordu. On a poursuivi le même but plus économiquement en opérant par l'un des moyens suivants : en faisant teindre des boudins à part, et en réunissant sur le métier à filer des boudins de couleurs différentes, le fil, quoique simple, sera par conséquent nuancé en raison des diverses teintes des mèches de la préparation.

Ce moyen simple et facile en apparence offre des inconvénients assez sérieux pour qu'il ne soit pas à recommander.

Ces inconvénients consistent dans la difficulté que présentent les transformations des laines teintes, qui se cardent très-difficilement et détériorent très-rapidement les garnitures, surtout lorsque les couleurs sont foncées ; les étirages et la torsion ont lieu également avec plus de difficulté ; il faut de plus un matériel spécial, puisque l'on ne pourrait carder des filaments non teints ou des couleurs claires sur des garnitures qui en ont travaillé des foncés.

A cette manière de procéder on a substitué avec raison des fils d'une très-faible torsion, susceptibles néanmoins de supporter la manipulation de la teinture. L'on transforme les écheveaux en bobines ; celles-ci, préparées de nouveau au métier à filer en gros, sont détordues et étirées pour former des mèches avec un léger degré de tors. Ce sont ces mèches de couleurs différentes avec lesquelles on alimente le métier à filer, absolument comme lorsqu'on file les écrus à double mèche.

Il va sans dire que pour détordre les gros fils après leur teinture, on devra imprimer à la broche un mouvement de rotation en sens inverse à celui de la première torsion. Ce moyen a l'avantage de pouvoir donner un fil jaspé plus souple que s'il avait été composé par la torsion de deux fils ensemble. L'on pourra donc, suivant les caractères recherchés, employer l'un ou l'autre de ces systèmes. Pour des fils plus ou moins roides, et devant offrir une combinaison uniformément répartie dans les nuances, le premier mode, la réunion des deux fils faits, sera préférable. Mais, pour des jaspés proprement dits, devant présenter toute la douceur désirable pour la confection des articles de la bonneterie en général, la méthode de la décomposition des gros fils pour en former des mèches après la teinture paraît plus avantageuse.

Effets chinés obtenu au cardage. — Pour obtenir des fils chinés proprement dits, il faut les faire imprimer ou les teindre par des réserves. Dans le premier cas, les fils sont tendus parallèlement sur une table, et imprimés par les moyens ordinaires usités dans l'impression des tissus; dans le second cas, s'il s'agit de chiner en deux couleurs, par exemple, on est obligé de tremper le faisceau de fils deux fois de suite dans les bains de couleur, et d'envelopper chaque fois la partie qui ne doit pas être affectée par le bain. Soit à chiner un fil par portion en rouge et en bleu : pour appliquer le rouge, il faut envelopper intimement et avec le plus grand soin la partie destinée au bleu, et lorsque celle-ci doit être appliquée, c'est la partie rouge qui sera recouverte. Le nombre de ces manipulations est nécessairement proportionnel à celui des nuances à donner aux fils. Ces recouvrements doivent avoir lieu avec le plus grand soin pour empêcher les bavures et obtenir la netteté des effets; aussi, deux enveloppes superposées, l'une en papier et l'autre en parchemin, ne sont-elles pas de trop, et doivent-elles être très-fortement serrées avec une ficelle. Il suffit d'énoncer ce procédé pour faire comprendre sa lenteur, ses difficultés, et par conséquent la dépense qu'il occasionne, et les motifs pour lesquels on a recherché des moyens plus expéditifs et plus économiques.

L'un de ceux qui ont été tentés à plusieurs reprises pour les articles drapés, à cause de ses avantages apparents, consiste à alimenter la dernière carde de l'assortiment avec des rubans ou de gros fils teints qui vont se mélanger aux boudins de sortie de la carde. Quelques mots suffiront pour bien préciser la manière de faire :

Voici d'abord le procédé proposé en 1843 par M. Robert, filateur, près de Lannoy, modifié et perfectionné par M. Chénevière, d'une part, et par M. Ronnet, filateur, près Sedan, de l'autre. En regard de chaque débourreur d'une carde ordinaire, on place une paire de cylindres qui reçoivent un ou plusieurs gros fils ou boudins teints, placés sur des bobines pour les livrer et les mélanger à la nappe de laine travaillée par la carde. Les filaments des deux alimentations (de la carde et des peigneurs) se mélangent et produisent à la sortie des boudins dont les teintes sont nécessairement panachées.

M. Théodore Chénevière, l'un des industriels qui s'étaient placés à la tête de l'industrie elbeuvienne, avait une carde pour chiner les fils, à l'Exposition de Paris, en 1855. Cette carde était directement alimentée par des rubans ou boudins en un nombre quelconque, fournis par des rouleaux convenablement disposés en avant de la machine, qui venaient tous se rendre parallèlement entre des cylindres alimentaires. Ces rubans, ouverts et cardés sur le gros tambour, cheminaient parallèlement et venaient à leur sortie se rendre dans un ordre régulier sur un rouleau. Afin d'assurer la régularité de cet enroulement, une espèce de râtelier guide était disposé à la sortie des rubans du peigneur; on les engageait dans les crans respectifs de cette grille ou peigne pour les diriger sur le cylindre ou rouleau délivreur. Cette carde produisait à volonté le travail ordinaire des fils de couleurs régulièrement mélangés ou chinés de couleurs différentes, et même des fils que nous nommerons brouillés ou à nuances fondues dans un certain ordre. Voici comment : si tous les rouleaux alimentaires, au nombre de douze à quatorze, plus ou moins, étaient garnis de rubans d'une même couleur, on obtenait, à la sortie, des mèches toutes de la même nuance. Ces rubans variaient-ils de couleurs pour chaque rouleau, on arrivait à autant de teintes différentes sur le cylindre de sortie. Les mélangeait-on dans les encoches de la grille, on modifiait encore l'apparence. Enfin, la carde était disposée de façon à ce que l'un de ces cylindres pouvait prendre un double mouvement, l'un circulaire autour de son axe, et l'autre de translation, de va-et-vient parallèlement à l'une de ses génératrices; un excentrique donnait à cet effet, au besoin, le mouvement à cet axe. Il en résultait le mélange des rubans sur le grand tambour et l'effet brouillé annoncé ci-dessus.

Malgré les ingénieuses dispositions de ces cardes, elles ne paraissent pas s'être répandues dans la pratique : il y a, pour cela, plusieurs motifs de détail sans importance; mais le principal, selon nous, c'est la difficulté d'obtenir toujours les effets prévus à l'avance, et surtout certains résultats que la carde ne peut donner, malgré toute la précision de sa marche. Cependant, en présence des *bizarreries* recherchées dans les articles de nouveautés, nous ne serions pas étonné que l'on parvînt à tirer un certain parti du chinage des boudins par la carde.

Quoi qu'il en soit, l'impression des chaînes avait prévalu pendant un temps pour arriver à une série d'articles où le moulinage avait été exclusivement employé. Rappelons que pour un mouliné à deux couleurs, noir et blanc, par exemple, il faut employer deux fils ayant chacun une finesse double ; c'est-à-dire que si le mouliné doit être de 18,000 mètres au kilogramme, il faut retordre ensemble un fil blanc et un fil noir, chacun de 36,000 mètres au kilogramme. Cette circonstance et les frais du retordage du retrait rendent ce genre d'articles assez cher. L'impression, produisant parfois des effets analogues, a lieu exclusivement sur la chaîne. Quoique plus économique, le procédé ne laisse pas que d'être coûteux, attendu qu'il faut monter la chaîne au préalable sur un métier, tisser une duite de place en place, de mètre en mètre environ, afin de maintenir les fils dans leurs positions respectives ; puis, ainsi préparée, cette chaîne est descendue du métier, envoyée à l'impression, pour être remontée de nouveau et être tissée comme à l'ordinaire.

Chinage des rubans. — Pour arriver économiquement à des effets de chinage variés et nouveaux, on a imaginé dernièrement des moyens qui permettent d'imprimer les rubans et les boudins et de les filer ensuite. Ce procédé est dû à M. Vigoureux, de Reims. On obtient ainsi les résultats les plus divers, qui permettent de créer des articles très-remarquables par leur originalité et variables en raison du goût du fabricant. Le procédé est surtout efficace pour des fils formés avec des fibres longues et des nuances fondues qui, à la teinture, ne peuvent s'obtenir qu'au bouillon.

Avec des fibres d'une longueur relativement considérable, les mélanges sont très-difficiles à bien fondre et les barrages sont beaucoup plus fréquents que dans le cardé. De plus, la teinture en laine, s'effectuant toujours au bouillon, durcit la matière, qui, pour cela même, est plus difficile à travailler. M. Vigoureux a paré à ces deux inconvénients en imprimant les rubans de la préparation par des barres ou raies transversales de la couleur qui doit être mélangée au blanc. Ces stries équidistantes se répartissent également dans la masse par les étirages successifs, et donnent ainsi une préparation dont tous les points offrent la même proportion de couleur.

1° *Impression sur c' îne* (Vigouroux). — Les moyens employés ordinairement ; ur l'impression des chaînes nécessitent une grande manutention, puisqu'il faut, avant d'imprimer les fils, monter la chaîne sur le métier et pousser des duites ou trames de longueur en longueur, afin d'éviter le dérangement des fils juxtaposés; puis démonter la chaîne ainsi préparée, l'imprimer et la remonter sur le métier, afin d'effectuer le tissage en enlevant à mesure les trames chassées antérieurement. De plus, malgré toutes ces précautions, les fils de chaîne ne sont pas sans glisser irrégulièrement quelquefois, de façon à produire des effets fâcheux. M. Vigouroux a eu l'idée de placer sous les fils de la chaîne une toile de calicot, sur laquelle ils sont collés et imprimés. L'impression une fois faite par les procédés habituels, la chaîne est enroulée, comme d'ordinaire, sur l'ensouple, mais avec le calicot qui soutient et maintient les fils dans leur parallélisme. Il suffit, au tissage, de détacher à la main l'extrémité de la toile, qui ensuite est décollée, à mesure que la chaîne se tisse, au moyen d'un va-et-vient des plus simples, manœuvré par le métier, c'est-à-dire que le calicot tombe derrière le métier à mesure que le tissu se produit, pour servir ensuite à une nouvelle opération.

Il résulte de ce procédé que, non-seulement l'apprêt de la chaîne se trouve singulièrement simplifié, et que les fils qui la composent sont mieux maintenus, de façon à ce que le dessin soit stable pendant le tissage, mais que la résistance des fils est encore augmentée, et que la tension de la chaîne est plus facile à régulariser.

Une certaine catégorie de fils retors, surtout celle destinée à la fabrication de la dentelle ou pour faire des lisses de *tisserand*, a besoin d'être complétement débarrassée des petites fibrilles ou duvet de la surface : cet effet est obtenu par le gazage.

§ 3. — Gazage ou grillage des fils.

Le moyen le plus efficace, le plus simple et le seul en usage maintenant pour flamber les fils consiste dans l'emploi d'un bec de gaz allumé, à travers la flamme duquel on fait passer le fil avec une grande rapidité, afin d'enlever seulement les fibrilles de la surface sans que le produit puisse être atteint. Pour que l'opération réussisse, il faut établir un tirage énergique au-dessus du lieu de la combustion, et faire passer le fil par la partie blanche de la flamme. Les métiers à flamber sont disposés d'une façon identique à celle d'un métier continu, c'est-à-dire qu'il y a un bâti garni d'un certain nombre de becs à griller de chaque côté, en moyenne 72, ou 144 pour autant de fils. Les bobines qui reçoivent les fils gazés tournent avec une grande rapidité (de 2,500 à 3,000 tours à la minute), chaque bec peut flamber de 3,000 à 4,000 mètres de fil par jour.

La figure 7, pl. XIX, donne l'ensemble de la disposition de l'un des becs de la machine, sur une section transversale du bâti général. Le fil à griller est placé sur une broche ou axe libre de la bobine *b*; en se déroulant il passe sur une baguette en verre placée dans le petit montant *p*, puis dans une fente d'un levier *z* articulé, portant une encoche *e* à la partie inférieure pouvant s'engager dans un bouton saillant *i* du levier S, et vient se tendre convenablement ensuite sur les cylindres *q' q'* placés à cet effet de chaque côté de la flamme *f* du bec *l*, dont l'extrémité inférieure est nécessairement munie d'un robinet de service. Du cylindre *q'* le fil se dirige sur un second tube en verre *v*, puis dans un guide *g* adapté à la tige *h*, douée d'un mouvement de va-et-vient distributeur du fil sur la bobine G; afin de faciliter le mouvement de la tringle *h*, elle roule sur des galets *k*. La transmission de rotation est imprimée à cette dernière par la révolution d'une poulie tournante E F, dont la circonférence extérieure frotte contre un collet ou tourillon de la bobine. Il suffit par conséquent de soulever la bobine G, ou d'empêcher son contact d'une façon quelconque avec sa poulie motrice F, pour qu'elle cesse de tourner.

Le mécanisme de la transmission est combiné de façon à soustraire le fil à l'action de la flamme aussitôt qu'une grosseur, un nœud ou un obstacle quelconque s'oppose à son développement. A cet effet, les bobines G placées chacune à l'extrémité d'un levier S peuvent tourner autour d'un point d'appui *t*. Ce levier est lié à un second courbe et à manche *u u'*, la liaison est telle entre les deux leviers, qu'en soulevant le dernier *u u'*, on soulève en même temps le premier S. Celui-ci est muni d'une fente horizontale qui reçoit la tige verticale recourbée *w y* fixée en *x*, tige qui soutient le tube du bec de gaz *l*.

Lorsque le mécanisme est en activité, que le fil se déroule, l'encoche *e* embrasse le bouton *i* du levier S ; cette position maintient la bobine G qui forme l'extrémité opposée du levier S sur la poulie de friction E. A ce moment la position du bec de gaz est réglée de façon à se trouver dans le passage du fil. Mais dès qu'un obstacle, une boucle, une grosseur, etc., vient à se présenter à la fente du levier *z*, la résistance est suffisante pour dégager l'encoche *e* de son bouton *i* ; l'extrémité libre du levier S qui s'infléchit vient, dans ce cas, frapper une planche L et imprimer une secousse au bras vertical recourbé *w y* qui fait dévier le bec de gaz, en même temps que la bobine G a été soulevée par le basculement de l'extrémité du levier opposée à celle du bouton *i*. Il y a donc arrêt de la bobine et soustraction simultanée du fil à l'action de la flamme.

Ce mécanisme, délicat en apparence, fonctionne néanmoins avec précision et sûreté. Il est surtout employé pour les fils retors destinés à la fabrication des tulles et des dentelles de laine.

On s'en sert également pour les fils de laine à divers usages, et notamment pour ceux destinés aux popelines, aux harnais de tissage, etc.

CHAPITRE X.

DU TITRAGE.

Le titrage ou numérotage d'un fil a pour but d'indiquer sa longueur sous un poids donné. Des fils de diverses finesses se comparent entre eux par leur longueur variable pour un même poids, ou par la différence de poids pour une même longueur. Cette comparaison ne peut se faire avec précison que dans des conditions atmosphériques identiques. Les substances textiles étant hygrométriques, un même fil variera de longueurs et de poids relatifs, suivant son état hygrométrique. Il est important de ne pas perdre ce fait de vue, surtout dans certaines circonstances mentionnées plus loin. Le principe du numérotage, tel qu'il est adopté dans la pratique, consiste à déterminer tantôt le rapport de la longueur variable à un poids constant, tantôt le poids variable à une longueur constante. Le premier système est celui adopté pour le coton et les laines, le second est appliqué au lin et à la soie; les unités employées dans chaque cas varient à leur tour. Malgré l'avantage d'un titrage uniforme basé sur le système métrique, on n'a pu encore le généraliser; la transformation des anciennes mesures s'opère journellement, il est vrai; il y a néanmoins encore des unités diverses dans les titrages, non-seulement d'une industrie à l'autre, mais encore pour une même fabrication pratiquée dans des localités différentes. C'est ainsi que le numérotage n'est pas le même pour les fils cardés dans les Ardennes et en Normandie.

Titrage légal. — Une ordonnance royale en date du 26 mai 1819 prescrit de prendre, pour le numérotage d'un fil de coton, sa longueur en kilomètres, en supposant que le poids de ce fil soit un demi-kilogramme. Ainsi donc, le titrage imposé dans ce cas a 500 grammes pour unité de poids, et le numéro donne le nombre de kilomètres fournis. Le numéro 1 indique, par conséquent, 1,000 mètres aux 500 grammes ; le numéro 2, 2,000 mètres, et ainsi de suite ; le numéro 100, par exemple, donne 100,000 mètres ou 100 kilomètres, et le numéro 0,50, 500 mètres pour le même poids de 500 grammes.

Rien de plus simple, d'un calcul plus prompt et plus pratique. Aucun système n'indique d'ailleurs les rapports plus nettement à l'esprit[1], n'est mieux applicable à toutes espèces de fils, aux plus fins comme aux plus gros, ne se prête mieux aux divisions et sous-divisions. Cependant, de toutes les industries des fils, celle du coton est la seule qui ait adopté le titrage légal. Le kilomètre dévidé forme un écheveau qui, pour la facilité de la vérification et des transformations pratiques, est ordinairement de 10 longueurs ou échevettes de 100 mètres chacune.

Titrage de la laine peignée. — Au lieu de 500 grammes, on a adopté le kilogramme pour l'unité de poids et, pour l'unité

[1] Il est cependant convenable de faire remarquer que même le titrage légal ne peut donner une idée des rapports des grosseurs, attendu que ces rapports diffèrent entre eux avec les finesses et avec la densité des matières; en effet, si nous comparons des fils des nos 9 et 10, leur différence de grosseur est celle de $\frac{1}{9}$, $\frac{1}{10}$, et pour des fils des nos 99 et 100, elle ne sera que $\frac{1}{99}$, $\frac{1}{100}$, dont le rapport est $1 . \frac{1}{99}$, bien différent de $1 . \frac{1}{9}$. De même que deux fils de substances différentes, d'un même numéro, peuvent varier de grosseur en raison inverse de leur densité, la matière la plus dense aura une aire de section moindre, pour un même numéro, qu'une substance moins dense. Nous traitons ces questions importantes avec les détails qu'elles comportent dans le *Traité général du tissage*. (Sous presse.)

de longueur, 1,000 mètres et quelquefois encore 710 mètres, ancien système.

L'unité de 710 mètres n'est, en effet, que la transformation en mètres de l'ancien écheveau, composé de 500 tours de 52 pouces chacun; elle n'a donc plus aujourd'hui de raison d'être. Quoique les transactions pour la laine peignée s'établissent généralement en raison du titrage *kilogrammétrique*, il est néanmoins prudent de s'assurer du mode de dévidage adopté par les industriels et de se rappeler la valeur des unités qui servent de base.

Ainsi le n° 1	signifie généralement	1,000 mètres	au kilogramme,
n° 20	—	20,000	—
n° 100	—	100,000	—
n° 0,5	—	500	—

si toutefois on n'a pas pris 710 mètres pour base de l'écheveau, et, dans ce cas,

Le n° 20	= 20 × 710 =	14,200 mètres	par kilogramme.
n° 100	= 100 × 710 =	71,000	—
n° 0,50	= 0,50 × 710 =	355	—

Titrage de la laine cardée. — Ce titrage varie avec les localités. Voici les diverses unités adoptées :

	Unité de poids.	Unité de longueur.	
Reims..........	Un kilogramme.	1,000 mètres	ou écheveaux.
Sedan..........	Un —	1,500 —	ou échée.
Louviers et Elbeuf.	1/2 —	3,600 —	ou livre de compte.

A Reims et à Sedan, le taux de la filature ou le degré de la finesse du fil est ordinairement indiqué par le nombre d'écheveaux ou d'échées contenus dans l'unité de poids. Ainsi, un fil au taux de 5 ou de 10 veut dire, pour Sedan, que le kilogramme contient 5 ou 10 écheveaux de 1,500 mètres, ou 7,500 mètres et 15,000 mètres, ou bien encore du numéro 7 1/2 et du 15 au kilogramme.

En Normandie, la livre de compte ou unité de 3,600 mètres est subdivisée en *quarts* et en *sons*. L'unité de longueur est composée de 4 quarts et de 10 sons. Donc 1 quart = 900 mètres et 1 son = 90 mètres. Par conséquent, un fil de 4 quarts indique une longueur de 3,600 mètres par 500 grammes; un fil à 8 quarts, une longueur de 7,200 mètres pour le même poids; un fil à 1 quart = 900 mètres, etc.

Un fil à 20 quarts, 5 sons, par exemple :

$$= 20 \times 900 + 5 \times 90 = 18,450 \text{ par 500 grammes,}$$

ou à peu près du n° 18,5 en titrage du coton.

Titrage du lin. — Pour le numérotage du lin, ce ne sont pas seulement les anciennes mesures qui lui servent de bases, mais des mesures étrangères. Le numéro indique le poids variable, en livres anglaises, d'une échevette ou *leas* anglais, d'une longueur constante de 300 yards, et le nombre de ces échevettes nécessaires pour former une livre anglaise constitue le numéro du fil. S'il n'en faut qu'une par livre, c'est du numéro 1; s'il en faut deux, c'est du numéro 2, et ainsi de suite. Douze échevettes semblables réunies constituent un écheveau de 3,600 yards, et 100 écheveaux ou 360,000 yards forment le *paquet*. Les fils de lin sont toujours vendus au paquet dans les numéros fins, et au demi-paquet pour les gros fils. Le poids d'un paquet ou d'une fraction de paquet et le nombre d'échevettes qui les composent étant connus, on aura également le numéro. En effet, le paquet étant toujours composé de 100 écheveaux de 12 échevettes, il s'ensuit qu'il contient 1,200 échevettes, et le numéro 1 étant 1 livre par échevette, le paquet pèserait 1,200 livres; en numéro 100, il ne pèsera que 12 livres.

Maintenant, si l'on veut transformer le titrage anglais en

titrage métrique, il faut nécessairement convertir le poids en grammes et le yard en mètres. Or,

Un yard........................	= $0^m,914$
Une livre anglaise................	= $0^k,453$
Donc l'échevette de 300 yards......	= $274^m,2$
Et le paquet de 360,000 yards.....	= 329,000 mètres.

Donc un paquet du numéro 1 indique que 329,000 mètres pèsent $0^k,453$ par $274^m,2$, ce qui donne

$\frac{329,000}{274,2} \times 0,453 = 1,196 \times 0,453 = 542^k$ en nombres ronds.

En général, on compte ordinairement le poids du paquet à 540 kilogrammes pour le numéro 1.

Quant à la transformation du numéro anglais en numéro français, on y arrive par la proportion suivante :

$$453 : 500 :: 274,2 : x.$$

$$x = \frac{274,2 \times 500}{453} = 302,6.$$

Il faudrait donc 3,026 mètres du numéro 1 anglais pour former un poids de 500 grammes ; soit, pour simplifier les calculs, un chiffre rond de 300 mètres. Comme il faut 1,000 mètres pour le numéro français par unité de poids, les deux numéros sont donc entre eux comme 300 : 1,000 ou 3 : 10.

On a donc le numéro anglais en titre français pour la proportion suivante : $300 : 1,000 :: 1 : x$, ou $3 : 10 :: 1 : x$

ou $$x = \frac{10 \times 1}{3} = 3,3.$$

Ainsi le numéro 1 français correspond au numéro anglais 3.3, et comme tous les numéros de l'échelle suivent une progression régulière établie sur le même principe, on convertira facilement les numéros des deux systèmes ; si par exemple on veut traduire le numéro 6 français en numéro anglais, on dira $3 : 10 :: 6 : x$ donc $x = \frac{10 + 6}{3} = 20$. Donc le numéro anglais s'obtiendra toujours en multipliant le numéro français par 10, et le divisant par 3. De même que le titre anglais se transforme en numéro français par l'opération inverse, en le multipliant par 3 et en le divisant par 10.

Titrage de la soie. — Pour la soie, le titre indique le poids variable en grains ou deniers d'une longueur constante de 400 aunes anciennes; le nombre de deniers indique le titre. Ainsi, du fil de soie au titre de 14 deniers, par exemple, veut dire que la longueur de 400 aunes anciennes pèse 14 grains. Si elle pèse 20 grains, ce sera du 20 deniers, et ainsi de suite.

Sachant le grain = à $0^{gr},053$, et l'aune = $1^{m},19$, il sera facile de faire la conversion en kilomètres et en milligrammes. Mais il serait plus convenable encore que l'on adoptât directement les mesures métriques pour tous les titrages, non-seulement pour faciliter les opérations, mais encore pour présenter une idée plus nette des rapports réels, et pour faire enfin disparaître cette anomalie de l'emploi en France de poids et mesures dont l'usage est aussi illégal qu'irrationnel, surtout au moment où il est question de faire adopter par les principaux pays étrangers le système métrique, si universellement apprécié.

Ces considérations s'opposent en quelque sorte à ce que nous donnions des tableaux tout calculés avec les conversions des titrages anciens en nouveaux ; les éléments ci-dessus permettent à chacun de faire ces transformations, par un calcul plus compliqué et ennuyeux que difficile. Il est bon, au contraire, de ne pas aplanir ces petits obstacles et surtout la perte de temps inutile qu'ils occasionnent, afin d'augmenter la masse des intéressés à la réforme de l'ancien système, dont il ne devrait vraiment plus être question.

§ 1. — Titrage anglais de la laine.

L'écheveau anglais a généralement une longueur de 840 yards $=767^m,75$. Le nombre des écheveaux par livre anglaise de $0^k,453$ varie suivant la finesse du fil, et le nombre de ces écheveaux, multiplié par 1,5, donne le numéro anglais. Si, par exemple, un paquet renferme 13 écheveaux, le numéro sera $13\times 1,5=19,5$ et contiendra une longueur$=13\times 708^m=9\,984$ mètres. Pour convertir le numéro anglais en numéro français, en établissant le rapport entre l'unité de poids française de 1,000 grammes et l'unité de poids anglaise de 453 grammes, et celui des unités de longueur de $1,000^m$ à 768^m, on trouve qu'il faut multiplier le numéro anglais par 1,128 pour avoir le numéro français : du numéro 19,5 anglais est par conséquent égal à $19,5\times 1,128$ et représente du numéro 22 kilogrammétrique.

§ 2. — Constatation et vérification des titres ou numéros des fils.

Pour le système dont l'unité de poids est constante, il suffira de compter le nombre d'unités de longueur par unité de poids, pour déterminer le numéro. Ce nombre est obtenu dans chaque cas par un dévidoir dont le périmètre est calculé de telle sorte, qu'un certain nombre de ses tours correspond à l'échevette adoptée dans chaque localité. On sait que pour Reims l'échée a 1,000 mètres, pour Sedan 1,500 mètres, pour Elbeuf 3,600, et que le numéro 1, par exemple, donne l'une de ces échées, le numéro 2 en donne 2, et ainsi de suite [1]. Si donc la vérification a lieu sur une petite échevette de 100 mètres pour Reims,

[1] Rappelons qu'en Normandie, c'est encore en quarts et sons que les titres sont énoncés.

150 pour Sedan, et 720 pour Elbeuf, on aura encore du numéro 1, si chacun d'eux ne pèse que 100 grammes, et si ces mêmes longueurs pèsent seulement 10 grammes, on aura du numéro 10 pour le titrage de Reims, pour Sedan du 10 échées, et pour Elbeuf du 10 livres de compte ou du 40/4, finesse qui, par parenthèse, n'est jamais atteinte dans cette industrie.

§ 3. — Formules et applications usuelles du titrage.

Les questions à résoudre relativement au titrage des fils (la transformation des mesures anciennes en mesures métriques une fois faite) se bornent à trois cas principaux :

1° Chercher le titre ou numéro d'une partie dont le nombre d'échées et le poids sont connus ;

2° Chercher le poids d'une partie dont le titre et le nombre [illegible]hées sont connus ;

Déterminer le nombre d'échées d'une partie, le poids et le titre étant connus.

On y arrive par la formule suivante :

Soit N, le titre ou numéro cherché ;

P, le poids de la masse à titrer ;

n le nombre d'échées :

On a $N = \frac{n}{P}$;

Pour le second cas on a $P = \frac{n}{N}$,

Et dans le troisième cas $n = PN$.

Exemples : 1° un paquet renfermant 100 échées et pesant 2 kilogrammes, quel est son titre ?

$n = 100$.

$P = 2$.

On a $N = \frac{100}{2} = 50$.

2° Soit un paquet du numéro 50, de cent échées de longueur, dont on cherche le poids.

On aura $P = \frac{100}{50} = 2$ kilogrammes.

3° Soit un paquet de 2 kilogrammes, du numéro 50, chercher le nombre de ses échées.

On aura $n = 2^k \times 50 = 100$ échées.

Nous citons ces exemples fort simples comme démonstrations; les transformations quelconques de ce genre ne présentent pas plus de difficultés et peuvent toujours être ramenées à l'un des trois cas ci-dessus.

§ 4. — Variation des titres avec l'état de siccité et de pureté des fils.

Pour s'assurer de la régularité du titre de toute une partie de fil, on n'a d'autre moyen jusqu'ici que de multiplier les essais sur un certain nombre d'échantillons d'une même balle, et de constater ainsi s'il n'y a pas d'écart sensible dans les divers essais. — Les matières textiles en général, étant hygrométriques au point de pouvoir absorber des quantités variables d'eau qui augmentent plus ou moins leur poids (ch. VI, § 7), il est évident que les titres accusés dans la pratique ne sont jamais absolus. Supposons un fil contenant seulement 5 pour 100 d'humidité (ils en renferment souvent davantage), soit du numéro 20 kilogrammétrique, par exemple; si on le faisait sécher d'une façon complète, en le titrant de nouveau, on trouverait du numéro 20,10. Le fil est donc, de fait, plus fin, dans la plupart des cas, qu'on ne le suppose; car il n'est jamais sans contenir une certaine quantité d'humidité lorsqu'on le titre. Si le degré hygrométrique, quel qu'il soit, restait constant, il n'y aurait pas d'inconvénient sérieux, parce que les transactions, les tarifs de façon et l'emploi au tissage se régleraient en conséquence;

mais les variations dans cette direction peuvent causer des perturbations et devenir la source d'erreurs et d'injustices si l'on ne fait leur part. En effet, on sait, par exemple, que les tarifs du filage payés à l'ouvrier sont réglés d'après les finesses dans la plupart des cas ; si on titre le fil livré dans un lieu moins sec que celui de l'atelier où il a été produit, il est évident qu'on n'atteindra pas le chiffre exact trouvé près du métier à filer. Pour le tissage, ces variations ont des inconvénients d'une autre nature ; il devient difficile, *à priori*, de déterminer exactement la surface que doit rendre une quantité donnée de chaîne et de trame, et surtout de constater avec précision les déchets inévitables ou résultant de la fraude, les soustractions pouvant être masquées par de l'humidité ou d'autres corps étrangers, et surtout par la colle dont les fils de la chaîne sont recouverts.

Les erreurs et la fraude sont surtout plus faciles à commettre et plus difficiles à constater, lorsque la chaîne est livrée avant d'être encollée, à l'ouvrier chargé de la parer lui-même à la main, comme cela arrive encore fréquemment dans l'industrie de la draperie. Il y a donc là un errement vicieux, une cause d'imperfection du travail et d'impossibilité de le contrôler sous le rapport du rendement.

Si les chaînes étaient livrées collées au tisserand, et si le fabricant tenait compte, au préalable, de leur proportion d'humidité et de colle, il pourrait très-approximativement calculer le poids que la pièce doit avoir après tissage, pour un travail exécuté dans des conditions normales. Quant à la constatation du degré hygrométrique, le moyen le plus certain consiste dans le conditionnement presque généralement en usage pour les fils de soie et ceux en laine peignée. Il pourrait très-certainement se propager avec non moins d'avantage dans l'industrie de la draperie.

Cette fabrication devrait également avoir à sa disposition des laboratoires d'essais, susceptibles de constater rapidement et avec précision les quantités de pertes qu'une laine devra subir au dégraissage : avec un conditionnement public et un laboratoire de ce genre, l'industriel se mettrait à l'abri de bien des doutes, et certaines contestations entre le fabricant, le teinturier et le filateur pourraient être évitées.

Variation des titres par suite du graissage. — Lorsqu'on met de la laine en filature, on y ajoute, comme nous l'avons vu, une certaine quantité de liquide graisseur, du poids de 15 à 20 pour 100. D'une autre part, il y a un déchet de matière par l'évaporation, le dépôt dans le fond des garnitures et les ruptures à la filature.

Il y a donc d'une part addition, et de l'autre diminution de poids. Ces quantités sont essentiellement variables, le poids additionnel résultant de celui des liquides employés et de leur nature. Le déchet dépend de la qualité de la laine, de la facilité qu'elle présente au filage, des soins apportés au travail, du plus ou moins de perfection des débourrages, de l'aiguisage et de l'état général du matériel. Ces circonstances suscitent à leur tour des discussions entre le filateur à façon et le fabricant, la perte pouvant varier dans des limites considérables, parfois de 2 à 18 pour 100. D'autre part, lorsque l'on considère les longueurs rendues, il ne faut pas perdre de vue les observations présentées sur la différence entre un fil en gras et dégraissé. Cette différence est en général de 1/16. Si donc un fil en gras est du numéro 20 par exemple, dégraissé ce sera du 21 1/4 environ ; c'est-à-dire que 20 kilomètres en gras pèseront autant que 21,25 dégraissés. Ce fait étant constaté, la valeur du rendement pourra s'apprécier assez exactement. Supposons que l'on mette 100 kilogrammes de laine en filature, pour être filée au numéro 14, par exemple. Si la laine est dans des conditions convenables, elle fera de 6 à 10 pour 100, soit en moyenne 8 pour 100 de déchet. Elle devra, par conséquent, produire en gras 100 — 8 de déchet, + 15 pour 100 d'huile = 107 kilogrammes de fils à 14,000 mètres par kilogramme dégraissé. Pour arriver à ce taux, il suffira qu'à l'essai du titre du fil en gras, il présente un numéro 14 moins 1/16 ou du 13,125.

Ainsi donc, si la masse pèse 107 kilogrammes, et que le titrage essayé au hasard sur un certain nombre d'échantillons de la partie donne bien 13,125 mètres au kilogramme, le rendement en filature sera convenable, si toutefois les fils sont à peu près dans les conditions atmosphériques où se trouvait la laine lorsqu'elle a été pesée; car s'ils revenaient plus humides, ce serait une nouvelle cause d'erreur, comme nous l'avons fait remarquer précédemment.

CHAPITRE XI.

EMPAQUETAGE.

L'opération accessoire de l'empaquetage n'est pas sans importance. Il faut que les paquets contiennent le plus de produits sous le moindre volume possible, que les écheveaux s'y condensent très-régulièrement, et que la forme soit d'une manœuvre facile et d'un aspect convenable, que le travail enfin ait lieu aisément et rapidement.

Pour répondre à ces exigences, l'on a imaginé divers systèmes de presses, Nous donnons (fig. 5, pl. XIX) l'une des plus répandues. Elle se compose de deux bâtis semblables au profil de la figure 5. La partie supérieure constitue la table mobile où le paquet est comprimé entre des côtés formés par des lames minces verticales L, L', L'', L'''. La partie inférieure est le mécanisme presseur manœuvré à la main au moyen d'un croisillon I.

S est le support recevant les points d'appui de l'appareil.

A, l'arbre moteur.

M, un rochet placé sur l'arbre A extérieurement au bâti S, pour assurer l'arrêt du mouvement.

I, croisillon calé sur l'extrémité du même arbre A.

R, roue dentée sur une partie de sa circonférence correspondant au maximum du développement de la course qu'elle doit imprimer. Cette roue engrène avec un pignon placé sur l'arbre moteur A.

O, douille sur laquelle viennent s'articuler deux bielles D, une de chaque côté du bâti.

c, petit arbre, auquel l'autre extrémité des bielles est également assemblée, à articulation.

F, montant des glissières dans lesquelles se meuvent les coussinets.

H, montants attachés aux coussinets.

P, plateau mobile ponctué.

N, table en bois, avec un vide intérieur pour recevoir le plateau mobile P, lorsque celui-ci est au bas de sa course.

L, L′, L″, L‴, lames limitant les deux côtés opposés de l'ouverture de la table fixe.

La figure 6 montre la façon dont les lames verticales sont maintenues et fermées à leur partie supérieure. Des lames horizontales articulées en *a*, sur l'une des lames verticales correspondantes, L, passent sous une espèce de clanche verticale placée en regard de la première. La direction de la pression s'exerce par conséquent contre les lames horizontales qui forment ainsi la partie supérieure d'un rectangle, résistant à l'action du plateau mobile.

Exécution du paquet. — Le paquet contient d'ordinaire un poids d'environ 5 kilogrammes par exemple, formé, par conséquent, d'un nombre d'écheveaux proportionnel au numéro. Ces écheveaux sont disposés par rangées horizontales les uns à côté des autres, perpendiculairement aux lames L, L', L'', L'''. Chacune des rangées contient un nombre d'écheveaux superposés de la base en haut. Afin d'obtenir la disposition régulière désirable, chaque rangée d'écheveaux est enfilée à ses deux extrémités dans une tige métallique. C'est une espèce de brochette passée dans les boucles formées aux deux extrémités des écheveaux repliés, dont la longueur ne dépasse pas la largeur de la table mobile. Ces brochettes sont retirées, bien entendu, du paquet, après sa formation; afin de faciliter le liage et l'empaquetage, le papier-enveloppe est placé au préalable sur la table, et les ficelles dans les rainures vides réservées entre les plaques L', L, L'', L'''. Après une course entière de la roue R et l'engrènement successif de toutes ses dents, on lie, on ouvre les clanches supérieures et on enlève le paquet.

CHAPITRE XII.

ÉTABLISSEMENT ET ORGANISATION GÉNÉRALE D'UNE FILATURE DE LAINE CARDÉE.

La filature formant une spécialité distincte de la fabrication, toujours établie séparément lors même que le manufacturier réunit toutes les opérations dans une seule usine, nous pensons convenable de déterminer tous les éléments d'exploitation qui la concernent, avant d'aborder le tissage. Nous clorons ainsi tout ce qui concerne la transformation des fils. Nous avons, par conséquent, à déterminer les éléments qui concourent au travail général d'une filature.

Questions à résoudre.

1° La détermination des machines d'un assortiment ;
2° — du personnel ;
3° — des salaires ;
4° La détermination de la force motrice ;
5° La dépense pour le chauffage, l'éclairage et la force motrice ;
6° Les dépenses pour la construction de l'immeuble;
7° La détermination des frais généraux.

Détermination de l'assortiment. — Considérations préliminaires.

Nous comprenons l'assortiment à partir du moment où la laine entre dans la filature; nous ne revenons pas, par conséquent, sur les appareils à dégraisser et à laver la laine, qui concernent la teinture. Nous avons d'ailleurs donné des détails suffisants sur cette partie de l'outillage, sur ses prix et son rendement (ch. II). Nous entendons par assortiment l'ensemble des machines nécessaires à la transformation d'une quantité déterminée de laine. Sa composition doit être telle, que chacune des machines ou chaque catégorie de machines correspondant à une période déterminée des transformations, travaille une égale quantité de substance. Leur résultat, déduction faite du déchet, doit donc fournir le même poids. L'agencement des machines doit être combiné en conséquence. Celles dont le genre de transformation ne peut fournir que peu doivent être multipliées de façon à ce qu'elles se desservent les unes les autres d'une façon suivie et régulière, sans chômage ni encombrement.

Les machines à filer la laine cardée offrent cela de particulier, qu'elles sont indépendantes de la finesse du fil à produire. Ainsi, les numéros 4 et 50 kilométriques sont obtenus par les mêmes métiers, dont les modifications sont insignifiantes : elles consistent dans les garnitures et le nombre des passages pour une même préparation. Aucune autre matière textile ne présente cette condition avantageuse, ni le coton, ni le lin, ni la bourre de soie. Dans l'état actuel de ces industries, il est nécessaire de combiner au moins trois assortiments composés différemment, pour travailler les fils ordinaires, moyens et fins. S'il n'en est pas de même pour la laine peignée, c'est qu'on ne produit, en général, que des numéros relativement élevés. Le travail du cardé est encore caractérisé par la suppression complète des machines à étirer proprement dites, constituant les préparations du second degré, ainsi que nous l'avons déjà fait observer. Ces différences dans les modes de transformation imposent des conditions spéciales à la filature de la laine grasse, et des soins particuliers pour obtenir la perfection.

Pendant longtemps, surtout avant l'époque où l'on faisait avec les fils cardés des effets apparents, c'est-à-dire avant la production des articles légers, les flanelles, les molletons et les divers articles nouveautés pour l'été et l'hiver, la filature de ces fils ne présentait pas les progrès qu'on y remarque actuellement. On était loin de leur donner les caractères de régularité des bons fils en général. Ce résultat a été atteint par plus de perfection dans les machines, il est vrai, mais surtout par une manière de procéder plus en harmonie avec les règles de l'art. On arrive aujourd'hui à une régularité remarquable et à des qualités inattendues, grâce à une série de doublages dans les nappes, qui permettent de donner des fils veules et moelleux au toucher, aussi homogènes que les fils lisses les plus soigneusement préparés aux étirages. C'est surtout par la marche générale des opérations, indiquée chapitre VI, § 5, qu'il est possible d'atteindre la perfection.

Les machines nécessaires à l'assortiment se composent :

De machines à ouvrir et à battre, par conséquent de batteries et de loups ; de machines à égratteronner ou à enlever les chardons ou gratterons ; de machines à carder, à filer et à dévider; et d'appareils accessoires pour entretenir les machines précédentes et les desservir.

Connaissant le travail à réaliser et la production pratique de chaque machine, telle que nous l'avons donnée à mesure qu'elle a été décrite, il suffira de diviser la quantité de laine à filer par jour, par le rendement minimum de chaque machine pour arriver au nombre cherché; seulement il ne faut pas perdre de vue que certaines opérations, pour être parfaites, doivent être répétées progressivement. Les préparations ont lieu successivement sur les mêmes machines : ainsi pour le cardage, par exemple, la laine subit en général trois opérations de suite sur trois cardes qui ne diffèrent entre elles que par la finesse de leurs garnitures et par des modifications de vitesses. Dans certaines localités où l'on file les numéros les plus élevés, on carde même jusqu'à quatre fois. C'est d'après ces considérations que nous avons déterminé l'assortiment suivant, pour filer 5 à 600 kilogrammes par jour (il y a peu de filatures de laine cardée plus importantes en France) :

Composition et prix d'un assortiment de 7,200 broches self-acting.

1° Une batterie continue........................	800 francs.
2° Deux machines à égratteronner ou à échardonner, à 4,500 francs................................	9,000
3° Trois loups à 600 francs........................	1,800
Additions aux loups, telles que chargeuses et graisseurs automatiques................................	2,000
4° Douze assortiments de cardes de 3 cardes chacun, à 7,000 francs l'assortiment......................	84,000
Appareils accessoires des cardes, tel que chargeuses automatiques, etc................................	3,000
Garnitures pour les 36 cardes, à raison de 820 francs l'une.	29,520
1,200 bobines pour les boudins......................	3,000
1 dévidoir à échantillonner les boudins...............	60
2 tours avec leurs supports et 4 rouleaux à émeri pour repasser les cardes............................	2,600
A reporter......	135,780 francs.

Report......	135,780 francs.
Paniers, étagères et autres accessoires pour le service de la carderie..................................	1,500
18 métiers renvideurs de 400 broches chacun, à 12 francs.	86,400
2 continus de 120 broches à 2,400 francs.............	4,800
6 dévidoirs automatiques à 800 francs...............	4,800
6,000 fuseaux......................................	600
Une romaine à échantillonner le fil..................	25
Une presse à faire les paquets.......................	800
Pour l'assortiment des 7,200 broches............	234,705 francs.

Prix de la broche pour l'assortiment complet $\frac{234,705}{7,200}$ = 32f,59, soit 33 francs la broche.

Avec un assortiment semblable, on peut produire depuis les numéros les plus ordinaires jusqu'aux plus élevés employés dans la draperie. Si on voulait transformer des fils fins pour les flanelles et certaines nouveautés, on substituerait des métiers demi self-acting ordinaires de 250 à 300 broches aux automates à 400 broches, ce qui ne changerait d'ailleurs pas sensiblement les devis ci-dessus. Quant au rendement, il peut varier de 45 à 65 grammes et plus par broche, suivant la finesse du fil ; il se déterminera pour chaque cas au moyen de la formule des productions. (Ch. VII, § 6.)

Personnel direct employé pour l'assortiment des 7,200 broches.

1	ouvrier pour la batterie, à 2f,50, par an....................	750 francs.
2	ouvriers pour les égratteronneuses, à 2f,50.............	1,500
3	ouvriers pour les loups, à 2f,50.	2,250
18	femmes aux cardes, à 1f,80....	9,720
4	débourreurs, à 3f,30........	3,960
2	conducteurs de cardes........	4,800
9	fileurs, à 3f,50.............	9,450
36	rattacheurs, à 1f,25..........	13,500
1	directeur de filature.........	3,600
12	dévideuses, à 2 francs........	7,200
1	graisseur....................	1,200
Total du personnel.. 89		57,930 francs.

Donc 80 broches par personne, ou 12,5 par 1,000 broches, ou un peu plus du double du nombre nécessaire pour la filature du coton.

Dépenses pour la construction du bâtiment.

Un mètre carré de surface suffit en moyenne à 3 broches, avec ses accessoires. Il faudra par conséquent, pour l'établissement, $\frac{7,200}{3}$ = 2,400 mètres pour le matériel, y compris les passages et dégagements. A cette place, il faut ajouter environ un sixième, ou 400 mètres, pour les dépendances, telles que magasins à laine, à huile, à courroies, atelier de réparations, loge du concierge, etc.

Donc, des constructions recouvrant une surface de 2,800 mètres carrés en les supposant au rez-de-chaussée, ou une surface moitié moindre si on ajoute un premier étage : dans les deux cas la dépense reste à peu près la même. Comme nous avons discuté en détail les avantages d'un bâtiment au rez-de-chaussée, page 681 de notre *Traité de la filature du coton*, qui ne changent pas pour la filature de la laine, et que les conditions à réaliser au point de vue de la construction restent à peu près les mêmes, nous prendrons par conséquent le chiffre moyen déterminé dans le chapitre précité au sujet du coton.

Donc, 2,800 mètres de constructions à 32 francs.....	89,600 francs.
Pour le terrain, en moyenne à 1 franc le mètre......	2,800
	92,400 francs.

Éclairage.

Dépense pour l'installation de 150 becs d'éclairage, en supposant qu'on achète le gaz fabriqué. Prix du bec, tout posé, à raison de 32 francs, pour les 150.................................... 4,800 francs.

Dépense pour le matériel du chauffage.

Elle doit être établie d'après le cube à chauffer et la température moyenne à produire.

Soit la hauteur des salles, en moyenne, $4^m \times 2,800 = 11,200$ mètres cubes.

Soit à chauffer en moyenne à la température de 16°.

D'après un ensemble de données d'expériences sur le chauffage des filatures, on peut admettre un mètre carré de surface de chauffe pour 75 mètres de capacité à chauffer, ou un peu plus de 13 mètres pour 1,000 mètres cubes; il faudra donc $\frac{11,200}{75}$ = 150 mètres carrés de surface de chauffe.

Si on emploie des tuyaux de $0^m,20$ de diamètre, chaque mètre représentera 0,628, soit $0^m,63$ = 238 mètres courants, qui en tôle de fer reviendront en moyenne à 29 fr. le mètre installé, y compris les tuyaux pour amener la vapeur, branchements, etc.

Donc, la dépense des tuyaux sera 238 × 29............	6,902 francs.
Et pour la robinetterie de distribution, de purge, soupapes, etc....................................	647
	7,549 francs.
Dépense des bâtiments et installation du moteur et du générateur.....................................	12,000 francs.

RÉCAPITULATION DES FRAIS DE LA CONSTRUCTION DES BATIMENTS.

Pour les bâtiments principaux et le terrain	92,400 francs.
— pour le moteur	12,000
Pour l'installation du chauffage et de l'éclairage.......	12,349
Total..............	116,749 francs.

Prix de revient du moteur nécessaire à la filature de 7,200 broches.

Il résulte de nos expériences directes et des moyennes prises sur un grand nombre de filatures, que la force motrice de 1 cheval peut faire marcher en moyenne 240 broches de 2,500 à 3,000 tours, ou 200 seulement en self-acting, et l'assortiment de trois cardes avec ses machines préparatoires qui les précèdent, tel qu'on le construit généralement, exige 1 cheval 1/2. Il faudra par conséquent une force motrice,

Pour 12 assortiments de cardes, à 1 cheval 1/2 par assortiment.. 18 chevaux.

Et en supposant des broches automates, $\frac{7,200}{200}$.............. 36

Total de la force nécessaire au maximum.............. 54 chevaux.

Prix du moteur et des générateurs...... 54,000 francs.

Transmissions de mouvement......... 15,000

Ensemble........................... 69,000

Prix de revient de la force motrice.

Combustible, à 2 kilogrammes par heure et par force de cheval, 389 tonnes par an, à 25 francs en moyenne.................. 9,725 francs.

2 chauffeurs ou un chauffeur et un aide.............. 2,400

Graissage, garnitures et entretien.................... 3,000

Intérêt et amortissement sur 69,000 francs, à 15 pour 100. 10,350

Total de la dépense annuelle de la force motrice..... 25,475 francs,

ou $\frac{25,475}{54}$ = 471f,75 par an et par force de cheval.

Si on pouvait disposer d'une force motrice hydraulique, son loyer annuel dans les centres de la filature de la laine varie de 200 à 300 francs par force de cheval.

Dépenses accessoires pour une filature de 7,200 broches.

Huile à graisser, en supposant une production d'une finesse moyenne en n° 12 kilogrammétrique. L'assortiment des 7,200 broches, produisant 550 kilogrammes, et transformant par conséquent 550×300 = 165,000 kilogrammes de laine, qui, graissée à 15 pour 100, représentent 29,700 kilogrammes d'huile à 100 francs...................... 29,700 francs.

Usure des garnitures de cardes des 12 assortiments... 12,000

— pour courroies et cardes.................... 2,400

Frais divers...................................... 2,000

Total........ 46,100 francs.

FRAIS GÉNÉRAUX POUR L'ÉTABLISSEMENT DE 7,200 BROCHES.

Intérêt et amortissement, sur 234,705 francs, pour le matériel de filature, à 15 pour 100................. 35,205f 75c

— sur 69,000, pour le moteur, à 15 pour 100............. 10,350

A reporter.............. 45,555f 75c

Report........	45,555f 75c
Intérêt et amortissement, sur 116,749, à 6 pour 100 pour les bâtiments............	7,004 94
— pour le matériel du chauffage et de l'éclairage...........	1,500 »
Dépense de main-d'œuvre...........................	57,930 »
— pour l'huile à graisser, garnitures, courroies, etc.	46,100 »
— pour la force motrice......................	25,475 »
— pour achat de gaz pour 120 becs à 4 centimes par bec et par heure, et pour 150 soirées à 4,5 heures, donc, 4,5 × 120 × 150 × 0,04.	3,240 »
Combustible pour le chauffage, 15 pour 100 du combustible de la force motrice..........................	1,488 75
Impôts et assurance..............................	3,000 »
Direction générale, frais de bureaux, transport, etc....	34,000 »
TOTAL....................	225,264f 44c

Prix de revient du kilogramme pour un numéro moyen de 20,000 mètres.

Les douze assortiments comprenant 7,200 broches pourront filer, en moyenne, 180,000 kilogrammes de laine.

Le prix du kilogramme sera, par conséquent :

$$\frac{225264,44}{180,000} = 1^{f},25.$$

Et les frais, par broche et par an, seront donc :

$$\frac{225264,44}{7,200} = 31^{f},28.$$

Établissant le prix de revient complet, tel que le fabricant doit le faire, nous y avons compris la dépense d'huile, payée à part, et à déduire dans le travail à façon. Cette dépense pour le graissage varie entre $0^{f},15$ et $0^{f},20$ par kilogramme de laine filée, conformément à ce qui a été dit antérieurement à ce sujet.

Renseignements statistiques complémentaires de la page 227.

Nous devons à l'entremise obligeante de M. Lanseigne aîné les renseignements suivants, que MM. Dierstein Joltrois et Cᵒ ont bien voulu nous procurer sur les productions qui nous manquaient sur certaines localités de l'Alsace.

Barre, pour la bonneterie et les chaussons. Valeur des produits	2,000,000 fr.
Wadselonne, —	2,000,000
Strasbourg, draperie ordinaire	300,000
Bühl, fil de laine peignée	4,200,000
Malmerspach, — dans un seul établissement	7,000,000
Mulhouse, — deux établissements	7,500,000
Eistein, —	1,400,000
Lützelhausen, —	600,000
Total de la valeur des produits	25,000,000 fr.

qui, ajoutés aux 756 millions de la page 227, forment un total de 781 millions.

Si on considère que l'estimation d'une certaine quantité ne porte que sur les fils, et que nous avons forcément omis les productions des campagnes et d'un nombre de localités pour lesquelles nous n'avons pu nous procurer des documents exacts, on trouve que le chiffre d'un milliard, généralement admis comme valeur à laquelle la production annuelle des lainages de toutes sortes est arrivée dans ces derniers temps, est loin d'être exagéré.

FIN DU TOME PREMIER.

Paris. — Typographie Hennuyer et Fils, rue du Boulevard, 7.

www.ingramcontent.com/pod-product-compliance
Ingram Content Group UK Ltd.
Pitfield, Milton Keynes, MK11 3LW, UK
UKHW020309200726
13857UKWH00001B/128